普通高等教育材料科学与工程专业规划教材

计算机在材料科学中的应用

主编 许鑫华 叶卫平
参编 黄 远 何小于 师春生
原续波 郭瑞松
主审 左演声

机 械 工 业 出 版 社

本书立足“材料学”一级学科，系统地介绍了计算机技术及网络技术在材料科学研究中的应用，使读者初步掌握在材料科学研究领域中更好地应用计算机的思路、方法和原理。在加强读者对基础知识、基本方法掌握的基础上，结合材料科学研究领域的新方法、新技术中计算机的应用，注重培养学生利用计算机解决实际问题的能力，培养和引导学生的创新意识。

全书共分九章，介绍了材料科学研究中数学模型的建立方法、常用的数值分析方法和主要物理场的数值模拟；材料行为工艺的计算机模拟；材料数据库和专家系统与新材料、新合金的计算机辅助设计；材料加工过程的计算机控制、计算机在材料性能检测方面的应用；材料科学研究中计算机数据和图像分析、处理方法；互联网在材料科学研究中的应用等。本书可作为材料科学与工程专业本科生专业基础课教材，也可供从事材料研究、开发和应用的工程技术人员参考。

图书在版编目（CIP）数据

计算机在材料科学中的应用/许鑫华、叶卫平主编．—北京：机械工业出版社，2003.3（2025.1 重印）
普通高等教育材料科学与工程专业规划教材
ISBN 978-7-111-11773-5

Ⅰ．计…　Ⅱ．①许…②叶…　Ⅲ．计算机应用—材料科学—高等学校—教材　Ⅳ．TB3-39

中国版本图书馆 CIP 数据核字（2003）第 015259 号

机械工业出版社（北京市百万庄大街 22 号　邮政编码 100037）
责任编辑：冯春生　版式设计：霍永明　责任校对：张晓蓉
封面设计：张　静　责任印制：邓　博
北京盛通数码印刷有限公司印刷
2025 年 1 月第 1 版 · 第 23 次印刷
169mm×239mm · 19.5 印张 · 377 千字
标准书号：ISBN 978-7-111-11773-5
定价：39.80 元

电话服务　　　　　　　　网络服务
客服电话：010-88361066　机　工　官　网：www.cmpbook.com
　　　　　010-88379833　机　工　官　博：weibo.com/cmp1952
　　　　　010-68326294　金　　书　　网：www.golden-book.com
　机工教育服务网：www.cmpedu.com

前　言

计算机作为一种现代工具在材料科学研究与工程中的应用越来越广泛，极大地促进了材料科学研究的深入和发展。本书系统地介绍了计算机技术及网络技术在材料科学研究中的应用，使读者初步掌握在材料科学研究领域中更好地应用计算机的思路、方法和原理。本书力图突出以下特点：

1）立足“材料学”大专业，加强读者对基础知识、基本方法的掌握，重在计算机的应用。在内容上既考虑材料学专业各研究方向的共性，又兼顾材料科学研究领域的广泛性和与多学科的相互渗透性给计算机在材料科学中的应用带来的特殊性和复杂性。

2）计算机毕竟只是工具。本课程学习的目的在于利用这一工具解决具体问题。试图通过计算机在材料科学研究中的应用实例，加强学生利用计算机解决实际问题能力的培养。

3）结合材料科学领域的新方法、新技术中计算机的应用，培养和引导学生的创新意识。

本书共分九章，深入浅出地介绍了材料研究中数学模型的建立方法、常用的数值分析方法和主要物理场的数值模拟；材料行为工艺的计算机模拟；材料数据库和专家系统与新材料、新合金的计算机辅助设计；材料加工过程的计算机控制、计算机在材料性能检测方面的应用；材料科学研究中的计算机数据和图像分析、处理方法；互联网在材料科学研究中的应用等。在选材、内容、组织和编排等方面力图保持全书的系统性和新颖性。本书可作为材料科学与工程专业本科生专业基础课教材，也可供从事材料研究、开发和应用的工程技术人员参考。

考虑到不同学校前导课程及教学进度不同、本课程的学时不同、学生的计算机和材料专业基础知识水平参差不齐，本教材在编写中，既注意了基础知识的介绍和理论水平的探讨，又注重实践中的应用介绍，各章节内容涉及面比较广，教师可根据实际需要选用。为保证本书的系统性、实用性和可读性，书中各章介绍的有关知识为后续内容的阅读理解作了铺垫，这些内容在教学中可根据具体情况适当增删，便于学生掌握和理解。本书另配有教学参考光盘，将由机械工业出版社出版。

本书由天津大学许鑫华和武汉理工大学叶卫平主编。其中第一至第三章由天津大学黄远、师春生编写，第四、五章由武汉理工大学叶卫平编写，绪论及第六、九章由天津大学许鑫华编写，第六章的第三节的二、三部分和第七章由武汉理工大学何小于编写，第八章数据处理部分由天津大学郭瑞松编写、图像处理部分由天津大学原续波编写。全书由北京工业大学左演声主审。

本书主要结合作者在材料科学研究各领域的教学、科研的实践和理解，参考文献资料编写而成。书中大部分内容已经过几年的教学使用。各章末尾列出了主要参考文献，由于条件限制，可能未将所有参考文献一一列出，在此对所有参考文献的作者表示衷心的感谢！在本书编写过程中，得到了天津大学、武汉理工大学的大力支持，天津大学研究生韩波、傅英松参加了部分资料的整理和绘图工作，在此一并表示感谢！

由于计算机在材料科学研究领域中应用非常广泛，且计算机技术的发展日新月异，在材料科学应用中的新方法、新应用不断出现，加之编者学识有限，书中难免有不当之处，敬请读者批评指正。

编　者

2003年1月

目　　录

绪　论

材料是人类生产和生活水平提高的物质基础，是人类文明的重要支柱和进步的里程碑。材料的进步取决于社会生产力和科学技术的进步，同时材料的发展又推动了社会经济和科学技术的发展。人类的文明史也是一部材料发展史，社会发展历史有一种就是以材料来划分的。但人类在漫长的历史发展中大都是依靠自然的恩赐，仅仅停留在利用天然材料的状态。自19世纪以来由于科学技术的进步，生产不断发展，对材料不断提出新要求，有些要求完全超出天然材料所能提供的性能，从而促进了人类开始对材料从依靠到创造的转变，对材料的认识也逐渐由匠人的经验发展到形成一门科学。尤其是在20世纪下半叶逐渐形成的以新材料技术为基础的信息技术、新能源技术、生物工程技术、空间技术和海洋开发技术的新技术群，更使材料科学得到飞速发展。20世纪60年代，人们把材料、能源与信息称为当代文明的三大支柱；70年代又把新型材料、信息技术和生物技术看成是新技术革命的主要标志。这表明材料的发展与社会文明的进步有着十分密切的关系。现代科学技术的发展历程也充分证明了这一点。时至今日，人们已逐渐掌握了材料的组成、结构和性能之间的内在关系，能够按照使用要求对材料性能进行设计创造。

著名科学家钱学森曾指出："现在材料科学已经发展到一旦有了设计就能把材料造出来，这就给我们提出了一个新的可能，我们可以让工程设计人员、力学工作者和材料工作者一道再加上电子计算机，把一项工程一直设计到细观或微观的水平。这个新的发展将大大提高将来工程设备的使用效能。"目前蓬勃发展的新材料技术就是用原有的金属材料、无机非金属材料和高分子材料等作为组分，通过一定的工艺方法将它们复合在一起，制成既能保留原有材料组分的特性，又可克服组分材料的不足，并还能显示出某些新的性能的材料。新材料技术的出现是近代材料科学的伟大成就，也是材料设计技术的一个重大突破。

材料的分类方法很多，根据其组成与结构可分为金属材料、无机非金属材料、有机高分子材料和复合材料等；根据其性能特征和作用分为结构材料和功能材料；根据用途还可以分为建筑材料、能源材料、电子材料、耐火材料、医用材料和耐蚀材料等。

与其他事物的发展一样，材料的发展经历了由简单到复杂，由以经验为主到以科学知识为主，逐步形成了独立的材料科学与工程学科。就研究材料整体而言，它成为一门学科还是近几十年的事。由于材料的获得、质量的改进和使材料成为人们可以使用的器件和部件都离不开生产工艺和制造技术等工程知识，故人们通常将“材料科学”与“工程”相提并论，称为“材料科学与工程”。

材料科学与工程是研究材料组成、结构、性能、制备工艺和使用性能以及它们之间相互关系的科学。研究的内容包括：材料的组织、结构、杂质、缺陷与性能的关系，材料的形成机理和制备方法，材料在加工、使用过程中的变化和失效机理，材料性能的测试和材料的工程应用等。

材料的性质是材料对电、磁、光、热、机械载荷的反应，而这些性质主要取决于材料的组成与结构。使用性能是材料在使用状态下表现出来的行为。它与设计和工程环境密切相关，有些材料在实验室环境下表现出很好的性能，但在特定的使用条件下，如氧化与摩擦、疲劳及其他复杂载荷条件下，就不能满足使用要求。此外，使用性能还包括可靠性、耐用性、寿命预测和延寿措施。

材料的合成与制备过程内容很多，包括传统的冶炼、制粉、压力加工和焊接等，也包括各种新发展的真空溅射、气相沉积等新工艺；从微观水平到宏观产品，从制备高纯度单一元素到多种材料复合，各种化学的、物理的、机械加工的方法均应综合应用，这对实现新材料的生产应用往往有着决定性的影响。

材料科学是多学科交叉的新兴科学。它与许多基础学科有着不可分割的联系，如固体物理学、电子学、光学、声学、固体化学、量子化学、有机化学、无机化学、数学与计算机技术等。

材料科学实质上还是一门发展不成熟的学科。目前对它的研究很大程度上还依赖于事实和经验的积累，系统的研究材料还有一个很长的过程。正是由于以上这些特点，使得计算机在材料科学的研究中起着举足轻重的作用。

计算机作为一种现代工具，在当今世界的各个领域发挥着巨大作用。它已渗透到各门学科领域以及日常生活中成为现代化的标志。自20世纪40年代计算机诞生起，它就改变了各个科学领域的面貌。在材料领域，计算机也正在逐渐成为极为重要的工具，例如，它可以帮助材料专家设计和分析新材料、制造新合金、完成原本极为复杂的材料设计。最近几年，材料科学随着各种技术的更新而出现了高速发展的趋势，计算机在材料科学中的应用正是材料科学飞速发展的重要原因之一。

一、计算机用于新材料的设计

“材料设计”的设想始于20世纪50年代，是指通过理论与计算预报新材料的组分、结构与性能，或者是通过理论设计来“订做”具有特定性能的新材料，按生产要求“设计”最佳的制备和加工方法。20世纪80年代，随着计算机技术的飞速发展，实现这一目标的条件渐趋成熟。

材料设计按照设计对象和所涉及的空间尺寸可分为电子层次、原子/分子层次和显微结构层次。前两个尺寸涉及材料的原子排列及电子结构，称为材料的微观结构设计；对于空间尺度大于 1μm 的对象，在设计中则不考虑材料内个别原子分子的行为，而采用连续介质模型进行处理。材料微观结构设计的发展建立在基础理论的完善和发展、计算机信息处理技术的建立和发展、先进的材料生产和制备的发展之上。物理学和化学的发展，特别是固体理论、量子化学和化学键理论的发展，使人们对材料的结构和性能的关系有了系统了解，对材料制备、加工和使用过程中的物理化学变化也有了较深的认识，这就为材料设计打下了理论基础。同时人工智能、模式识别、计算机模拟、知识库和数据库等技术的发展，使人们能将物理、化学理论和大批杂乱的实验资料沟通起来，用归纳和演绎相结合的方式对新材料研制做出决策，为材料设计的实施提供了行之有效的技术和方法。以材料数据库和知识数据库为基础，构建了多种类型的材料设计专家系统，为材料的设计提出了有力的工具。先进的材料制备技术如急冷（Splat Cooling）、分子束外延（MBD）、有机金属化合物气相沉积、离子注入、微重力制备等，可制出过去不能制备的“人造材料”（Artificial Materials），如超晶格、纳米相、亚稳相、准晶等，为材料设计开拓了新的应用园地，将传感器、人工智能技术、自控技术相结合，发展材料的智能加工（Intelligent Processing），为材料制备和加工方法的优化设计开辟了新方向。

当前，国际上的材料数据库正朝着智能化和网络化的方向发展。世界上几乎所有的发达国家都已经相继建成了国家级的科研和教育计算机网络，并在此基础上互联成覆盖全球的国际性计算机网络。科学工作者可以利用网络进行学术交流，人们可以通过个人计算机作为终端直接使用远程的大型计算机来解决自己的计算问题和共享数据资源。网络数据库将给科研工作者进行材料设计提供更加便利和快捷的服务。

二、材料科学研究中的计算机模拟

利用计算机对真实的系统进行模拟“实验”、提供实验结果、指导新材料研究，是材料设计的有效方法之一。材料设计中的计算机模拟对象遍及从材料研制到使用的全过程，包括合成、结构、性能、制备和使用等。随着计算机技术的进步和人类对物质不同层次的结构及动态过程理解的深入，可以用计算机精确模拟的对象日益增多。在许多情况下，用计算机模拟比进行真实的实验要快、要省，因此可根据计算机模拟结果预测有希望的实验方案，以提高实验效果。

计算机模拟是一种根据实际体系在计算机上进行的模型实验。通过将模拟结果与实际体系的实验数据进行比较，可以检验模型的准确性。也可以检验由模型导出的解析理论所作的简化近似是否成功。在模型体系上获得的微观信息常常比在实际体系上所做的实验更为详细。在某些情况下，计算机模拟可以部分地代替实验。此外，计算机模拟对于理论的发展也有重要的意义，它们为现实模型和实验室中无法实现的探索模型作详细的预测而提供方法，如材料在极端压力或温度下经历相变的四维体系；再如材料科学中一些发展极快的过程，用现有的测试技术无法监测的问题，也可以借助计算机模拟技术进行详尽的研究，从而超越过去只能根据过程的最终状态的测试结果进行推论的传统研究方法的局限。

目前，美国 BIOSYM Technologies 公司已经研制出多套材料的计算机模拟软件，如电子、光学和磁性材料的模拟软件（Software for Electron，Optical and Magnetic Materials Simulation，简称 EOM），固态化学研究软件（Software for Solid State Chemistry Research），模拟无机材料的结构和性能的软件（Simulating the Structures & Properties of Inorganic Materials），聚合物体系的性能预测和分析软件（Property Prediction & Analysis of Polymer Systems）等。应用这些软件，已经解决了不少实际问题。总之，计算机模拟在材料科学中已被证明是一个不可估价的研究工具，有人直接称材料科学中的计算机模拟为计算机材料科学。

1992 年末，关于计算机模拟的两本专业性杂志问世。一本是 IOP（Institute of Physics Publishing）出版的“Modeling and Simulation in Materials Science and Engineering”，另一本是由 Elsevier Science Publishers B. V. 出版的“Computational Materials Science”。这也是材料科学领域正面临一场研究方法变革的重要标志之一。

材料研究的分析和建模按传统方法可大致分为三类不同的领域，是由所考察材料的性质在什么尺度上划分的。被凝聚态物理学家和量子化学家处理的微观尺度范围是最基本的模型，此时材料的原子结构起显著作用，一类是在唯象的层次上，许多最复杂的分析在中间尺度上进行，即连续的模型。最后是宏观尺寸，此时大块材料的性能被用作制造过程及使用模型的输入量。历史上，这三种层次的研究被不同领域的科学家——应用数学家，物理学家，化学家，冶金学家，陶瓷学家，机械工程师，制造工程师等分别进行。

由于材料性质的研究是在不同尺度层次上进行的，计算机模拟也可根据模拟对象的尺度范围而划分为若干层次。一般说，可分为电子层次（如电子结构）、原子分子层次（如结构、力学性能、热力学和动力学性能）、微观结构层次（如晶粒生长、烧结、位错、极化和织构等）以及宏观层次（如铸造、焊接、锻造和化学气相沉积）等。它们对应的空间尺度大致为 0.1 ~ 1nm，1 ~ 10nm，~ 1μm 以及 1μm 以上的尺度。正因为计算机模拟技术可以从微观上研究原子间的相互作用，对于一些现有的观测手段无法直接观察到的过程，如各种组织形成的规律、凝固过程、非晶态的形成、固态相变中原子间的相互运动和晶体缺陷及其运动、晶界构造、裂纹的产生和扩展过程等问题都可以用计算机模拟方法进行透彻的研究。

对于空间尺度大于 1μm 的材料对象，模拟时已不用考虑材料中个别原子分子的行为，而采用所谓“连续介质模型”（如材料的弹/塑性、断裂力学、扩散、热传输和相变等）。对于更大的空间尺度，则涉及材料的工程模拟和使用中的行为模拟（如寿命预测、环境稳定性和老化等）。

由于巨型计算机的应用，当用于规则（或非常接近规则）的结晶固体时，利用计算机已经达到了定量预测的能力。最新的进展表明有可能以相似的精度描述诸如缺陷附近的晶体形变、表面和晶粒边界的非规则图像。新的方法甚至有可能用于研究物质的亚稳态或严重无序状态。最近，已经提出总能量从头算起的新方法，能用现今已有的计算机处理原子的较大排列，如在一个超晶胞中有50～100个原子。实际上，如果新的从头算起方法能达到预期的精度，大批的材料问题将转为定量的问题。

计算机模拟已应用在材料科学的各个方面，包括分子液体和固体结构的动力学、水溶液和电解质、胶态分子团和胶体、聚合物的结构、力学和动力学性质、晶体的复杂结构、点阵缺陷的结构和能量、超导体的结构、沸石的吸附和催化反应、表面的性质、表面的缺陷、表面的杂质、晶体生长、外延生长、薄膜的生长、液晶、有序-无序转变、玻璃的结构、粘度、蛋白质动力学、药物设计等。

三、材料工艺过程的优化及自动控制

材料加工技术的发展主要体现在控制技术的飞速发展。微型计算机和可编程控制器在材料加工过程中的应用正体现了这种发展和趋势。在材料加工过程中应用计算机不仅能减轻劳动强度，而且能改善产品质量和精度，提高产量。

用计算机可以对材料加工工艺过程进行优化控制。如在计算机模拟和对工艺过程的数学模拟进行研究的基础上，可以用计算机对渗碳、渗氮全过程进行控制，可以用计算机精密控制注塑机的注射速度。计算机技术和微电子技术、自动控制技术相结合，使工艺设备、检测手段的准确性和精确度等大大提高。以在热处理中的应用为例，计算机首先应用于炉温控制，其后迅速扩展到气氛控制，真空热处理控制，气体渗碳、渗氮控制，离子化学热处理控制，激光热处理的控制，渗碳、淬火、清洗和回火的整个生产过程的控制等。控制技术也由最初的简单顺序控制发展到数学模型在线控制和统计过程控制，由分散的个别设备的控制发展到计算机综合管理与控制，控制水平提高，可靠性得到充分保证。

四、计算机用于数据和图像处理

材料科学研究在实验中可以获得大量的实验数据，这是材料科学研究中获得的第一手、也是非常重要的原始数据。借助计算机的存储设备，可以保存大量的数据，同时又特别方便后续用计算机对数据进行处理（计算、绘图、拟合分析等）和快速查找。目前，用于数据管理、分析以及绘图的软件很多，有些功能非常强大，有的虽相对简单，但比较专业化。

材料性能与其结构有着密不可分的关系，这些结构包括一种材料的原子组成、分子结构以及在此基础上形成的凝聚态结构。这些结构中与使用性能直接相关的是凝聚态结构（如材料的晶体结构将对其力学性能产生很大影响），其研究手段之一是光学显微镜和电子显微镜技术。这些技术往往以二维图像方式表述材料的凝聚态结构，如何从这些图像中获取有用的结构信息，如晶体的大小、分布、聚集方式等，并将这些信息与材料性能相联系，是材料研究中非常重要的内容，而对图像的分析离不开计算机的应用。

五、计算机网络在材料研究中的应用

材料科学是一门综合性的学科，它所涉及的领域几乎涵盖整个科学研究的所有基础领域。借助于 Internet，从事研究材料的科学工作者可以相互交流，及时了解材料科学的发展动向，阅读各种相关杂志的电子版，查找已发表的论文，建立 Web 页面介绍自己的研究成果等。这种新的研究手段正成为材料科技工作者手中的一种工具，可以极大简化文献检索的繁琐，更快、更准确地获得需要的材料科学研究信息。

由于互联网上信息浩如烟海，为了解决在网上查询信息的困难，各类搜索引擎应运而生。它们将国际互联网上的网站进行分类，并且提供关键词查询工具。因此，熟练掌握搜索引擎的使用技巧，学会材料科学信息资源的检索方法十分必要。

上面所提到的只不过是计算机在材料科学研究应用中的很少一部分内容，计算机在材料科学研究中的应用还在不断的发展中，需要大家在今后的学习和工作中不断的理解、体会。

第一章　材料科学研究中的数学模型

现代科学技术发展的一个重要特征是各门科学技术与数学的结合越来越紧密。数学的应用使科学技术日益精确化、定量化，科学的数学化已成为当代科学发展的一个重要趋势。数学模型是数学科学连接其他非数学学科的中介和桥梁，它从定量的角度对实际问题进行数学描述，是对实际问题进行理论分析和科学研究的有力工具。数学建模是一种具有创新性的科学方法，它将现实问题简化，抽象为一个数学问题或数学模型，然后采用适当的数学方法求解，进而对现实问题进行定量分析和研究，最终达到解决实际问题的目的。计算机技术的发展为数学模型的建立和求解提供了新的舞台，极大地推动了数学向其他技术科学的渗透。

材料科学作为21世纪的重要基础科学之一同样离不开数学。通过建立适当的数学模型对实际问题进行研究，已成为材料科学研究和应用的重要手段之一。从材料的合成、加工、性能表征到材料的应用都可以建立相应的数学模型。有关材料科学的许多研究论文都涉及到了数学模型的建立和求解，甚至产生了一门新的边缘学科——计算材料学（Computational Materials Science），正是这些数学手段才使材料研究脱离了原来的试错法（Trial or Error）研究，真正成为一门科学。

本章将介绍数学模型的基本概念，建立数学模型的基本步骤、原则和方法，同时给出一些与材料科学有关的具体建模实例。

第一节　数学模型基础

一、基本概念

科学的发展离不开数学，数学模型在其中又起着非常重要的作用。无论是自然科学还是社会科学的研究都离不开数学模型。

虽然我们还没有将数学模型作为一门课程来学习过，但实际上，在已经学习过的其他课程中已经多次接触到了数学模型。在物理学中，最典型的莫过于力学中的牛顿三定律。在物理化学中的热力学定律，在电子学中反映电路理论的基本规律的基尔霍夫定律，都是最精美的数学模型。此外在社会科学领域也存在着大量的数学模型，如马尔萨斯的人口模型、马克思的描述再生产基本规律的数学模型。这些反应某一类现象客观规律的数学式子就是这些现象的数学模型。

那么，怎样给数学模型下一个定义呢？

我们通常把客观存在的事物及其运动形态统称为实体，模型则是对实体的特征及其变化规律的一种表示或抽象。数学模型就是利用数学语言对某种事物系统的特征和数量关系建立起来的符号系统。

数学模型有广义理解和狭义理解。按广义理解：凡是以相应的客观原型（即实体）作为背景加以一级抽象或多级抽象的数学概念、数学式子、数学理论等都叫做数学模型。按狭义理解：那些反映特定问题或特定事物系统的数学符号系统就叫做数学模型。在应用数学中所指的数学模型，通常是按狭义理解的，而且构造数学模型的目的仅在于解决具体的实际问题。

数学模型是为一定的目的对客观实际所作的一种抽象模拟，它用数学公式、数学符号、程序、图表等刻画客观事物的本质属性与内在联系，是对现实世界的抽象、简化而又本质的描述。它源于实践，却不是原型的简单复制，而是一种更高层次的抽象。它能够解释特定事物的各种显示形态，或者预测它将来的形态，或者能为控制某一事物的发展提供最优化策略，它的最终目标是解决实际问题。

二、数学模型的分类

数学模型按照不同的分类标准有着多种分类。

1）按照人们对实体的认识过程来分，数学模型可以分为描述性数学模型和解释性数学模型。

描述性模型是从特殊到一般，从分析具体客观事物及其状态开始，最终得到一个数学模型。客观事物之间量的关系通过数学模型被概括在一个具体的抽象的数学结构之中。

解释性模型是由一般到特殊，从一般的公理系统出发，借助于数学壳体，对公理系统给出正确解释。

2）按照建立模型的数学方法分，可以分为初等模型、图论模型、规划论模型、微分方程模型、最优控制模型、随机模型、模拟模型等。

初等模型指采用简单而且初等的方法建立问题的数学模型，该模型容易被更多的人理解接受和采用，更有价值。该模型包括代数法建模、图解法建模等。

图论模型指的是根据图论的方法，通过由点和边组成的图形为任何一个包含了某种二元关系的系统提供一个数学模型，并根据图的性质进行分析。如物质结构都可用点和边连接起来的图来模拟，有机化合物的分子结构、同分异构体的计算问题均可用图论中的树来研究。

微分方程模型指的是在所研究的现象或过程中取一局部或一瞬间，然后找出有关变量和未知变量的微分（或差分）之间的关系式，从而获得系统的数学模型。微分方程模型在材料研究中应用很广泛，如材料中的扩散问题、材料电子显微分析中的衍衬运动学、衍衬动力学理论等。

随机模型是根据概率论的方法讨论描述随机现象的数学模型。例如描述炮弹的运动轨迹和着弹点的数学模型、描述高分子材料链式化学反应的数学模型、多晶材料晶粒生长模拟中基于 Monte Carlo 方法的 Ising、Q-State Potts 等模型。

模拟模型是用其他现象或过程来描述所研究的现象或过程，用模型的性质来代表原来的性质。例如可用电流模拟热流或流体的流动，用流体系统模拟车流等。在材料科学中的应用如采用非牛顿流体力学和流变学来描述高聚物加工过程、建立液晶高分子材料本构方程。已发展的有液晶高分子流体 B 模型、涉及聚合物熔体流动不稳定性（例如高聚物熔体由喷丝孔挤出时产生的拉伸共振、挤出物表面畸变、薄膜吹塑中产生的不稳定膜泡等现象）的扰动本构理论模型。

3）按照模型的应用领域分，可以分为如人口模型、交通模型、环境模型、生态模型、水资源模型、再生资源利用模型、电气系统模型、传染病模型和污染模型等。

4）按照模型的特征分，可以分为静态模型和动态模型、确定性模型和随机模型、离散模型和连续性模型、线性模型和非线性模型等。

在许多系统中，由于受到一些复杂而尚未完全搞清楚的因素的影响，使得系统在确定的输入时，得到的输出是不确定的，该系统称为随机系统，它的数学模型为随机模型。反之，系统有确定的输入时，系统的输出也是确定的，这样的系统称为确定系统，它的数学模型为确定性模型。

如果系统的有关变量是连续变量，则称其为连续系统，它们的数学模型为连续性模型。如果系统的有关变量是离散变量，则称该系统为离散系统，其模型为离散模型。离散系统及离散模型描述了客观世界中很广泛的一类系统。由于计算机只能对离散数值进行运算，所以离散模型在应用上非常重要，连续性模型有时候也要转化成离散模型。当采用有限单元法和有限差分法研究材料某些性质时（比如材料的稳、瞬态热传导问题），连续性模型被转化成离散模型。

如果系统输入和输出呈线性关系，则该系统称为线性系统，线性系统的数学模型称为线性模型。与之相反，如果系统输入与输出呈非线性关系，则该系统称为非线性系统，非线性系统的数学模型称为非线性模型。

5）按照对模型结构了解的程度可以分为白箱模型、灰箱模型和黑箱模型。它们分别代表人们对原型的内在机理了解得清楚、不太清楚和不清楚。

三、数学模型的作用

数学模型的根本作用在于它将客观原型进行抽象和简化，便于人们采用定量的方法去分析和解决实际问题。正因为如此，数学模型在科学发展、科学预见、科学预测、科学管理、科学决策、驾驭市场经济乃至个人高效工作和生活等众多方面发挥着特殊的重要作用。

一门学科精密化和科学化的重要表现之一便是能够采用精密的数学语言来分析和描述。材料科学从最早的试错法的手工操作成为当代重要科学支柱，数学的应用起着非常重要的作用。利用数学这一有效的工具，可以深刻认识客观现象的本质规律，促进科学的发展。在材料研究和应用中，要对有关问题进行计算，就必须先建立该问题的数学模型。

当代计算机科学的发展和广泛应用，使得数学模型的方法如虎添翼，加速了数学向各个学科的渗透。在材料工程领域，实验是非常重要的手段，但现在认为，除了实验方法之外，数学模型是与其同样重要的，甚至是更好的一种方法。从材料设计上来看，要进行理论设计首先要建立正确的数学模型，这样才能设计出具有优良性能、工艺可行的材料。在生产过程中，为了分析和改进生产中出现的问题，先建立适当的数学模型，然后在计算机上进行模拟计算来代替实验，可以节约人力、物力和财力，还可以避免发生故障或危险，甚至完成实验不可能完成的任务。

第二节 建立数学模型的一般步骤和原则

数学模型的建立，简称数学建模。数学建模（mathematical modeling）是构造刻画客观事物原型的数学模型并用以分析、研究和解决实际问题的一种科学方法。运用这种科学方法，必须从实际问题出发，紧紧围绕着建模的目的，运用观察力、想像力和逻辑思维，对实际问题进行抽象、简化，反复探索、逐步完善，直到构造出一个能够用于分析、研究和解决实际问题的数学模型。因此，数学建模不仅是一种定量解决实际问题的科学方法，而且还是一种从无到有的创新活动过程。

数学建模没有固定的模式。按照建模过程，一般采用的建模基本步骤如下：

1．建模准备

建模准备是确立建模课题的过程，就是要了解问题的实际背景，明确建模的目的。数学建模是一项创新活动，它所面临的课题是人们在生产和科研中为了使认识和实践进一步发展必须解决的问题。找到了需要解决的实际问题，如果这些实际问题需要给出定量的分析和解答，那么就可以把这些实际问题确立为数学建模的课题。应该深入生产和科研实际以及社会生活实际，掌握与课题有关的第一手资料，汇集与课题有关的信息和数据，弄清问题的实际背景和建模的目的，进行建模筹划。

2．建模假设

作为课题的原型往往都是复杂的、具体的。这样的原型，如果不经过抽象和简化，人们对其认识是困难的，也无法准确把握它的本质属性。而建模假设就是根据建模的目的对原型进行适当的抽象、简化，把那些反映问题本质属性的形态、量及其关系抽象出来，简化掉那些非本质的因素、使之摆脱原来的具体复杂形态，形成对建模有用的信息资源和前提条件。这是建立模型最关键的一步。

对原型的抽象、简化不是无条件的，必须按照假设的合理性原则进行。假设不合理或太简单，会导致模型的失败或部分失败；假设过于详细或考虑因素过多，会使模型太复杂而且会降低模型的通用性。假设合理性原则有以下几点：

（1）目的性原则　从原型中抽象出与建模目的有关的因素，简化那些与建模目的无关的或关系不大的因素。

（2）简明性原则　所给出的假设条件要简单、准确，有利于构造模型。

（3）真实性原则　假设要科学，简化带来的误差应满足实际问题所能允许的误差范围。

（4）全面性原则　对事物原型本身作出假设的同时，还要给出原型所处的环境条件。

3. 构造模型

在建模假设的基础上，进一步分析建模假设的内容，首先区分哪些是常量、哪些是变量，哪些是已知的量、哪些是未知的量，然后查明各种量所处的地位、作用和它们之间的关系，选择恰当的数学工具和构造模型的方法对其进行表征，构造出刻画实际问题的数学模型。

在构造模型时究竟采用什么数学工具，要根据问题的特征、建模的目的要求及建模人的数学特长而定。可以说，数学的任一分支在构造模型时都可能用到，而同一实际问题也可以构造出不同的数学模型。一般地，在能够达到预期目的的前提下，所用的数学工具越简单越好。

4. 模型求解

构造数学模型之后，根据已知条件和数据，分析模型的特征和模型的结构特点，设计或选择求解模型的数学方法和算法，然后编写计算机程序或运用与算法相适应的软件包，并借助计算机完成对模型的求解。

5. 模型分析

根据建模的目的要求，对模型求解的数字结果，或进行稳定性分析（指分析结果重复获得的可能性），或进行系统参数的灵敏度分析，或进行误差分析等。通过分析，如果不符合要求，就修改或增减建模假设条件，重新建模，直到符合要求。如果通过分析符合要求，还可以对模型进行评价、预测、优化等方面的分析和探讨。

6. 模型检验

模型分析符合要求之后，还必须回到客观实际中去对模型进行检验，看是否符合客观实际，若不符合，就修改或增减假设条件，重新建模。循环往复，不断完善，直到获得满意结果。

目前计算机技术已为进行模型分析、模型检验提供了先进的手段，充分利用这一手段，可以节约大量的时间、人力和经费。

7. 模型应用

模型应用是数学建模的宗旨，也是对模型的最客观、最公正的检验。一个成功的数学模型，必须根据建模的目的，将其用于分析、研究和解决实际问题，充分发挥数学模型在生产和科研中的特殊作用。

以上介绍的数学建模基本步骤应该根据具体问题灵活应用，或交叉进行，或平行进行，不必拘泥于一种模式，最大限度地发挥建模者的主观能动性和聪明才智。

例 以金属材料中空位形成能为例研究建模过程。

（1）建模准备 原子能的发展对于金属研究提出了一个新的课题，即高能粒子对于金属材料性能的影响。反应堆中应用的金属材料都是在强辐照条件下工作的。辐照对于材料性能所引起的一些特殊效应就特别令人注意。固体受到辐照后产生的效应主要有三种类型：电离、蜕变和离位（产生空位和填隙原子），最后一种是金属中最主要的辐照效应，这说明对金属中空位研究是非常重要的。要研究空位，首先必须研究空位缺陷的形成能。

（2）建模假设和构造模型 由于金属材料为晶体，以晶体作为研究对象，同时设想晶体为面心立方结构，原子间的交互作用限于最近邻。空位的形成能被定义为在晶体内取出一个原子放到晶体的表面（但不改变晶体的表面能）所需要的能量。为了不影响晶体的表面积，取出的原子应放在晶体表面的台阶处。空位形成模型如图 1-1 所示。

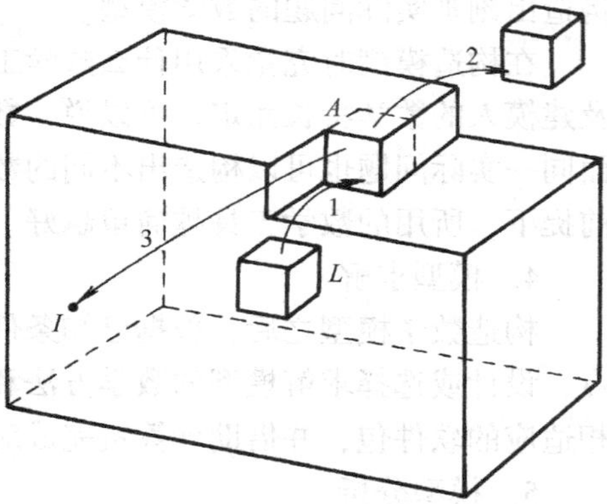

图 1-1 空位缺陷的形成
1—形成空位 2—蒸发 3—形成填隙原子

（3）模型求解和模型分析 在面心立方晶体内取出一个原子要割断 12 个键（面心立方结构的配位数为 12），而在表面台阶处置放一原子，要形成 6 个键，因此净效应为割断 6 个键，且应和晶体的结合能（即升华能）相等。也就是说空位形成能和结合能之间有密切的关系，这是由该模型得出的结论。

（4）模型检验 模型得出的结论——空位形成能和结合能之间有密切的关系是符合实验事实的：结合能愈大，熔点愈高，则空位的形成能也愈大。但事实上空位的形成能大约只为结合能的 1/2 ~ 1/4，显然，结论中形成能应和晶体结合能相等的观点是非常粗略的，原因在于没有考虑金属键的特征以及空位周围原子的位移。

重新建模、分析。设想按照下述的程序形成空位：

1）将点阵中的一个正离子取出，并将所带的正电荷均匀地散布在晶体中以抵消它的价电子，使整个晶体仍保持电中性。空位的静电效应和一个零价的溶质原子相似，在单价金属中，空位的附加电荷为 $-Z_e$（即 $Z=-1$），引起导带电子的屏蔽效应。达到平衡状态后，空位周围只保留局部的干扰电势 V_P。设导带的电子浓度为 n，静电能的增加就等于 nV_P 的体积积分：

$$E_1 = n\int_0^R 4\pi V_P r^2 \mathrm{d}r \tag{1-1}$$

式中，r 表示积分元到空位中心的距离，R 表示积分区域的半径。根据电子屏蔽模型，V_P 与 Z 应满足下列关系：

$$-N_0(E_M)\int_0^R 4\pi V_P r^2 \mathrm{d}r = Z = -1 \tag{1-2}$$

这里的 N_0（E_M）表示晶体导带在费米能级 E_M 处的能态密度。从式（1-1）和式（1-2）消去积分式，即可求出

$$E_1 = \frac{n}{N_0(E_M)} \tag{1-3}$$

对于自由电子，有

$$N_0(E) = CE^{\frac{1}{2}} \tag{1-4}$$

$$n = \int_0^{E_M} N_0(E)\mathrm{d}E = C\int_0^{E_M} E^{\frac{1}{2}}\mathrm{d}E = \frac{2}{3}CE_M^{\frac{3}{2}} \tag{1-5}$$

这里的 C 是一个常数。所以

$$E_1 = \frac{2}{3}E_M \tag{1-6}$$

2）将取出的正离子放在表面台阶上，由于自由电子气的膨胀，造成费米能的下降。根据式（1-5），E_M 可以表示为

$$E_M = \left(\frac{3}{2}\frac{N}{CV}\right)^{\frac{2}{3}} \tag{1-7}$$

式中，N 为晶体中的原子数，V 为晶体的总体积。根据式（1-7），体积膨胀了 ΔV，费米能级的变化为

$$\Delta E_M = -\frac{2}{3}E_M\frac{\Delta V}{V} \tag{1-8}$$

由模型可知，ΔV 等于一个原子体积，而 $\frac{\Delta V}{V}$ 就等于 $\frac{1}{N}$；自由电子的平均动能为 $\frac{3}{5}E_M$，因此总的费米能的变化为

$$E_2 = -\frac{2}{3}\times\frac{3}{5}E_M = -\frac{2}{5}E_M \tag{1-9}$$

E_1 和 E_2 的迭加就等于空位的形成能（忽略了畸变能），即

$$E = E_1 + E_2 = \frac{4}{15}E_M \quad (1\text{-}10)$$

这样定出的 E，大体上与实验的结果符合，只偏高一些，见表1-1。如果考虑到空位周围的原子略有松弛，可能降低能量，因而有第三项 E_3，比如对铜的估计值为 -0.3eV。这样，E_1，E_2，E_3 三项的迭加就接近于实验值。

表1-1　空位的形成能（实验值和理论值的对照）

金　属	U_f/eV（淬火）	U_f/eV（正电子湮灭）	U_f/eV（最佳值）	U_f/eV（理论计算值）
Cu	1.27	1.29	1.28	0.8 ~ 1.0
Ag	1.10	1.16	1.13	0.6 ~ 0.92
Au	0.94	0.97	0.95	0.6 ~ 0.77

（5）模型应用　建立空位形成能计算模型后，根据自由能极小的条件，可以求出在热力学平衡状态下的空位浓度

$$c = \exp\left(-\frac{U_f - TS_f}{kT}\right) = A\exp\left(-\frac{U_f}{kT}\right) \quad (1\text{-}11)$$

式中，c 为平衡状态下的空位浓度；U_f 为空位形成能；S_f 为形成一个空位改变了周围的原子振动所引起的振动熵；k 为玻尔兹曼常数；T 为热力学温度。

第三节　常用的数学建模方法

一、理论分析法

理论分析法是指应用自然科学中的定理和定律，对被研究系统的有关因素进行分析、演绎、归纳，从而建立系统的数学模型。理论分析法是人们在一切科学研究中广泛使用的方法。在工艺比较成熟、对机理比较了解时，可采用此法。根据问题的性质可直接建立模型。

例　在渗碳工艺过程中通过平衡理论找出控制参量与炉气碳势之间的理论关系式。

模型假设钢在炉气中发生如下反应：

$$C_{Fe} + CO_2 = 2CO \quad (1\text{-}12)$$

式中，C_{Fe}为钢中的碳。

可求出平衡常数 K_2 为

$$K_2 = \frac{p_{CO}^2}{p_{CO_2}\alpha_C} \quad (1\text{-}13)$$

式中，α_C 为碳在奥氏体中的活度；$\alpha_C = w_C / w_{C(A)}$，$w_{C(A)}$ 为奥氏体饱和碳含量，

w_C 为奥氏体中的实际碳含量；p_{CO}和 p_{CO_2}为平衡时 CO 和 CO_2 的分压。

$$\lg\alpha_C = \lg\frac{p_{CO}^2}{p_{CO_2}} - \lg K_2 \tag{1-14}$$

$$\lg\ (w_C/w_{C(A)})\ = \lg\frac{p_{CO}^2}{p_{CO_2}} - \lg K_2 \tag{1-15}$$

$$\lg w_C = \lg\frac{p_{CO}^2}{p_{CO_2}} + \lg\ (w_{C(A)})\ - \lg K_2 \tag{1-16}$$

将 $w_{c(A)}$和平衡常数（K_2）的计算式代入式（1-16），可求得碳势与炉气 CO、CO_2 含量及温度之间的关系式。

在理论分析的基础上，根据实验数据进行修正，可得出实用的碳势控制数学模型。

下面介绍单参数碳势控制的数学模型的建立。

甲醇加煤油气氛渗碳中，炉气碳势与 CO_2 含量的关系，实际数据见表 1-2。

表 1-2　甲醇加煤油渗碳气氛　（930℃）

序　号	φ_{CO_2}（%）	炉气碳势 C_C（%）
1	0.81	0.63
2	0.62	0.72
3	0.51	0.78
4	0.38	0.85
5	0.31	0.95
6	0.21	1.11

由前面炉气的化学反应得知：

$$K_2 = \frac{p_{CO}^2}{p_{CO_2}\alpha_C} = p\frac{\varphi_{CO}{}^2}{\varphi_{CO_2}\alpha_C} \tag{1-17}$$

式中，p 为总压，设 p = 1atm（1atm = 101.325kPa）；p_{CO}、p_{CO_2}分别为 CO、CO_2 气体的分压；φ_{CO}、φ_{CO_2}分别为 CO、CO_2 的体积分数。

$$\alpha_C = \frac{1}{K_2}\frac{\varphi_{CO}{}^2}{\varphi_{CO_2}} \tag{1-18}$$

又

$$\alpha_C = \frac{C_C}{C_{C(A)}} \tag{1-19}$$

式中，C_C 表示平衡碳浓度，即炉气碳势；$C_{C(A)}$ 表示加热温度 T 时奥氏体中的饱和碳浓度。

同样，可得

$$C_C = \frac{C_{C(A)}\varphi_{CO}{}^2}{K_2\ \ \varphi_{CO_2}} \tag{1-20}$$

在温度一定时，$C_{C(A)}$和K_2均为常数，如不考虑CO及其他因素的影响，将φ_{CO}等视为常数，可得出

$$C_C = A\frac{1}{\varphi_{CO_2}} \tag{1-21}$$

式中，A为常数。

对式（1-21）取对数，得

$$\lg C_C = \lg A - b\lg\varphi_{CO_2} \tag{1-22}$$

设$\lg C_C = Y$，$\lg A = a$，$\lg\varphi_{CO_2} = x$，系数为b，可得

$$Y = a - bx \tag{1-23}$$

利用表中的实验数据进行回归，求出回归方程为$Y = -0.02278 - 0.3874x$

即

$$C_C = \frac{0.5918}{0.3874\varphi_{CO_2}} \tag{1-24}$$

式（1-24）即为碳势控制的单参数数学模型。

二、模拟方法

模型的结构及性质已经了解，但其数量描述及求解却相当麻烦。如果有另一种系统，结构和性质与其相同，而且构造出的模型也类似，就可以把后一种模型看成是原来模型的模拟，而对后一个模型去分析或实验并求得其结果。

例如，研究钢铁材料中裂纹在外载荷作用下尖端的应力、应变分布，可以通过弹塑性力学及断裂力学知识进行分析计算，但求解非常麻烦。此时可以借助实验光测力学的手段来完成分析。首先，根据一定比例，采用模具将环氧树脂制备成具有同样结构的模型，并根据钢铁材料中裂纹形式在环氧树脂模型加工出裂纹；随后，将环氧树脂模型放入恒温箱内，对环氧树脂模型在冻结温度下加载，并在载荷不变的条件下缓缓冷却到室温卸载；将已冻结应力的环氧树脂模型在平面偏振光场或圆偏振光场下观察，环氧树脂模型中将出现一定分布的条纹，这些条纹反应了模型在受载时的应力、应变情况，用照相法将条纹记录下来并确定条纹级数，再根据条纹级数计算应力；最后，根据相似原理、材料等因素确定一定的比例系数，将计算出的应力换算成钢铁材料中的应力，从而获得了裂纹尖端的应力、应变分布。

以上是用实验模型来模拟理论模型，分析时也可用相对简单理论模型来模拟、分析较复杂理论模型，或用可求解的理论模型来分析尚不可求解的理论模型。

例如，在研究材料相变的微观理论中，统计理论是发展最早而且最为成熟的一个领域。20世纪20年代W. Lenz与E. Ising提出了一种用以解释铁磁相变的简化统计模型，称为Ising模型。多年来Ising模型的研究一直是相变统计理论的核

心问题。下面介绍这种模型。

设有一晶体点阵，它的第 i 个格点上的粒子的状态可以用一自旋 σ_i 完全表征出来。为了最简单地研究这一问题，作如下假设：① 自旋仅可能采取两种状态——向上和向下，可分别以 $\sigma_i=+1$ 及 $\sigma_i=-1$ 表示之；② 仅在最近邻间存在有相互作用；③ 在任何状态下系统的势能可以由最近邻对的相互作用能相加而得到。

显然，由于自旋间相互作用能的存在将使自旋倾向于在点阵中规则排列。而在一定温度下，所存在的热运动又使自旋处于混乱状态。因而在某一温度以下，点阵中的自旋将有可能按一定方式规则排列，从而具有铁磁性或反铁磁性，也发生了自旋取向的有序化。这取决于自旋平行和反平行中哪一种排列的能量比较低。如果能求出该模型的配分函数，则该模型的一切热力学函数都能获得。

1）一维 Ising 模型是最简单的情况，自旋在一线性链上分布。其配分函数为

$$Q_c = \left[e^K\cos G + \left(e^{2K}\sin^2 G + e^{-2K}\right)^{\frac{1}{2}}\right]^N \tag{1-25}$$

其中

$$K=\frac{J}{k_B T},\quad G=\frac{\mu}{k_B T} \tag{1-26}$$

式中，μ 是单个自旋的磁矩；k_B 为玻尔兹曼常数；N 为自旋个数；J 为同一列内两相邻自旋间的相互作用能；T 为温度。

2）对于自旋在二维空间中排列的二维 Ising 模型，计算很复杂，配分函数的严格解如下：

$$\lim_{N\to\infty}\frac{1}{N}\ln Q_c = \ln(2\cos 2K) + \frac{1}{2\pi}\int_0^{\pi}\ln\left\{\frac{1}{2}\left[1+\left(1-k_1^2\sin^2\varphi\right)^{\frac{1}{2}}\right]\right\}d\varphi \tag{1-27}$$

其中

$$k_1=\frac{2\tan 2K}{\cos 2K} \tag{1-28}$$

上述两种情况下，系统的磁化强度平均值 M_l 可根据严格的配分函数得出。

3）对于自旋在三维空间中排列的三维 Ising 模型，计算极复杂，目前尚未求出其配分函数的严格解。系统的磁化强度平均值无法根据配分函数获得，但可采用别的模型来模拟求出，比如采用 Bethe 近似模型。

Bethe 设计了一种近似方法以计算三维立方点阵有序－无序相变，称为 Bethe 近似。在该近似中，Bethe 以一种特殊方式排列成点阵的 Ising 模型，从而使其成为严格可解的。它的一种特殊情形为 Bethe 近似的结果。过程如下：

构成一个点阵时，从一个中心点 O 开始，加 q 个等价的点作为它的第一壳层（第一近邻）。然后对第一壳层上每一个点作 $q-1$ 个等价的新的点作为它的

近邻，构成了 O 点的第二壳层。这样得到了如图 1-2 所示形状的结构，这种结构不包含有回路，它被称为 Cayley 树。第 r 壳层上的质点数是

$$N_r = q\ (q-1)^{r-1} \tag{1-29}$$

而所有 n 个壳层上的总质点数为

$$N = N_0 + N_1 + \cdots + N_n = \frac{q[\ (q-1)^m - 1]}{q-2} \tag{1-30}$$

称最外层的第 n 壳层为边界壳层。若不考虑边界壳层，则可以视其为配位数为 q 的规则点阵。仅考虑此图形很深的内部的局部区域，这些位置可以认为是等价的，从而构成了 Bethe 点阵。考虑在此点阵上的 Ising 模型，忽略边界上的自旋对配分函数的贡献。

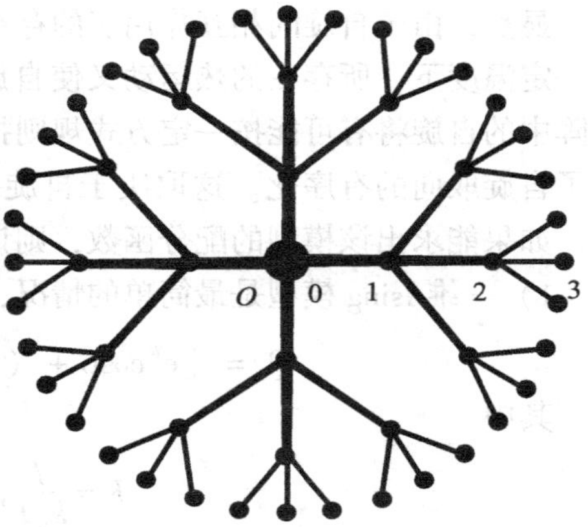

图 1-2　$q=4$ 的 Cayley 树

计算 Bethe 点阵上的 Ising 模型的配分函数

$$Q_c = \sum_{\sigma} P(\sigma) = \sum_{\sigma} \mathrm{e}^{K\sum\limits_{ij}\sigma_i\sigma_j + G\sum\limits_i \sigma_i} \tag{1-31}$$

其中，$P\ (\sigma)$ 为归一化的几率分布。显然，第一项是关于 Bethe 点阵中所有的“树干”求和，第二项是关于所有的位置求和。若中心位置 O 的自旋为 σ_0，则局域磁化强度 $M = M_1\mu$，而

$$M_1 = \sum_{O} \sigma_0 \frac{P(\sigma)}{Q_c} \tag{1-32}$$

从 Cayley 树的结构可以看出，若截断一根“树枝”，则 Cayley 树的结构除了它的第一近邻为 $q-1$，因而其各级近邻数都减小了 $(q-1)$ 倍外，仍与原 Cayley 树一样。可以利用这个特点来计算平均磁化强度 M_l。

设第一次在 O 处切断，则成为 q 段相同的树枝。而 $P\ (\sigma)$ 可以写成

$$P(\sigma) = \mathrm{e}^{G\sigma_0}\prod_{k=1}^{q} Z_n(\sigma_0 \mid s^{(k)}) \tag{1-33}$$

其中

$$Z_n(\sigma_0 \mid s^{(k)}) = \mathrm{e}^{K\sum\limits_{i,j} s_i^{(k)} s_j^{(k)} + K s_1^{(k)}\sigma_0 + G\sum\limits_i s_i^{(k)}} \tag{1-34}$$

$s_i^{(k)}$ 是在第 k 枝上位置 i 上的自旋，i 包括除了 σ_0 以外的所有壳层上的位置。$s_1^{(k)}$ 则为第一壳层上的自旋。等式左方的下角标 n 表示每枝中仍包含有 n 个壳层。$Z_n\ (\sigma_0 \mid s^{(k)})$ 是第 k 枝上全部“成分”的贡献，包括了 0－1“树干”（但无

σ_0)。作第二次切断，把 $s_1^{(k)}$ 割下，则第 k 枝又分成 $q-1$ 个分枝，每个分枝和作第一次切断后情形一样，只是现在只有 $n-1$ 个壳层，于是有

$$Z_n\ (\sigma_0\,|\,s^{(k)}) = \mathrm{e}^{K\sigma_0 s_1^{(k)} + Gs_1^{(k)}}\prod_{l=1}^{q-1} Z_{n-1}\ (s_1\,|\,t^{(l)}) \tag{1-35}$$

$t^{(l)}$ 是第 l 个分枝上除了 s_1 外的所有自旋。这样就得到了一个递推关系式。若记

$$Z_n\ (\sigma_0\,|\,s^{(k)})\ = g_n\ (\sigma_0) \tag{1-36}$$

则由式（1-33）得到

$$Q_c = \sum_\sigma P(\sigma) = \sum_{\sigma_0}\mathrm{e}^{G\sigma_0}\prod_{k=1}^{q} Z_n(\sigma_0\,|\,s^{(k)}) = \sum_{\sigma_0}\mathrm{e}^{G\sigma_0}[g_n(\sigma_0)]^q \tag{1-37}$$

类似地，由式（1-32）得到

$$M_1 = \langle\sigma_0\rangle = \sum_o \sigma_0\frac{P(\sigma)}{Q_c} = \frac{1}{Q_c}\sum_{\sigma_0}\sigma_0\mathrm{e}^{G\sigma_0}[g_n(\sigma_0)]^q \tag{1-38}$$

由于 σ_0 只取 +1 及 −1 两个值，若记

$$x_n = \frac{g_n\ (-1)}{g_n\ (+1)} \tag{1-39}$$

则有

$$M_1 = \frac{\mathrm{e}^G - \mathrm{e}^{-G}x_n^q}{\mathrm{e}^G + \mathrm{e}^{-G}x_n^q} \tag{1-40}$$

如果能求得 x_n，则 M_1 获得解。仍由 Cayley 树出发，由式（1-35）和式（1-36）得到

$$g_n\ (\sigma_0)\ = \sum_{s_1}\mathrm{e}^{K\sigma_0 s_1 + Gs_1}\ [g_{n-1}\ (s_1)]^{q-1} \tag{1-41}$$

此处由于各枝没有差别，省略了 s 的上角标 k。由式（1-41），将式（1-39）化成

$$x_n = \frac{\sum\limits_{s_1}\mathrm{e}^{-Ks_1+Gs_1}[g_{n-1}(s_1)]^{q-1}}{\sum\limits_{s_1}\mathrm{e}^{Ks_1+Gs_1}[g_{n-1}(s_1)]^{q-1}} \tag{1-42}$$

上式可以写成

$$x_n = y\ (x_{n-1}) \tag{1-43}$$

由式（1-43）迭代可以求得 x_n（$x_0=1$）。

当 $n\to\infty$ 时，$K>0$（对应铁磁体）时，最后求得

$$M_1 = \frac{1-w_1^2}{1+w_1^2+2w_1 z} \tag{1-44}$$

w_1 由式（1 −45）结合式（1-42）迭代获得

$$\frac{w_1}{w} = \left(\frac{z+w_1}{1+w_1 z}\right)^{q-1} \tag{1-45}$$

式中

$$z = e^{-2K}, \quad w = e^{-2G}, \quad w_1 = e^{-2G} x^{q-1} \tag{1-46}$$

这个由 Bethe 近似模型获得的结果和准化学近似获得的结果相同。这个模型的建立和分析过程也体现图解法建模的优点。

三、类比分析法

若两个不同的系统，可以用同一形式的数学模型来描述，则此两个系统就可以互相类比。类比分析法是根据两个（或两类）系统某些属性或关系的相似，去猜想两者的其他属性或关系也可能相似的一种方法。

例 在聚合物的结晶过程中，结晶度随时间的延续不断增加，最后趋于该结晶条件下的极限结晶度，现期望在理论上描述这一动力学过程（即推导 Avrami 方程）。

采用类比分析法。聚合物的结晶过程包括成核和晶体生长两个阶段，这与下雨时雨滴落在水面上生成一个个圆形水波并向外扩展的情形相类似，因此可通过水波扩散模型来推导聚合物结晶时的结晶度与时间的关系。

在水面上任选一参考点，根据概率分析，在时间从 0 到 t 时刻的范围内通过该点的水波数为 m 的概率 $P(m)$ 为 Poisson 分布（假设落下的雨滴数大于 m，t 时刻通过任意点 p 的水波数的平均值为 E）。

$$P(m) = \frac{E^m}{m!} e^{-E} \qquad (m = 0, 1, 2, 3, \cdots) \tag{1-47}$$

显然有

$$\sum_{m=0}^{\infty} P(m) = 1 \tag{1-48}$$

$$\langle m \rangle = \sum mP(m) = E \tag{1-49}$$

把水波扩散模型作为结晶前期的模拟来讨论薄层熔体形成“二维球晶”的情况。雨滴接触水面相当于形成晶核，水波相当于二维球晶的生长表面，当 $m=0$ 时，意味着所有的球晶面都不经过 p 点，即 p 点仍处于非晶态。根据式（1-47）可知其概率为

$$P(0) = e^{-E} \tag{1-50}$$

设此时球晶部分占有的体积分数为 φ_c，则有

$$1 - \varphi_c = P(0) = e^{-E} \tag{1-51}$$

下面求平均值 E，它应为时间的函数。

先考虑一次性同时成核的情况，它对应所有雨滴同时落入水面，到 t 时刻，水波前进的距离为 r，那么，以 r 为半径的圆面内的雨滴所产生的水波都将通过 p 点（见图 1-3）。把这个面积称为有效

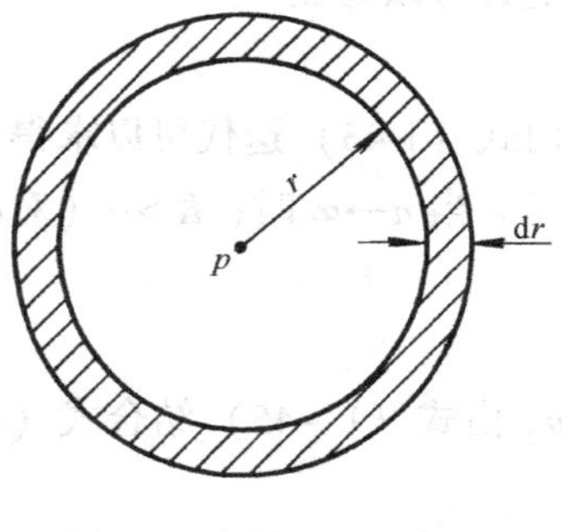

图 1-3 有效面积示意图

面积，通过 p 点的水波数等于这个有效面积内落入的雨滴数。设单位面积内的平均雨滴数为 N，当时间由 t 增加到 $t+\mathrm{d}t$ 时，有效面积的增量，即图中阴影部分的面积，为 $2\pi r\mathrm{d}r$，平均值 E 的增量为

$$\mathrm{d}E = N2\pi r\mathrm{d}r \tag{1-52}$$

若水波前进速度即球晶径向生长速度为 v，则 $r=vt$，对式（1-52）作积分得平均值同 t 的关系为

$$E = \int_0^E \mathrm{d}E = \int_0^{vt} N2\pi r\mathrm{d}r = \pi N v^2 t^2 \tag{1-53}$$

代入式（1-51）得

$$1-\varphi_{\mathrm{c}} = \exp\ (-\pi N v^2 t^2) \tag{1-54}$$

式（1-54）表示晶核密度为 N、一次性成核时体系中的非晶部分与时间的关系。

如果晶核是不断形成的，相当于不断下雨的情况，设单位时间内单位面积上平均产生的晶核数即晶核生成速度为 I，到 t 时刻产生的晶核数（相当于生成的水波）则为 It。时间增加 $\mathrm{d}t$，有效面积的增量仍为 $2\pi r\mathrm{d}r$，其中，只有满足 $t>\frac{r}{v}$ 的条件下产生的水波才是有效的，因此有

$$\mathrm{d}E = I\ (t-\frac{r}{v})\ 2\pi r\mathrm{d}r \tag{1-55}$$

积分得

$$E = \int_0^{vt} I(t-\frac{r}{v})2\pi r\mathrm{d}r = \frac{\pi}{3} I v^2 t^3 \tag{1-56}$$

代入式（1-51）中得

$$1-\varphi_{\mathrm{c}} = \exp\ (-\frac{\pi}{3} I v^2 t^3) \tag{1-57}$$

同样的方法可以用来处理三维球晶，这时把圆环确定的有效面积增量用球壳确定的有效体积增量 $4\pi r^2\mathrm{d}r$ 来代替，对于同时成核体系（N 为单位体积的晶核数），则

$$E = \int_0^{vt} N4\pi r^2\mathrm{d}r = \frac{4}{3}\pi N v^3 t^3 \tag{1-58}$$

对于不断成核体系，定义 I 为单位时间、单位体积中产生的晶核数，则

$$E = \int_0^{vt} I(t-\frac{r}{v})4\pi r^2\mathrm{d}r = \frac{\pi}{3} I v^3 t^4 \tag{1-59}$$

将上述情况归纳起来，可用一个通式表示：

$$1-\varphi_{\mathrm{c}} = \exp\ (-kt^n) \tag{1-60}$$

式中，k 是同核密度及晶体一维生长速度有关的常数，称为结晶速度常数；n 是与成核方式及核结晶生长方式有关的常数。该式称为 Avrami 方程。

下面对所建模型进行检验。

图1-4为尼龙1010等温结晶体数据的Avrami处理结果，可见在结晶前期，实验同理论相符，在结晶的最后部分同理论发生了偏离。

分析Avrami方程的推导过程，这种后期的偏离是可以理解的，因为生长着的球晶面相互接触后，接触区的增长即告停止。在结晶前期球晶尺寸较小，非晶部分很多，球晶之间不致发生接触，可以由式（1-50）来描述，随着时间的延长，球晶增长到满足相互接触的体积时，总体的结晶速度就要降低，Avrami方程将出现偏差。

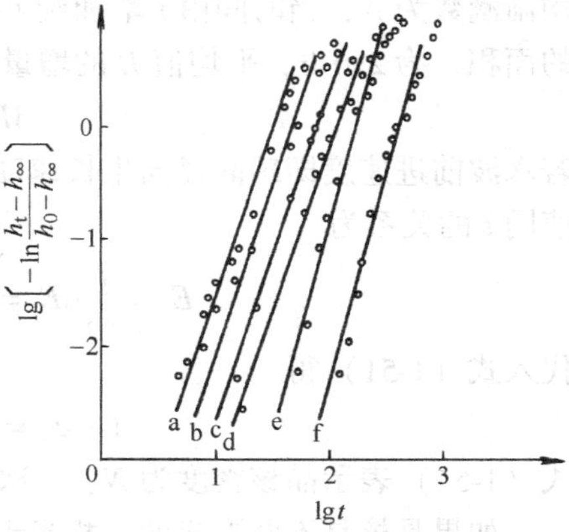

图1-4 尼龙1010等温结晶的Avrami作图
a—189.5℃ b—190.3℃ c—191.5℃
d—193.4℃ e—195.5℃ f—197.8℃

四、数据分析法

当系统的结构性质不大清楚，无法从理论分析中得到系统的规律，也不便于类比分析，但有若干能表征系统规律、描述系统状态的数据可利用时，就可以通过描述系统功能的数据分析来连接系统的结构模型。回归分析是处理这类问题的有利工具。

求一条通过或接近一组数据点的曲线，这一过程叫曲线拟合，而表示曲线的数学式称为回归方程。求系统回归方程的一般方法如下：

设有一未知系统，已测得该系统有 n 个输入-输出数据点为

$$(x_i,\ y_i)\ i=1,\ 2,\ \cdots,\ n$$

现寻求其函数关系

$$y=f(x)\ 或\ F(x,\ y)=0$$

无论 x，y 为什么函数关系，假设用一多项式

$$\hat{y}=b_0+b_1x+b_2x^2+\cdots+b_mx^m \tag{1-61}$$

作为对输出（观测值）y 的估计（用 $\hat{y}$ 表示）。若能确定其阶数及系数 b_0，b_1，…，b_m，则所得到的就是回归方程——数学模型。各项系数即回归系数。

当输入为 x_i，输出为 y_i 时，多项式拟合曲线相应于 x_i 的估计值为

$$\hat{y}_i=b_0+b_1x_i+b_2x_i^2+\cdots+b_mx_i^m \quad i=1,\ 2,\ldots,\ n \tag{1-62}$$

现在要使多项式估值 $\hat{y}_i$ 与观测值 y_i 的差的平方和

$$Q=\sum_{i=1}^{n}(\hat{y}_i-y_i)^2 \tag{1-63}$$

为最小，这就是最小二乘法，令

$$\frac{\partial Q}{\partial b_j}=0 \quad j=1, 2, \cdots, m \tag{1-64}$$

得到下列正规方程组

$$\begin{cases} \dfrac{\partial Q}{\partial b_0} = 2\sum (b_0 + b_1x_i + \cdots + b_mx_i^m - y_i) = 0 \\ \dfrac{\partial Q}{\partial b_1} = 2\sum (b_0 + b_1x_i + \cdots + b_mx_i^m - y_i)x_i = 0 \\ \quad\vdots \\ \dfrac{\partial Q}{\partial b_m} = 2\sum (b_0 + b_1x_i + \cdots + b_mx_i^m - y_i)x_i^m = 0 \end{cases} \tag{1-65}$$

一般数据点个数 n 大于多项式阶数 m，m 取决于残差的大小，这样，从式（1-65）可求出回归系数 b_0，b_1，…，b_m，从而建立回归方程数学模型。

由已知观测值寻求 x 与 y 之间函数关系的方法在工业控制应用中称为“系统辨识”，系统辨识已有效地应用于空间技术、生物医学系统、经济系统、机器人工程等领域。

例 经实验获得低碳钢的屈服点 σ_s 与晶粒直径 d 对应关系见表1-3中，用最小二乘法建立起 d 与 σ_s 之间关系的数学模型（霍尔-配奇公式）。

表1-3 低碳钢屈服点与晶粒直径

$d/\mu m$	400	50	10	5	2
$\sigma_s/(kN\cdot m^{-2})$	86	121	180	242	345

以 $d^{-\frac{1}{2}}$ 作为 x，σ_s 作为 y，取 $y=a+bx$，为一直线。设实验数据点为（X_i，Y_i），一般来说，直线并不通过其中任一实验数据点，因为每点均有偶然误差 e_i，有

$$e_i = a + bX_i - Y_i \tag{1-66}$$

所有实验数据点误差的平方和为

$$\sum_{i=1}^{5}(e_i^2) = (a + bX_1 - Y_1)^2 + (a + bX_2 - Y_2)^2 + (a + bX_3 - Y_3)^2 + (a + bX_4 - Y_4)^2 + (a + bX_5 - Y_5)^2 \tag{1-67}$$

按照上述最小二乘法原理，误差平方和为最小的直线是最佳直线。求 $\sum_{i=1}^{5} e_i^2$ 最小值的条件是

$$\frac{\partial \sum_{i=1}^{5} e_i^2}{\partial a} = 0 \quad 及 \quad \frac{\partial \sum_{i=1}^{5} e_i^2}{\partial b} = 0 \tag{1-68}$$

得出

$$\begin{cases} \sum_{i=1}^{5} Y_i = \sum_{i=1}^{5} a + b\sum_{i=1}^{5} X_i \\ \sum_{i=1}^{5} X_i Y_i = a\sum_{i=1}^{5} X_i + b\sum_{i=1}^{5} X_i^2 \end{cases} \tag{1-69}$$

过程中各计算值见表1-4。

表1-4　最小二乘法过程中的各计算值

	1	2	3	4	5	$\sum_{i=1}^{5}=$
$\sigma_s(Y_i)$	86	121	180	242	345	974
$d^{-1/2}(X_i)$	0.05	0.14	0.316	0.447	0.707	1.66
$\sigma_s^2(Y_i^2)$	7396	14641	32400	58564	119025	232026
$(d^{-1/2})^2(X_i^2)$	0.0025	0.02	0.1	0.2	0.5	0.8225
$\sigma_s d^{-1/2}(X_iY_i)$	4.3	16.94	56.88	108.74	243.915	430.209

将计算结果代入方程（1-69）联立求解得

$$\begin{cases} a = \frac{1}{5}\left(\sum_{i=1}^{5} Y_i - b\sum_{i=1}^{5} X_i\right) = \frac{1}{5}(974 - 393.69 \times 1.66) = 64.09 \\ b = \dfrac{\sum_{i=1}^{5} X_iY_i - \frac{1}{5}\sum_{i=1}^{5} X_i \sum_{i=1}^{5} Y_i}{\sum_{i=1}^{5} X_i^2 - \frac{1}{5}\left(\sum_{i=1}^{5} X_i\right)^2} = \dfrac{430.209 - \frac{1}{5} \times 1.66 \times 974}{0.8225 - \frac{1}{5} \times 1.66^2} = 393.69 \end{cases}$$

取 $a=\sigma_0$，$b=K$，得到以下公式

$$\sigma = \sigma_0 + Kd^{-\frac{1}{2}} = 64.09 + 393.69d^{-\frac{1}{2}} \tag{1-70}$$

这是典型的霍尔-配奇公式。

参考文献

1　陈义华. 数学模型. 重庆：重庆大学出版社，1995
2　陈理荣等. 数学建模导论. 北京：北京邮电大学出版社，1999
3　邱大年等. 计算机在材料科学中的应用. 北京：北京工业大学出版社，1990
4　谌安琦. 科技工程中的数学模型. 北京：中国铁道出版社，1988
5　熊家炯主编. 材料设计. 天津：天津大学出版社，2000
6　赵清澄主编. 光测力学教程. 北京：高等教育出版社，1996
7　冯端等著. 金属物理学，第一卷，结构与缺陷. 北京：科学出版社，1998
8　冯端等著. 金属物理学，第二卷，相变. 北京：科学出版社，1998
9　何曼君等编. 高分子物理（修订版）. 上海：复旦大学出版社，1990

第二章　材料科学研究中常用的数值分析方法

在科学技术和工程领域，对于许多力学问题和物理问题人们已经得到了它们应遵循的基本方程（微分方程）和相应的定解条件。但只有少数性质比较简单、边界比较规整的问题能够通过精确的数学计算得出其解析解，而大多数问题则很难得到解析解。解决这类问题通常有两种途径：① 对方程和边界条件进行简化，从而得到问题在简化情况下的解答；② 采用数值解法。第一种方法只在少数情况下有效，因过多的简化会引起误差甚至得到错误的结论。随着计算机技术的发展和广泛应用，数值分析方法已成为求解科学技术问题的主要工具。

目前，常用的数值分析方法大致可分为两大类：有限差分法和有限元法。本章将着重介绍这两种方法的基本原理、基本步骤。

第一节　有限差分法

一、概述

有限差分方法是数值计算中应用非常广泛的一种方法。其实质就是以有限差分代替无限微分、以差分代数方程代替微分方程、以数值计算代替数学推导的过程，从而将连续函数离散化，以有限的、离散的数值代替连续的函数分布。

有限差分法的主要步骤如下：

1）构成差分格式。首先选择网格布局、差分形式和步长；其次，以有限差分代替无限微分，即以 $x_2 - x_1 = \Delta x$ 代替 dx，以差商 $\frac{y_2 - y_1}{x_2 - x_1} = \frac{\Delta y}{\Delta x}$ 代替微商 $\frac{dy}{dx}$，以差分方程代替微分方程及边界条件。

2）求解差分方程。差分方程通常是一组数量较多的线性代数方程。一般说来，其求解方法有下列两种：精确法，又称直接法，即消元法；近似法，又称间接法，即迭代法，其中又包括松弛法与超松弛法。

3）对所得到的数值解进行精度与收敛性分析和检验。

二、差分方程的建立

建立差分方程是有限差分法的关键环节。导出差分方程的途径可有两种：一是从微分方程出发，以泰勒级数截断，从有限差分的数学含义去建立有限差分和差分方程；另一种则是从由网格所划分的单元体的能量平衡分析出发，由积分方程去建立差分方程，该方法又称单元体平衡法。两种方法各具特色，但无论采取何种差分方程的推导方法，在建立差分方程前，均需对所论区域进行离散化。

1. 合理选择网格布局及步长

在实施有限差分法中，首先在如图 2-1 所示的求解区域内，将自变量 x，y 分别沿 x，y 轴方向的连续变化，离散为 x_0，x_1，x_2，…，x_i 及 y_0，y_1，…，y_n 个不连续点，形成离散化网格。网格交点称为结点（或节点），依次将结点编号。与区域自变量离散化相对应，区域内函数被离散化。

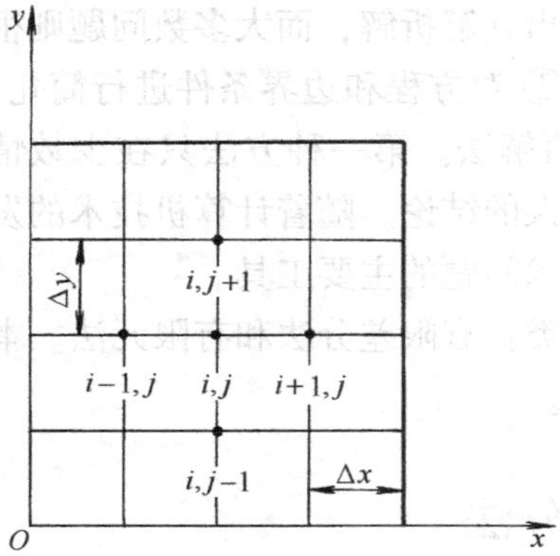

图 2-1　求解区域离散化

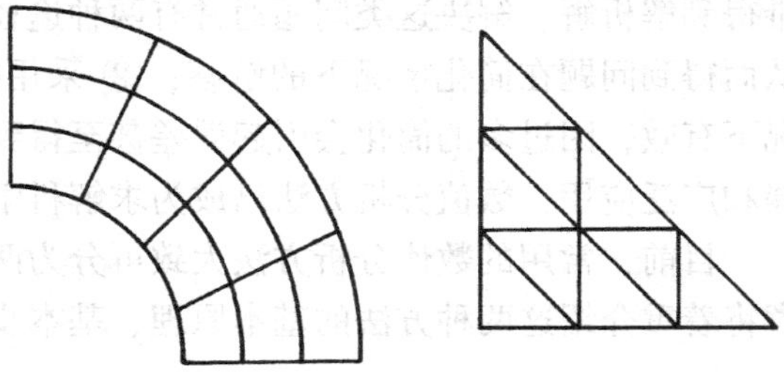

图 2-2　扇形网格和三角形网格

离散化网格的布局，要根据所要求解的问题的性质及求解要求确定。一般说来，区域的划分——离散化网格的选择有两种方法：一种是物理划分法，这种方法是根据问题的物理特性划分，如建筑物墙壁由外层面砖、普通砖和内灰泥层组成，若拟求各层界面壁温，则离散化时应按不同材料组分划分区域；另一种是以几何区域形状为依据去划分，如对矩形区域，可采用矩形离散化网格，非矩形区域可采用三角形、四角形或其他形状的网格，以适应温度场分布的要求，如图 2-2。

在有限差分方法中，将离散化后各相邻离散点之间的距离，或离散化单元的长度称为步长，如图 2-1 中的 $x_{i+1}-x_i=\Delta x$ 及 $y_{i+1}-y_i=\Delta y$。步长的大小可以是常量，也可以是变量。网格的粗细与是否均匀，要根据求解区域物理场的实际分布和对结果所要求的精确度而定。一般说来，对均质、形状简单且规则、物理量变化不剧烈的物体，或求解精度要求不高时，可采用等步长、大步长，即采用粗匀网格；而对形状复杂、组分不同、物理量变化剧烈的物体，或求解精度要求较高时，则采用小步长、变步长。因此，对一些较复杂的问题，在选择网格与步长前，往往要对所论区域的物理场作出粗略估计，然后以较粗的网格、较大的步长计算出参考性物理场，根据这一参考性物理场再选择合理的离散化网格。

2. 将微分方程转化为差分方程

将微分方程转化为差分方程实际上就是以差分代替微分、以差商代替微商，是以有限小量去代替无限微量的近似化过程。

(1) 差分　所谓差分，就是某物理量的有限增量。以函数 f 为例，其差分 $\Delta f=f_2-f_1$，其中 f_2，f_1 是互相接近、差量有限的两函数值。差分又分为一阶差分 Δf、二阶差分 $\Delta^2 f$、…、n 阶差分 $\Delta^n f$ 等，它们各对应一阶微分 df、二阶微分 $\mathrm{d}^2 f$，…，n 阶微分 $\mathrm{d}^n f$ 等。

根据差分组成的不同，又分向前差分（forward differences）、向后差分（backward differences）和中心差分（central differences）三种。其定义分别如下：

1）向前差分：

一阶差分

$$\Delta f_{\mathrm{f},i}=f_{i+1}-f_i \tag{2-1}$$

二阶差分

$$\Delta^2 f_{\mathrm{f},i}=\Delta(\Delta f_{\mathrm{f},i})=\Delta f_{\mathrm{f},i+1}-\Delta f_{\mathrm{f},i}=f_{i+2}-f_{i+1}-f_{i+1}+f_i=f_{i+2}-2f_{i+1}+f_i \tag{2-2}$$

2）向后差分：

一阶差分

$$\Delta f_{\mathrm{b},i}=f_i-f_{i-1} \tag{2-3}$$

二阶差分

$$\Delta^2 f_{\mathrm{b},i}=\Delta(\Delta f_{\mathrm{b},i})=\Delta f_{\mathrm{b},i}-\Delta f_{\mathrm{b},i-1}=f_i-f_{i-1}-f_{i-1}+f_{i-2}=f_i-2f_{i-1}+f_{i-2} \tag{2-4}$$

3）中心差分：

一阶差分

$$\Delta f_{\mathrm{c},i}=f_{i+\frac{1}{2}}-f_{i-\frac{1}{2}} \tag{2-5}$$

$$\Delta f_{\mathrm{c},i}=\frac{f_{i+1}-f_i}{2}+\frac{f_i-f_{i-1}}{2} \tag{2-6}$$

二阶差分

$$\Delta^2 f_{\mathrm{c},i}=\Delta(\Delta f_{\mathrm{c},i})=\Delta f_{\mathrm{c},i+\frac{1}{2}}-\Delta f_{\mathrm{c},i-\frac{1}{2}}=f_{i+1}-f_i-f_i+f_{i-1}=f_{i+1}-2f_i+f_{i-1} \tag{2-7}$$

各式中 $i+1$，i，$i-1$ 均为离散值编号。

(2) 差商　差商为函数的差分与自变量差分之比。

对直角坐标系，一阶差商为

$$\frac{\Delta T}{\Delta x}\left(\frac{\Delta T}{\Delta y}、\frac{\Delta T}{\Delta z}\right) \tag{2-8}$$

二阶差商为

$$\frac{\Delta^2 T}{\Delta x^2}\left(\frac{\Delta^2 T}{\Delta y^2}、\frac{\Delta^2 T}{\Delta z^2}\right) \tag{2-9}$$

式（2-8）、（2-9）分别对应一阶微商 $\frac{\mathrm{d}T}{\mathrm{d}x}\left(\frac{\mathrm{d}T}{\mathrm{d}y}、\frac{\mathrm{d}T}{\mathrm{d}z}\right)$ 及二阶微商 $\frac{\mathrm{d}^2 T}{\mathrm{d}x^2}\left(\frac{\mathrm{d}^2 T}{\mathrm{d}y^2}、\frac{\mathrm{d}^2 T}{\mathrm{d}z^2}\right)$。

三、差分方程的求解方法

组成差分方程的线性代数方程组的解法大致有两种：直接法和间接法。直接法精度高、重复工作量小，但计算程序复杂，对计算机资源占用较多，适用于求解较复杂、阶数较低的方程组。间接法即迭代法，其优点是计算程序简单，占用内存小，但重复工作量大，其计算精度取决于迭代次数。迭代法对于大多数二阶差分格式收敛较快，其解的误差并不一定比直接法大。

（一）直接法

直接法可经过有限次运算，求得方程组在一定舍入误差内的精确解。主要包括矩阵法、Gauss 消元法及主元素消元法等。这里主要介绍 Gauss 列主元素消元法。

1. Gauss 列主元素消元法

考虑线性方程组

$$\boldsymbol{Ax}=\boldsymbol{b} \tag{2-10}$$

其中，$\boldsymbol{A}$ 为 $n\times n$ 阶矩阵，非奇异；$\boldsymbol{b}$ 为 n 维向量，$\boldsymbol{x}$ 为 n 维未知列向量。

$$\boldsymbol{A}=\begin{pmatrix} a_{11} & a_{12} & \cdots & a_{1n} \\ a_{21} & a_{22} & \cdots & a_{2n} \\ \vdots & \vdots & \vdots & \vdots \\ a_{n1} & a_{n2} & \cdots & a_{nn} \end{pmatrix}=(a_{ij})_{n\times n},\quad \boldsymbol{x}=\begin{Bmatrix} x_1 \\ x_2 \\ \vdots \\ x_n \end{Bmatrix},\quad \boldsymbol{b}=\begin{Bmatrix} b_1 \\ b_2 \\ \vdots \\ b_n \end{Bmatrix}$$

记式（2-10）的增广矩阵为

$$\boldsymbol{G}=(\boldsymbol{A},\ \boldsymbol{b})=(g_{ij})_{n\times(n+1)} \tag{2-11}$$

为方便起见，令 $\boldsymbol{G}^{(0)}=\boldsymbol{G}$。

而 $\boldsymbol{G}^{(k)}$ 表示对 $\boldsymbol{G}^{(k-1)}$ 作一次行等价变换得到的矩阵，$k=1,\ 2,\ 3,\ \cdots,\ n$。Gauss 消元法如下：

$k=1$ 时，首先求出 m，使得

$$g_{m1}^{(0)}=\max_{1\leqslant j\leqslant n}|g_{j1}^{(0)}| \tag{2-12}$$

然后，把矩阵 $\boldsymbol{G}^{(0)}$ 的第 m 行与第 1 行对调，得到的矩阵仍记为 $\boldsymbol{G}^{(0)}$；把第 j 行的第 1 个元素化为零，得到矩阵

$$\boldsymbol{G}^{(1)}=(g_{ij}^{(1)})_{n\times(n+1)} \tag{2-13}$$

满足 $g_{i1}^{(1)}=0$，$i>1$。

这里

$$g_{1j}^{(1)}=g_{1j}^{(0)}\quad j=1,\ 2,\ \cdots,\ n,\ n+1 \tag{2-14}$$

$$g_{ij}^{(1)}=g_{ij}^{(0)}+l_{i1}g_{1j}^{(0)}\quad i=2,\ 3,\ \cdots,\ n;\quad j=2,\ 3,\ \cdots,\ n,\ n+1 \tag{2-15}$$

其中，$l_{ij}=-g_{i1}^{(0)}/g_{11}^{(0)}$，$i=2,\ 3,\ \cdots,\ n$。

假设我们已经对 $\boldsymbol{G}$ 作了 $k-1$ 次行等价变换，得到矩阵

$$G^{(k-1)} = (g_{ij}^{(k-1)})_{n\times(n+1)} \tag{2-16}$$

满足 $g_{ij}^{(k-1)}=0$，$i>j$，$j\leqslant k-1$。则第 k 次对 G 作等价变换时，首先求出 m，使得

$$g_{mk}^{(k-1)} = \max_{k\leqslant j\leqslant n} |g_{jk}^{(k-1)}| \tag{2-17}$$

其次，把第 m 行与第 k 行对调，得到的矩阵仍记为 $G^{(k-1)}$，然后把第 j 行（$j>k$）第 k 个元素化为零，得到矩阵

$$G^{(k)} = (g_{ij}^{(k)})_{n\times(n+1)} \tag{2-18}$$

矩阵满足 $\qquad g_{ij}^{(k)}=0 \quad i>j,\ j\leqslant k$

其中
$$\begin{cases} g_{ij}^{(k)} = g_{ij}^{(k-1)} & \text{当 } i\leqslant k \\ g_{ij}^{(k)} = g_{ij}^{(k-1)} + l_{ik}g_{kj}^{(k-1)} & i=k+1,k+2,\cdots,n;j=k+1,k+2,\cdots,n+1 \end{cases} \tag{2-19}$$

式中 $\qquad l_{ik} = -g_{ik}^{(k-1)}/g_{kk}^{(k-1)} \quad i=k+1,\ k+2,\ \cdots,\ n$

对矩阵 $G=G^{(0)}$ 作 $n-1$ 次上述变化后，得到矩阵

$$G^{(n-1)} = \begin{pmatrix} g_{11}^{(n-1)} & g_{12}^{(n-1)} & \cdots & g_{1n}^{(n-1)} & g_{1(n+1)}^{(n-1)} \\ & g_{22}^{(n-1)} & \cdots & g_{2n}^{(n-1)} & g_{2(n+1)}^{(n-1)} \\ & & \ddots & \vdots & \vdots \\ 0 & & & g_{nn}^{(n-1)} & g_{n(n+1)}^{(n-1)} \end{pmatrix} \tag{2-20}$$

由此得到方程组（2-10）的解为

$$x_n = g_{n(n+1)}^{(n-1)}/g_{nn}^{(n-1)}$$

$$x_i = (g_{i(n+1)}^{(n-1)} - \sum_{j=i+1}^{n} g_{ij}^{(n-1)}x_j)/g_{ii}^{(n-1)} \quad i = n-1,\cdots,2,1$$

2. 追赶法

当方程组（2-10）的系数矩阵为三对角矩阵时

$$A = \begin{pmatrix} d_1 & c_1 & & & & \\ e_2 & d_2 & c_2 & & 0 & \\ & e_3 & d_3 & c_3 & & \\ & & \ddots & \ddots & \ddots & \\ & 0 & & e_{n-1} & d_{n-1} & c_{n-1} \\ & & & & e_n & d_n \end{pmatrix} \tag{2-21}$$

方程组的解 x 可用递推公式表示为

$$\beta_1 = d_1,\delta_1 = b_1 \tag{2-22}$$

$$\beta_{i+1} = d_{i+1} - c_ie_{i+1}/\beta_i,\delta_{i+1} = b_{i+1} - \delta_ie_{i+1}/\beta_i \quad i=1,2,\cdots,(n-1) \tag{2-23}$$

$$x_n = \delta_n/\beta_n,x_i = (\delta_i - c_ix_{i+1})/\beta_i \quad i=(n-1),(n-2),\cdots,2,1 \tag{2-24}$$

（二）间接法

这里主要介绍迭代法。对于线性方程组

$$\boldsymbol{Ax} = \boldsymbol{b} \tag{2-25}$$

构造一个 $[x^{(k)}]$ 值，将 $[x^{(k)}]$ 代入上式，求出新的值 $[x^{(k+1)}]$；再将结果代入式（2-25），又得到更新的值 $[x^{(k+2)}]$；依次迭代下去，即可使其迭代值收敛于该方程组的精确解 $[T^*]$。上述逼近过程称为迭代法。由于构造 $[x^{(k)}]$ 的方法不同，迭代法又可分为：简单迭代法，又称同步迭代法；Gauss-Seidel 迭代法又称异步迭代法、超松弛迭代法等。

1. 同步迭代法

对于方程组（2-25），若 $a_{ii} \neq 0$，则可表示为下列形式

$$\begin{cases} x_1 = (b_1 - a_{12}x_2 - a_{13}x_3 - \cdots - a_{1n}x_n)/a_{11} \\ x_2 = (b_2 - a_{21}x_1 - a_{23}x_3 - \cdots - a_{2n}x_n)/a_{22} \\ \quad\vdots \\ x_i = (b_i - a_{i1}x_1 - a_{i2}x_2 - \cdots - a_{in}x_n)/a_{ii} \\ \quad\vdots \\ x_n = (b_n - a_{n1}x_1 - a_{n2}x_2 - \cdots - a_{n(n-1)}x_{n-1})/a_{nn} \end{cases} \tag{2-26}$$

式（2-26）中的各表达式又可概括为

$$x_i = (b_i - \sum_{\substack{j=1 \\ i \neq j}}^{n} a_{ij}x_j)/a_{ii} \quad i = 1,2,\cdots,n \tag{2-27}$$

采用同步迭代法求解上述问题时，必须首先假设一个解 $x_i^{(0)}$（$i=1$，2，…，n）。这一假定应尽可能地接近实际，至少要尽量合理化，以缩短迭代过程，减少误差。将 $x_i^{(0)}$ 代入式（2-27）右端，计算出解的一次迭代值，即

$$x_i^{(1)} = (b_i - \sum_{\substack{j=1 \\ i \neq j}}^{n} a_{ij}x_i^{(0)})/a_{ii} \quad i = 1,2,\cdots,n \tag{2-28}$$

$x_i^{(1)}$ 即为解的一次近似值。将 $x_i^{(1)}$ 代入式（2-27）的右端，得到第二次迭代值 $x_i^{(2)}$，依此类推，第 k 次的迭代值为

$$x_i^{(k)} = (b_i - \sum_{\substack{j=1 \\ i \neq j}}^{n} a_{ij}x_i^{(k)})/a_{ii} \quad i = 1,2,\cdots,n \tag{2-29}$$

$x_i^{(k)}$ 为解的第 k 次近似值。当迭代次数无限增多时，则 $x_i^{(k)}$ 将收敛于精确解 $x_i^{(*)}$。一般当

$$x_i^{k+1} - x_i^k \leqslant \varepsilon \quad 0 < \varepsilon < c \tag{2-30}$$

时，即可认为迭代已达到足够的精度。其中 c 为某适当小的量，大小取决于方程的原始表述精度和计算要求。

2. Gauss-Seidel 迭代法

同步迭代法比较简单，但每计算一组 $x_i^{(k)}$ 就需要计算全部 $x_i^{(k-1)}$ 的值，故在计算机中占用内存较大，而且计算工作量也很大，收敛速度较慢。Gauss 和 Seidel 对其进行了改进，采用异步迭代法。其要点是：

在第 k 步迭代中，式（2-26）中的第 1 式仍保持与同步迭代法相同，即

$$x_1^{(k+1)} = (b_1 - a_{12}x_2^{(k)} - a_{13}x_3^{(k)} - \cdots - a_{1n}x_n^{(k)})/a_{11} \tag{2-31}$$

但对第 2 式，其中的 $x_1^{(k)}$ 则由刚刚得到的第（$k+1$）次的 $x_1^{(k+1)}$ 取代，即

$$x_2^{(k+1)} = (b_2 - a_{21}x_1^{(k+1)} - a_{23}x_3^{(k)} - \cdots - a_{2n}x_n^{(k)})/a_{22} \tag{2-32}$$

依此类推，有

$$x_i^{(k+1)} = (b_i - a_{i1}x_1^{(k+1)} - a_{i2}x_2^{(k+1)} - \cdots - a_{i(i-1)}x_{i-1}^{(k+1)} - a_{i(i+1)}x_{i+1}^{(k)} - \cdots - a_{in}x_n^{(k)})/a_{ii} \tag{2-33}$$

或

$$x_i^{(k+1)} = (b_i - \sum_{m=1}^{i-1} a_{im}x_m^{(k+1)} - \sum_{m=i+1}^{n} a_{im}x_m^{(k)})/a_{ii} \tag{2-34}$$

显然，由于异步迭代法在式（2-32）中及时地利用了新迭代值，故减少了计算机内存占用及计算次数，收敛速度加快。

3. 超松弛迭代

若区域结点较多，即差分方程的阶数增加时，上述异步迭代法收敛也不快。所以，又在 Guass-Siedel 迭代法的基础上，提出与发展了超松弛迭代法。

若以 $g_i^{(k+1)}$ 表示用 Guass-Siedel 迭代法所确定的第 $k+1$ 次迭代值，即

$$g_i^{(k+1)} = (b_i - \sum_{m=1}^{i-1} a_{im}x_m^{(k+1)} - \sum_{m=i+1}^{n} a_{im}x_m^{(k)})/a_{ii} \tag{2-35}$$

采用超松弛迭代法，就是要设法削弱 $x_i^{(k)}$ 的作用，故令

$$x_i^{(k+1)} = x_i^{(k)} + w\,(g_i^{(k+1)} - x_i^{(k)}) \tag{2-36}$$

$$g_i^{(k+1)} = \frac{x_i^{(k+1)} - x_i^{(k)}\,(1-w)}{w} \tag{2-37}$$

将式（2-35）代入式（2-36），整理可得

$$x_i^{(k+1)} = x_i^{(k)}(1-w) + w(b_i - \sum_{m=1}^{i-1} a_{im}x_m^{(k+1)} - \sum_{m=i+1}^{n} a_{im}x_m^{(k)})/a_{ii} \tag{2-38}$$

式中，w 称为超松弛因子，即加权数。超松弛迭代法是以加权的方式，使 Gauss-Seidel 迭代法的收敛速度加快。w 的大小影响收敛速度，一般地，$1 < w < 2$。在一定条件下，存在一个最佳 w 值，使迭代收敛速度得到最大值。

四、计算误差分析

采用有限差分方法计算时，以差分和差商代替微分与微商必然带来误差。

将离散化的 $i+1$，$i-1$ 结点的函数值 u_{i+1}，u_{i-1} 分别按 Talor 级数展开，则

有

$$u_{i+1}=u(x+\Delta x)=u_i+\frac{\mathrm{d}u}{\mathrm{d}x}(x_{i+1}-x_i)+\frac{1}{2!}\frac{\mathrm{d}^2u}{\mathrm{d}x^2}(x_{i+1}-x_i)^2+\cdots \tag{2-39}$$

$$u_{i-1}=u(x-\Delta x)=u_i-\frac{\mathrm{d}u}{\mathrm{d}x}(x_i-x_{i-1})+\frac{1}{2!}\frac{\mathrm{d}^2u}{\mathrm{d}x^2}(x_i-x_{i-1})^2-\cdots \tag{2-40}$$

式中，$(x_{i+1}-x_i)=(x_i-x_{i-1})=\Delta x$。将式（2-39）和式（2-40）分别整理可得

$$\frac{u_{i+1}-u_i}{\Delta x}-\frac{\mathrm{d}u}{\mathrm{d}x}=\frac{1}{2!}\Delta x\frac{\mathrm{d}^2u}{\mathrm{d}x^2}+\cdots=o\ (\Delta x) \tag{2-41}$$

$$\frac{u_i-u_{i-1}}{\Delta x}-\frac{\mathrm{d}u}{\mathrm{d}x}=-\frac{1}{2!}\Delta x\frac{\mathrm{d}^2u}{\mathrm{d}x^2}+\cdots=o\ (\Delta x) \tag{2-42}$$

将式（2-41）及式（2-42）相加并除以2，则得

$$\frac{1}{2}\left(\frac{u_{i+1}-u_i}{\Delta x}+\frac{u_i-u_{i-1}}{\Delta x}\right)-\frac{\mathrm{d}u}{\mathrm{d}x}=\frac{1}{3!}\ (\Delta x)^2\frac{\mathrm{d}^3u}{\mathrm{d}x^3}+\cdots=o\ [\ (\Delta x)^2] \tag{2-43}$$

式（2-41），式（2-42）和式（2-43）分别表示以一阶向前差商、一阶向后差商、一阶中心差商代替一阶微商时的误差（各级 Talor 级数截断所产生的误差，又称为截断误差（Truncation Error））。

二阶差商的截断误差，可由式（2-41）减去式（2-42）后再除以 Δx 得到，即

$$\frac{1}{\Delta x}\left(\frac{u_{i+1}-u_i}{\Delta x}-\frac{u_i-u_{i-1}}{\Delta x}\right)=\frac{2}{2!}\frac{\Delta x}{\Delta x}\frac{\mathrm{d}^2u}{\mathrm{d}x^2}+\frac{2}{4!}\frac{(\Delta x)^3}{\Delta x}\frac{\mathrm{d}^4u}{\mathrm{d}x^4}+\cdots=o\ [\ (\Delta x)^2] \tag{2-44}$$

即

$$\frac{u_{i+1}-2u_i+u_{i-1}}{(\Delta x)^2}-\frac{\mathrm{d}^2u}{\mathrm{d}x^2}=\frac{1}{12}(\Delta x)^2\frac{\mathrm{d}^4u}{\mathrm{d}x^4}+\cdots=o\ [\ (\Delta x)^2] \tag{2-45}$$

五、有限差分法解题示例

利用差分法解 Laplace 方程第一边值问题（要求画出差分网格及写出差分方程组）。

$$\begin{cases}\dfrac{\partial^2u}{\partial x^2}+\dfrac{\partial^2u}{\partial y^2}=0,0<x<0.5,0<y<0.5\\ u(0,y)=u(x,0)=0\\ u(x,0.5)=200x\\ u(0.5,y)=200y\end{cases} \tag{2-46}$$

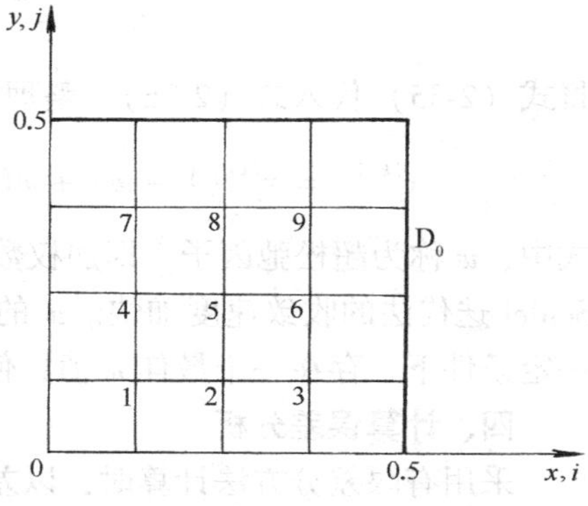

图 2-3　有限差分网格

解　采用正方形网格剖分，内结点按如图 2-3 所示编号。设内结点总数为 N，对

于每一个 $(x_i,\ y_j)\ \in D_0$，利用数值微分公式

$$\frac{\partial^2 u(x_i,y_j)}{\partial x^2}=\frac{1}{h_1^2}[u(x_{i+1},y_j)-2u(x_i,y_j)+u(x_{i-1},y_j)]-\frac{1}{12}h_1^2\frac{\partial^4 u(\xi_i,y_j)}{\partial x^4},\xi_i\in(x_{i-1},x_{i+1}) \tag{2-47}$$

$$\frac{\partial^2 u(x_i,y_j)}{\partial y^2}=\frac{1}{h_2^2}[u(x_i,y_{j+1})-2u(x_i,y_j)+u(x_i,y_{j-1})]-\frac{1}{12}h_2^2\frac{\partial^4 u(x_i,\eta_j)}{\partial y^4},\eta_j\in(y_{j-1},y_{j+1}) \tag{2-48}$$

式中，h_1、h_2 分别为沿 x、y 轴方向的步长。

将式（2-47）、(2-48) 代入式（2-46）得

$$\frac{1}{h_1^2}[u(x_{i+1},y_j)-2u(x_i,y_j)+u(x_{i-1},y_j)]+\frac{1}{h_2^2}[u(x_i,y_{j+1})-2u(x_i,y_j)+u(x_i,y_{j-1})]=f(x_i,y_j)+R_{ij} \tag{2-49}$$

其中

$$R_{ij}=\frac{1}{12}h_1^2\frac{\partial^4 u(\xi_i,y_j)}{\partial x^4}+\frac{1}{12}h_2^2\frac{\partial^4 u(x_i,\eta_j)}{\partial y^4}=o(h^2) \tag{2-50}$$

$f\ (x_i,\ y_j)$ 为除去 R_{ij}项后所剩下的项之和。略去余项 R_{ij}，得

$$\frac{1}{h_1^2}[u(x_{i+1},y_j)-2u(x_i,y_j)+u(x_{i-1},y_j)]+\frac{1}{h_2^2}[u(x_i,y_{j+1})-2u(x_i,y_j)+u(x_i,y_{j-1})]=f(x_i,y_j) \tag{2-51}$$

取 $h_1=h_2$，即取正方形网格时，差分方程为

$$4h_{ij}-\ (u_{(i+1)j}+u_{(i-1)j}+u_{i(j+1)}+u_{i(j-1)})\ =-h^2f_{ij}\qquad (x_i,\ y_j)\ \in D_0 \tag{2-52}$$

本例中取 $h_1=h_2=0.125$，采用正方形网格剖分，内结点按图 2-3 所示编号，按式（2-52）得

$$i=1,\ j=1,\ 4u_{11}-\ (u_{21}+u_{01}+u_{12}+u_{10})\ =0$$

其中，u_{11}对应 u_1，u_{21}对应 u_2，u_{01}为 0，u_{12}对应 u_4，u_{10}为 0，于是得 $4u_1-u_2-u_4=0$。其余类推得差分方程：

$$\begin{cases}4u_1-u_2-u_4=0\\4u_2-u_1-u_3-u_5=0\\4u_3-u_2-u_6=25\\4u_4-u_1-u_5-u_7=0\\4u_5-u_2-u_4-u_6-u_8=0\\4u_6-u_3-u_5-u_9=50\\4u_7-u_4-u_8=25\\4u_8-u_5-u_7-u_9=50\\4u_9-u_6-u_8=150\end{cases}\tag{2-53}$$

写成矩阵形式为

$$\begin{pmatrix}4&-1&0&-1&0&0&0&0&0\\-1&4&-1&0&-1&0&0&0&0\\0&-1&4&0&0&-1&0&0&0\\-1&0&0&4&-1&0&-1&0&0\\0&-1&0&-1&4&-1&0&-1&0\\0&0&-1&0&-1&4&0&0&-1\\0&0&0&-1&0&0&4&-1&0\\0&0&0&0&-1&0&-1&4&-1\\0&0&0&0&0&-1&0&-1&4\end{pmatrix}\begin{pmatrix}u_1\\u_2\\u_3\\u_4\\u_5\\u_6\\u_7\\u_8\\u_9\end{pmatrix}=\begin{pmatrix}0\\0\\25\\0\\0\\50\\25\\50\\150\end{pmatrix}\tag{2-54}$$

用 Seidel 迭代法求得

$u_1=6.25$，$u_2=12.5$，$u_3=18.75$，$u_4=12.50$，$u_5=25.00$，$u_6=37.50$，$u_7=18.75$，$u_8=37.50$，$u_9=56.25$

第二节　有限元法

有限元法（又称为有限单元法，有限元素法）是 20 世纪 50 年代初才出现的一种新的数值分析方法，最初它只应用于力学领域中，20 世纪 70 年以来被应用到传热学计算中。与有限差分法相比较，有限元法的准确性和稳定性都比较好，且由于其单元的灵活性，使它更适应于数值求解非线性热传导问题以及具有不规则几何形状与边界，特别是要求同时得到热应力场的各种复杂导热问题。有限元法在传热学中的应用正处于开拓与发展阶段，迄今为止，其应用已波及热传导、对流传热及换热器设计与计算。

有限元法是变分法与经典有限差分法相结合的产物，它既吸收了古典变分近似解析解法——泛函求极值的基本原理，又采用了有限差分的离散化处理方法，突出了单元的作用及各单元的相互影响，形成了自身的独特风格。

古典变分法是要寻求定解问题的级数形式近似解析解，在这种方法中，首先构造一个与定解问题（微分方程及其边值条件）相对应的泛函，然后对此泛函求极值，从而得到满足微分方程和边值条件的近似解析解。这样一来，就把选择泛函并对泛函求极值的运算，等价于一个在数学上对微分方程及其边值条件所组成的定解问题的求解。由于这种方法首先在弹性力学中得到应用，而在弹性力学中是以最小能位原理为平衡条件加以分析的，故曾将上述泛函求极值的数学概念与最小能位原理的物理概念联系起来，从而称上述变分法为能量法（又称 Ritz 法）。当然，这种变分法绝不只是最小能位原理的表述，得此命名只不过反映了这种方法的实用背景和历史发展过程而已。但是，遗憾的是并非所有定解问题均可找到其相对应的泛函，有些定解问题可能根本不存在其对应的泛函。

于是，人们则设法直接从微分方程出发去寻找其近似级数解，从而回避了寻找泛函这一难题。这种解法就是加权余量法，其中 Galerkin 法是较典型的一种。由于这种方法与能量法颇相似，也要选择适当的函数代入微分方程，然后对其加权积分使其为零，故在广义上亦称为变分法。无论采用能量法，还是加权余量法，都要选择与微分方程相对应的适当的函数代入泛函或代入微分方程，再对泛函求极值或对微分方程加权积分使其为零，这种函数称为试探函数。对此函数，要求其在全区域内满足定解问题，这一要求是极苛刻的，不能适应许多工程实际中的复杂热传导问题，这就使古典变分法的应用受到了很大的限制。有限元法是对上述古典变分法的改进，也就是采取与有限差分相类似的方法，将区域离散化，以只在离散化有限小的单元内使试探函数满足定解问题要求并在单元内积分，代替在全区域内满足要求与积分的条件，消除了古典变分法的局限性。在这层意义上来说，有限元法就是有限的单元变分法。

一、有限元法的基本概念——直接刚度法

在刚提出有限元法的时候采用的是直接刚度法，它源于结构分析的刚度法。因刚度法只能处理一些比较简单的实际问题，现在已很少使用了，但它对我们理解和明确有限元法的一些物理概念是很有帮助的。所以我们首先通过一个例子来介绍直接刚度法，同时说明有限元法求解的一般步骤。

例 考虑一个变截面杆，如图 2-4 所示。杆的一端固定，另一端承受 $P=1000\text{N}$ 的载荷，杆的顶部宽 $w_1=2\text{cm}$，杆的底部宽 $w_2=1\text{cm}$，杆的厚度 $t=0.125\text{cm}$，长度 $L=10\text{cm}$，杆的弹性模量 $E=10.4\times10^6\text{MPa}$。试分析该杆沿长度方向不同位置的变形情况，假设杆的质量可以忽略不计。

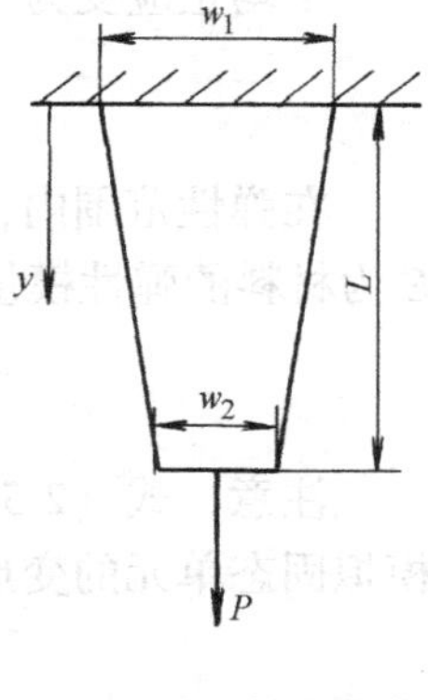

图 2-4　受到轴向载荷的变截面杆

1. 前处理过程

（1）将求解域离散化　先将求解的问题分解为结点和单元。为简单起见，将杆划分成五个结点和四个单元，如图 2-5 所示。增加结点和单元的数目，将提高近似解的精度。给定的变截面杆简化为四个独立的部分，每部分的截面面积恒定。每个单元的截面积为组成该单元的结点处的面积的平均值。

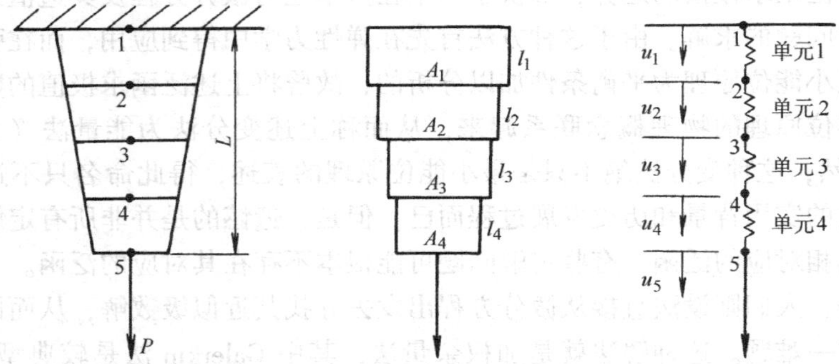

图 2-5　将杆划分为单元和结点

（2）求某一单元的近似解　为研究典型单元的变形情况，我们先考虑长度为 l、有均一截面 A 的固体单元在受到外力 F 时的变形情况，如图 2-6 所示。

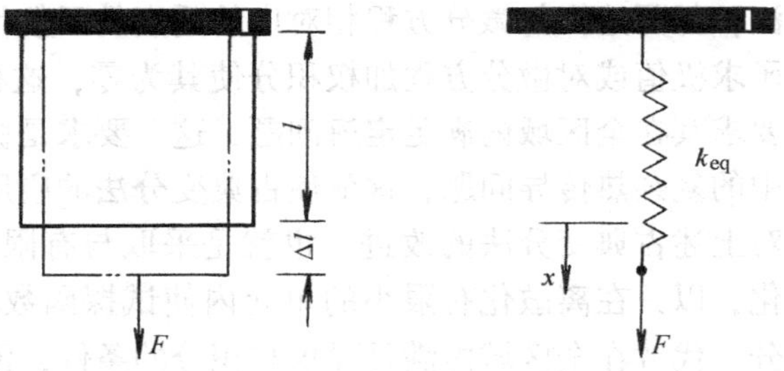

图 2-6　具有均匀截面的固体单元在力 F 作用下的变形

单元中的平均应力为

$$\sigma = \frac{F}{A} \tag{2-55}$$

平均正应变为

$$\varepsilon = \frac{\Delta l}{l} \tag{2-56}$$

在弹性范围内，应力和应变的关系由 Hooke 定律描述，即有 $\sigma = E\varepsilon$，其中，E 为材料的弹性模量，结合式（2-55）和式（2-56）可得

$$F = \frac{AE}{l}\Delta l \tag{2-57}$$

注意，式（2-57）与线性弹簧等式 $F = kx$ 相似。因此可以用一弹簧的变形来模拟固态单元的变形，弹簧的等价刚度为

$$k_{eq} = \frac{AE}{l} \tag{2-58}$$

回到前面讨论的问题，杆的横截面积沿 y 轴方向变化，作为近似，将杆模

型化为不同截面的等截面杆的串联，如图 2-5 所示。这样，杆可以由一个四个弹簧串联组成的模型来表示，每个单元模型的弹性行为可以用等价线性弹簧来表述

$$f=k_{\mathrm{eq}}\left(u_{i+1}-u_i\right)=\frac{A_{\mathrm{avg}}E}{l}\left(u_{i+1}-u_i\right)=\frac{\left(A_{i+1}+A_i\right)E}{2l}\left(u_{i+1}-u_i\right) \tag{2-59}$$

其中，等价单元刚度为

$$k_{\mathrm{eq}}=\frac{\left(A_{i+1}+A_i\right)E}{2l} \tag{2-60}$$

A_i 和 A_{i+1}分别是结点 i 和 $i+1$ 处的横截面积，l 是单元的长度。应用上述模型，我们来考虑作用在每个结点上的力。图 2-7 示出了结点 1 到 5 的受力情况。

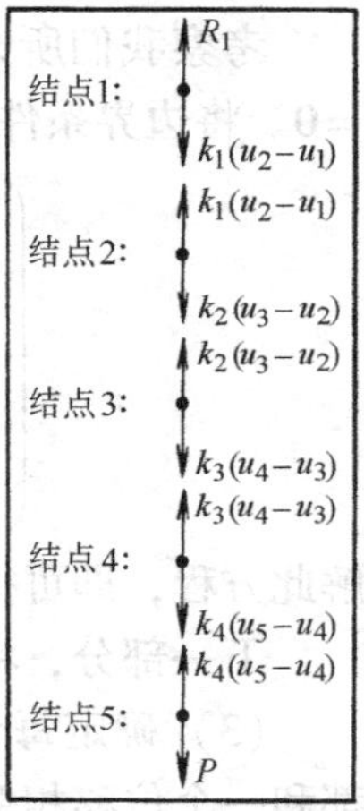

图 2-7　结点受力分析

静态平衡要求作用在每个结点上的力的总和为零，因此可得到如下方程：

结点 1：$R_1-k_1\left(u_2-u_1\right)=0$

结点 2：$k_1\left(u_2-u_1\right)-k_2\left(u_3-u_2\right)=0$

结点 3：$k_2\left(u_3-u_2\right)-k_3\left(u_4-u_3\right)=0$

结点 4：$k_3\left(u_4-u_3\right)-k_4\left(u_5-u_4\right)=0$

结点 5：$k_4\left(u_5-u_4\right)-P=0$

将这些方程进行变化，得到

$$\begin{cases}k_1u_1-k_1u_2=-R_1\\-k_1u_1+k_1u_2+k_2u_2-k_2u_3=0\\-k_2u_2+k_2u_3+k_3u_3-k_3u_4=0\\-k_3u_3+k_3u_4+k_4u_4-k_4u_5=0\\-k_4u_4+k_4u_5=P\end{cases} \tag{2-61}$$

将这些方程式写成矩阵的形式，有

$$\begin{pmatrix}k_1 & -k_1 & 0 & 0 & 0\\-k_1 & k_1+k_2 & -k_2 & 0 & 0\\0 & -k_2 & k_2+k_3 & -k_3 & 0\\0 & 0 & -k_3 & k_3+k_4 & -k_4\\0 & 0 & 0 & -k_4 & k_4\end{pmatrix}\begin{Bmatrix}u_1\\u_2\\u_3\\u_4\\u_5\end{Bmatrix}=\begin{Bmatrix}-R_1\\0\\0\\0\\P\end{Bmatrix} \tag{2-62}$$

在载荷矩阵中区分施加力和反作用力也是必要的。因此矩阵式又可写为

$$\begin{Bmatrix} -R_1 \\ 0 \\ 0 \\ 0 \\ 0 \end{Bmatrix} = \begin{pmatrix} k_1 & -k_1 & 0 & 0 & 0 \\ -k_1 & k_1+k_2 & -k_2 & 0 & 0 \\ 0 & -k_2 & k_2+k_3 & -k_3 & 0 \\ 0 & 0 & -k_3 & k_3+k_4 & -k_4 \\ 0 & 0 & 0 & -k_4 & k_4 \end{pmatrix} \begin{Bmatrix} u_1 \\ u_2 \\ u_3 \\ u_4 \\ u_5 \end{Bmatrix} - \begin{Bmatrix} 0 \\ 0 \\ 0 \\ 0 \\ P \end{Bmatrix} \tag{2-63}$$

一般地，可写为

$$\boldsymbol{R} = \boldsymbol{K}\boldsymbol{u} - \boldsymbol{F} \tag{2-64}$$

代表　　{反作用力矩阵} ＝ [刚度矩阵] {位移矩阵} － {载荷矩阵}

考察我们所讨论的问题，因为杆在顶端固定，结点 1 的位移应为零，即 $R_1=0$。将边界条件用于式（2-63），得到如下矩阵

$$\begin{pmatrix} 1 & 0 & 0 & 0 & 0 \\ -k_1 & k_1+k_2 & -k_2 & 0 & 0 \\ 0 & -k_2 & k_2+k_3 & -k_3 & 0 \\ 0 & 0 & -k_3 & k_3+k_4 & -k_4 \\ 0 & 0 & 0 & -k_4 & k_4 \end{pmatrix} \begin{Bmatrix} u_1 \\ u_2 \\ u_3 \\ u_4 \\ u_5 \end{Bmatrix} = \begin{Bmatrix} 0 \\ 0 \\ 0 \\ 0 \\ P \end{Bmatrix} \tag{2-65}$$

解此方程，即可得到各结点的位移。

下一部分，将讨论一般单元的单元刚度矩阵，并讨论总体刚度矩阵的集成。

（3）确定每个单元的方程　在本问题中，每个单元有两个结点，每个结点都和一个位移相关，因此对每个结点可建立两个方程。这些方程一定包含结点位移和单元的刚度。

如图 2-8 所示，考虑内力 f_i 和 f_{i+1} 以及结点位移 u_i 和 u_{i+1}，根据平衡条件，不管选择哪种坐标系均有 $f_i+f_{i+1}=0$。考虑到向前差分的一致性，我们选用图 2-8b 的形式。这样，结点 i 和 $i+1$ 处的传输力可由下列方程表示：

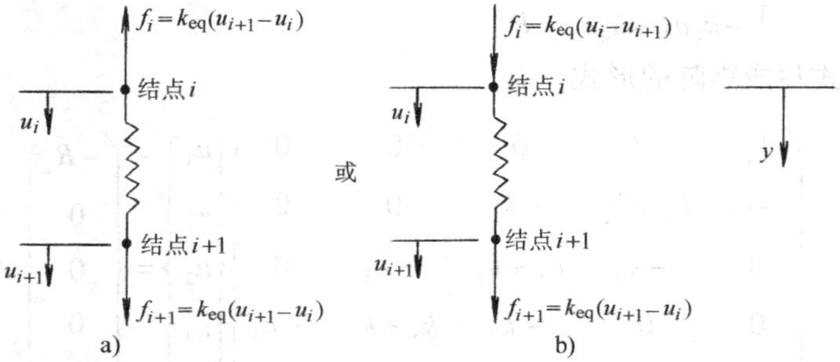

图 2-8　任意单元的传输力

$$f_i = k_{eq}(u_i - u_{i+1})$$
$$f_{i+1} = k_{eq}(u_{i+1} - u_i)$$

写成矩阵形式为

$$\begin{Bmatrix} f_i \\ f_{i+1} \end{Bmatrix} = \begin{pmatrix} k_{\mathrm{eq}} & -k_{\mathrm{eq}} \\ -k_{\mathrm{eq}} & k_{\mathrm{eq}} \end{pmatrix} \begin{Bmatrix} u_i \\ u_{i+1} \end{Bmatrix} \tag{2-66}$$

(4) 集成单元　将式（2-66）用于所有单元，并进行集成，将得到总体刚度矩阵。单元 1 的刚度矩阵为

$$K^{(1)} = \begin{pmatrix} k_1 & -k_1 \\ -k_1 & k_1 \end{pmatrix} \tag{2-67}$$

其在总体刚度矩阵中的位置为

$$K^{(1G)} = \begin{pmatrix} k_1 & -k_1 & 0 & 0 & 0 \\ -k_1 & k_1 & 0 & 0 & 0 \\ 0 & 0 & 0 & 0 & 0 \\ 0 & 0 & 0 & 0 & 0 \\ 0 & 0 & 0 & 0 & 0 \end{pmatrix} \begin{matrix} u_1 \\ u_2 \\ u_3 \\ u_4 \\ u_5 \end{matrix} \tag{2-68}$$

在刚度矩阵旁边给出了结点位移矩阵，有助于理解结点对相邻单元的贡献。

同样，对单元 2 有

$$K^{(2)} = \begin{pmatrix} k_2 & -k_2 \\ -k_2 & k_2 \end{pmatrix} \tag{2-69}$$

其在总体刚度矩阵中的位置为

$$K^{(2G)} = \begin{pmatrix} 0 & 0 & 0 & 0 & 0 \\ 0 & k_2 & -k_2 & 0 & 0 \\ 0 & -k_2 & k_2 & 0 & 0 \\ 0 & 0 & 0 & 0 & 0 \\ 0 & 0 & 0 & 0 & 0 \end{pmatrix} \begin{matrix} u_1 \\ u_2 \\ u_3 \\ u_4 \\ u_5 \end{matrix} \tag{2-70}$$

对单元 3 有

$$K^{(3)} = \begin{pmatrix} k_3 & -k_3 \\ -k_3 & k_3 \end{pmatrix} \tag{2-71}$$

其在总体刚度矩阵中的位置为

$$K^{(3G)} = \begin{pmatrix} 0 & 0 & 0 & 0 & 0 \\ 0 & 0 & 0 & 0 & \\ 0 & 0 & k_3 & -k_3 & 0 \\ 0 & 0 & -k_3 & k_3 & 0 \\ 0 & 0 & 0 & 0 & 0 \end{pmatrix} \begin{matrix} u_1 \\ u_2 \\ u_3 \\ u_4 \\ u_5 \end{matrix} \tag{2-72}$$

对单元 4 有

$$K^{(4)}=\begin{pmatrix} k_4 & -k_4 \\ -k_4 & k_4 \end{pmatrix} \tag{2-73}$$

其在总体刚度矩阵中的位置为

$$K^{(4G)}=\begin{pmatrix} 0 & 0 & 0 & 0 & 0 \\ 0 & 0 & 0 & 0 & 0 \\ 0 & 0 & 0 & 0 & 0 \\ 0 & 0 & 0 & k_4 & -k_4 \\ 0 & 0 & 0 & -k_4 & k_4 \end{pmatrix}\begin{matrix} u_1 \\ u_2 \\ u_3 \\ u_4 \\ u_5 \end{matrix} \tag{2-74}$$

将 $K^{(1G)}$、$K^{(2G)}$、$K^{(3G)}$、$K^{(4G)}$ 组装或相加，即得到总体刚度矩阵

$$K^{(G)}=\begin{pmatrix} k_1 & -k_1 & 0 & 0 & 0 \\ -k_1 & k_1+k_2 & -k_2 & 0 & 0 \\ 0 & -k_2 & k_2+k_3 & -k_3 & 0 \\ 0 & 0 & -k_3 & k_3+k_4 & -k_4 \\ 0 & 0 & 0 & -k_4 & k_4 \end{pmatrix} \tag{2-75}$$

可以看到从单元刚度矩阵组合得到的总体刚度矩阵与前面通过自由体积分析得到的总体刚度矩阵完全一致。

（5）施加边界条件和载荷　杆的顶端固定，应满足边界条件 $u_1=0$，载荷 P 施加在结点 5 上。应用这些条件得到下式

$$\begin{pmatrix} 1 & 0 & 0 & 0 & 0 \\ -k_1 & k_1+k_2 & -k_2 & 0 & 0 \\ 0 & -k_2 & k_2+k_3 & -k_3 & 0 \\ 0 & 0 & -k_3 & k_3+k_4 & -k_4 \\ 0 & 0 & 0 & -k_4 & k_4 \end{pmatrix}\begin{Bmatrix} u_1 \\ u_2 \\ u_3 \\ u_4 \\ u_5 \end{Bmatrix}=\begin{Bmatrix} 0 \\ 0 \\ 0 \\ 0 \\ P \end{Bmatrix} \tag{2-76}$$

对于固体力学问题，有限元分析有如下一般形式

［刚度矩阵］｛位移矩阵｝ ＝ ｛载荷矩阵｝

2. 求解阶段

杆的截面沿 y 轴的变化可以描述为

$$A(y)=\left(w_1+\frac{w_2-w_1}{L}y\right)t=\left(2+\frac{1-2}{10}y\right)\times 0.125=0.25-0.0125y \tag{2-77}$$

利用式（2-77）可以计算出各结点处截面的大小为

$$A_1=0.25, A_2=0.21875, A_3=0.1875, A_4=0.15625, A_5=0.125$$

下面，计算每个单元的刚度系数，因为

$$k_{eq}=\frac{(A_{i+1}+A_i)E}{2l} \tag{2-78}$$

据此，可计算出 $k_1 = 975 \times 10^3$，$k_2 = 845 \times 10^3$，$k_3 = 715 \times 10^3$，$k_4 = 585 \times 10^3$ 以及单元刚度矩阵为

$$K^{(1)} = \begin{pmatrix} k_1 & -k_1 \\ -k_1 & k_1 \end{pmatrix} = 10^3 \begin{pmatrix} 975 & -975 \\ -975 & 975 \end{pmatrix} \tag{2-79}$$

$$K^{(2)} = \begin{pmatrix} k_2 & -k_2 \\ -k_2 & k_2 \end{pmatrix} = 10^3 \begin{pmatrix} 845 & -845 \\ -845 & 845 \end{pmatrix} \tag{2-80}$$

$$K^{(3)} = \begin{pmatrix} k_3 & -k_3 \\ -k_3 & k_3 \end{pmatrix} = 10^3 \begin{pmatrix} 715 & -715 \\ -715 & 715 \end{pmatrix} \tag{2-81}$$

$$K^{(4)} = \begin{pmatrix} k_4 & -k_4 \\ -k_4 & k_4 \end{pmatrix} = 10^3 \begin{pmatrix} 585 & -585 \\ -585 & 585 \end{pmatrix} \tag{2-82}$$

将单元刚度矩阵组合，得到总体刚度矩阵

$$K^{(G)} = 10^3 \begin{pmatrix} 975 & -975 & 0 & 0 & 0 \\ -975 & 975+845 & -845 & 0 & 0 \\ 0 & -845 & 845+715 & -715 & 0 \\ 0 & 0 & -715 & 715+585 & -585 \\ 0 & 0 & 0 & -585 & 585 \end{pmatrix} \tag{2-83}$$

应用边界条件并施加载荷，得到

$$10^3 \begin{pmatrix} 1 & 0 & 0 & 0 & 0 \\ -975 & 975+845 & -845 & 0 & 0 \\ 0 & -845 & 845+715 & -715 & 0 \\ 0 & 0 & -715 & 715+585 & -585 \\ 0 & 0 & 0 & -585 & 585 \end{pmatrix} \begin{Bmatrix} u_1 \\ u_2 \\ u_3 \\ u_4 \\ u_5 \end{Bmatrix} = \begin{Bmatrix} 0 \\ 0 \\ 0 \\ 0 \\ 10^3 \end{Bmatrix} \tag{2-84}$$

解此矩阵方程，即可得到各结点的位移值：$u_1 = 0$，$u_2 = 0.001026$，$u_3 = 0.002210$，$u_4 = 0.003608$，$u_5 = 0.005317$。

3. 后处理阶段

对分析结果进行处理，我们可以得到其他一些信息，如每个单元中的平均正应力。这些值可以从下式得到：

$$\sigma = \frac{f}{A_{avg}} = \frac{k_{eq}\ (u_{i+1} - u_i)}{A_{avg}} = \frac{\dfrac{A_{avg}E}{l}\ (u_{i+1} - u_i)}{A_{avg}} = E\,\frac{u_{i+1} - u_i}{l} \tag{2-85}$$

因为结点的位移已知，可以从应力-应变关系直接得到式（2-86），

$$\sigma = E\varepsilon = E\,\frac{u_{i+1} - u_i}{l} \tag{2-86}$$

应用式（2-86）可以计算出例中各单元的平均正应力值：$\sigma^{(1)} = 4268$，$\sigma^{(2)} =$

4925，$\sigma^{(3)}=5816$，$\sigma^{(4)}=7109$。此外，通过计算还可以得到一些其他信息。

前面通过一个简单的例子介绍了有限元法的基本思想和利用有限元法求解实际问题的基本步骤，下面将介绍现代有限元法的理论基础，因为这将涉及到许多数学问题，因此我们将重点放在定性的理解上。

二、有限元法的基本理论

（一）加权余量法

工程或物理学中的许多问题，通常是以未知函数应满足的微分方程和边界条件的形式提出来的，可以一般地表示为未知函数 u 应满足微分方程组

$$A(u)=\begin{Bmatrix}A_1(u)\\A_2(u)\\\vdots\end{Bmatrix}=0\quad（在\ \Omega\ 内）\tag{2-87}$$

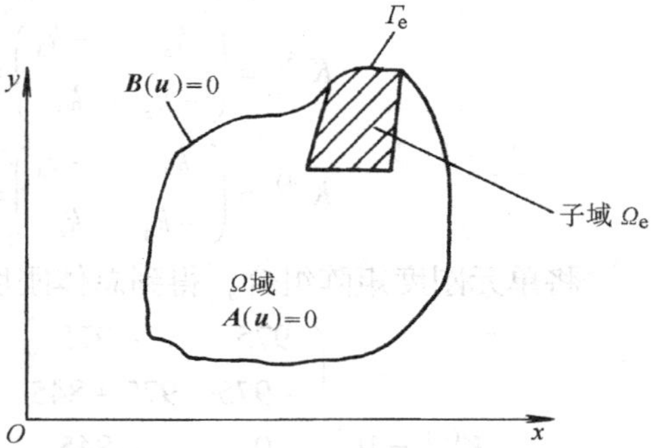

图 2-9　域 Ω 和边

域 Ω 可以是体积域、面积域等，如图 2-9 所示。同时未知函数 u 还应满足边界条件

$$B(u)=\begin{Bmatrix}B_1(u)\\B_2(u)\\\vdots\end{Bmatrix}=0\quad（在\ \Gamma\ 上）\tag{2-88}$$

Γ 是域 Ω 的边界。

要求解的未知函数 u 可以是标量场（如温度场），也可以是几个变量组成的向量场（如位移、应变、应力等）。A，B 是对于独立变量的微分算子。由于微分方程组式（2-87）在域 Ω 中的每一点都必须为零，因此就有

$$\int_\Omega V^{\mathrm{T}}A(u)\,\mathrm{d}\Omega=\int_\Omega[v_1A_1(u)+v_2A_2(u)+\cdots]\,\mathrm{d}\Omega\equiv 0\tag{2-89}$$

其中

$$V=\begin{Bmatrix}v_1\\v_2\\\vdots\end{Bmatrix}$$

V 是函数向量，它是和微分方程个数相等的任意函数。

同理，假如边界条件式（2-88）也同时在边界上的每一点都得到满足，对于一组任意函数 $\bar{V}$ 应当有

$$\int_\Gamma \bar{V}^{\mathrm{T}}B(u)\,\mathrm{d}\Omega=\int_\Gamma(\bar{v}_1B_1(u)+\bar{v}_2B_2(u)+\cdots)\,\mathrm{d}\Gamma\equiv 0\tag{2-90}$$

因此若积分形式

$$\int_{\Omega} \boldsymbol{V}^{\mathrm{T}} \boldsymbol{A}(u) \mathrm{d}\Omega + \int_{\Gamma} \overline{\boldsymbol{V}}^{\mathrm{T}} \boldsymbol{B}(u) \mathrm{d}\Gamma \equiv 0 \tag{2-91}$$

对于所有的 $\boldsymbol{V}$ 和 $\overline{\boldsymbol{V}}$ 都成立，则等效于满足微分方程式（2-87）和边界条件式（2-88）。把式（2-91）称为微分方程的等效积分形式。

在求解域 Ω 中，若函数 u 是精确解，则在域 Ω 中任一点都满足方程式（2-87），同时在边界上任一点都满足边界条件式（2-88），此时等效积分形式必然严格达到满足。但对于复杂的实际问题，这样的精确解往往是很难找到的，因此人们需要找到具有一定精度的近似解。

对于微分方程式（2-87）和边界条件式（2-88）所表达的物理问题，未知函数 u 可以用近似函数来表示。近似函数是一族带有待定参数的已知函数，一般形式是

$$u \approx \bar{u} = \sum_{i=1}^{n} N_i a_i = Na \tag{2-92}$$

式中，a_i 是待定参数，N_i 是称为试探函数（或基函数、形函数）的已知函数，它取自完全独立的函数序列，是线性独立的。

显然，在通常 n 取有限数的情况下近似解是不能精确满足方程和全部边界条件的，它们将产生残差 $\boldsymbol{R}$ 及 $\overline{\boldsymbol{R}}$，亦称为余量。在式（2-91）中，用 n 个规定函数来代替任意函数 $\boldsymbol{V}$ 及 $\overline{\boldsymbol{V}}$，即

$$\boldsymbol{V} = \boldsymbol{W}_j \quad \overline{\boldsymbol{V}} = \overline{\boldsymbol{W}}_j \quad (j = 1,\ 2,\ \cdots,\ n) \tag{2-93}$$

就可以得到近似的等效积分形式

$$\int_{\Omega} \boldsymbol{W}_j^{\mathrm{T}} \boldsymbol{A}(Na) \mathrm{d}\Omega + \int_{\Gamma} \overline{\boldsymbol{W}}_j^{\mathrm{T}} \boldsymbol{B}(Na) \mathrm{d}\Gamma \equiv 0 \quad (j = 1,2,\cdots,n) \tag{2-94}$$

也可以写成余量的形式

$$\int_{\Omega} \boldsymbol{W}_j^{\mathrm{T}} R \mathrm{d}\Omega + \int_{\Gamma} \overline{\boldsymbol{W}}_j^{\mathrm{T}} \bar{R} \mathrm{d}\Gamma \equiv 0 \quad (j = 1,2,\cdots,n) \tag{2-95}$$

式（2-93）和式（2-94）的意义是通过选择待定系数 a_i，强迫余量或残差在某种平均意义上等于零。$\boldsymbol{W}_j$ 和 $\boldsymbol{W}_j$ 称为权函数。余量的加权积分为零就得到一组求解方程，用以求解近似的待定系数 a，从而得到原问题的近似解。

采用使余量的加权积分为零的方法来求微分方程的近似解的方法称为加权余量法。按照对权函数的不同选择，加权余量法分为以下几种：

1. 配点法

取

$$\boldsymbol{W}_j = \overline{\boldsymbol{W}}_j = \delta\ (x - x_j) \tag{2-96}$$

若域 Ω 是独立坐标 x 的函数，$\delta\ (x - x_j)$ 则有如下性质：当 $x \neq x_j$ 时，$\boldsymbol{W}_j$

$=0$，有

$$\int_{\Omega} \boldsymbol{W}_j \mathrm{d}\Omega = \boldsymbol{I} \quad (j = 1,2,\cdots,n) \tag{2-97}$$

这种方法相当于简单地强迫余量在域内 n 个点上等于零。

2\. 子域法

在 n 个子域 Ω_j 内 $\boldsymbol{W}_j=\boldsymbol{I}$，在子域 Ω_j 以外 $\boldsymbol{W}_j=0$。此方法的实质是强迫余量在 n 个子域 Ω_j 的积分为零。

3\. 最小二乘法

近似解取

$$\bar{u} = \sum_{i=1}^{n} N_i a_i \tag{2-98}$$

则权函数

$$\boldsymbol{W}_j = \frac{\partial}{\partial a_j}\boldsymbol{A}\left(\sum_{i=1}^{n} N_i a_i\right) \tag{2-99}$$

此方法的实质是使得函数

$$\boldsymbol{I}(a_i) = \int_{\Omega} \boldsymbol{A}^2\left(\sum_{i=1}^{n} N_i a_i\right)\mathrm{d}\Omega \tag{2-100}$$

取最小值。即要求

$$\frac{\partial \boldsymbol{I}}{\partial a_i}=0 \quad (i=1,\ 2,\ \cdots,\ n) \tag{2-101}$$

4\. 力矩法

以一维问题为例，微分方程 $\boldsymbol{A}(u)=0$，取近似解 $\tilde{u}$ 并假定已满足边界条件。令

$$\boldsymbol{W}_j=1,\ x_1,\ x_2,\ \cdots \tag{2-102}$$

得

$$\int_{\Omega}\boldsymbol{A}(\tilde{u})\,\mathrm{d}x = 0,\int_{\Omega}x\boldsymbol{A}(\tilde{u})\,\mathrm{d}x = 0,\int_{\Omega}x^2\boldsymbol{A}(\tilde{u})\,\mathrm{d}x = 0,\cdots \tag{2-103}$$

此方法是强迫余量的各次矩等于零，通常又称为积分法。

5\. 伽辽金（Galerkin）法

取 $\boldsymbol{W}_j=\boldsymbol{N}_j$，在边界上 $\overline{\boldsymbol{W}}_j=-\boldsymbol{W}_j=-\boldsymbol{N}_j$。即简单地利用近似解的试探函数序列作为权函数。近似积分形式式（2-94）可写成

$$\int_{\Omega}\boldsymbol{N}_j^{\mathrm{T}}\boldsymbol{A}\left(\sum_{i=1}^{n}\boldsymbol{N}_i a_i\right)\mathrm{d}\Omega + \int_{\Gamma}\boldsymbol{N}_j^{\mathrm{T}}\boldsymbol{B}\left(\sum_{i=1}^{n}\boldsymbol{N}_i a_i\right)\mathrm{d}\Gamma = 0 \quad (j = 1,2,\cdots,n) \tag{2-104}$$

由式（2-92），可定义近似解$\tilde{u}$的变分 $\delta\tilde{u}$为

$$\delta \tilde{u} = N_1 \delta a_1 + N_2 \delta a_2 + \cdots + N_n \delta a_n \tag{2-105}$$

其中 δa_i 是完全任意的。由此，式（2-104）可以更简洁地表示为

$$\int_{\Omega} \delta \tilde{u}^{\mathrm{T}} \boldsymbol{A}(\tilde{u}) \mathrm{d}\Omega + \int_{\Gamma} \tilde{u}^{\mathrm{T}} \boldsymbol{B}(\tilde{u}) \mathrm{d}\Gamma = 0 \tag{2-106}$$

在很多情况下，采用 Galerkin 法得到的求解方程的系数矩阵是对称的，这是在用加权余量法建立有限元格式时几乎都采用 Galerkin 法的主要原因，而且当存在泛函时，Galerkin 法与变分法往往导致同样的结果。

（二）变分原理和 Ritz 方法

由数学分析知，若设自变量为 x，因变量为 y，则因变量 y 是自变量 x 的函数，可表示为

$$y = y(x)$$

泛函 J 的自变量是函数 $y = y(x)$，即泛函是函数的函数，可以表示为

$$J = J(y) = J[y(x)] \tag{2-107}$$

可以定义，凡是由一个或多个函数的选取而确定的变量称为泛函。对泛函在某一区域内求极值（包括极大值与极小值）称为变分问题，对泛函求极值的方法称为变分法。

下面，讨论一个连续介质问题的变分法。首先建立一个泛函，它由积分形式

$$\Pi = \int_{\Omega} F\left(u, \frac{\partial u}{\partial x}, \cdots\right) \mathrm{d}\Omega + \int_{\Gamma} F\left(u, \frac{\partial u}{\partial x}, \cdots\right) \mathrm{d}\Gamma \tag{2-108}$$

确定。其中 u 是未知函数，F 和 E 是特定的微分算子，Ω 是求解域，Γ 是 Ω 的边界。求泛函的极值就是要使

$$\delta \Pi = 0 \tag{2-109}$$

求变分法的基本过程如下：

将未知函数的近似解表示为一族包含待定参数的试探函数：

$$u \approx \bar{u} = \sum_{i=1}^{n} N_i a_i = Na \tag{2-110}$$

式中，a 是待定参数，N 是已知函数。将式（2-110）代入式（2-108），得到用试探函数和待定参数表示的泛函 Π。泛函的变分为零相当于将泛函对所包含的待定参数进行全微分，并令所得的方程等于零，即

$$\delta \Pi = \frac{\partial \Pi}{\partial a_1} \delta a_1 + \frac{\partial \Pi}{\partial a_2} \delta a_2 + \cdots + \frac{\partial \Pi}{\partial a_n} \delta a_n = 0 \tag{2-111}$$

由于 δa_1，δa_2，…是任意的，满足上式时必然有 $\frac{\partial \Pi}{\partial a_1}$、$\frac{\partial \Pi}{\partial a_2}$、……都等于零。因此可以得到一组方程：

$$\frac{\partial \Pi}{\partial a} = \begin{Bmatrix} \frac{\partial \Pi}{\partial a_1} \\ \frac{\partial \Pi}{\partial a_2} \\ \vdots \\ \frac{\partial \Pi}{\partial a_n} \end{Bmatrix} = 0 \qquad (2\text{-}112)$$

这是与待定参数个数相等的方程组，用以求解 a。这种求近似解的经典方法叫做里兹（Ritz）法。

Ritz 法是从一族假定解中寻求满足函数变分的“最好的”解。近似解的精度与试探函数的选择有关。如果我们知道所求解的一般性质，则可以通过选择反应此特性的试探函数来改进近似解，提高近似解的精度。若精确解恰好包含在试探函数中，则 Ritz 法将得到精确解。

由于 Ritz 法以变分原理为基础，其收敛性有严格的理论基础，得到的求解方程的系数矩阵是对称的，而且在场函数事先满足强制边界条件的前提下，解有明确的上、下界等，长期以来，在物理和力学的微分方程的求解的近似法中占有重要的地位，得到广泛的应用。但是由于它是在全求解域中定义近似函数，实际应用中会遇到两方面的困难：

1）在求解域比较复杂的情况下，选取满足边界条件的试探函数，往往会产生难以克服的困难。

2）为了提高近似解的精度，需要增加待定参数，即增加试探函数的项数，这就增加了求解的繁杂性。

建立于变分原理基础上的有限元法，虽然本质和 Ritz 法是类似的，但由于近似函数在子域（单元）上定义，因此可以克服上述两方面的困难，并和现代计算机技术相结合，成为对物理、力学以及其他科学技术领域分析、求解实际问题的重要工具，得到越来越广泛的应用。

三、有限元程序的结构和特点

有限元法的实现必须通过计算机。全部有限元法的计算原理和数值方法集中反映在有限元法的程序中，因此有限元法的程序极为重要。它应具有分析准确可靠、计算效率高、使用方便、易于扩充和修改等特点。

有限元法程序总体可分为三个组成部分：前处理部分、有限元分析本体程序、后处理部分。

有限元分析本体程序是有限元分析程序的核心，它根据离散模型的数据文件进行有限元分析。有限元分析的原理和采用的数值方法集中于此，因此它是有限元分析准确可靠的关键。选用计算方法的合理与否决定了有限元分析程序的计算效率和结果的精度及可靠性。

离散模型的数据文件主要应包括：离散模型的结点数及结点坐标、单元数及单元结点编码、载荷信息等。对于一个实际的工程问题，离散模型的数据文件十分庞大，靠人工处理和生成一般是不可能的，除工作量大不能忍受外，还会不可避免地出现数据错误，包括数据精度的不足。为了解决这一问题，有限元分析程序必须有前处理程序。前处理程序是根据使用者提供的对计算模型外形及网格要求的简单数据描述，自动或半自动地生成离散模型的数据文件，并要生成网格图供使用者检查和修改。这部分程序的功能很大程度上决定了程序使用的方便性。

同样，有限元分析程序的计算结果也是针对离散模型得到的。例如对静力平衡问题可以得到离散模型各结点的位移、各单元的应力等。输出的文本文件量很大，但却不易得到所分析对象的全貌，例如位移哪里最大、应力集中发生在什么部位以及变化趋势如何。因此一个使用方便的有限元分析程序不仅要有可供选择输出内容的文本文件，还需有结果的图形显示，如位移图、等应力线图或截面应力分布图等。这部分程序称后处理程序，与前处理程序相似对程序使用的方便性有举足轻重的作用。

有限元分析程序的三个组成部分对于一个较好的用于实际问题分析的有限元程序来说，前后处理的程序量常常超出有限元分析的本体程序。前后处理功能越强，程序的使用就越方便。有限元分析程序中前后处理程序一般可占全部程序条数的2/3～4/5。有的近期发展的通用程序更注重程序的“包装”和使用功能，有限元分析本体程序以外部分的比例更高。

四、有限元软件简介

SAP（Structural Analysis Program）——美国加州大学伯克利分校M. J. Wilson教授的线性静、动力学结构分析程序。

NASTRAN（NASA Structural Analysis）——美国国家航空和宇航局（NASA）的结构分析程序。

ADINA（A Finite Element Program for Automatic Dynamic Incremental Nonlinear Analysis）——美国麻省理工学院机械工程系的自动动力增量非线性分析有限元程序。

ANSYS（Analysis System）——世界著名力学分析专家、匹兹堡大学教授J. Swanson创立的SASI（Swanson Analysis System Inc.）的大型通用有限元分析软件，世界最权威的有限元产品。

IDEAS（Integrate Design Engineering Analysis System）——美国SDRC公司的机械通用软件，集成化设计工程分析系统。集设计、分析、数控加工、塑料模具设计和测试数据为一体的工作站用软件。

ALGOR——美国ALGOR公司在SAP5和ADINA有限元分析程序的基础上针

对微机平台开发的通用有限元分析系统。

五、ANSYS 程序使用介绍

（一）ANSYS 程序使用

1. 启动 ANSYS

（1）系统配置　为使 ANSYS 工作正常，如条件许可，硬件的配置水平应尽量高一些。对教学版，CPU 不应低于 586，内存至少为 16MB，硬盘在 2GB 以上，显示卡至少有 1MB 以上的图形缓存，显示器分辨率不低于 1024×768；对于非教学版（包括大学版、研究版和商业版），硬件要求则更高，限于篇幅，在此不再赘述。

ANSYS 程序有工作站版和微机版两种版本，使用上除操作系统不同外，其余基本相同。以微机为例，其操作系统多为 Microsoft Windows 95、Window 98 或 Microsoft Windows NT 及 Windows 2000（ANSYS5.6 版本以上）。考虑我国高校计算机的配备现状，本书选择微机版 ANSYS 5.5 为讲解对象。

（2）启动 ANSYS　在 Windows95、98 或 Windows NT、2000 环境下，操作步骤如下：

1）在程序管理器或开始菜单中找到 ANSYS5.5。

2）双击 Interactive 图标，出现图 2-10 所示工作界面。

3）按画面文字提示要求确定各个选项，其主要选项的含义为：

Product selection：产品选择，可根据需要选择 ANSYA 软件种类。

Working directory：设定工作目录，指定 ANSYS 的工作目录。ANSYS 工作时所有生成的文件都将存放在此目录中，此项必须填写，若缺省则为上次运行时已定义的目录。

Graphics device name：选择图形设备名，指定显示卡类型。一般选择 Win32，如果配置了 3D 显示卡，可选择 3D。

Initial jobname：设定初始工作文件名，此工作文件用于存储计算数据和工作进度，因此，此项必须填写，若不填写则为上次运行时已定义的文件名。作为特例，第一次运行时的缺省文件名为 file。

Memory requested（megabytes）：设置 ANSYS 工作空间及数据库尺寸，此项用于指定 ANSYS 工作时所需的内存空间（工作空间）大小（以 MB 为单位）及 ANSYS 专用数据库所需内存尺寸（以 MB 为单位）。一般情况下，此项可选缺省值。

若无特殊要求，其他选项可以不用改动。

Run：运行 ANSYS。在各项确定后，选择该项开始运行 ANSYS。

执行 Run 后，稍等片刻即出现 ANSYS 工作窗口（ANSYS 图形用户界面），如图 2-11 所示，至此 ANSYS 启动完毕，进入工作状态。

2. 主菜单和用户界面

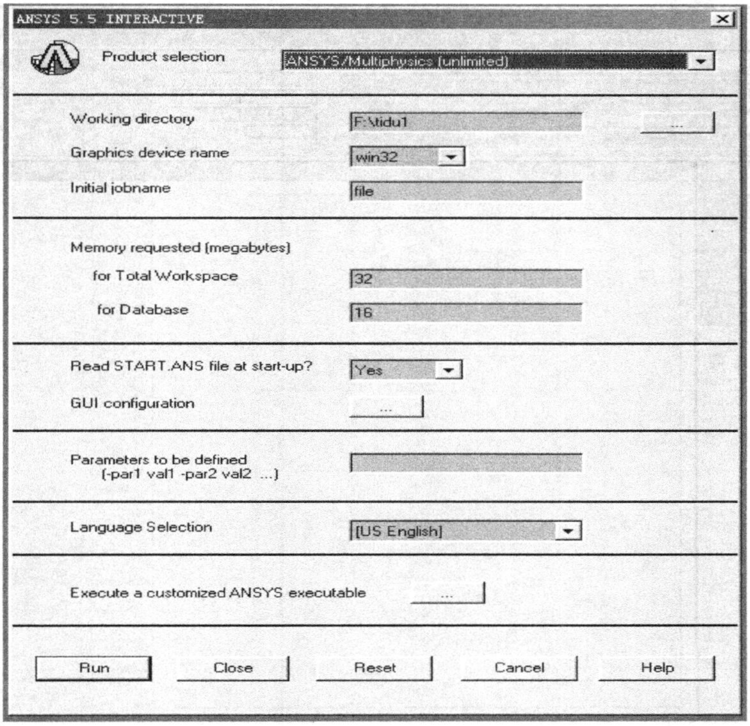

图 2-10　交互工作界面

ANSYS 图形用户界面（GUI）由六个窗口组成。

（1）Unility menu 窗口　该窗口包含文件管理（File）、选择（Select）、列表（List）、绘图（Plot）、绘图控制（PlotCtrls）、工作平面（WorkPlane）、显示、控制、参数设置（Parameters）、菜单控制（MenuCtrls）、帮助（Help）等命令。

（2）Input 窗口　该窗口用于显示提示信息和输入 ANSYS 命令，被 ANSYS 程序使用的命令都将在此窗口内显示。

（3）Main Menu（主菜单）窗口　ANSYS 的主要功能均包括在该窗口，分为设定分析模块（Preference…）、前处理模块（Preprocessor…）、求解模块（Solution）、后处理模块（General Postproc 或 TimeHist Postproc）、设计选项等，如图 2-11 所示。

其中，选择菜单结尾带“…”标志的项目将在屏幕上产生对话框；选择菜单结尾带“ > ”标志的项目将产生子菜单；选择菜单结尾带“ + ”标志的项目将产生拾取菜单；选择菜单结尾没有任何符号的项目表示执行一条 ANSYS 命令。

（4）Toolbar（工具条）窗口　可将常用的 ANSYS 命令或命令组制成工具条，

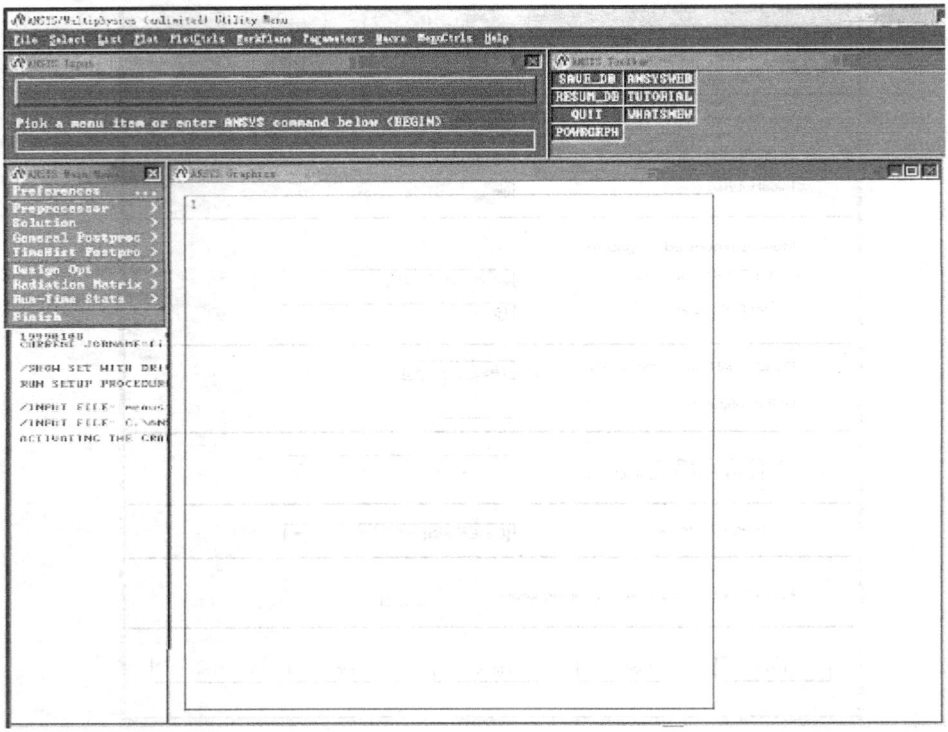

图 2-11　ANSYS 图形用户界面

放入此窗口，方便调用，如图 2-11 所示。

（5）Graphics（图形）窗口　求解有限元问题的前后处理工作差不多都在此窗口进行。该窗口既可显示由 ANSYS 创建的图形（前处理的有限元建模及计算结果的图形输出），也可以显示由外部程序创建后传递到 ANSYS 并可供 ANSYS 使用的图形，如图 2-11 所示。

（6）Output（输出）窗口　该窗口位于上述窗口之后，使用时应将其提到前面。此窗口的功能是显示以文本方式输出的 ANSYS 计算结果及相关信息，如图 2-11 所示。

（7）分析类型预选模块（Preference）　在主菜单中单击 Preference…选项，出现如图 2-12 所示对话框。对话分为两栏，以白线为界，白线以上有 8 个可选项，为第一栏；

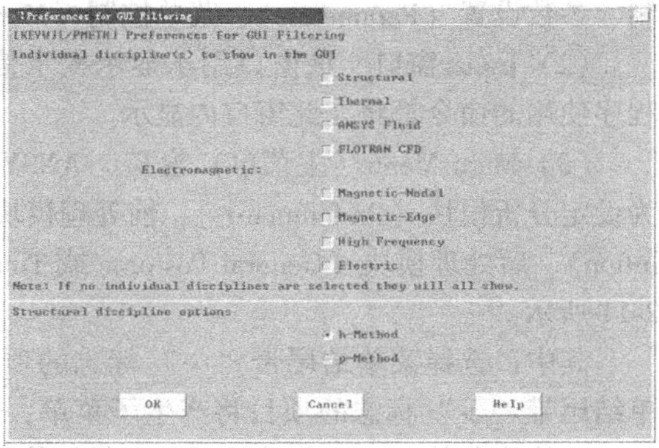

图 2-12　Preference

白线以下有 2 个可选项，为第二栏，其含义介绍如下：

第一栏，供用户根据待求解对象的分析类型选择相应的分析模块。如进行结构分析，可用鼠标点击（选择）Structural，使其左面的白色小矩形出现“✓”；进行温度场分析，则选择 Thermal 项，依此类推。

第二栏，在求解结构问题时，为用户提供了两种求解方法——h 方法和 p 方法，供用户选择。h-Method（h 方法）为缺省项，推荐使用。

h 方法可用于任何一种分析类型，p 方法仅能用于线性结构的静态分析。对于同一问题，在相同精度要求下，用 h 方法求解，其网格密度通常要大于 p 方法。在网格稀疏时，用 p 方法，其精度要优于 h 方法。

两栏内容选择完毕，单击 OK，对话框关闭。

（8）前处理器（Preprocessor）　在主菜单上单击 Preprocessor >，出现迭加子菜单 Preprocessor，如图 2-13 所示，主要包括设定单元类型（Element Type）、定义实常数（Real Constants）、定义材料特性（Material Props）、创建有限元几何模型、对模型划分网格等。

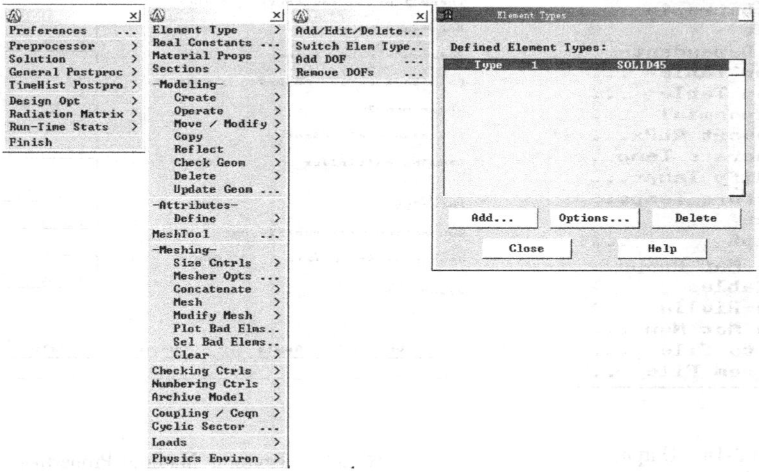

图 2-13　Preprocessor > Element Type >

1）设定单元类型（Element Type）。ANSYS 允许用户在分析计算中使用多种类型的单元，为便于程序区分，要求必须为每一类参加计算的单元指定单元类型并给出编号。用该选项可以完成这一工作。

单击 Element Type >，出现图 2-13 所示的迭加子菜单：①Add/Edit/Delete…，该项用来“添加/编辑/删除”所选的单元类型，单击该项，出现图 2-13 所示单元类型定义对话框，单击 Add…，用户可以选择出解题所需要的各种类型的单元；②Add DOFs…，要改变所选单元的节点自由度，选择此项，单击 Add DOFs…，可以添加所需的自由度。

2）定义材料特性（Material Props）。ANSYS 中的材料特性是指材料的宏观特性，如材料力学中的杨氏弹性模量、密度等。在应用上材料被分为线性材料和非线性材料。考虑到在具体的分析计算中，被计算对象可能由各种不同性质的材料组成，为区分不同材料，ANSYS 在此为用户提供了材料特性分类定义功能，对所用的每一种材料用户都可以通过输入一组数据和一个编号进行定义，ANSYS 在形成单元刚度矩阵时，将使用这些数据。单击 Material Props >项，出现图 2-14 所示定义材料特性迭加子菜单。菜单上常用材料特性条目的含义如下：①Isotropic（各项同性）；②Orthotropic（正交各项异性）；③Temp Dependent - Temp Table（定义温度表）；④Temp Dependent-Prop Table（定义材料特性表）。限于篇幅，本文只介绍 Isotropic。

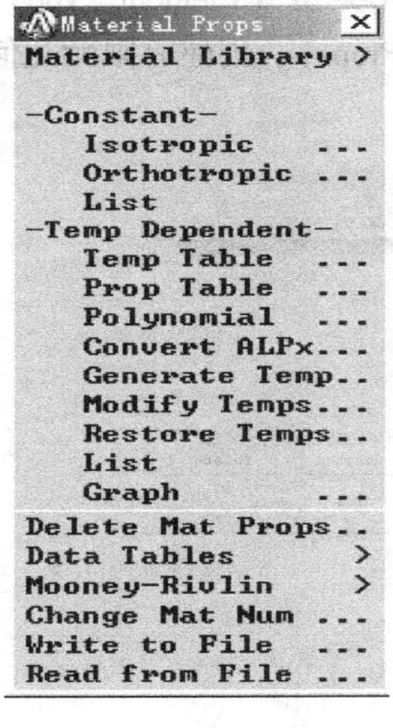

图 2-14　Output

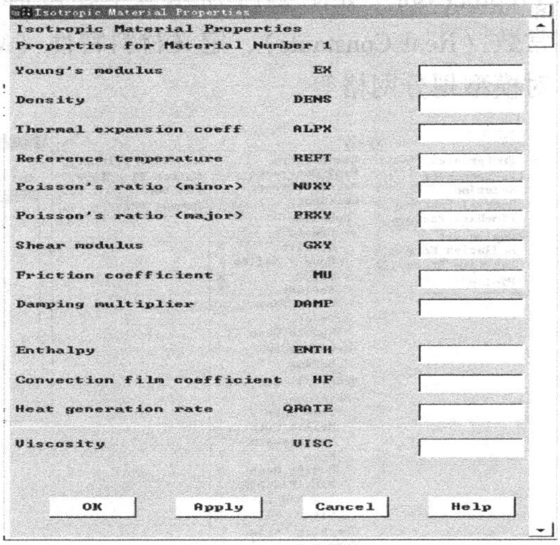

图 2-15　Isotropic Material Properties

在-Constant-中，单击 Isotropic…项，出现各项同性材料编号对话框，输入材料编号，单击 OK 按钮，出现图 2-15 所示各项同性材料定义对话框；在对话框中，按照提示，输入已编号材料的各项参数，如弹性模量 EX、质量密度 DENS 及泊松比 MU 等。

3）建模（Modeling）。在 ANSYS 中，建立实体模型可以通过创建、布尔操作，移动/修改、复制、映射、删除等条目中的功能实现。

Ⅰ. 创建实体。实体可以通过关键点、线、面、体等建立，在 Main Menu > Preprocessor > -Modeling 中，单击 Create > 出现如图 2-16 所示创建迭加子菜单。其中包括：①定义关键点（Keypoints）；②创建线（-Lines-）；③创建面（-Areas-）；④创建体（-Volumes-）。

通过运算建立实体，实体也可以通过对已有的点、线、面或体进行拉伸、相加、相减、迭加等运算来建立。

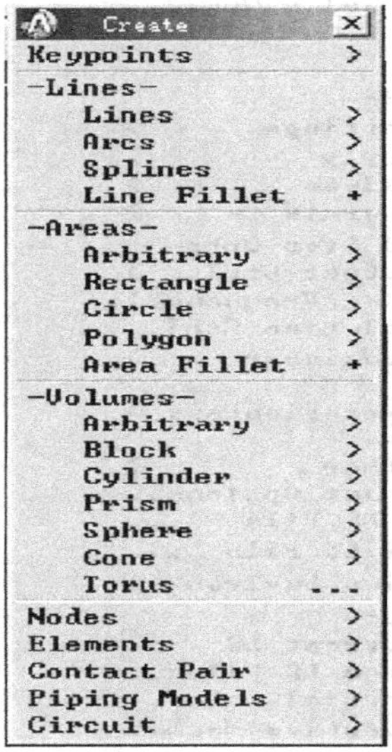

图 2-16　Create

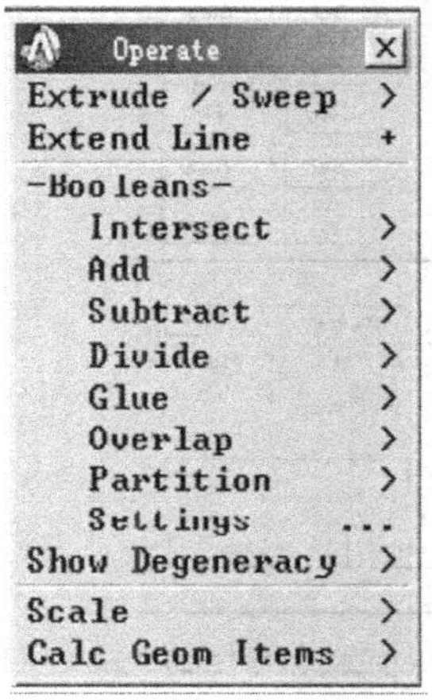

图 2-17　Operate

在 Main Menu > Preprocessor > -Modeling-中，单击 Operate >，出现如图 2-17 所示运算迭加的子菜单。其中包括：①拉伸/延伸（Extrude/Sweep）；②布尔操作（Booleans）。

Ⅱ. 划分网格。划分网格是有限元分析中一个重要环节。ANSYS 程序划分网格时，在 Main Menu > Preprocessor > 中，单击 MeshTool…，弹出一个对话框，如图 2-18 所示。

SmartSize：ANSYS 提供的智能网格控制方式，可以确定单元大小，一般推荐选 4 ~ 8。

SizeControls：提供了控制这个单元大小的说明。

Global：控制设置和清除全局单元边界长度。

Lines：控制在选择的未划分网格的线上设置和清除划分比率及间隔比率，点击 Clear 按钮，清除设置说明。

Mesh：可以选择要划分网格的实体类型（体、面、线等）。

Shape：选择网格划分形状。

Mesher：选择网格划分方法。可以选择自由划分（Free，四边形单元中允许

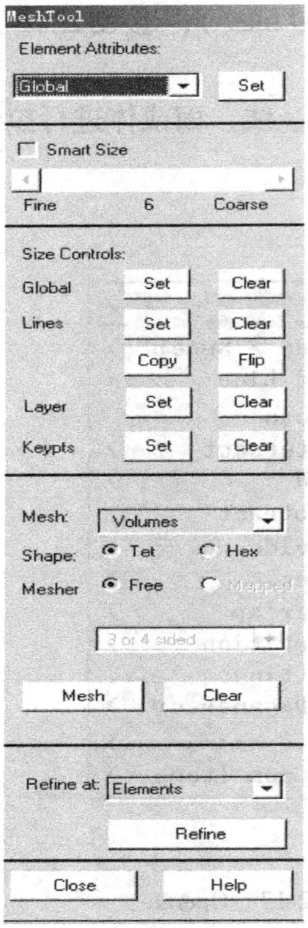

图 2-18　MeshTool

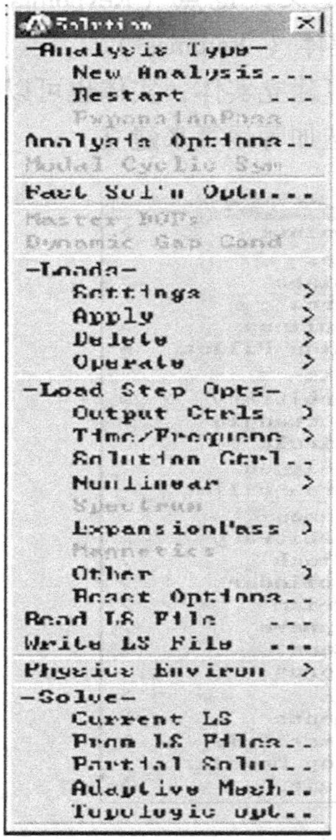

图 2-19　Solution

包含三角单元）或规则划分（Mapped）。

Refine at：可选择细分单元的实体（线、面等）；按下 Refine 按钮可以对实体的局部进行细分。

（9）求解器（Solution）功能　建模完毕，有限元分析进入求解阶段。以结构分析为例，在主菜单上单击 Solution >，出现图 2-19 所示的迭加子菜单。它主要包括：定义结构分析类型、施加静载荷、施加动载荷及求解等。

1）定义结构分析类型（Analysis Type）。在子菜单-Analysis Type-中单击 New Analysis…，可定义结构分析类型。ANSYS 中结构分析包括七种类型：静态分析（Static）、模态分析（Modal）、谐波分析（Harmonic）、瞬态分析（Transient）、谱分析（Spectrum）、弯曲分析（Eign Buckling）和子结构分析（Substructuring），见图 2-20。

2）施加载荷（Load）。定义完结构分析类型后，应给模型施加静载荷和施加动载荷。以静态分析为例，应用于静态分析中的载荷类型包括：位移、力或力矩、面力、静态惯性力等。在 Solution 子菜单-Load-中选择 Apply >，出现迭加子

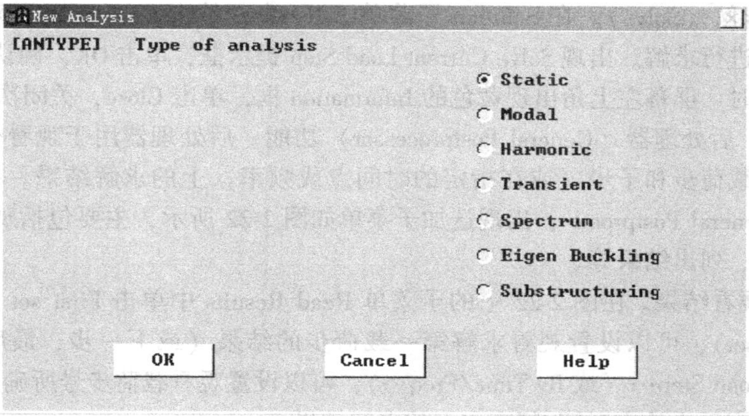

图 2-20 AnalysisType

菜单，如图 2-21 所示。其中包括：① 施加位移载荷（Displacement），位移载荷的自由度包括 UX、UY、UZ、ROTX、ROTY、ROTZ；② 施加力载荷（Force/Moment），即在模型的外部通常施加有集中力载荷，包括力 FX、FY、FZ 和力矩 MX、MY、MZ；③ 施加面力载荷（Pressure）。

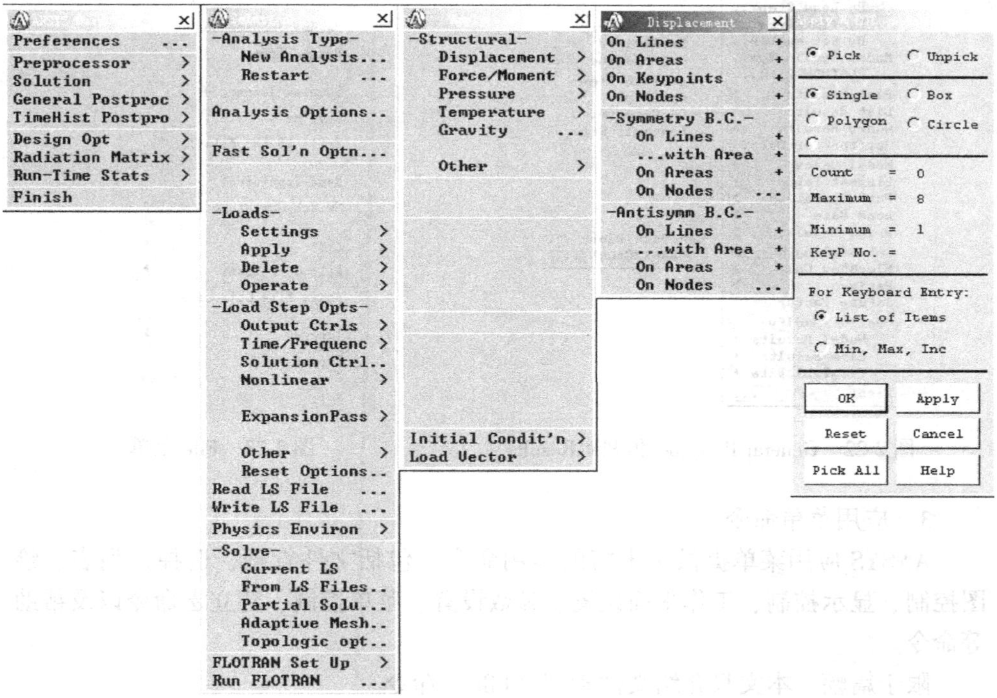

图 2-21 施加载荷

3）求解（Solve）。在 Solution 子菜单-Solve-中，单击 Current LS，对已施加的载荷步进行求解。出现 Solve Current Load Step 提示框，单击 OK，确认后求解。求解结束时，屏幕左上角出现黄色的 Information 框，单击 Close，关闭次信息框。

（10）后处理器（General Postprocessor）功能　后处理器用于观看整个模型在指定的载荷步和子步（或在指定的时间点或频率）上的求解结果。在主菜单上单击 General Postproc >，出现迭加子菜单如图 2-22 所示，主要包括观看结果、绘出结果、列出结果等。

1）观看结果。在图 2-22 上的子菜单 Read Results 中单击 First set（或 Next set，Last set），可以设置观看求解第一载荷步的结果（或下一步、最后一步）。单击 By Load Step…（或 By Time/Freq…），可以设置观看载荷步号所确定的求解结果（或观看由给定时间/频率点上的求解结果）。

2）绘出结果。在图 2-22 的子菜单中，单击 Plot Results >，出现迭加在该菜单上的子菜单，根据所需结果形式绘出结果。

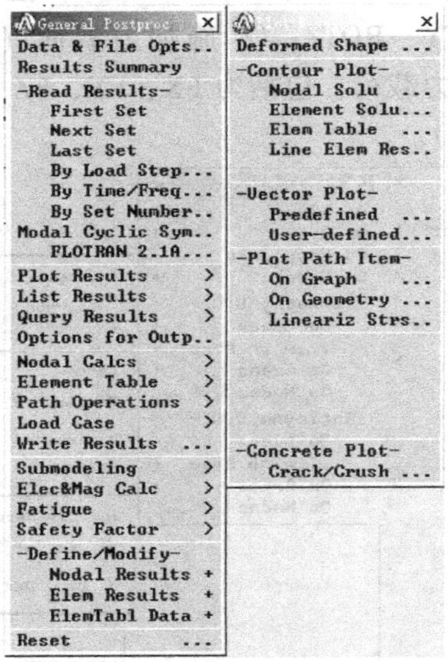

图 2-22　General Postproc 和 Plot Results

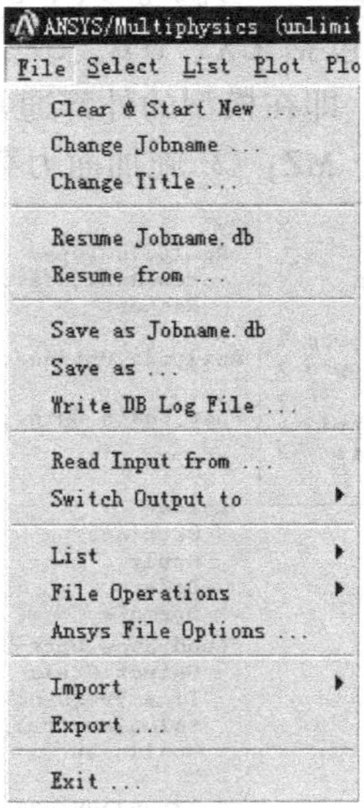

图 2-23　File 菜单

3．应用菜单命令

ANSYS 应用菜单提供了丰富的实用命令，包括文件管理、选择、列表、绘图控制、显示控制、工作平面设置、参数设置、菜单控制、建立宏命令以及帮助等命令。

限于篇幅，本文只介绍文件管理（File）命令。

在应用菜单 File 上单击鼠标，弹出图 2-23 所示的菜单。

Clear & Start New…：单击该按钮，清除数据文件，进行新的操作。

Change Jobname…：单击该按钮，可将当前的文件名更改为新的文件名。

Change Title…：单击该按钮，可将绘图窗口左下角的标题改变。

Resume Jobname. db：可将当前文件名的数据库打开。

Resume from…：单击该按钮打开先前文件。

Save as Jobname. db：单击此项，系统直接将文件覆盖到原文件上。

Save as…：单击保存新文件。

Exit：单击此项，退出 ANSYS。

（二）ANSYS 在材料研究中的应用例子——复合材料层板的分析

复合材料为各向异性材料，也就是在各坐标方向材料的刚度系数互异。一般的层状复合材料称为层和板。常见的复合层材料层合板是单向复合材料板叠合而成，单向复合材料板是以高强度纤维材料（比如碳纤维）与基体材料（比如环氧树脂）压制而成。

例 如图 2-24 所示，一对称的正方形复合材料层合板（45/-45），由 4 层单向复合材料板叠加而成，材料尺寸 $L_x=0.4\text{m}$，$L_y=0.4\text{m}$，$L_z=0.001\text{m}\times4$ 层。材料参数：主模量 $E_1=134\text{GPa}$、$E_2=E_3=10\text{GPa}$，剪切模量 $G_{12}=G_{13}=5.6\text{GPa}$，$G_{23}=3.38\text{GPa}$，泊松比 $\nu_{12}=\nu_{13}=0.3$，$\nu_{23}=0.47$。在底端约束固定，于其顶端中央结点上施以 $-z$ 方向的集中力 $F_z=100\text{N}$，试对其进行静力分析。

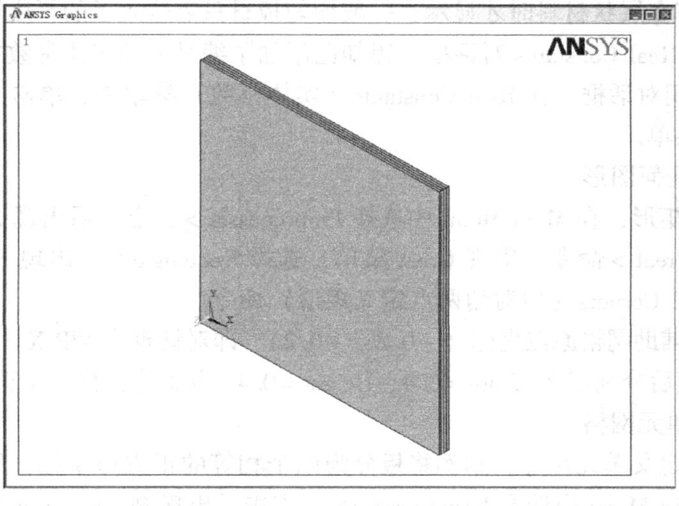

图 2-24 复合材料层板

解 划分单元。复合材料层合板划分成四个 0.2m×0.2m 的正方形单元。

1. 启动 ANSYS 程序

2. 定义单元

1）添加单元类型。在 Main Menu 中选择 Preprocessor >，点击后出现 Preprocessor 菜单，选择命令 Element Type >，点击后出现 Element Type 菜单，选择 Element Type…命令，点击后出现 Element Types 对话框，单击 Add 按钮添加单元类型。

2）定义单元类型，本问题为板壳结构分析，从单元类型数据库中，选择 Shell（壳单元）中的 Linear Layer 99（4 个结点）选项，单击 OK 按钮完成设置。

3）关闭单元类型的对话框与菜单。回到 Element Types 对话框，已经添加了 SHELL99 的单元类型，单击对话框中 Close 按钮关闭对话框。在 Element Type 菜单中，单击菜单右上方的按钮关闭菜单。

3. 定义实体常数

1）添加实体常数。在 Main Menu 中选择 Preprocessor >，点击后出现 Preprocessor 菜单，选择命令 Real Constants…，点击后出现 Real Constants 对话框，在该对话框中，单击 Add 按钮添加实体常数。

2）输入实体常数。在 Eelment Type for Real Constants 对话框中所定义的实体常数，即编号为 1 号的 SHELL99 单元。单击 OK 按钮继续。第 2 栏输入层数为 4，单击 OK 按钮完成设置。在 Real Constant Set Number 1，for SHELL99 对话框输入各层的材料编号、角度方向（分别为 45、-45、-45、45）与厚度数据。本对话框只有在层状材料时才显示，一般均匀板材只需输入板的厚度即可。

3）回到 Real Constants 对话框，得知已添加了编号 1 的实体常数集合，单击 Close 按钮关闭对话框。在 Real Constants（实体常数）菜单中，单击菜单右上方的按钮关闭菜单。

4. 绘制几何图形

1）绘制矩形，在 Main Menu 中选择 Preprocessor >，点击后出现 Preprocessor 菜单，选择 Creat >命令，出现 Creat 菜单，选择 Rectangle >，出现 Rectangle 菜单，选定 By 2 Corners（由对角两点定义矩形）命令。

2）选取辅助网格原点坐标（-0.2，-0.2），即对话框中 WP X = -0.2、WP Y = -0.2，随后分别定义 Width =0.4、Height =0.4，从而定义出一个正方形。

5. 划分单元网格

1）首先定义单元尺寸，本例将板分为四个相等的正方形单元，所以边长为 0.2m。在 Main Menu 中选择 Preprocessor >，点击后出现 Preprocessor 菜单，选择命令 Size Ctrls >，点击后出现 Size Ctrls 菜单，选择 All Areas（全部区域命令）。在弹出的对话框中的元素边线长度栏中输入 0.2，单击 OK 按钮完成定义。在 Size Contrls（尺寸控制）菜单中，单击菜单右上方的 按钮关闭尺寸控制菜单。

2）完成单元尺寸定义后，再来将板加以划分单元网格，在 Main Menu 中选择 Preprocessor >，点击后出现 Preprocessor 菜单，选择命令 Mesh > 命令，出现 Mesh 菜单，选择 Free 命令。选取要划分单元的板。在对话框中单击 OK 按钮开始划分。分别在 Mesh 及 Preprocessor 菜单中单击菜单右上方的按钮关闭菜单。

3）将方形面划分为四个正方形单元，显示结点及单元编号。

6. 定义材料性质

在主菜单中选择 Preprocessor > Material Props > Orthotropic > 命令，在弹出的对话框中接受默认的材料特性集合编号 1 号，单击 OK 按钮继续。输入 E_1 = 134GPa、$E_2 = E_3$ = 10GPa、$\nu_{12} = \nu_{13}$ = 0.3、ν_{23} = 0.47、$G_{12} = G_{13}$ = 5.6GPa，G_{23} = 3.38GPa，关闭菜单。

7. 载荷及约束

1）在 Main Menu 中选择 Solution >，点击后其出现 Solution 子菜单，在子菜单中选择-Load-出现 Load 菜单，选择 Apply >，出现菜单 Apply，选择 Displacement 命令，在 Displacement 菜单上选择 On Lines 命令。

2）用鼠标捕捉板底端的线。在对话框中单击 OK 按钮继续。

3）在弹出的对话框中使用鼠标选取 All DOF（所有自由度）位移皆为0，再单击 OK 按钮完成设置。关闭 Displacement（位移）。

顶端中央结点载荷：

1）约束设置完毕之后，开始定义载荷。依照题目施加 $-z$ 方向集中力于顶端中央结点上，在 Main Menu 上选择 Solution >，点击其出现在 Solution 子菜单，在子菜单中选择-Load-中选择 Apply >，出现菜单 Apply，选择 Force/Moment 命令，在 Force/Moment 菜单上选择 On Nodes 命令。

2）用鼠标捕捉板顶端中央的结点。正确捕捉结点之后，在 Apply F/M on Nodes 对话框中单击 OK 按钮继续。

3）在对话框中，选择施力方向为 FZ，输入集中力数值为 100N，单击 OK 完成设置。

8. 分析

开始进行分析，在 Main Menu 菜单中选择 Solution >，点击其出现 Solution 菜单，然后选择 Current LS 命令。在出现的对话框中，单击 OK 按钮开始进行分析。分析完毕后，在 Information 对话框中提示计算完成，单击 Close 按钮将其关闭。

9. 结果

最后将列表显示结点位移，在 Main Menu 菜单中选择 General Postproc >，单击后出现 General Postproc 菜单，选择 List Results 命令，出现 List Results 菜单，点击 Nodal Solution…命令，出现 List Nodal Solution 对话框。在该对话框中，在 DOF Solution 的项目中，选择 All DOFs 选项，单击 OK 按钮完成列表显示装置，如图 2-25 所示。

PRNSOL Command

File

THE FOLLOWING DEGREE OF FREEDOM RESULTS ARE IN GLOBAL COORDINATES

NODE	UX	UY	UZ	ROTX	ROTY	ROTZ
6	0.36701E-18	-0.84275E-18	0.27686E-01	0.12812	0.41477E-01	0.0000
7	0.16868E-18	-0.19220E-18	0.42564E-03	0.22825E-01	0.22452E-01	0.0000
8	0.31025E-18	-0.41140E-18	0.47907E-02	0.79575E-01	0.46962E-01	0.0000
9	0.36065E-18	-0.70874E-18	0.14845E-01	0.11682	0.47070E-01	0.0000
10	-0.10922E-17	-0.17079E-17	0.36998E-01	0.13283	0.34408E-02	0.0000
11	0.19796E-18	-0.89055E-18	0.32456E-01	0.14662	0.44333E-01	0.0000
12	-0.19698E-18	-0.98142E-18	0.36466E-01	0.15285	0.23954E-01	0.0000
13	-0.70629E-18	-0.11800E-17	0.37328E-01	0.14772	-0.17827E-03	0.0000
14	-0.62608E-18	-0.13230E-17	0.23025E-01	0.13442	-0.10698E-01	0.0000
15	-0.42105E-18	-0.73679E-18	0.10661E-01	0.10488	-0.21512E-01	0.0000
16	-0.22905E-18	-0.34998E-18	0.27292E-02	0.60527E-01	-0.14653E-01	0.0000
17	-0.10900E-18	-0.53041E-18	0.11483E-01	0.99927E-01	0.59660E-02	0.0000
18	0.42433E-19	-0.15407E-18	0.27004E-02	0.56019E-01	0.89345E-02	0.0000
19	0.71958E-20	-0.40052E-18	0.10213E-01	0.99358E-01	0.16108E-01	0.0000
20	-0.10168E-18	-0.60373E-18	0.21864E-01	0.12962	0.24544E-01	0.0000
21	0.12020E-18	-0.34904E-18	0.82540E-02	0.85784E-01	0.22026E-01	0.0000

MAXIMUM ABSOLUTE VALUES

NODE	10	10	13	12	9	0
VALUE	-0.10922E-17	-0.17079E-17	0.37328E-01	0.15285	0.47070E-01	0.0000

图 2-25　ANSYS 有限元分析结果

参 考 文 献

1　孙庆新等编. 数值分析（下册）. 沈阳：东北工学院出版社，1990

2　熊洪允等编. 应用数学基础（下）. 天津：天津大学出版社，1994

3　李景勇等编. 有限元法. 北京：北京邮电大学出版社，1999

4　俞铭华，吴剑国，王林. 有限元法与 C 程序设计. 北京：科学出版社，1998

5　崔俊芝，梁俊. 现代有限元软件方法. 北京：国防工业出版社，1995

6　王瑞珉. ALGOR 和 SAP5P 在杆系结构分析中的应用. 北京：机械工业出版社，2000

7　夸克工作室编著，有限元分析基础篇 ANSYS 与 Mathematica. 北京：清华大学出版社，2002

第三章　材料科学研究中主要物理场的数值模拟

第一节　温度场的计算

材料科学与工程技术和加热、冷却等传热过程密切相关。各种材料的加工、成型过程中都会遇到与温度场有关的问题，如金属材料的热加工、高分子材料的成型以及陶瓷材料的烧结等。其中传热过程对材料的机理研究、相变研究、工艺质量、过程控制、节能及新技术的开发和应用非常重要。因此利用计算机技术解决传热问题是材料科学与工程技术发展中的重要课题之一。

一、导热方程

固体导热的基本控制方程是 Fourier 导热方程，在稳态条件下，Fourier 方程可描述为

$$q_x = -\lambda \frac{\partial T}{\partial x} \tag{3-1}$$

式中，q_x 是 x 方向的热流密度（W/m^2）；λ 是材料的热导率（W/（m·K））；$\partial T/\partial x$是 x 方向上的温度梯度（K/m）；负号表示传热的方向与温度梯度的方向相反。根据 Fourier 方程，可以运用能量守恒原理推导出更普遍情况下的导热微分方程。

在一般三维问题中，瞬态温度场的场变量 T（x，y，z，t）在直角坐标系中应满足方程

$$\rho c \frac{\partial T}{\partial t} - \frac{\partial}{\partial x}\left(\lambda_x \frac{\partial T}{\partial x}\right) - \frac{\partial}{\partial y}\left(\lambda_y \frac{\partial T}{\partial y}\right) - \frac{\partial}{\partial z}\left(\lambda_z \frac{\partial T}{\partial z}\right) - \rho Q = 0 \tag{3-2}$$

式中，ρ 为材料的密度（kg/m^3），c 为材料的比热容（J/（kg·K）），t 为时间（s），λ_x，λ_y，λ_z分别是材料沿 x，y，z 方向的热导率（W/（m·K））；$Q=Q$（x，y，z，t）是物体内部的热源密度（W/kg）。

微分方程式（3-2）是热量平衡方程，式中第一项是体元升温需要的热量；第二、三和四项是由 x，y 和 z 方向流入体元的热量；最后一项是体元内热源产生的热量。微分方程表示的物理意义是：体元升温所需的热量应等于流入体元的热量与体元内产生的热量的总和。

当在某个方向上如 z 方向上的温度变化为零时，方程式（3-2）就退化为二维热传导微分方程

$$\rho c\frac{\partial T}{\partial t}-\frac{\partial}{\partial x}\left(\lambda_x\frac{\partial T}{\partial x}\right)-\frac{\partial}{\partial y}\left(\lambda_y\frac{\partial T}{\partial y}\right)-\rho Q=0 \tag{3-3}$$

如果边界条件和内部的热源密度 Q 不随时间变化，则经过一定时间的传热后，物体内部各点的温度将达到平衡，即各点的温度不再随时间变化。这时瞬态热传导方程就退化为稳态热传导方程。

三维稳态热传导方程为

$$\frac{\partial}{\partial x}\left(\lambda_x\frac{\partial T}{\partial x}\right)+\frac{\partial}{\partial y}\left(\lambda_y\frac{\partial T}{\partial y}\right)+\frac{\partial}{\partial z}\left(\lambda_z\frac{\partial T}{\partial z}\right)+\rho Q=0 \tag{3-4}$$

相应的二维稳态热传导方程为

$$\frac{\partial}{\partial x}\left(\lambda_x\frac{\partial T}{\partial x}\right)+\frac{\partial}{\partial y}\left(\lambda_y\frac{\partial T}{\partial y}\right)+\rho Q=0 \tag{3-5}$$

上述方程，必须附加初始条件和边界条件才能得到唯一解。初始条件和边界条件又统称为定解条件。因此对于具体的传热问题，必须知道初始条件和边界条件才能求出温度场分布。

二、初始条件与边界条件

1. 初始条件

初始条件指所求解问题的初始温度场，也就是在零时刻温度场的分布。它可以是均匀的，此时有

$$T|_{t=0}=T_0 \tag{3-6}$$

式中，T_0 为常数。也可以是不均匀的，各点的温度值已知或遵从某一函数分布，此时

$$T|_{t=0}=T_0\ (x,\ y,\ z) \tag{3-7}$$

式中，T_0 (x, y, z) 为已知温度函数。

2. 边界条件

边界条件是指物体表面或边界与周围环境的热交换情况，通常有三类重要的边界条件。

(1) 第一类边界条件　第一类边界条件指物体边界上的温度分布函数已知（图 3-1），用公式表示为

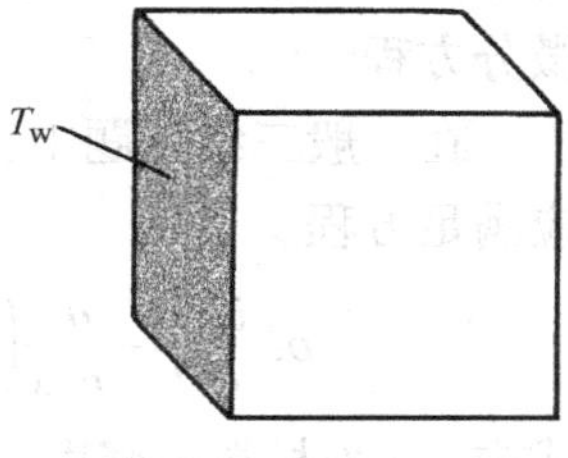

图 3-1　第一类边界条件

$$\left.\begin{aligned}&T|_s=T_w\\ \text{或}\quad &T|_s=T_w\ (x,\ y,\ z,\ t)\end{aligned}\right\} \tag{3-8}$$

式中，下标 s 表示物体边界的范围，取逆时针方向为正；T_w 为已知的边界的温度；T_w (x, y, z, t) 为已知的物体表面的温度分布函数，随时间、位置的变化而变化。

(2) 第二类边界条件　第二类边界条件是指边界上的热流密度已知（图 3-2），用公式表示为

$$\left.\begin{aligned} q\big|_s &= -\lambda\frac{\partial T}{\partial n}\bigg|_s = q_w \\ \text{或}\qquad q\big|_s &= -\lambda\frac{\partial T}{\partial n}\bigg|_s = q_w\ (x,\ y,\ z,\ t) \end{aligned}\right\} \tag{3-9}$$

式中，n 为物体边界的外法线方向，并规定热流密度的方向与边界的外法线方向相同；q_w 为已知的物体表面的热流密度（W/m^2）；q_w（x，y，z，t）为已知的物体表面的热流密度函数，随时间、位置的变化而变化。第二类边界条件实际上就是 Fourier 定律的一种表达形式。

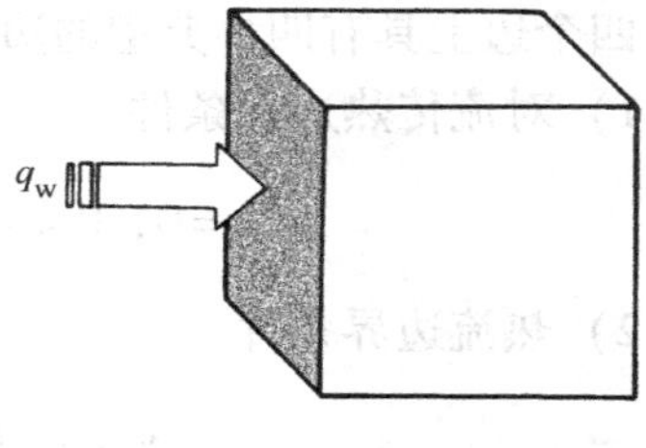

图 3-2　第二类边界条件

（3）第三类边界条件　第三类边界条件又称为对流边界条件，是指物体与其周围环境介质间的对流传热系数 k 和介质的温度 T_f 已知（图 3-3），用公式表示为

$$-\lambda\frac{\partial T}{\partial n}\bigg|_s = k\ (T - T_f) \tag{3-10}$$

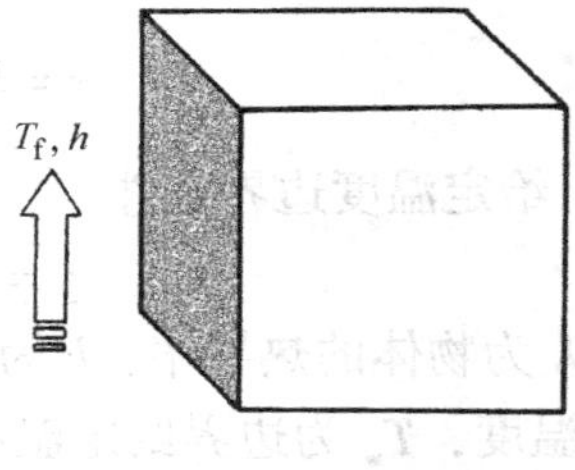

图 3-3　第三类边界条件

式中，k 和 T_f 可以是已知的常数，也可以是某种已知的分布函数。

为了简化计算机编程，上述三类边界条件可以统一用第三类边界条件即式（3-10）来表达，只需对 k 取不同的值即可。

三、平面温度场的有限差分求解

1. 二维稳态导热问题的求解

现以二维稳态热传导为例来说明有限差分方法求解温度场问题的基本步骤。

图 3-4 是二维稳态导热问题有限差分网格图，其四条边界分别为四种不同的边界条件。

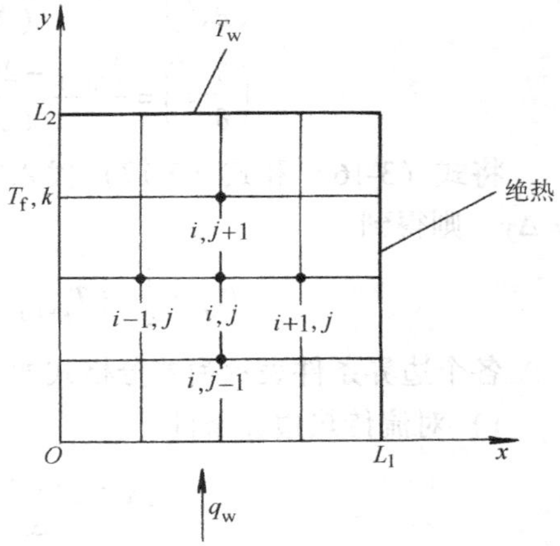

图 3-4　二维稳态导热问题

（1）划分网格　首先根据求解区域的形状将连续的求解域离散为不连续的点，形成离散网格。图 3-4 采用矩形网格来划分求解域，网格步长分别为 $x_{i+1} - x_i = \Delta x$ 及 $y_{i+1} - y_i = \Delta y$，步长可以是均匀的，也可以是不均匀的。

(2) 差分方程的建立　对于二维各向同性物体，无内热源时的稳态热传导微分方程为

$$\frac{\partial^2 T}{\partial x^2}+\frac{\partial^2 T}{\partial y^2}=0 \tag{3-11}$$

四个边上具有四种典型的边界条件，即

1) 对流传热边界条件

$$x=0,\ 0<y<L_2,\quad -\lambda\frac{\partial T}{\partial x}=k\ (T-T_f) \tag{3-12}$$

2) 热流边界条件

$$y=0,\ 0\leqslant x<L_1,\quad -\lambda\frac{\partial T}{\partial y}=q_w \tag{3-13}$$

3) 绝热边界条件

$$x=L_1,\ 0<y<L_2,\ \frac{\partial T}{\partial x}=0 \tag{3-14}$$

4) 给定温度边界条件

$$y=L_2,\ 0\leqslant x\leqslant L_1,\ T=T_w \tag{3-15}$$

式中，λ 为物体的热导率，k 为物体边界与周围介质的对流传热系数，T_f 为周围介质的温度，T_w 为边界给定温度，q_w 为热流密度。设 Δx，Δy 为 x，y 方向的步长，$T_{i,j}$表示结点（i，j）处的温度，以差商代替微商，可得到如下公式：

$$\left(\frac{\partial^2 T}{\partial x^2}\right)=\frac{T_{i+1,j}-2T_{i,j}+T_{i-1,j}}{(\Delta x)^2}+o((\Delta x)^2) \tag{3-16}$$

$$\left(\frac{\partial^2 T}{\partial y^2}\right)=\frac{T_{i,j+1}-2T_{i,j}+T_{i,j-1}}{(\Delta y)^2}+o((\Delta y)^2) \tag{3-17}$$

将式（3-16）和式（3-17）代入式（3-11）中，并舍去截断误差，且令 $\Delta x=\Delta y$，则得到

$$T_{i,j}=\frac{1}{4}\ (T_{i+1,j}+T_{i-1,j}+T_{i,j+1}+T_{i,j-1}) \tag{3-18}$$

各个边界条件表示为差分格式如下：

1) 对流传热边界条件

$$-\lambda\frac{T_{i+1,j}-T_{i,j}}{\Delta x}=k\ (T_{i,j}-T_f) \tag{3-19}$$

2) 热流边界条件

$$-\lambda\frac{T_{i,j+1}-T_{i,j}}{\Delta y}=q_w \tag{3-20}$$

3) 绝热边界条件

$$T_{i,j}-T_{i-1,j}=0 \tag{3-21}$$

4）给定温度边界条件

$$T_{i,j}=T_{\mathrm{w}} \tag{3-22}$$

差分方程式（3-18）与边界的差分形式一起组成定解问题的方程组：

$$\begin{cases}\dfrac{T_{i+1,j}-2T_{i,j}+T_{i-1,j}}{(\Delta x)^2}+\dfrac{T_{i,j+1}-2T_{i,j}+T_{i,j-1}}{(\Delta y)^2}=0\\ -\lambda\,\dfrac{T_{i+1,j}-T_{i,j}}{\Delta x}=k\,(T_{i,j}-T_{\mathrm{f}})\\ -\lambda\,\dfrac{T_{i,j+1}-T_{i,j}}{\Delta y}=q_{\mathrm{w}}\\ T_{i,j}-T_{i-1,j}=0\\ T_{i,j}=T_{\mathrm{w}}\end{cases} \tag{3-23}$$

这样就建立了二维稳态热传导的差分格式，解此线性方程组，即可得到各结点的温度值。

（3）方程组的求解　式（3-23）是由线性方程组成的代数方程组，其含有的线性方程的个数与结点数 n 相同，可整理成如下形式：

$$\begin{cases}a_{11}T_1+a_{12}T_2+\cdots+a_{1n}T_n=c_1\\ a_{21}T_1+a_{22}T_2+\cdots+a_{2n}T_n=c_2\\ \vdots\\ a_{i1}T_1+a_{i2}T_2+\cdots+a_{in}T_n=c_i\\ \vdots\\ a_{n1}T_1+a_{n2}T_2+\cdots+a_{nn}T_n=c_n\end{cases} \tag{3-24}$$

式中，a_{ij}，c_i（$i=1, 2, \cdots, n$；$j=1, 2, \cdots, n$）均为常数，且 a_{ij} 均不为零。上式还可以写成矩阵形式：

$$\boldsymbol{AT}=\boldsymbol{C} \tag{3-25}$$

其中

$$\boldsymbol{A}=\begin{pmatrix}a_{11} & a_{12} & \cdots & \cdots & a_{1n}\\ a_{21} & a_{22} & \cdots & \cdots & a_{2n}\\ \vdots & \vdots & \cdots & \cdots & \vdots\\ \vdots & \vdots & \cdots & \cdots & \vdots\\ a_{n1} & a_{n2} & \cdots & \cdots & a_{nn}\end{pmatrix},\quad \boldsymbol{T}=\begin{Bmatrix}T_1\\ \vdots\\ T_i\\ \vdots\\ T_n\end{Bmatrix},\quad \boldsymbol{C}=\begin{Bmatrix}c_1\\ \vdots\\ c_i\\ \vdots\\ c_n\end{Bmatrix}$$

采用第二章中介绍的线性方程组的求解方法即可求解。

2. 非稳态导热问题的求解

实际工作中，常遇到的导热问题是非稳态导热，即各结点的温度是随时间变化的。因此，温度场的分布与时间和位置两个因素有关。非稳态的问题的求解原理、离散化方法与主要求解步骤与稳态问题的求解类似。但由于非稳态导热中增加了时间变量的影响，因此，在差分格式、解的特性以及求解方法上都要复杂一些。如在区域离散化中，不仅包括空间区域的离散化，还有时间区域的离散化（图3-5）。下面以一维非稳态导热问题为例来加以说明。

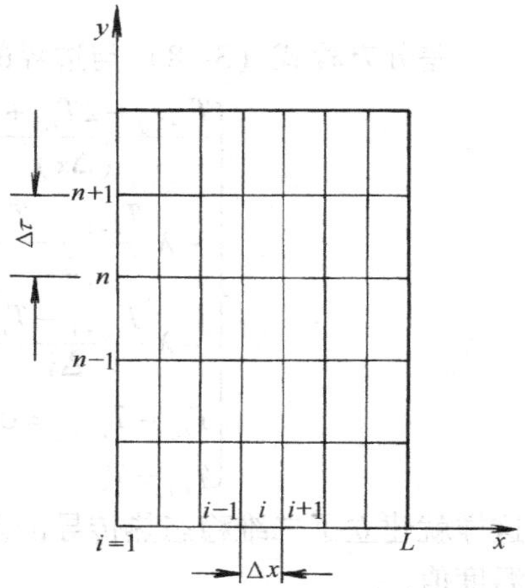

图3-5　一维非稳态热传导区域离散化

非稳态一维导热方程为

$$\frac{1}{\alpha}\frac{\partial T}{\partial \tau}=\frac{\partial^2 T}{\partial x^2} \qquad (3\text{-}26)$$

初始条件

$$T(x,0)=\varphi(x) \quad (\tau=0,0<x<L) \qquad (3\text{-}27)$$

边界条件

$$T(0,\tau)=\mu_1(\tau),T(L,\tau)=\mu_2(\tau) \qquad (3\text{-}28)$$

（1）显式差分格式　求解时刻 n 的结点 i 的导热微分方程：

$$\frac{1}{\alpha}\left(\frac{\partial T}{\partial \tau}\right)_i^n=\left(\frac{\partial^2 T}{\partial x^2}\right)_i^n \qquad (3\text{-}29)$$

$\left(\frac{\partial T}{\partial \tau}\right)_i^n$ 可用一阶向前差商近似，$\left(\frac{\partial^2 T}{\partial x^2}\right)_i^n$ 可用中心差商来近似，代入式(3-29)，可得到如下的差分格式

$$T_i^{n+1}=F_0T_{i+1}^n+(1-2F_0)T_i^n+F_0T_{i-1}^n \quad n=1,2\cdots;i=2,3,\cdots,(L-1) \qquad (3\text{-}30)$$

初始条件差分化为

$$T_i^n=\mu_i\ (n,\ \Delta\tau),\ T_L^n=\mu_2\ (n,\ \Delta\tau) \qquad n=0,\ 1,\ 2\cdots \qquad (3\text{-}31)$$

式中，$F_0=\frac{\alpha\cdot\Delta\tau}{(\Delta x)^2}$称为傅里叶准数。

显式差分格式的优点是独立求解，计算方便。缺点是当取值不当时，其解将不稳定，即计算误差随步数增加而累积造成解的不精确而失去意义。因此，在选用显式差分格式时，对时间步长的选择及网格的划分要求比较严格。当 $F_0\leqslant 1/2$ 时可保证其稳定性。此时，$\Delta\tau\leqslant\frac{(\Delta x)^2}{2\alpha}$，对时间步长选取应依据此式。

（2）隐式差分格式　为改进差分格式的稳定性，可采用隐式差分格式：

$$\frac{1}{\alpha}\left(\frac{\partial T}{\partial \tau}\right)_i^n=\left(\frac{\partial^2 T}{\partial x^2}\right)_i^{n+1} \qquad (3\text{-}32)$$

将$\left(\frac{\partial^2 T}{\partial x^2}\right)$采用不同于显式差分格式的时间，即 τ_{n+1}取代 τ_n，则隐式差分格式

为

$$T_1^{n+1} = -F_0 T_{i+1}^{n+1} + (1+2F_0) T_i^{n+1} - F_0 T_{i-1}^{n+1} \quad n=1,2\cdots, i=2,3,\cdots,(L-1) \tag{3-33}$$

可见，求解 T_i^{n+1} 必须求解方程组才能得到结果，因此，其求解方式较显式差分格式复杂，计算机程序的编制和计算量都比较大，但是其优点是对任意的 $F_0>0$ 均是稳定的，不受边界条件及步长 $\Delta\tau$ 和 Δx 选择的影响。

(3) 6 点隐式差分格式　为了进一步减小截断误差，可采用以下形式的差分格式：

$$\frac{1}{\alpha}\left(\frac{\partial T}{\partial \tau}\right)_i^{n+\frac{1}{2}} = \frac{1}{2}\left(\frac{\partial^2 T}{\partial x^2}\right)_i^{n+1} + \frac{1}{2}\left(\frac{\partial^2 T}{\partial x^2}\right)_i^{n} \tag{3-34}$$

式 (3-34) 又称 Crank-Nicolson 差分格式，由其可得到

$$-F_0 T_{i+1}^{n+1} + 2(1+F_0) T_i^{n+1} - F_0 T_{i-1}^{n+1} = F_0 T_{i+1}^{n} + 2(1-F_0) T_i^{n} + F_0 T_{i-1}^{n} \tag{3-35}$$

式 (3-35) 表示 $(n+1)$ 时刻相邻 3 结点的温度值与 n 时刻 3 个对应相邻结点的温度值之间的关系，因此称为 6 点差分格式，其截断误差小，且稳定性较好。

3. 伴有相变的热传导

在材料加工过程中常伴有熔化、凝固等相变过程，求解此类热传导问题的主要困难是在求解区域中存在着一个随时间移动的固-液或气-液界面，所以称之为移动边界问题。

求解此类问题的方法有两种：一种是从相变界面的分析、求解开始，首先确定出相变界面位置后，然后再分别求解固相和液相区域内的温度分布；另一种方法是把它视为“单相”区的非线性导热问题来求解，首先确定出整个求解区域上的温度或焓的分布，然后把达到相变温度的位置定为相变界面，再分别在固相和液相区域内求解其温度场分布。

采用热焓法求解时，应直接以热焓作为待求的变量，因为当发生相变时，热焓将由固相值转变为液相值或由液相值转变为固相值。因此，界面的位置将由热焓量值来确定，然后再引入相变导热问题求解。在数学上采用迭代方法求解。

显热容法是把材料的相变潜热看作是在很小的温度范围内产生很大的显热容量，相当于具有内热源的性质，然后按计算区域中的一个“单相”非线性导热问题来求解其温度场，再确定相变界面位置，分别求解各自的温度场分布。

4. 简单算例

图 3-6 中是一个长宽比为 2∶1 的矩形区域，已经划分为矩形网格，且其长度方向和宽度方向的步长相等。其中内部三个结点记为 1、2、3，这些结点的温度

未知。假设所有边界点的温度已知，而且区域内无内热源。下面利用有限差分方法来计算结点 1、2、3 的温度。

对于稳态导热问题可以用式（3-18）来求解，即

$$T_{i,j}=\frac{1}{4}(T_{i+1,j}+T_{i-1,j}+T_{i,j+1}+T_{i,j-1})$$

实际上每个未知温度的结点的温度是其周围四个结点温度的平均值。对每个未知温度的结点有

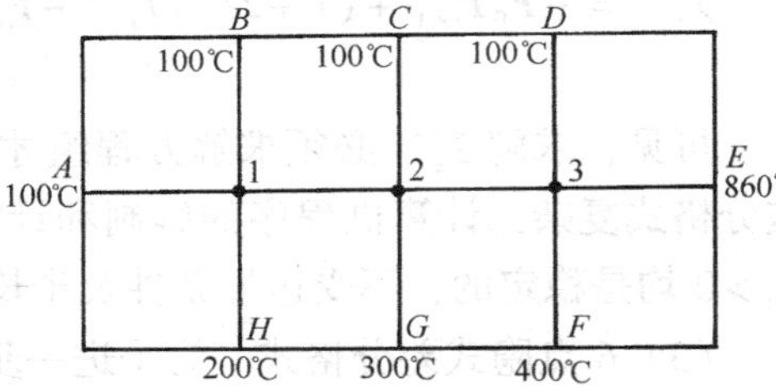

图 3-6　二维稳态问题的求解域

$$\begin{cases}\text{结点 1：}T_A+T_B+T_2+T_H-4T_1=0\\ \text{结点 2：}T_1+T_C+T_3+T_G-4T_2=0\\ \text{结点 3：}T_2+T_D+T_E+T_F-4T_3=0\end{cases} \tag{3-36}$$

将边界条件代入式（3-36），可以得出以下的方程组

$$\begin{cases}4T_1-T_2=400\\ -T_1+4T_2-T_3=400\\ -T_2+T_3=1360\end{cases} \tag{3-37}$$

求解上述方程组，可得到结果为

$$T_1=160℃,\ T_2=240℃,\ T_3=400℃ \tag{3-38}$$

四、有限元法求解

1. 温度场有限元法计算的基本方程

现以二维问题为例，说明用 Garlerkin 法建立稳态热传导问题有限元格式的过程。

前面已经讨论过，稳态二维温度场的微分方程为

$$\frac{\partial}{\partial x}\left(\lambda_x\frac{\partial T}{\partial x}\right)+\frac{\partial}{\partial y}\left(\lambda_y\frac{\partial T}{\partial y}\right)+\rho Q=0 \tag{3-39}$$

构造试探函数 $\widetilde{T}$（x，y，t），并设 $\widetilde{T}$ 满足 s 边界上的强制边界条件。将试探函数代入场方程式（3-39）及边界条件式（3-12）和式（3-13），因 $\widetilde{T}$ 的近似性，将产生余量，即有

$$\begin{cases}R_{\Omega}=\dfrac{\partial}{\partial x}\left(\lambda_x\dfrac{\partial \widetilde{T}}{\partial x}\right)+\dfrac{\partial}{\partial y}\left(\lambda_y\dfrac{\partial \widetilde{T}}{\partial y}\right)+\rho Q\\ R_{\Gamma_2}=\lambda_x\dfrac{\partial \widetilde{T}}{\partial x}n_x+\lambda_y\dfrac{\partial \widetilde{T}}{\partial y}n_y-q\\ R_{\Gamma_3}=\lambda_x\dfrac{\partial \widetilde{T}}{\partial x}n_x+\lambda_y\dfrac{\partial \widetilde{T}}{\partial y}n_y-k\ (T_f-\widetilde{T})\end{cases} \tag{3-40}$$

式中，n_x、n_y 是边界外法线的方向余弦。

用加权余量法建立有限元格式的基本思想是使余量的加权积分为零，即

$$\int_{\Omega} R_{\Omega}\omega_1 \mathrm{d}\Omega + \int_{\Gamma_2} R_{\Gamma_2}\omega_2 \mathrm{d}\Gamma + \int_{\Gamma_3} R_{\Gamma_3}\omega_3 \mathrm{d}\Gamma = 0 \tag{3-41}$$

式中，ω_1，ω_2，ω_3 是权函数。将式（3-40）代入式（3-41）并进行分部积分，可以得到

$$-\int_{\Omega}\left[\frac{\partial \omega_1}{\partial x}\left(\lambda_x \frac{\partial \tilde{T}}{\partial x}\right)+\frac{\partial \omega_1}{\partial y}\left(\lambda_y \frac{\partial \tilde{T}}{\partial y}\right)+\rho Q\omega_1\right]\mathrm{d}\Omega + \oint_{\Gamma}\omega_1\left(\lambda_x \frac{\partial \tilde{T}}{\partial x}n_x + \lambda_y \frac{\partial \tilde{T}}{\partial y}n_y\right)\mathrm{d}\Gamma$$

$$+\int_{\Gamma_2}\left(\lambda_x \frac{\partial \tilde{T}}{\partial x}n_x + \lambda_y \frac{\partial \tilde{T}}{\partial y}n_y - q\right)\omega_2 \mathrm{d}\Gamma$$

$$+\int_{\Gamma_3}\left(\lambda_x \frac{\partial \tilde{T}}{\partial x}n_x + \lambda_y \frac{\partial \tilde{T}}{\partial y}n_y - k(\phi_a - \tilde{\phi})\right)\omega_3 \mathrm{d}\Gamma = 0 \tag{3-42}$$

将空间域 Ω 离散为有限个单元体，在典型单元内各点的温度 T 可以近似用单元的结点温度 T_i 插值得到

$$T = \tilde{T} = \sum_{i=1}^{n_e} N_i(x,y)T_i = \boldsymbol{N}\boldsymbol{T}^e$$
$$\boldsymbol{N} = (N_1 \quad N_2 \quad \cdots \quad N_{n_e}) \tag{3-43}$$

式中，n_e 是每个单元的结点个数；$\boldsymbol{T}^e$ = （T_1　T_2　…　T_{ne}）；N_i（x，y）是插值函数，它是 C_0 型插值函数，它具有下述性质：

$$\begin{cases} N_i(x_j, y_j) = \begin{cases} 0, (\text{当} j \neq i) \\ 1, (\text{当} j = i) \end{cases} \\ \sum N_i = 1 \end{cases} \tag{3-44}$$

由于近似场函数是构造在单元中的，因此，式（3-42）的积分可以改写为对单元积分的总和。

用 Gerlakin 法选择权函数

$$\omega_1 = N_j \qquad (j=1,\ 2\cdots,\ n_e) \tag{3-45}$$

其中，n_e 是 Ω 域全部离散得到的结点总数。在边界上选择

$$\omega_2 = \omega_3 = -\omega_1 = -N_j \qquad (j=1,\ 2,\ \cdots,\ n) \tag{3-46}$$

因 $\tilde{T}$ 已满足强制边界条件，因此在 Γ_1 边界上不再产生余量，可令 ω_1 在 Γ_1 边界上为零。

将以上各式代入式（3-42）则可得到

$$\sum_e \int_{\Omega^e} \left[\frac{\partial N_j}{\partial x} \left(\lambda_x \frac{\partial \boldsymbol{N}}{\partial x} \right) + \frac{\partial N_j}{\partial y} \left(\lambda_y \frac{\partial \boldsymbol{N}}{\partial y} \right) \right] \boldsymbol{T}^e \mathrm{d}\Omega$$

$$- \sum_e \int_{\Omega^e} \rho Q N_j \mathrm{d}\Omega - \sum_e \int_{\Gamma_2^e} N_j q \mathrm{d}\Gamma - \sum_e \int_{\Gamma_3^e} N_j k T_f \mathrm{d}\Gamma \tag{3-47}$$

$$+ \sum_e \int_{\Gamma_3^e} N_j k \boldsymbol{N} \boldsymbol{T}^e \mathrm{d}\Gamma = 0 \quad (j = 1, 2, \cdots, n)$$

写成矩阵形式有

$$\sum_e \int_{\Omega^e} \left[\left(\frac{\partial \boldsymbol{N}}{\partial x} \right)^{\mathrm{T}} \lambda_x \frac{\partial \boldsymbol{N}}{\partial x} + \left(\frac{\partial \boldsymbol{N}}{\partial y} \right)^{\mathrm{T}} \lambda_y \frac{\partial \boldsymbol{N}}{\partial y} \right] \boldsymbol{T}^e \mathrm{d}\Omega +$$

$$\sum_e \int_{\Gamma_3^e} k \boldsymbol{N}^{\mathrm{T}} \boldsymbol{N} \boldsymbol{T}^e \mathrm{d}\Gamma - \sum_e \int_{\Omega^e} \boldsymbol{N}^{\mathrm{T}} \rho Q \mathrm{d}\Omega - \sum_e \int_{\Gamma_2^e} \boldsymbol{N}^{\mathrm{T}} q \mathrm{d}\Gamma - \tag{3-48}$$

$$\sum_e \int_{\Gamma_3^e} \boldsymbol{N}^{\mathrm{T}} k T_{\mathrm{f}} \mathrm{d}\Gamma = 0 \quad (j = 1, 2, \cdots, n)$$

式（3-48）是 n 个线性方程组成的方程组，求解此方程组可以得到 n 个结点的温度 T_i。式（3-48）可以简记为

$$\boldsymbol{K}\boldsymbol{T} = \boldsymbol{P} \tag{3-49}$$

式中，$\boldsymbol{K}$ 称为热传导矩阵；$\boldsymbol{T} = (T_1 \quad T_2 \quad T_3 \quad \cdots \quad T_N)^{\mathrm{T}}$ 是结点温度列阵；$\boldsymbol{P}$ 是温度载荷矩阵。矩阵 $\boldsymbol{K}$ 的元素可以表示为

$$K_{ij} = \sum_e \int_{\Omega^e} \left[\lambda_x \frac{\partial N_i}{\partial x} \frac{\partial N_j}{\partial x} + \lambda_y \frac{\partial N_i}{\partial y} \frac{\partial N_j}{\partial y} \right] \mathrm{d}\Omega + \sum_e \int_{\Gamma_3^e} k N_i N_j \mathrm{d}\Gamma \tag{3-50}$$

矩阵 $\boldsymbol{P}$ 中的元素可以表示为

$$P_i = \sum_e \int_{\Omega^e} N_i \rho Q \mathrm{d}\Omega + \sum_e \int_{\Gamma_2^e} N_i q \mathrm{d}\Gamma + \sum_e \int_{\Gamma_3^e} N_i k T_{\mathrm{f}} \mathrm{d}\Gamma \tag{3-51}$$

可以看到热传导矩阵和温度载荷矩阵都是由单元相应的矩阵集合而成的。可将式（3-50）和式（3-51）改写成单元集成的形式

$$K_{ij} = \sum_e K_{ij}^e + \sum_e H_{ij}^e \tag{3-52}$$

$$P_i = \sum_e P_{q_i}^e + \sum_e P_{H_i}^e + \sum_e P_{Q_i}^e \tag{3-53}$$

式中

$$K_{ij}^e = \int_{\Omega^e} \left(\lambda_x \frac{\partial N_i}{\partial x} \frac{\partial N_j}{\partial x} + \lambda_y \frac{\partial N_i}{\partial y} \frac{\partial N_j}{\partial y} \right) \mathrm{d}\Omega \tag{3-54}$$

$$H_{ij}^e = \sum_e \int_{\Gamma_3^e} k N_i N_j \mathrm{d}\Gamma \tag{3-55}$$

$$P_{q_i}^e = \sum_e \int_{\Gamma_2^e} N_i q \mathrm{d}\Gamma \tag{3-56}$$

$$P_{H_i}^e = \sum_e \int_{\Gamma_3^e} N_i k T_f \mathrm{d}\Gamma \tag{3-57}$$

$$P_{Q_i}^e = \sum_e \int_{\Omega^e} N_i \rho Q \mathrm{d}\Omega \tag{3-58}$$

以上就是二维稳态热传导问题有限元的一般格式。

2. 平面温度场有限元法求解

（1）单元划分——平面三结点三角形单元　用有限元法求解时，首先需要将求解域 D 分解成有限个单元。三角形单元的计算格式简单，采用三角形单元对平面域 D 进行划分，如图 3-7 和图 3-8 所示。

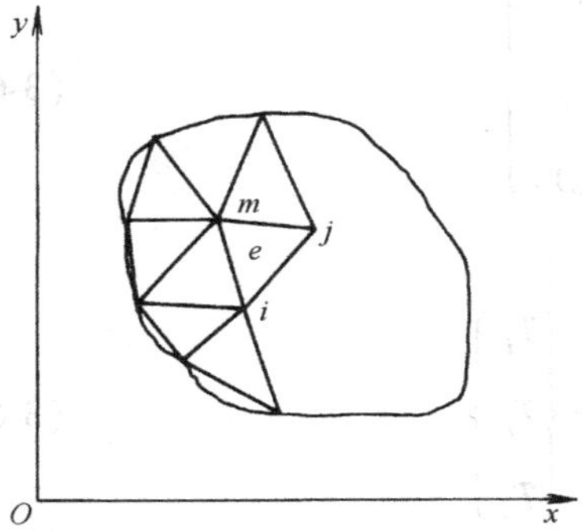

图 3-7　将求解区域划分为三角形单元

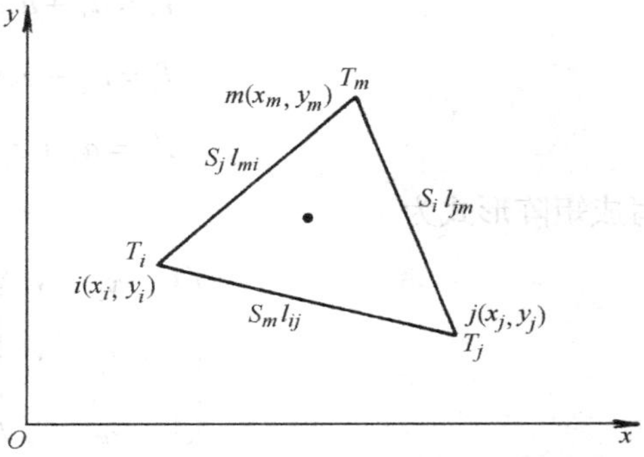

图 3-8　三结点的三角形单元

图 3-7 中的每个三角形成为一个单元，各个三角形的形状和大小可以不一样。三角形单元越小，求解域的划分就越细，计算的精度就越高。在进行区域划分时，要求三角形的三条边的边长尽量接近，一般最长边的长度不大于最短边的长度的三倍。各个三角形单元之间只能以顶点相交，两相邻三角形单元可以有一条公共的边或一个公共的顶点，但不能把一个三角形的顶点取在另一个三角形的边上。在边界上，可以将三角形单元的两个顶点放在边界曲线上，近似地用三角形的一条边代替边界上的曲线。

每个三角形的顶点称为一个结点。为了计算方便，每一个单元和顶点都要进行统一的编号。一般规定每个单元的三个结点按逆时针方向以 i，j，m 进行编号。在对所有的结点进行总体编号时，还应当尽量使各单元中的最大编号值与最小编号值之差的最大值尽可能要小。此外，边界单元必须而且只有一条边在求解域的边界上，边界上的结点的编号只能是 j，m，而结点 i 与边界相对。

（2）插值函数　在有限元法中，求解域划分为若干单元 e 后，寻找一个满足单元 e 的近似函数很方便，因此将试探函数称为插值函数。对于三角形单元，通常假设每个单元 e 上的温度分布 T 是坐标的线性函数。这一假设在单元的面积足

够小时可以得到满足，因此插值函数常表示为

$$T = a_1 + a_2 x + a_3 y \tag{3-59}$$

式中，a_1，a_2，a_3 为待定系数。此插值函数必须满足单元三个结点，即

$$\begin{aligned}&当\ x = x_i,\ y = y_i\ 时，T = T_i;\\&当\ x = x_j,\ y = y_j\ 时，T = T_j;\\&当\ x = x_m,\ y = y_m\ 时，T = T_m\end{aligned} \tag{3-60}$$

将这些条件代入式（3-59），可得到方程组

$$\left.\begin{aligned}T_i = a_1 + a_2 x_i + a_3 y_i\\T_j = a_1 + a_2 x_j + a_3 y_j\\T_m = a_1 + a_2 x_m + a_3 y_m\end{aligned}\right\} \tag{3-61}$$

写成矩阵形式为

$$\begin{pmatrix}1 & x_i & y_i\\1 & x_j & y_j\\1 & x_m & y_m\end{pmatrix}\begin{Bmatrix}a_1\\a_2\\a_3\end{Bmatrix} = \begin{Bmatrix}T_i\\T_j\\T_m\end{Bmatrix} \tag{3-62}$$

利用矩阵求逆的方法，可得到

$$\begin{Bmatrix}a_1\\a_2\\a_3\end{Bmatrix} = \begin{pmatrix}1 & x_i & y_i\\1 & x_j & y_j\\1 & x_m & y_m\end{pmatrix}^{-1}\begin{Bmatrix}T_i\\T_j\\T_m\end{Bmatrix} = \frac{1}{2A}\begin{pmatrix}a_i & a_j & a_m\\b_i & b_j & b_m\\c_i & c_j & c_m\end{pmatrix}\begin{Bmatrix}T_i\\T_j\\T_m\end{Bmatrix} \tag{3-63}$$

其中

$$\begin{aligned}&a_i = x_j y_m - x_m y_j,\ b_i = y_j - y_m,\ c_i = x_m - x_j;\\&a_j = x_m y_i - x_i y_m,\ b_j = y_m - y_i,\ c_j = x_i - x_m;\\&a_m = x_i y_j - x_j y_i,\ b_m = y_i - y_j,\ c_m = x_j - x_i\end{aligned} \tag{3-64}$$

A 为三角形的面积，并且

$$A = \frac{1}{2}\begin{vmatrix}1 & x_i & y_i\\1 & x_j & y_j\\1 & x_m & y_m\end{vmatrix} = b_i c_j - b_j c_i \tag{3-65}$$

将求得的 a_1，a_2，a_3 代入式（3-59），则有

$$T = \frac{1}{2A}[(a_i + b_i x + c_i y)T_i + (a_j + b_j x + c_j y)T_j + (a_m + b_m x + c_m y)T_m] \tag{3-66}$$

通常简记为

$$T = N_i T_i + N_j T_j + N_m T_m \tag{3-67}$$

或

$$T = (N_i \quad N_j \quad N_m) \begin{Bmatrix} T_i \\ T_j \\ T_m \end{Bmatrix} \tag{3-68}$$

其中

$$N_k = \frac{1}{2A}(a_k + b_k x + c_k y) \qquad (k = i,\ j,\ m) \tag{3-69}$$

N_i，N_j，N_m 称为型函数或形状函数。

(3) 单元积分计算　对于任一内部单元 ijm，可将型函数求导代入式（3-54）得到热传导矩阵的元素

$$K_{ij}^e = \frac{\lambda_x}{4A}\begin{pmatrix} b_i b_i & b_i b_j & b_i b_m \\ b_j b_i & b_j b_j & b_j b_m \\ b_m b_i & b_m b_j & b_m b_m \end{pmatrix} + \frac{\lambda_y}{4A}\begin{pmatrix} c_i c_i & c_i c_j & c_i c_m \\ c_j c_i & c_j c_j & c_j c_m \\ c_m c_i & c_m c_j & c_m c_m \end{pmatrix} \tag{3-70}$$

三角形单元边界上的对流传热边界条件对单元热传导矩阵的影响可以表示为

$$K^e = \frac{kl_{ij}}{6}\begin{pmatrix} 2 & 1 & 0 \\ 1 & 2 & 0 \\ 0 & 0 & 0 \end{pmatrix} \tag{3-71}$$

$$K^e = \frac{kl_{jm}}{6}\begin{pmatrix} 0 & 0 & 0 \\ 0 & 2 & 1 \\ 0 & 1 & 2 \end{pmatrix} \tag{3-72}$$

$$K^e = \frac{kl_{mi}}{6}\begin{pmatrix} 2 & 0 & 1 \\ 0 & 0 & 0 \\ 1 & 0 & 2 \end{pmatrix} \tag{3-73}$$

式中，l_{ij}，l_{jm}，l_{mi} 分别表示三角形单元三条边的长度，见图 3-8。

(4) 单元的总体合成　前面求得了每个单元上的热传导矩阵，要求出整个求解域上的温度场分布，就需要将单元热传导矩阵合成为总体热传导矩阵。总体合成的依据就是前面介绍过的式（3-52），即

$$K_{ij} = \sum_e K_{ij}^e + \sum_e H_{ij}^e$$

在实现总体合成时，可以通过单元结点转换矩阵来进行。对于单元热传导矩阵，它的转换是

$$G^{\mathrm{T}}K^{e}G=\begin{matrix}1\\ \vdots\\ \vdots\\ i\\ \vdots\\ j\\ \vdots\\ m\\ \vdots\\ n\end{matrix}\begin{pmatrix}0&0&0\\ 0&\vdots&\vdots\\ \vdots&\vdots&\vdots\\ 1&0&\vdots\\ \vdots&\vdots&0\\ \vdots&1&\vdots\\ \vdots&0&0\\ \vdots&\vdots&1\\ 0&0&0\\ \vdots&\vdots&\vdots\end{pmatrix}\begin{pmatrix}K_{ii}&K_{ij}&K_{im}\\ K_{ji}&K_{jj}&K_{jm}\\ K_{mi}&K_{mj}&K_{mm}\end{pmatrix}\overset{\begin{matrix}1&\cdots&\cdots&i&\cdots&j&\cdots m&\cdots&n\end{matrix}}{\begin{pmatrix}0&\cdots&0&1&0&\cdots&\cdots&0&\cdots&0\\ 0&\cdots&0&0&\cdots&1&\cdots&0&\cdots&0\\ 0&\cdots&\cdots&0&\cdots&\cdots&0&1&0&0\end{pmatrix}}$$

$$=\begin{matrix}1\\ \vdots\\ i\\ \vdots\\ j\\ \vdots\\ m\\ \vdots\\ n\end{matrix}\overset{\begin{matrix}1&\cdots&i&\cdots&j&\cdots&m&\cdots&n\end{matrix}}{\begin{pmatrix}0&\cdots&0&\cdots&0&\cdots&0&\cdots&0\\ \vdots&&\vdots&&\vdots&&\vdots&&\vdots\\ 0&\cdots&K_{ii}&\cdots&K_{ij}&\cdots&K_{im}&\cdots&0\\ \vdots&&\vdots&&\vdots&&\vdots&&\vdots\\ 0&\cdots&K_{ji}&\cdots&K_{jj}&\cdots&K_{jm}&\cdots&0\\ \vdots&&\vdots&&\vdots&&\vdots&&\vdots\\ 0&\cdots&K_{mi}&\cdots&K_{mj}&\cdots&K_{mm}&\cdots&0\\ \vdots&&\vdots&&\vdots&&\vdots&&\vdots\\ 0&\cdots&0&\cdots&0&\cdots&0&\cdots&0\end{pmatrix}} \tag{3-74}$$

式中，n 为总体结点的总数；i，j，m 为单元结点码。单元热传导矩阵变换的作用是将单元矩阵扩大到与总体矩阵同阶，以便进行矩阵相加，同时表明了该单元对总体矩阵的哪些系数有贡献，即该单元对总体矩阵的贡献。将每个单元变化后的矩阵相加即可得到总体热传导矩阵。

同样可以得到总体结点载荷阵列。在对总体载荷阵列合成时，同样要考虑对流传热边界条件对单元热载荷的影响，即

$$F^{e}=\frac{KT_{\mathrm{f}}l_{ij}}{2}\begin{Bmatrix}1\\1\\0\end{Bmatrix} \tag{3-75}$$

$$F^{e}=\frac{KT_{\mathrm{f}}l_{jm}}{2}\begin{Bmatrix}0\\1\\1\end{Bmatrix} \tag{3-76}$$

$$F^{e}=\frac{KT_{\mathrm{f}}l_{mi}}{2}\begin{Bmatrix}1\\0\\1\end{Bmatrix} \tag{3-77}$$

式中，l_{ij}，l_{jm}，l_{mi}分别表示三角形单元三条边的长度。

（5）求解　以上得到总体热传导矩阵和总体载荷阵列，剩下的问题就是解线性方程组了。即解下列方程组

$$\boldsymbol{KT}=\boldsymbol{P}$$

线性方程组的求解可以利用上一章介绍的方法借助计算机来求解。这样就可以求出平面热传导问题的温度场分布。

3. 有限元分析实例

如图3-9a所示为一个工业用烟囱的截面图，烟囱所用材料为混凝土，其热导率 $\lambda=1.4\mathrm{W/(m\cdot K)}$。假设烟囱内表面的温度恒定为100℃，外表面暴露在温度为30℃的大气中。外表面与空气之间的对流传热系数 $k=20\mathrm{W/(m^2\cdot K)}$。下面用有限元方法来计算烟囱壁中的温度分布。

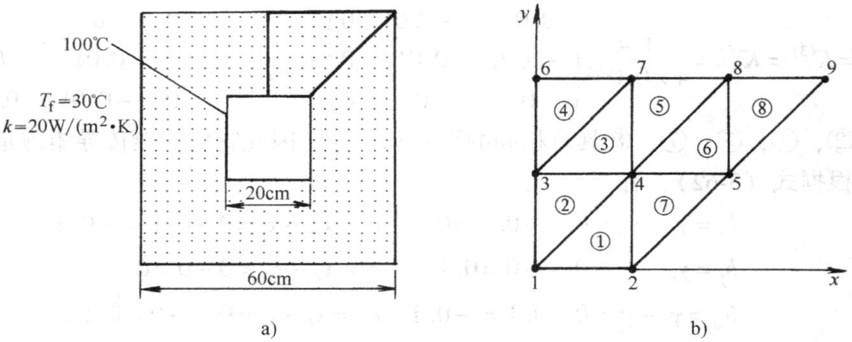

图3-9　烟囱的截面示意图及有限元单元划分

（1）划分单元并给单元和结点编号　由于问题的对称性，选取求解域的1/8来计算，见图3-9b，其对应图3-9a中粗线部分。将求解部分划分为8个三角形单元，具有9个结点。单元和结点的编号参见图3-9。为了计算方便，将单元和对应的结点的编号列在表3-1中。

表3-1　单元及相应的结点

单元	i	j	m
1	1	2	4
2	1	4	3
3	3	4	7
4	3	7	6
5	4	8	7
6	4	5	8
7	2	5	4
8	5	9	8

（2）单元热传导矩阵　三角形单元的热传导矩阵为

$$K_{ij}^{e}=\frac{\lambda_x}{4A}\begin{pmatrix} b_ib_i & b_ib_j & b_ib_m \\ b_jb_i & b_jb_j & b_jb_m \\ b_mb_i & b_mb_j & b_mb_m \end{pmatrix}+\frac{\lambda_y}{4A}\begin{pmatrix} c_ic_i & c_ic_j & c_ic_m \\ c_jc_i & c_jc_j & c_jc_m \\ c_mc_i & c_mc_j & c_mc_m \end{pmatrix}$$

单元①，③，⑥具有相同的形状和尺寸，因此它们的热传导矩阵是相同的。根据式（3-64），有

$$b_i=y_j-y_m=0-0.1=-0.1 \qquad c_i=x_m-x_j=0.1-0.1=0$$
$$b_j=y_m-y_i=0.1-0=0.1 \qquad c_j=x_i-x_m=0-0.1=-0.1$$
$$b_m=y_i-y_j=0-0=0 \qquad c_m=x_j-x_i=0.1-0=0.1$$

且三角形单元的面积 $A=0.005$

因此

$$K^{(1)}=K^{(3)}=K^{(6)}=\frac{1.4}{4\times0.005}\begin{pmatrix} 0.01 & -0.01 & 0 \\ -0.01 & 0.01 & 0 \\ 0 & 0 & 0 \end{pmatrix}+\frac{1.4}{4\times0.005}\begin{pmatrix} 0 & 0 & 0 \\ 0 & 0.01 & -0.01 \\ 0 & -0.01 & 0.01 \end{pmatrix}$$

单元②，④，⑤，⑦，⑧具有相同的形状和尺寸，因此它们的热传导矩阵是相同的，根据式（3-62），有

$$b_i=y_j-y_m=0.1-0.1=0 \qquad c_i=x_m-x_j=0-0.1=-0.1$$
$$b_j=y_m-y_i=0.1-0=0.1 \qquad c_j=x_i-x_m=0-0=0$$
$$b_m=y_i-y_j=0-0.1=-0.1 \qquad c_m=x_j-x_i=0.1-0=0.1$$

因此

$$K^{(2)}=K^{(4)}=K^{(5)}=K^{(7)}=K^{(8)}=\frac{1.4}{4\times0.005}\begin{pmatrix} 0 & 0 & 0 \\ 0 & 0.01 & -0.01 \\ 0 & -0.01 & 0.01 \end{pmatrix}+\frac{1.4}{4\times0.005}\begin{pmatrix} 0.01 & 0 & -0.01 \\ 0 & 0 & 0 \\ -0.01 & 0 & 0.01 \end{pmatrix}$$

（3）边界条件　由于对流产生的散热产生在单元④，⑤，⑧的 jm 边，因此

$$K^{e}=\frac{kl_{jm}}{6}\begin{pmatrix} 0 & 0 & 0 \\ 0 & 2 & 1 \\ 0 & 1 & 2 \end{pmatrix}\begin{matrix} i \\ j \\ m \end{matrix}$$

$$K^{e}=\frac{20\times0.1}{6}\begin{pmatrix} 0 & 0 & 0 \\ 0 & 2 & 1 \\ 0 & 1 & 2 \end{pmatrix}=\begin{pmatrix} 0 & 0 & 0 \\ 0 & 0.666 & 0.333 \\ 0 & 0.333 & 0.666 \end{pmatrix}$$

对流边界条件对单元④，⑤，⑧的热载荷矩阵的贡献为

$$P^e = \frac{kT_f l_{jm}}{2}\begin{Bmatrix}0\\1\\1\end{Bmatrix} = \frac{20\times 30\times 0.1}{2}\begin{Bmatrix}0\\1\\1\end{Bmatrix} = \begin{Bmatrix}0\\30\\30\end{Bmatrix}$$

（4）总体热传导矩阵的合成　通过前面的分析，可以得到各个单元的单元热传导矩阵为（将结点的编号写在矩阵的相应列的上部和相应行的右侧）

$$K^{(1)} = \overset{\begin{matrix}1 & \quad 2 & \quad 4\end{matrix}}{\begin{pmatrix}0.7 & -0.7 & 0\\ -0.7 & 1.4 & -0.7\\ 0 & -0.7 & 0.7\end{pmatrix}}\begin{matrix}1\\2\\4\end{matrix} \qquad K^{(2)} = \overset{\begin{matrix}1 & \quad 4 & \quad 3\end{matrix}}{\begin{pmatrix}0.7 & 0 & -0.7\\ 0 & 0.7 & -0.7\\ -0.7 & -0.7 & 1.4\end{pmatrix}}\begin{matrix}1\\4\\3\end{matrix}$$

$$K^{(3)} = \overset{\begin{matrix}3 & \quad 4 & \quad 7\end{matrix}}{\begin{pmatrix}0.7 & -0.7 & 0\\ -0.7 & 1.4 & -0.7\\ 0 & -0.7 & 0.7\end{pmatrix}}\begin{matrix}3\\4\\7\end{matrix} \qquad K^{(4)} = \overset{\begin{matrix}3 & \quad 7 & \quad 6\end{matrix}}{\begin{pmatrix}0.7 & 0 & -0.7\\ 0 & 0.7 & -0.7\\ -0.7 & -0.7 & 1.4\end{pmatrix}}\begin{matrix}3\\7\\6\end{matrix}$$

$$K^{(5)} = \overset{\begin{matrix}4 & \quad 8 & \quad 7\end{matrix}}{\begin{pmatrix}0.7 & 0 & -0.7\\ 0 & 0.7 & -0.7\\ -0.7 & -0.7 & 1.4\end{pmatrix}}\begin{matrix}4\\8\\7\end{matrix} \qquad K^{(6)} = \overset{\begin{matrix}4 & \quad 5 & \quad 8\end{matrix}}{\begin{pmatrix}0.7 & -0.7 & 0\\ -0.7 & 1.4 & -0.7\\ 0 & -0.7 & 0.7\end{pmatrix}}\begin{matrix}4\\5\\8\end{matrix}$$

$$K^{(7)} = \overset{\begin{matrix}2 & \quad 5 & \quad 4\end{matrix}}{\begin{pmatrix}0.7 & 0 & -0.7\\ 0 & 0.7 & -0.7\\ -0.7 & -0.7 & 1.4\end{pmatrix}}\begin{matrix}2\\5\\4\end{matrix} \qquad K^{(8)} = \overset{\begin{matrix}5 & \quad 9 & \quad 8\end{matrix}}{\begin{pmatrix}0.7 & 0 & -0.7\\ 0 & 0.7 & -0.7\\ -0.7 & -0.7 & 1.4\end{pmatrix}}\begin{matrix}5\\9\\8\end{matrix}$$

边界条件为

$$K^{(l4)} = \overset{\begin{matrix}3 & \quad 6 & \quad 7\end{matrix}}{\begin{pmatrix}0 & 0 & 0\\ 0 & 0.666 & 0.333\\ 0 & 0.333 & 0.666\end{pmatrix}}\begin{matrix}3\\6\\7\end{matrix} \qquad K^{(l5)} = \overset{\begin{matrix}4 & \quad 8 & \quad 7\end{matrix}}{\begin{pmatrix}0 & 0 & 0\\ 0 & 0.666 & 0.333\\ 0 & 0.333 & 0.666\end{pmatrix}}\begin{matrix}4\\8\\7\end{matrix}$$

$$K^{(l8)} = \overset{\begin{matrix}5 & \quad 9 & \quad 8\end{matrix}}{\begin{pmatrix}0 & 0 & 0\\ 0 & 0.666 & 0.333\\ 0 & 0.333 & 0.666\end{pmatrix}}\begin{matrix}5\\9\\8\end{matrix}$$

按照单元矩阵在总体矩阵中的位置，将相应的元素放在总体热传导矩阵的相

应位置，如一个位置上有多个元素就相加，这样就可以得到总体热传导矩阵

$$
K^G = \begin{array}{c} \\ \left(\begin{array}{ccccccccc}
1.4 & -0.7 & -0.7 & 0 & 0 & 0 & 0 & 0 & 0 \\
-0.7 & 2.1 & 0 & -1.4 & 0 & 0 & 0 & 0 & 0 \\
-0.7 & 0 & 2.8 & -1.4 & 0 & -0.7 & 0 & 0 & 0 \\
0 & -1.4 & -1.4 & 5.6 & -1.4 & 0 & -1.4 & 0 & 0 \\
0 & 0 & 0 & -1.4 & 2.8 & 0 & 0 & -1.4 & 0 \\
0 & 0 & -0.7 & 0 & 0 & 2.066 & -0.367 & 0 & 0 \\
0 & 0 & 0 & -1.4 & 0 & -0.367 & 4.132 & -0.367 & 0 \\
0 & 0 & 0 & 0 & -1.4 & 0 & -0.367 & 4.132 & -0.367 \\
0 & 0 & 0 & 0 & 0 & 0 & 0 & -0.367 & 1.366
\end{array}\right)\end{array}
\begin{array}{c} 1\\2\\3\\4\\5\\6\\7\\8\\9 \end{array}
$$

（列号：1 2 3 4 5 6 7 8 9）

将结点 1 和 2 上的给定温度边界条件加到热传导矩阵中可得到

$$
K^G = \left(\begin{array}{ccccccccc}
1 & 0 & 0 & 0 & 0 & 0 & 0 & 0 & 0 \\
0 & 1 & 0 & 0 & 0 & 0 & 0 & 0 & 0 \\
-0.7 & 0 & 2.8 & -1.4 & 0 & -0.7 & 0 & 0 & 0 \\
0 & -1.4 & -1.4 & 5.6 & -1.4 & 0 & -1.4 & 0 & 0 \\
0 & 0 & 0 & -1.4 & 2.8 & 0 & 0 & -1.4 & 0 \\
0 & 0 & -0.7 & 0 & 0 & 2.066 & -0.367 & 0 & 0 \\
0 & 0 & 0 & -1.4 & 0 & -0.367 & 4.132 & -0.367 & 0 \\
0 & 0 & 0 & 0 & -1.4 & 0 & -0.367 & 4.132 & -0.367 \\
0 & 0 & 0 & 0 & 0 & 0 & 0 & -0.367 & 1.366
\end{array}\right)
$$

同样可得到热载荷矩阵

$$
P^g = \left\{\begin{array}{c} 0 \\ 0 \\ 0 \\ 0 \\ 0 \\ 30 \\ 30+30 \\ 30+30 \\ 30 \end{array}\right\}
$$

加上结点 1 和 2 处的给定温度边界条件，得到最终的热载荷矩阵

$$
P^G = \begin{Bmatrix} 100 \\ 100 \\ 0 \\ 0 \\ 0 \\ 30 \\ 60 \\ 60 \\ 30 \end{Bmatrix}
$$

（5）求解方程组　由以上可得结点方程为

$$
\begin{pmatrix}
1 & 0 & 0 & 0 & 0 & 0 & 0 & 0 & 0 \\
0 & 1 & 0 & 0 & 0 & 0 & 0 & 0 & 0 \\
-0.7 & 0 & 2.8 & -1.4 & 0 & -0.7 & 0 & 0 & 0 \\
0 & -1.4 & -1.4 & 5.6 & -1.4 & 0 & -1.4 & 0 & 0 \\
0 & 0 & 0 & -1.4 & 2.8 & 0 & 0 & -1.4 & 0 \\
0 & 0 & -0.7 & 0 & 0 & 2.066 & -0.367 & 0 & 0 \\
0 & 0 & 0 & -1.4 & 0 & -0.367 & 4.132 & -0.367 & 0 \\
0 & 0 & 0 & 0 & -1.4 & 0 & -0.367 & 4.132 & -0.367 \\
0 & 0 & 0 & 0 & 0 & 0 & 0 & -0.367 & 1.366
\end{pmatrix}
\begin{Bmatrix} T_1 \\ T_2 \\ T_3 \\ T_4 \\ T_5 \\ T_6 \\ T_7 \\ T_8 \\ T_9 \end{Bmatrix}
=
\begin{Bmatrix} 100 \\ 100 \\ 0 \\ 0 \\ 0 \\ 30 \\ 60 \\ 60 \\ 30 \end{Bmatrix}
$$

解此线性方程组，即可得到各结点的温度值

$$
\boldsymbol{T}^{\mathrm{T}} = (100 \quad 100 \quad 70.83 \quad 67.02 \quad 51.56 \quad 45.88 \quad 43.67 \quad 40.10 \quad 32.73)
$$

4. 采用 ANSYS 程序计算温度场举例

例　水下潜艇壳体材料由三层组成，最外一层为不锈钢，中间为玻璃纤维构成的隔热层，最里层为铝，潜艇可以简化为一圆筒，于是筒内为空气，筒外为海水，求内外壁面温度及温度分布。潜艇壳体材料的各项参数见表 3-2。

表 3-2　潜艇壳体材料的各项参数

几何参数		热导率		边界条件	
筒外径	30 ft	不锈钢	8.27Btu/（h·ft·℉）	空气温度	70℉（21.1℃）
总壁厚	2in	玻璃纤维	0.028 Btu/（h·ft·℉）	海水温度	44.5℉（6.94℃）
不锈钢层壁厚	0.75 in	铝	117.4 Btu/（h·ft·℉）	空气对流传热系数	2.5Btu/（h·ft²·℉）
玻纤层壁厚	1in			海水对流传热系数	80Btu/（h·ft²·℉）
铝层壁厚	0.25in				
筒长	200ft				

注：1ft = 0.3048m，1in = 25.4mm，1 Btu/（h·ft·℉）= 1.73074W/（m·℃），1 Btu/（h·ft²·℉）= 1.73074W/（m²·℃）。

解 沿垂直于圆筒轴线作横截面，得到一圆环，取其中圆心角为 1°局部进行分析，如图 3-10、图 3-11 所示。

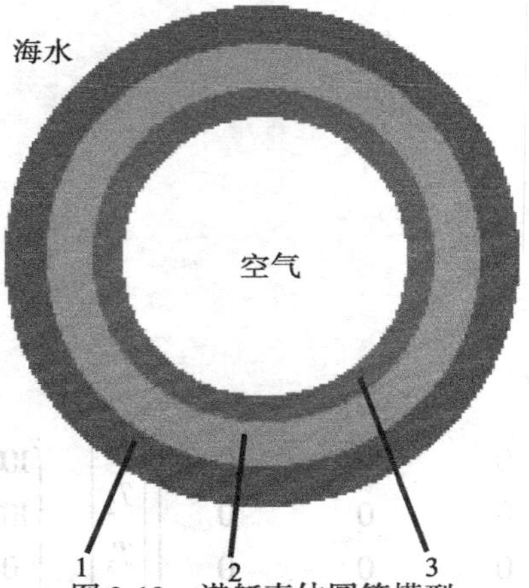

图 3-10 潜艇壳体圆筒模型
1—不锈钢 2—玻璃纤维 3—铝

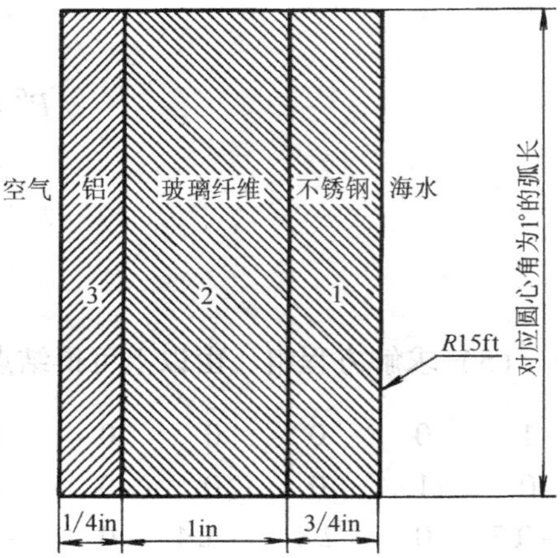

图 3-11 潜艇壳体材料组成示意图

启动 ANSYS 后：

1）选择命令 Main Menu > Preference >，弹出对话框后选中 Thermal 项，确定进行热分析。

2）选择 Main Menu > Preprocessor > Element Type > Add/Edit/Delete，弹出 Element Types 对话框，点击 Add 按钮，弹出 Library of Element Types 对话框，选中 Thermal Solid 中 Quad 4node 55 类型单元，单击 OK 按钮，于是在 ElementTypes 对话框中出现 Type 1 plane55，表明单元已选好，然后依次关闭各对话框。

3）选择命令 Main Menu > Preprocessor > Material Props > Isotropic，弹出 Isotropic Material Properties 对话框，填入 1，其为材料性质编号，对应不锈钢层，点击 OK 按钮，弹出如图 3-12 所示对话框后，

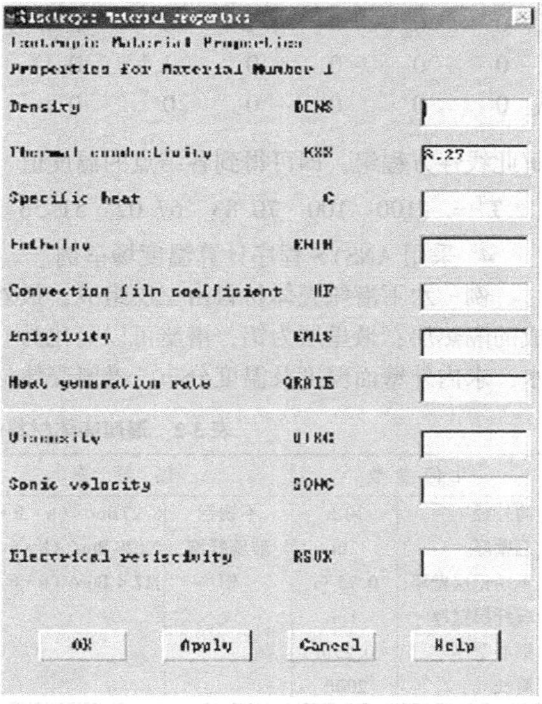

图 3-12 Isotropic Material Properties

在 Thermal conductivity KXX（热导率）中输入 8.27，点击 OK 按钮关闭对话框。同理，再次点击 Isotropic，使 Isotropic Material Properties 对话框再次出现，填入 2，其为材料性质编号，对应玻璃纤维层，点击 OK 按钮，弹出如图 3-12 所示的对话框，在 Thermal conductivity KXX（热导率）中输入 0.028，点击 OK 按钮关闭对话框。最后以同样的方式定义铝层的材料性质，编号为 3，热导率值为 117.4。

4）选择命令 Main Menu > Preprocessor > Create > Circle > By Dimension，弹出对话框后可创建几何模型。注意输入尺寸时，可用四则运算方式输入。由于分析部位为 1°，所以在 THETA1（角度）和 THETA2 中分别输入 -0.5 和 0.5，输入 RAD1 和 RAD2 数据时，不锈钢层为 15、15 - （0.75/12），玻璃纤维层为 15 - （0.75/12）、15 - （1.75/12），铝层为15 - （1.75/12），15 - （2/12）。

5）选择命令 Main Menu > Preprocessor > Operate > Glue > Areas，出现如图3-13所示的 Glue Areas 对话框，将鼠标指针移到几何模型的不同层上，单击左键选中某层，将三层全部选中后单击 OK 按钮，将三层粘接为一体。关闭各子菜单。

6）选择命令 Main Menu > Preprocessor > Define > Picked Areas，弹出 Area Attributes 对话框，将鼠标指针移到几何模型 1 层上，单击鼠标左键选中，单击 OK 按钮，弹出对话框后，将对话框上 Material number 栏中选定为 1，这是由于该层应为不锈钢层，其材料性质编号为 1，单击 OK 按钮，关闭该对话框，1 层被定义为不锈钢层。采用同样的方法，将 2 层定义为玻璃纤维层，Material number 栏选定为 2，将 3 层定义为铝层，Material number 栏选定为 3。

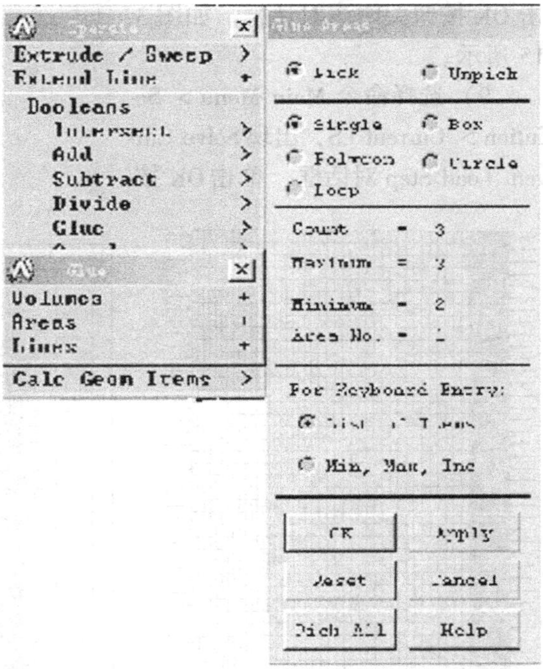

图 3-13 创建模型时进行模型粘接时弹出的菜单

7）选择命令 Main Menu > Preprocessor > Mesh Tool，根据第二章第二节所述方法拾取 line 对几何模型进行划分单元网格，直线上网格密度控制为 20 ~ 40 个。

8）选择命令 Main Menu > Solution > Apply > Convection > On Lines，出现 Apply CONV on Lines 对话框，用鼠标左键选中几何模型 3 层的左线（邻接空气），单击 OK 按钮后出现如图 3-14 所示的对话框，对话框上 Film coefficient 栏为对流传热系

数，由于选定的直线邻接空气，所以在该栏输入空气对流传热系数等于2.5，Bulk temperature为温度，在该栏输入空气温度等于70，单击OK按钮关闭该对话框。同理，出现Apply CONV on Lines对话框后，用鼠标左键选中几何模型1层的右线（邻接海水），单击OK按钮后出现对话框后，在对流传热系数一栏中输入海水对流传热系数等于80，温度栏输入海水温度等于44.5，单击OK按钮关闭该对话框。如图3-15所示。

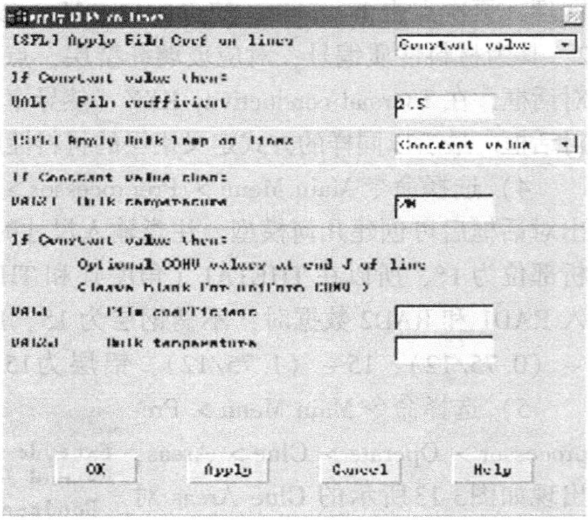

图3-14　Apply CONV on Lines

9）选择命令Main Menu > Solution > Current LS，出现Solve Current Load Step对话框，单击OK按钮进行求解。最后Information对话框出现，该对话框上有Solution is done字样，表明求解完毕，单击Close按钮关闭该对话框。

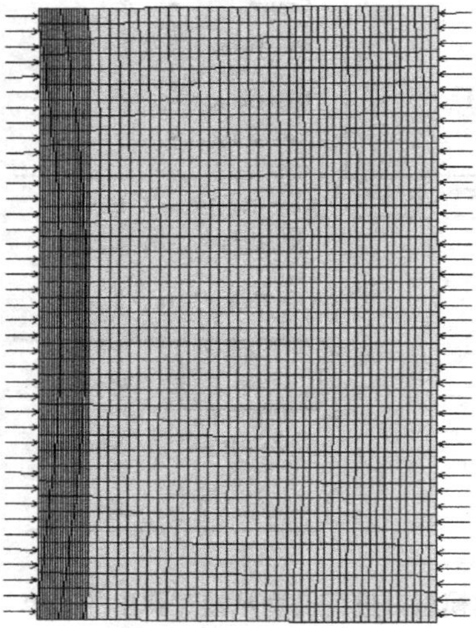
图3-15　划分网格及设定完边界条件后的模型

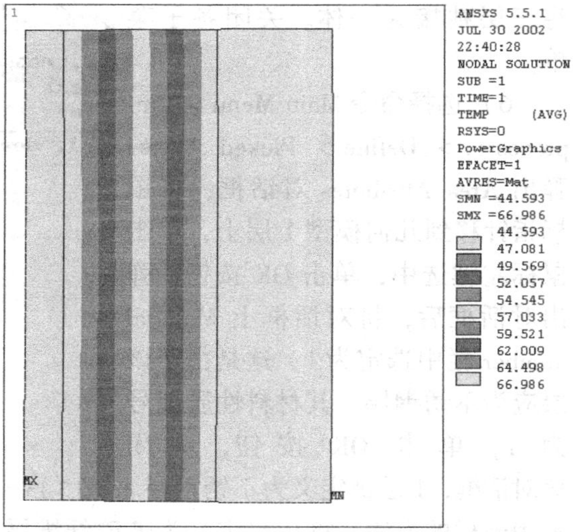

图3-16　ANSYS有限元分析结果

10）按第二章所表述方法显示结果，见图3-16。

11）解题完毕。

第二节　应力场计算

一、弹性力学基础知识

虽然在应用有限元法求解弹性力学问题时不会涉及到太多的弹性力学理论知识，但是理解弹性力学的基本概念和基本方程对应用有限元法会有很大的帮助。

1. 应力与应变

弹性体受到外力作用之后，其内部就会产生相应的应力。为了描述弹性体内任一点 P 处的应力状态，可用一些假想截面在 P 点处截出一个边长为 dx、dy、dz 的无限小平行六面体，通常称为微单元体。它的 6 个面分别垂直于 3 个坐标轴。每个面上的应力可分解为一个正应力分量和两个切应力分量，如图 3-17 所示。其中，正应力分量用 σ 表示，下标 x、y、z 分别表示其作用平面垂直于哪个坐标轴，或其作用方向平行于哪个坐标轴；切应力分量用 τ 表示，前一个下标表示作用面垂直于哪个坐标轴，后一个表示其作用方向平行于哪个坐标轴。

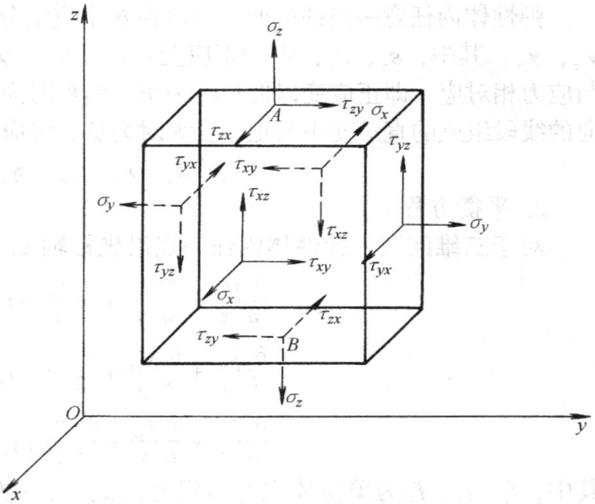

图 3-17　应力分量

在微单元体中，凡是外法线方向与坐标轴正向一致的面称为正面；凡是外法线方向与坐标轴负向一致的面称为负面。应力分量的正、负号规定是：正面上的应力分量以沿坐标轴正向的为正，负面上的应力分量以沿坐标轴负向的为正；反之为负。因此，图 3-17 所示各应力分量全为正。

由于作用在两个互相垂直的平面上且垂直于该两面交线的切应力分量大小相等。因此，微单元体各面上的 6 个切应力分量有如下关系：

$$\tau_{xy}=\tau_{yx},\ \tau_{zy}=\tau_{yz},\ \tau_{zx}=\tau_{xz} \tag{3-78}$$

在弹性力学中证明了，物体内任一点处的应力状态，可由 6 个独立的应力分量唯一地确定，在有限元法中可以将其表示成如下应力分量：

$$\{\sigma\} = (\sigma_x \quad \sigma_y \quad \sigma_z \quad \tau_{xy} \quad \tau_{yz} \quad \tau_{zx})^{\mathrm{T}} \tag{3-79}$$

式中，上标 T 表示转置。在一般情况下，物体内各点处的应力状态不同，故各点的应力分量是点的位置坐标 x、y、z 的连续函数。

为了研究物体内相邻点应力分量之间的关系，可取如图 3-17 所示的微单元体。如作用在通过 A 点的后面上的正应力是 σ_z，由于坐标 z 的改变，作用在 B 点的前面上的正应力就是 $\sigma_z + \frac{\partial \sigma_z}{\partial z}dz$，其余类似。单位体积的体积力沿 x、y、z 轴的分量，用 f_x、f_y、f_z 表示，则根据该微单元体的平衡条件 $\sum F_x = 0$、$\sum F_y = 0$ 和 $\sum F_z = 0$，可得出物体内部微单元体的平衡微分方程：

弹性体内任意一点的应变，可以由 6 个应变分量来表示，即 ε_x，ε_y，ε_z，γ_{xy}，γ_{yz}，γ_{zx}。其中，ε_x，ε_y，ε_z 为正应变；γ_{xy}，γ_{yz}，γ_{zx} 为切应变。应变的正负号规定与应力相对应，即正应变以伸长时为正，缩短时为负；切应变以两个沿坐标轴正方向的线段组成的直角变小为正，变大时为负。将应变写成矩阵的形式为

$$\boldsymbol{\varepsilon} = (\varepsilon_x \quad \varepsilon_y \quad \varepsilon_z \quad \gamma_{xy} \quad \gamma_{yz} \quad \gamma_{zx})^{\mathrm{T}} \tag{3-80}$$

2. 平衡方程

对于三维问题，弹性体内任一点沿坐标轴 x，y，z 方向的平衡方程为

$$\begin{aligned}
&\frac{\partial \sigma_x}{\partial x} + \frac{\partial \tau_{yx}}{\partial y} + \frac{\partial \tau_{zx}}{\partial z} + f_x = 0 \\
&\frac{\partial \tau_{xy}}{\partial x} + \frac{\partial \sigma_y}{\partial y} + \frac{\partial \tau_{zy}}{\partial z} + f_y = 0 \\
&\frac{\partial \tau_{xz}}{\partial x} + \frac{\partial \tau_{yz}}{\partial y} + \frac{\partial \sigma_z}{\partial z} + f_z = 0
\end{aligned} \tag{3-81}$$

其中，f_x，f_y，f_z 为单位体积的体积力在 x，y，z 方向的分量。

3. 应力场几何方程——应变-位移关系

在微小位移和微小变形的情况下，应变向量和位移间的几何关系为

$$\varepsilon_x = \frac{\partial u}{\partial x},\ \varepsilon_y = \frac{\partial v}{\partial y},\ \varepsilon_z = \frac{\partial w}{\partial z} \tag{3-82}$$

其中，u，v，w 分别为沿 x，y，z 方向的位移

$$\gamma_{xy} = \gamma_{yx} = \frac{\partial u}{\partial y} + \frac{\partial v}{\partial x},\ \gamma_{yz} = \gamma_{zy} = \frac{\partial v}{\partial z} + \frac{\partial w}{\partial y},\ \gamma_{zx} = \gamma_{xz} = \frac{\partial u}{\partial z} + \frac{\partial w}{\partial x} \tag{3-83}$$

写成矩阵形式为

$$\boldsymbol{\varepsilon} = \begin{pmatrix}
\frac{\partial}{\partial x} & 0 & 0 \\
0 & \frac{\partial}{\partial y} & 0 \\
0 & 0 & \frac{\partial}{\partial z} \\
\frac{\partial}{\partial y} & \frac{\partial}{\partial x} & 0 \\
0 & \frac{\partial}{\partial z} & \frac{\partial}{\partial y} \\
\frac{\partial}{\partial z} & 0 & \frac{\partial}{\partial x}
\end{pmatrix} \boldsymbol{u} \tag{3-84}$$

4. 应力场物理方程——应力-应变关系

弹性体的应力-应变关系可以用广义 Hooke 定理表示为

$$\sigma=\frac{E(1-\nu)}{(1+\nu)(1-2\nu)}\begin{pmatrix}1 & \frac{\nu}{1-\nu} & \frac{\nu}{1-\nu} & 0 & 0 & 0\\ \frac{\nu}{1-\nu} & 1 & \frac{\nu}{1-\nu} & 0 & 0 & 0\\ \frac{\nu}{1-\nu} & \frac{\nu}{1-\nu} & 1 & 0 & 0 & 0\\ 0 & 0 & 0 & \frac{1-2\nu}{2(1-\nu)} & 0 & 0\\ 0 & 0 & 0 & 0 & \frac{1-2\nu}{2(1-\nu)} & 0\\ 0 & 0 & 0 & 0 & 0 & \frac{1-2\nu}{2(1-\nu)}\end{pmatrix}\varepsilon \tag{3-85}$$

其中，E 为弹性模量，ν 为泊松比。

二、弹性问题分析

在材料科学与工程中遇到的最简单的力学问题可以说是弹性力学问题。弹性力学分析是其他力学分析如弹塑性分析、粘弹性分析、热弹性分析的基础。因此，这里以弹性力学静力分析为例讨论如何利用有限元法求解应力场问题。

1. 弹性平面问题的控制方程

二维弹性平面问题包括平面应力问题和平面应变问题。

对于平面应力问题，有

$$\sigma_z=0，但 \varepsilon_z\neq 0$$

因此

$$\tau_{zx}=\tau_{xz}=0，\tau_{zy}=\tau_{yz}=0 \tag{3-86}$$

Hooke 定律可以简化为

$$\begin{Bmatrix}\sigma_x\\ \sigma_y\\ \tau_{xy}\end{Bmatrix}=\frac{E}{(1-\nu^2)}\begin{pmatrix}1 & \nu & 0\\ \nu & 1 & 0\\ 0 & 0 & \frac{1-\nu}{2}\end{pmatrix}\begin{Bmatrix}\varepsilon_x\\ \varepsilon_y\\ \gamma_{xy}\end{Bmatrix} \tag{3-87}$$

对于平面应变问题有

$$\varepsilon_z=0，但 \sigma_z\neq 0$$

因此

$$\gamma_{zx}=\gamma_{zy}=0 \tag{3-88}$$

此时，Hooke 定律可以简化为

$$\begin{Bmatrix}\sigma_x\\ \sigma_y\\ \tau_{xy}\end{Bmatrix}=\frac{E}{(1+\nu)(1-2\nu)}\begin{pmatrix}1-\nu & \nu & 0\\ \nu & 1-\nu & 0\\ 0 & 0 & \frac{1}{2}-\nu\end{pmatrix}\begin{Bmatrix}\varepsilon_x\\ \varepsilon_y\\ \gamma_{xy}\end{Bmatrix} \tag{3-89}$$

2. 求解域的离散化

用有限元法首先将求解域 D 分解成有限个单元。三角形单元的计算格式简单，对复杂的边界有较强的适应能力，所以这里采用三角形单元来对平面域 D 进行划分，单元的划分方法与热传导问题的求解相似。

3. 单元的位移函数与插值函数

每个三角形单元有两个位移分量，如图 3-18 所示。

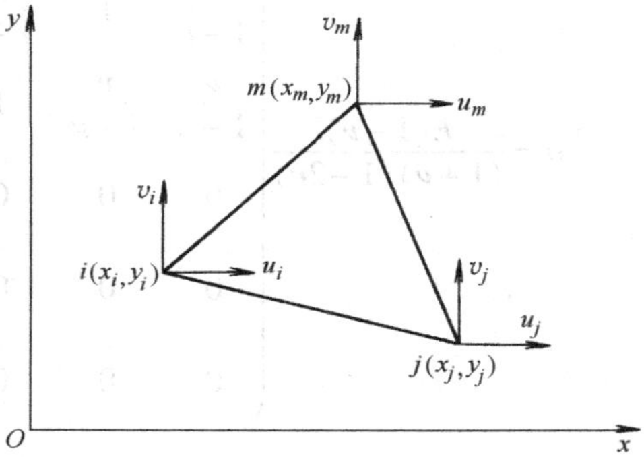

图 3-18　三结点的三角形单元

每个结点的位移可以用向量形式表示为

$$\alpha_i=\begin{Bmatrix}u_i\\ v_i\end{Bmatrix}\quad (i,\ j,\ m) \tag{3-90}$$

每个单元有 6 个结点位移，写成向量形式为

$$\alpha^e=\begin{Bmatrix}\alpha_i\\ \alpha_j\\ \alpha_m\end{Bmatrix}=(u_i\quad v_i\quad u_j\quad v_j\quad u_m\quad v_m)^{\mathrm T} \tag{3-91}$$

当单元 e 足够小时，单元内的位移可以认为是随 x，y 线性变化的，这样就可以用线性插值函数来构造在单元 e 内任一点上的位移值。一般采用多项式作为插值函数。

由于单元内各点的位移分量是坐标 x，y 的函数，这种函数称为位移函数。三结点的三角形单元位移函数采用一次多项式

$$\left.\begin{aligned}u&=k_1+k_2x+k_3y\\ v&=k_4+k_5x+k_6y\end{aligned}\right\} \tag{3-92}$$

单元内的位移是坐标 x, y 的线性函数，k_1，k_2，k_3，k_4，k_5，k_6 是待定系数。将三个结点的坐标代入上式有

$$\left.\begin{aligned}u_i&=k_1+k_2x_i+k_3y_i\\ u_j&=k_1+k_2x_j+k_3y_j\\ u_m&=k_1+k_2x_m+k_3y_m\end{aligned}\right\} \tag{3-93}$$

及

$$\left.\begin{aligned} v_i &= k_4 + k_5 x_i + k_6 y_i \\ v_j &= k_4 + k_5 x_j + k_6 y_j \\ v_m &= k_4 + k_5 x_m + k_6 y_m \end{aligned}\right\} \tag{3-94}$$

这两个方程组的系数行列式均为

$$D = \begin{vmatrix} 1 & x_t & y_i \\ 1 & x_j & y_j \\ 1 & x_m & y_m \end{vmatrix} = 2A \tag{3-95}$$

A 是三角形单元的面积。

根据方程组式（3-93）和式（3-94）可求得待定系数 k_1，k_2，k_3，k_4，k_5，k_6 的值

$$k_1 = \frac{1}{D}\begin{vmatrix} u_i & x_i & y_i \\ u_j & x_j & y_j \\ u_m & x_m & y_m \end{vmatrix} = \frac{1}{2A}\left(a_i u_i + a_j u_j + a_m u_m\right) \tag{3-96}$$

$$k_2 = \frac{1}{D}\begin{vmatrix} 1 & u_i & y_i \\ 1 & u_j & y_j \\ 1 & u_m & y_m \end{vmatrix} = \frac{1}{2A}\left(b_i u_i + b_j u_j + b_m u_m\right) \tag{3-97}$$

$$k_3 = \frac{1}{D}\begin{vmatrix} 1 & x_i & u_i \\ 1 & x_j & u_j \\ 1 & x_m & u_m \end{vmatrix} = \frac{1}{2A}\left(c_i u_i + c_j u_j + c_m u_m\right) \tag{3-98}$$

$$k_4 = \frac{1}{D}\begin{vmatrix} v_i & x_i & y_i \\ v_j & x_j & y_j \\ v_m & x_m & y_m \end{vmatrix} = \frac{1}{2A}\left(a_i v_i + a_j v_j + a_m v_m\right) \tag{3-99}$$

$$k_5 = \frac{1}{D}\begin{vmatrix} 1 & v_t & y_i \\ 1 & v_j & y_j \\ 1 & v_m & y_m \end{vmatrix} = \frac{1}{2A}\left(b_i v_i + b_j v_j + b_m v_m\right) \tag{3-100}$$

$$k_6 = \frac{1}{D}\begin{vmatrix} 1 & x_i & v_i \\ 1 & x_j & v_j \\ 1 & x_m & v_m \end{vmatrix} = \frac{1}{2A}\left(c_i v_i + c_j v_j + c_m v_m\right) \tag{3-101}$$

在式（3-96）、（3-97）、（3-98）中，

$$a_i = \begin{vmatrix} x_j & y_j \\ x_m & y_m \end{vmatrix} = x_j y_m - x_m y_j \tag{3-102}$$

$$b_i = -\begin{vmatrix} 1 & y_j \\ 1 & y_m \end{vmatrix} = y_j - y_m \tag{3-103}$$

$$c_i = \begin{vmatrix} 1 & x_j \\ 1 & x_m \end{vmatrix} = -x_j + x_m \tag{3-104}$$

将下标进行轮换，如 $i \to j$，$j \to m$，$m \to i$，可得到 a_j，b_j，c_j，a_m，b_m，c_m。

将 a_j，b_j，c_j，a_m，b_m，c_m 代入式（3-92），可将位移函数表示成结点位移的函数

$$\left.\begin{aligned} u &= N_i u_i + N_j u_j + N_m u_m \\ v &= N_i v_i + N_j v_j + N_m v_m \end{aligned}\right\} \tag{3-105}$$

其中

$$N_i = \frac{1}{2A}\ (a_i + b_i x + c_i y) \tag{3-106}$$

$$N_j = \frac{1}{2A}\ (a_j + b_j x + c_j y) \tag{3-107}$$

$$N_m = \frac{1}{2A}\ (a_m + b_m x + c_m y) \tag{3-108}$$

N_i，N_j，N_m 称为单元的插值函数或形函数，它是坐标 x，y 的一次函数。a_i，b_i，c_i，…，c_m 是常数，与三角形单元的三个结点坐标有关。

将式（3-105）写成矩阵形式为

$$\boldsymbol{u} = \begin{Bmatrix} u \\ v \end{Bmatrix} = \begin{pmatrix} N_i & 0 & N_j & 0 & N_m & 0 \\ 0 & N_i & 0 & N_j & 0 & N_m \end{pmatrix} \begin{Bmatrix} u_i \\ v_i \\ u_j \\ v_j \\ u_m \\ v_m \end{Bmatrix} \tag{3-109}$$

插值函数（或形函数）具有一些性质：

在结点上的插值函数有

$$N_i\ (x_j,\ y_j)\ = \begin{cases} 1 & 当\ j = i \\ 0 & 当\ j \neq i \end{cases} \qquad (i,\ j,\ m) \tag{3-110}$$

即在 i 结点上，$N_i = 1$；在 j，m 结点上 $N_i = 0$。

另一个重要的性质是

$$N_i + N_j + N_m = 1 \tag{3-111}$$

4. 应变矩阵和应力矩阵

确定了每个单元的位移后，便可以利用几何方程和物理方程求出单元的应变和应力。

对于平面应变问题有

$$\varepsilon_x = \frac{\partial u}{\partial x} = \frac{\partial}{\partial x}(N_i u_i + N_j u_j + N_m u_m) = \frac{1}{2A}(b_i u_i + b_j u_j + b_m u_m) \tag{3-112}$$

$$\varepsilon_y = \frac{\partial v}{\partial y} = \frac{\partial}{\partial y}(N_i v_i + N_j v_j + N_m v_m) = \frac{1}{2A}(c_i v_i + c_j v_j + c_m v_m) \tag{3-113}$$

$$\gamma_{xy} = \frac{\partial u}{\partial y} + \frac{\partial v}{\partial x} = \frac{1}{2A}(c_i u_i + b_i v_i + c_j u_j + b_j v_j + c_m u_m + b_m v_m) \tag{3-114}$$

写成矩阵形式可表示为

$$\begin{Bmatrix} \varepsilon_x \\ \varepsilon_y \\ \gamma_{xy} \end{Bmatrix} = \frac{1}{2A}\begin{pmatrix} b_i & 0 & b_j & 0 & b_m & 0 \\ 0 & c_i & 0 & c_j & 0 & c_m \\ c_i & b_i & c_j & b_j & c_m & b_m \end{pmatrix}\begin{Bmatrix} u_i \\ v_i \\ u_j \\ v_j \\ u_m \\ v_m \end{Bmatrix} \tag{3-115}$$

式（3-115）可以写成矩阵形式

$$\boldsymbol{\varepsilon} = \boldsymbol{BU} \tag{3-116}$$

其中

$$\boldsymbol{\varepsilon} = \begin{Bmatrix} \varepsilon_x \\ \varepsilon_y \\ \gamma_{xy} \end{Bmatrix} \quad \boldsymbol{B} = \frac{1}{2A}\begin{pmatrix} b_i & 0 & b_j & 0 & b_m & 0 \\ 0 & c_i & 0 & c_j & 0 & c_m \\ c_i & b_i & c_j & b_j & c_m & b_m \end{pmatrix} \quad \boldsymbol{U} = \begin{Bmatrix} u_i \\ v_i \\ u_j \\ v_j \\ u_m \\ v_m \end{Bmatrix} \tag{3-117}$$

对于平面应力状态，广义 Hooke 定义简化为

$$\begin{Bmatrix} \sigma_x \\ \sigma_y \\ \tau_{xy} \end{Bmatrix} = \frac{E}{1-\nu^2}\begin{pmatrix} 1 & \nu & 0 \\ \nu & 1 & 0 \\ 0 & 0 & \frac{1-\nu}{2} \end{pmatrix}\begin{Bmatrix} \varepsilon_x \\ \varepsilon_y \\ \gamma_{xy} \end{Bmatrix} \tag{3-118}$$

其中，E 为弹性模量，ν 是泊松比。

简记为

$$\boldsymbol{\sigma} = \boldsymbol{\nu\varepsilon} \tag{3-119}$$

其中

$$\boldsymbol{\sigma}=\begin{Bmatrix}\sigma_x\\ \sigma_y\\ \tau_{xy}\end{Bmatrix}\quad \boldsymbol{\nu}=\frac{E}{1-\nu^2}\begin{pmatrix}1 & \nu & 0\\ \nu & 1 & 0\\ 0 & 0 & \frac{1-\nu}{2}\end{pmatrix}\quad \boldsymbol{\varepsilon}=\begin{Bmatrix}\varepsilon_x\\ \varepsilon_y\\ \gamma_{xy}\end{Bmatrix}$$

5. 利用最小位能原理建立有限元方程

在固体力学问题中，建立有限元方程最常用的方法是最小位能方法。当外部载荷作用于物体时，物体将产生变形，在变形过程中，外力所做的功将储存在物体内，这一能量成为应变能。对于双轴载荷下的材料，其应变能 Γ 可以表示为

$$\Gamma^{(e)}=\frac{1}{2}\int_V(\sigma_x\varepsilon_x+\sigma_y\varepsilon_y+\tau_{xy}\gamma_{xy})\mathrm{d}V \tag{3-120}$$

写成矩阵形式为

$$\Gamma^{(e)}=\frac{1}{2}\int_V\boldsymbol{\sigma}^{\mathrm{T}}\boldsymbol{\varepsilon}\mathrm{d}V \tag{3-121}$$

根据 Hooke 定律将应力替换为应变，则有

$$\Gamma^{(e)}=\frac{1}{2}\int_V\boldsymbol{\varepsilon}^{\mathrm{T}}\boldsymbol{\nu}\boldsymbol{\varepsilon}\mathrm{d}V \tag{3-122}$$

再将应变用式（3-116）来替换，得到

$$\Gamma^{(e)}=\frac{1}{2}\int_V\boldsymbol{\varepsilon}^{\mathrm{T}}\boldsymbol{\nu}\boldsymbol{\varepsilon}\mathrm{d}V=\frac{1}{2}\int_V\boldsymbol{U}^{\mathrm{T}}\boldsymbol{B}^{\mathrm{T}}\boldsymbol{\nu}\boldsymbol{B}\boldsymbol{U}\mathrm{d}V \tag{3-123}$$

将上式对结点位移求微分，可以得到

$$\frac{\partial\ (\Gamma^{(e)})}{\partial\ u_i}=\frac{\partial}{\partial\ u_i}\left(\frac{1}{2}\int_V\boldsymbol{U}^{\mathrm{T}}\boldsymbol{B}^{\mathrm{T}}\boldsymbol{\nu}\boldsymbol{B}\boldsymbol{U}\mathrm{d}V\right) \tag{3-124}$$

因此刚度矩阵为

$$K^e=\int_V\boldsymbol{B}^{\mathrm{T}}\boldsymbol{\nu}\boldsymbol{B}\mathrm{d}V=\mathrm{V}\boldsymbol{B}^{\mathrm{T}}\boldsymbol{\nu}\boldsymbol{B} \tag{3-125}$$

式中，V 代表单元的体积。

6. 单元等效载荷结点阵列

单元所承受的载荷主要有集中力、体积力和表面力。这些载荷需要转化为结点上的等效载荷。

（1）单元内部的集中力　如果单元内某一点 c 处有集中力 $\boldsymbol{F}=(F_x\quad F_y)^{\mathrm{T}}$ 作用，则传递到结点上的等效力为

$$\boldsymbol{F}_i^{\,e}=\begin{Bmatrix}F_{ix}\\ F_{iy}\end{Bmatrix}=(N_i)_c\boldsymbol{F} \tag{3-126}$$

式中，$(N_i)_c$ 表示形函数 N_i 在载荷作用点上的值。

（2）体积力　设单元的体积力为 $\boldsymbol{G}=(G_x,\ G_y)^{\mathrm{T}}$，则转化为结点力为

$$\boldsymbol{G}_i^e = \begin{Bmatrix} G_{ix} \\ G_{iy} \end{Bmatrix}^e = \int_{-1}^{1}\int_{-1}^{1} N_i \begin{Bmatrix} G_x \\ G_y \end{Bmatrix} |\boldsymbol{J}|\, \mathrm{d}\xi \mathrm{d}\eta \tag{3-127}$$

式中，$\boldsymbol{J}$ 为 Jacobi 矩阵。

(3) 表面力　设单元某条边上受到单位表面力 $\boldsymbol{P} = (P_x, P_y)^{\mathrm{T}}$ 的作用，则转移到结点上的等效应力为

$$\boldsymbol{P}_i^e = \begin{Bmatrix} P_{ix} \\ P_{iy} \end{Bmatrix}^e = \int_{\Gamma} (N_i)_c \begin{Bmatrix} P_x \\ P_y \end{Bmatrix} \mathrm{d}s \tag{3-128}$$

式中，Γ 为受有表面力的单元边界，s 表示边界长度。

7. 总体合成

同温度场问题的求解相似，总体刚度矩阵是由单元刚度矩阵合成，其方法与温度场问题中热传导矩阵的合成完全一样。但在应力计算中位移有 x，y 两个方向的分量合成，因此刚度矩阵为 $2n \times 2n$ 的对称方阵，即

$$K^G = \sum_{e=1}^{NE} K^e \tag{3-129}$$

式中，NE 为单元数。

同样，总体载荷矩阵也用相同的方法合成，

$$R^G = \sum_{e=1}^{NE} R^e \tag{3-130}$$

这样就得到了整个弹性体结点力和结点位移的关系式

$$\boldsymbol{K}^G \boldsymbol{\delta} = \boldsymbol{R}^G \tag{3-131}$$

应力场的计算例子可见第二章第二节。

第三节　浓度场计算

在固体中，扩散是物质传输的唯一方式，通常是指材料内部原子迁移的微观过程，以及由于大量原子迁移而引起物质的宏观流动。扩散与材料在生产和使用过程中的许多重要的物理化学过程密切相关，因此对扩散的浓度场的计算具有重要的意义。

一、扩散控制方程

在金属中的扩散主要用 Fick 扩散定律来描述。

1. Fick 第一定律

扩散是物质从高浓度区域迁移到低浓度区域的过程。Fick 在 1855 年指出，在稳态扩散 ($\mathrm{d}C/\mathrm{d}t = 0$) 的条件下，单位时间内通过垂直于扩散方向的单位截面积的扩散物质的通量 J (单位是 $\mathrm{g \cdot cm^{-2} \cdot s^{-1}}$) 与浓度梯度成正比，这就是 Fick 第一定律，其数学表达式为

$$J = -D\frac{\mathrm{d}C}{\mathrm{d}x} \tag{3-132}$$

式中的负号表示扩散方向与 x 方向相反；C 是溶质原子的浓度，单位为 $\mathrm{g\cdot cm^{-3}}$ 或原子数 $\cdot\ \mathrm{cm^{-3}}$；D 是扩散系数，单位为 $\mathrm{cm^{-2}\cdot s^{-1}}$。

2. Fick 第二定律

Fick 第一定律规定 $\mathrm{d}C/\mathrm{d}t=0$，即在扩散过程中扩散物质的浓度不随时间变化。实际上，在多数情况下，扩散物质的浓度是与时间相关的，即 $\mathrm{d}C/\mathrm{d}t\neq 0$。因此就必须采用 Fick 第二定律来描述非稳态扩散现象，即

$$\frac{\partial C}{\partial t} = \frac{\partial}{\partial x}\left(D\frac{\partial C}{\partial x}\right) \tag{3-133}$$

如 D 为常数，则有

$$\frac{\partial C}{\partial t} = D\frac{\partial^2 C}{\partial x^2} \tag{3-134}$$

如在三维空间中扩散，且在 x，y，z 三个方向上的扩散系数分别为 D_x，D_y，D_z，则有

$$\frac{\partial C}{\partial t} = \frac{\partial}{\partial x}\left(D_x\frac{\partial C}{\partial x}\right) + \frac{\partial}{\partial y}\left(D_y\frac{\partial C}{\partial y}\right) + \frac{\partial}{\partial y}\left(D_z\frac{\partial C}{\partial y}\right) \tag{3-135}$$

若 $D_x = D_y = D_z = D$，即在三维空间中的扩散具有各向同性，则有

$$\frac{\partial C}{\partial t} = D\left(\frac{\partial^2 C}{\partial x^2} + \frac{\partial^2 C}{\partial y^2} + \frac{\partial^2 C}{\partial z^2}\right) = D\nabla^2 C \tag{3-136}$$

二、数值解法

扩散微分方程在形态上与热传导微分方程非常接近，因此也可以采用与温度场求解相同的数值方法来求解。

1. 有限差分法

一维扩散问题的微分方程为

$$\frac{\partial C}{\partial t} = D\frac{\partial^2 C}{\partial x^2} \tag{3-137}$$

初始条件为

$$C\big|_{t=t_0} = C_0\ (x) \tag{3-138}$$

外边界条件为

$$\beta\ (C_g - C_s)\ = -D\left(\frac{\partial C}{\partial x}\right)\bigg|_{x=0} \tag{3-139}$$

内边界条件为

$$x = m \quad \frac{\partial C}{\partial x} = 0 \tag{3-140}$$

式中，C_0 （x） 为材料中原始碳含量；C_g 为按气相碳势计算的碳浓度；D 为碳

在奥氏体中的扩散系数；β 为气-固界面反应的物质传递系数；m 为一维尺寸。

将微分方程写成 Crank-Nicolson 差分格式，有

$$\frac{\partial C}{\partial t} \approx \frac{C_i^{n+1} - C_i^n}{\Delta t} \tag{3-141}$$

$$\frac{\partial C}{\partial t} = \frac{C_i^{n+1} - C_i^n}{\Delta t} \tag{3-142}$$

$$\frac{\partial^2 C}{\partial x^2} \approx \frac{1}{2}\left(\frac{C_{i+1}^{n+1} - 2C_i^{n+1} + C_{i-1}^{n+1}}{(\Delta x)^2} + \frac{C_{i+1}^n - 2C_i^n + C_{i-1}^n}{(\Delta x)^2}\right) \tag{3-143}$$

因此有

$$\frac{C_i^{n+1} - C_i^n}{\Delta t} \approx \frac{D}{2}\left(\frac{C_{i+1}^{n+1} - 2C_i^{n+1} + C_{i-1}^{n+1}}{(\Delta x)^2} + \frac{C_{i+1}^n - 2C_i^n + C_{i-1}^n}{(\Delta x)^2}\right) \tag{3-144}$$

式中，C_i^n，C_{i-1}^n，C_{i+1}^n，分别是第 n 时刻 i 结点及其相邻结点的碳浓度；C_i^{n+1}，C_{i-1}^{n+1}，C_{i+1}^{n+1}分别是第 $n+1$ 时刻 i 结点及其相邻结点的碳浓度。

令 $K = D\dfrac{\Delta t}{(\Delta x)^2}$，$L = \beta\dfrac{\Delta t}{\Delta x}$，再根据初始条件及边界条件，可得

$$\begin{cases} (1+K+L)C_0^{n+1} - KC_1^{n+1} = (1-K-L)C_0^n + KC_1^n + 2LC_g & i=1 \\ -KC_{i+1}^{n+1} + 2(1+K)C_1^{n+1} - KC_{i-1}^{n+1} = KC_{i+1}^n + 2(1-K)C_i^n + KC_{i-1}^n & 0<i<m \\ -KC_{m-1}^{n+1} + (1+K)C_m^{n+1} = KC_{m-1}^n + (1-K)C_m^n & i=m \end{cases} \tag{3-145}$$

上式是一个共有 m 个方程的方程组，可用矩阵表示为

$$\begin{pmatrix} 1+K+L & -K & & & & & \\ -K & 2(1+K) & -K & & & & \\ & \ddots & \ddots & \ddots & & & \\ & & -K & 2(1+K) & -K & & \\ & & & \ddots & \ddots & \ddots & \\ & & & & -K & 2(1+K) & -K \\ & & & & & -K & 1+K \end{pmatrix} \begin{pmatrix} C_0 \\ C_1 \\ \vdots \\ C_i \\ \vdots \\ C_{m-1} \\ C_m \end{pmatrix}^{n+1} =$$

$$\begin{pmatrix} 1+K+L & -K & & & & & \\ -K & 2(1+K) & -K & & & & \\ & \ddots & \ddots & \ddots & & & \\ & & -K & 2(1+K) & -K & & \\ & & & \ddots & \ddots & \ddots & \\ & & & & -K & 2(1+K) & -K \\ & & & & & -K & 1+K \end{pmatrix} \begin{pmatrix} C_0 \\ C_1 \\ \vdots \\ C_i \\ \vdots \\ C_{m-1} \\ C_m \end{pmatrix}^{n} + \begin{pmatrix} 2LC_g \\ 0 \\ \vdots \\ 0 \\ \vdots \\ 0 \\ 0 \end{pmatrix} \tag{3-146}$$

用追赶法求解此方程组即可得出任一时刻渗层碳浓度分布。

参 考 文 献

1 张凯锋，魏艳红，魏尊杰，闫牧夫．材料热加工过程的数值模拟．哈尔滨：哈尔滨工业大学出版社．2001

2 孔祥谦．热应力有限元法分析．上海：上海交通大学出版社，1999

3 马文金．计算物理学．合肥：中国科学技术大学出版社，2001

4 刘庄，吴肇基，吴景之，张毅．热处理过程的数值模拟．北京：科学出版社，1996

5 李英民，崔宝侠，苏仕方．计算机在材料热加工领域中的应用．北京：机械工业出版社，2001

6 林瑞泰．热传导理论与方法．天津：天津大学出版社，1992

7 石德珂主编．材料科学基础．北京：机械工业出版社，1999

8 王国强主编．实用工程数值模拟技术及其在 ANSYS 上的实践．西安：西北工业大学出版社，2000

第四章　材料科学与行为工艺的计算机模拟

现代高新技术的发展对材料的性能要求越来越高，由此对材料科学本身也提出了更高的要求。随着对材料微观结构与宏观性能关系了解的日益深入，人们将能从理论上预言具有特定结构与功能的材料体系，设计出符合要求的新型材料。在计算机技术迅速发展的今天，计算机模拟已经成为解决材料科学实际问题的重要方法之一。

材料行为工艺主要通过调整材料在加工过程中的组织性能来改善其使用性能。传统改善工艺的方法是通过大量试验得到较好的加工工艺参数。用计算机模拟材料行为工艺可以部分代替真实试验，从而达到缩短实验周期、节约人力和物力的目的。本章主要介绍以下几个方面的内容：材料科学中的计算机模拟应用、材料的组织转变的计算机模拟的基本原理和方法、材料相平衡计算机计算方法以及当前材料相图计算的专业软件。

第一节　组织转变的计算机模拟

一、TTT 和 CCT 曲线

钢的性能主要取决于其内部的组织结构。钢的常温组织是在加热之后的冷却过程中形成和完成的。为了使钢获得某种预期的组织结构，准确地测量钢在热处理或热加工中的冷却过程非常重要。

1930 年，Bain 和 Davenport 首先在等温条件下研究钢的组织转变，发表了几篇碳钢和合金钢奥氏体等温转变详细研究论文，提出了时间-温度-转变（Time-Temperature-Transformation）曲线，也称 TTT 曲线。TTT 曲线给出的是钢在快速冷至不同温度下等温停留过程中的组织转变情况，可以清楚地显示不同温度下的转变特征。但由于实际的冷却过程多为连续冷却，TTT 曲线无法直接应用。20 世纪 40 年代初人们开始在连续冷却条件下研究钢的组织转变过程，提出了连续冷却转变曲线（Continuous Cooling Transformation），也称 CCT 曲线。CCT 曲线给出的是钢在不同冷却速度下的连续冷却过程的组织转变情况。这两种曲线由于直观、实用，因而在实际生产中得到广泛使用，成为研究、生产和使用钢种的一种必不可少的工具。特别值得一提的是，近年来，冷却转变曲线在非晶态材料中也得到了应用。长期以来，人们对不同钢材的 TTT 曲线和 CCT 曲线进行了大量的测定和研究，积累了大量的数据。据不完全统计，现已收集到的 TTT 曲线和 CCT 曲线图有 800 余张。

20 世纪 70 年代初，计算机模拟技术的开展使材料的组织转变数值模拟提到日程上来，TTT 曲线和 CCT 曲线为组织转变提供了两种不同的模拟途径。CCT 曲线首先被选作模拟组织转变的依据。在 20 世纪 70 年代末 Hildenwall 等人运用 Scheil 叠加法则成功地解决了以 TTT 曲线为依据的模拟，此后 TTT 曲线在材料组织模拟中迅速得到推广。目前，国内外基本上都使用 TTT 曲线模拟。

二、采用连续冷却转变（CCT）曲线模拟

1. 连续冷却转变（CCT）曲线

钢的典型 CCT 曲线是由一组不同等速的冷却曲线组成，其横坐标为时间，纵坐标为温度。在该坐标系上标出各种冷却过程中各种组织转变始点、终点的温度以及转变量，这样各种组织的始点、终点的连线就构成了一个完整的 CCT 曲线。典型亚共析钢的 CCT 曲线示意图见图 4-1。从图上可以得知：① 钢从某个奥氏体化温度以不同冷速冷却所得到的转变产物，如铁素体（F）、珠光体（P）、贝氏体（B）和马氏体（M）；② 各种转变产物的临界冷速；③ 不同冷却速度条件下各种组织转变开始与终了的时间、温度及转变量。

例如，根据图 4-1，当冷却速度为 v_1 时，最终组织有珠光体、贝氏体和马氏体，而当冷却速度为 v_2 时，最终组织为马氏体。各种组织的转变开始温度可由冷却速度曲线与 C 曲线的交点获得。

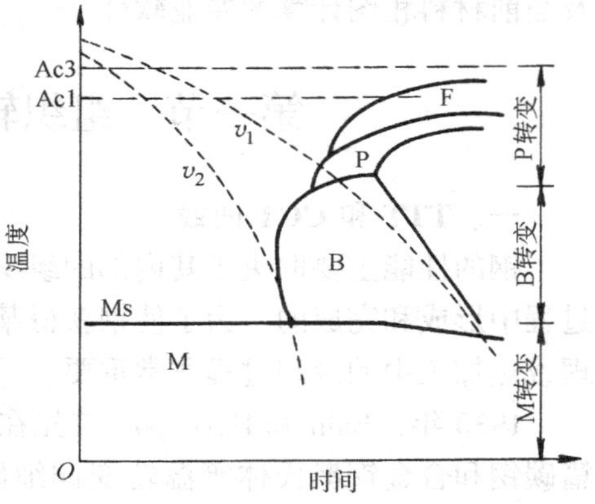

图 4-1 典型亚共析钢的 CCT 曲线示意图

2. 真实冷却转变过程

虽然可以从 CCT 曲线上获得钢的很多有用信息，但它没有描述组织转变从开始到终了的整个过程，而这对于用数值模拟钢的冷却转变是非常重要的。为此，对于连续冷却条件的转变过程提出了多种数学表达式，主要有：

1）组织转变量与温度成线性关系，即

$$V = V_0 \frac{T_s - T_i}{T_s - T_f} \tag{4-1}$$

式中，V 为组织瞬时转变量；V_0 为组织在冷速条件下的最大转变量；T_s、T_f 分别为转变开始、终了温度；T_i 为实际冷却瞬时温度。

2）组织转变量与时间的对数成线性关系，即

$$V = V_0 \frac{(\lg\tau_i - \lg\tau_s)}{(\lg\tau_f - \lg\tau_s)} \tag{4-2}$$

式中，τ_s，τ_f 分别为转变开始、终了时间；τ_i 为实际冷却瞬时时间。

3. 模拟计算要点

真实冷却转变过程与 CCT 曲线上的冷却过程不同，其区别是实际生产中的冷却过程冷速是变化的。如何采用 CCT 曲线进行真实冷却转变过程的模拟，这是需要解决的一个问题。通常采用分段计算平均冷速代替瞬时冷速，这一方法较为简单。如图 4-2 所示是采用分两段计算平均冷速代替瞬时冷速的示意图，第一段将材料临界点温度作为起始点计算，第二段将转变开始温度作为起始点进行计算。具体模拟计算过程如下：

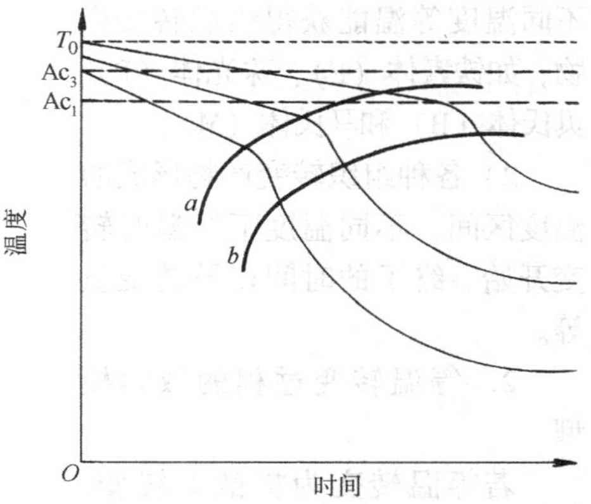

图 4-2　采用分两段计算平均冷速代替瞬时冷速的示意图

1）确定在某个冷速下温度达到临界点 Ac_1 的时间（τ_0）；随温度（T_i）不断下降，计算瞬时冷却速度（v_i）：

$$v_i = \frac{Ac_1 - T_i}{\tau_i - \tau_0}$$

2）根据 CCT 曲线，求出该冷速下的开始转变温度 T_s；在某一时刻当温度（T_i）降至 T_s，记下该时刻为 τ_i，如转变为扩散型相变，则按下式计算瞬时冷却速度：

$$v_i = \frac{T_s - T_i}{\tau_i - \tau_s}$$

3）根据 CCT 曲线，求出该冷速下的转变终了温度及最大转变量，按式（4-1）计算该相组织的转变量。

4）如转变为马氏体相变，则按后面将介绍的式（4-6）计算马氏体组织的转变量，直至转变达到规定值。最终组织为各项组织的和。

三、采用等温转变（TTT）曲线模拟

1. 等温转变（TTT）曲线

根据钢在快速冷至不同温度下进行等温处理时过冷奥氏体转变与温度、时间的关系，可建立 TTT 曲线。首先测得在各个温度下等温转变动力学曲线（图 4-3），从这些曲线可以得出在各个温度下等温转变时转变量达到某一数值时所需的时间 τ_f。通常取转变体积分数 $f = 0.05$ 的时间 $\tau_{0.05}$ 为转变开始时间，取 $f = 0.95$ 的时间 $\tau_{0.95}$ 为转变终了时间。以横坐标为时间，纵坐标为温度，作 $\tau_{0.05}$—T 和 $\tau_{0.95}$—T 曲线，即得 TTT 曲线。典型亚共析钢的 TTT 曲线见图 4-4。从图上可以得知：

1）钢从奥氏体化温度冷却到不同温度等温能获得组织转变产物，如铁素体（F）、珠光体（P）、贝氏体（B）和马氏体（M）。

2）各种组织转变产物形成的温度区间，不同温度下等温时转变开始、终了的时间以及转变量等。

2. 等温转变过程的数学模型

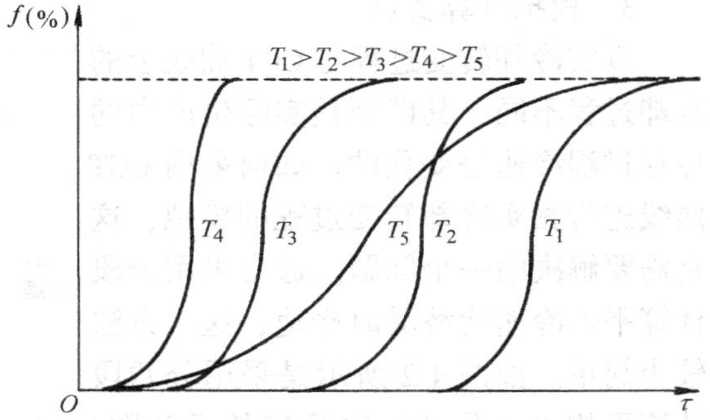

图 4-3　不同温度下等温转变动力学曲线

若等温转变为扩散型转变，其过程为形核、长大的过程。Johnson-Mehl 对形核、长大过程进行了深入研究后，最先推导出形核率及生长速率均为常数时转变体积分数 f 与时间 τ 的关系即著名的 Johnson-Mehl 方程：

$$f=1-\exp\left(-\frac{\pi}{3}IG^3\tau^4\right) \quad (4\text{-}3)$$

式中，I 为形核率，G 为生长速率。

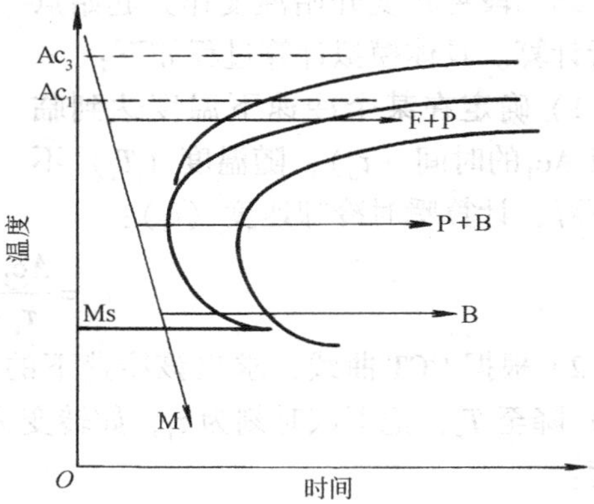

图 4-4　典型亚共析钢 TTT 曲线示意图

如形核率 I 及生长速率 G 不为常数，而是随时间改变，则 Johnson-Mehl 方程应改写成 Avrami 方程：

$$f=1-\exp\left(-b\tau^n\right) \quad (4\text{-}4)$$

式中，f 为转变体积分数；τ 为等温时间；系数 b 和 n 为与材料本性、工艺过程有关的常数，取决于 I 和 G。对式（4-4）取两次对数可得

$$\lg\left(\ln\frac{1}{1-f}\right)=\lg b+n\lg\tau \quad (4\text{-}5)$$

根据在某一温度 T 下测得的 f 及 τ 作出 $\lg\left(\ln\frac{1}{1-f}\right)-\lg\tau$ 图，应得一直线，从直线上即可求出 n 与 b。

随等温温度不同，转变量与时间的关系也不同，因此 n、b 的值也随等温温度的变化而变化。需要指出的是，为了保证计算组织转变与实际等温转变过程吻合，计算时需要对 Johnson-Mehl 方程或 Avrami 方程进行修正。由于本书篇幅限

制，这里不作介绍。

若等温转变为非扩散型转变（如马氏体转变），转变量仅取决于温度，而与时间无关。Koistinen 和 Marburger 的研究表明，转变量与温度的关系可表示为：

$$f_M = 1 - \exp\left[-\alpha\,(Ms - T)^n\right] \tag{4-6}$$

式中，f_M 为马氏体转变体积分数；Ms 为马氏体点；T 为温度；a 为常数，它反映马氏体的转变速率，随钢的成分改变而变化，对大多数钢而言，a 取0.011。实际钢的过冷奥氏体转变常发生多种转变，而每种转变在某个特定温度下马氏体有一个最大转变量 V_{max}，所以实际马氏体转变量 V'

$$V' = V_{max} f_M \tag{4-7}$$

四、模拟程序设计

1. 按 CCT 模拟程序设计

按 CCT 模拟程序设计框图见图 4-5。根据要模拟的 CCT 曲线输入参数，包括冷却温度随时间的变化规律和时间步长、计算温度达到临界点的时间 τ_0 和此时的冷却速度。根据 CCT 曲线确定转变组织类型和在此转变速度下转变终了时的最大转变量。根据转变类型用相应的计算式计算各相的转变量，当温度达到设置的温度时，输出不同时刻的组织转变量。

2. 用 TTT 模拟连续冷却程序设计

对等温转变过程的研究，使等温组织转变可以用数学模型加以描述。人们长期以来不断寻求用 TTT 曲线研究连续转变的方法，但等温转变模型是在等温条件下得到的，不能直接用于连续冷却转变过程。人们设想：如将时间离散化处理，将连续冷却转变为阶梯冷却，对每个离散化的时间段中的阶梯平台可以按等温转变处理，而后再将等温转变的阶梯过程叠加，这样就可以实现用 TTT 曲线模拟连续转变过程。

Scheil 采用叠加法很好地解决了这

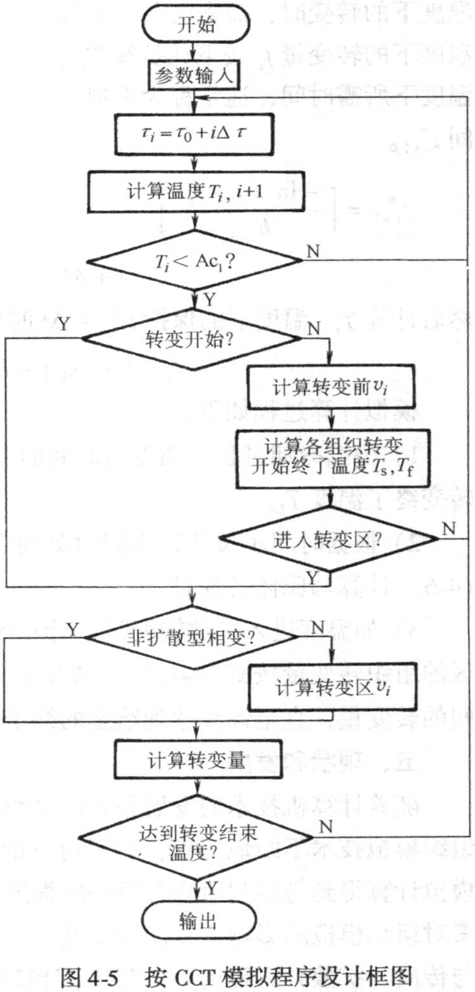

图 4-5　按 CCT 模拟程序设计框图

个问题。他采用等温转变的孕育期计算连续转变过程变温孕育期，然后计算连续转变的转变量，具体的叠加过程可以用图4-6加以说明。将每一温度下等温所消耗的时间 Δt_i 除以该温度下孕育期 τ_i，此值作为孕育率。当不同温度下的孕育率叠加 $\sum_{i=1}^{n}\frac{\Delta t_i}{\tau_{T_i}}=1$ 时，孕育期结束，转变开始。

同理，转变量也可按此方法叠加，即在 T_i 温度下保持时间为 Δt 时的转变量 f_i 相当于 T_{i+1} 温度下的 f_i，可和 T_{i+1} 温度保持 Δt 时刻的转变量 f_{i+1} 相加。这样，在计算 T_{i+1} 温度下的转变时，需先将前一阶段温度下的转变量 f_i 按下式折算 T_{i+1} 温度下所需时间，通常称为虚拟时间 t_{i+1}^*。

$$t_{i+1}^*=\left[\frac{-\ln\ (1-f_i)}{b_{i+1}}\right]^{\frac{1}{n_{i+1}}} \tag{4-8}$$

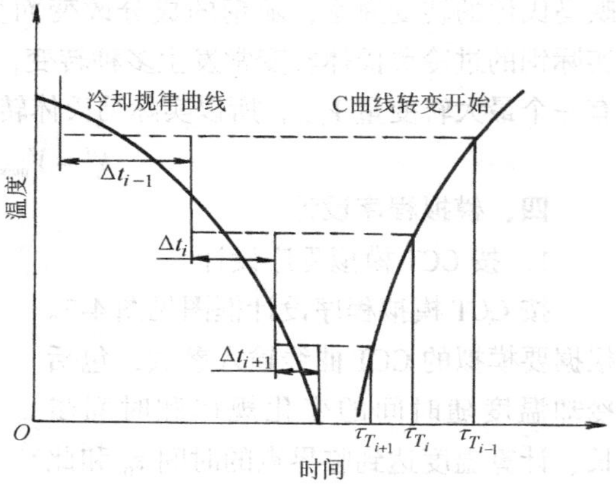

图4-6　用叠加法则说明叠加过程示意图

然后计算 T_{i+1} 温度下的保持 $t_{i+1}^*+\Delta t$ 时刻的转变量：

$$f_{i+1}=1-\exp[-b_{i+1}\ (t_{i+1}^*+\Delta t)^{n_{i+1}}] \tag{4-9}$$

模拟计算过程如下：

1）根据冷却过程中温度与时间的变化确定时间步长 Δt、冷却开始时间 t_0 和转变终了温度 T_f。

2）根据时间步长计算不同时刻的温度，如温度进入马氏体转变区，则按式(4-6）计算马氏体转变量。

3）如温度进入扩散转变区，计算孕育率。当孕育率等于1时，将当前转变区的组织转变量按式（4-8）计算虚拟时间 t_{i+1}^*，再按式（4-9）计算等温 Δt 时间的转变量，直至计算达到给定的终了转变温度 T_f 为止。

五、现状和发展

随着计算机技术的发展和人们对组织转变研究的不断深入，近二三十年来，组织模拟技术不断地完善，有了可喜的进展。如已有采用CCT曲线或TTT曲线模拟计算得到与实测值吻合很好的报道；有人进一步研究材料晶粒度和应力等因素对组织模拟的影响，并加深了其对组织模拟影响规律的了解；还有人从解传热与传质（扩散）方程出发，借助于计算机求出冷却转变曲线，用解析的方法来描述材料的冷却规律等。但应该指出的是，在很多情况下，模拟计算的结果与实际还有一些误差，产生误差的原因可能来自多方面，如比热容、热导率、表面热密度等参数数据的误差，此外材料成分的波动、加热温度、晶粒尺寸等也会导致误差产生。因此，要作好组织数值模拟，使之达到实用阶段，还有很长的路要走。

第二节　计算机相平衡计算方法

相图是描述相平衡系统的重要几何图形。通过相图可以获得某些热力学资料；反之，由热力学数据建立一定的模型也可以计算和绘制相图。人类测定相图的历史已有百余年，经测定并且经审定所汇编的二元系相图有4000余幅。目前，在已审定的二元系相图中，有相当一部分未完全测定或不够精确，这些相图还需要进一步校核。而对三元系相图的测定，由于工作量非常巨大，主要还只是测定了一些相图的恒温截面，有的甚至还是局部成分范围的恒温截面。此外，在实际物质转变过程中，有些相是依其亚稳定状态存在或依亚稳定状态转变的，测定这类相图更加困难，而通过计算可以确定亚稳定状态。所以，随着计算机技术的发展，计算相图得到了迅速的发展。

在进行相图数值计算时，为了通过计算得到合乎实际相图的描述，需要写出该系统的吉布斯函数（G）解析表达式。这些函数的解析表达式以各种不同的模型为基础，其中包括理想溶液模型、规则溶液模型、亚规则溶液模型、亚晶格模型、中心原子模型和集团变分模型等。本节仅介绍采用理想溶液模型和规则溶液模型计算相图。

一、热力学模型

1. 热力学基本概念

根据热力学原理，体系在等温、等压处于平衡的条件下应遵守以下条件：①体系最小吉布斯函数原则；② 各相的混合吉布斯函数与组成关系曲线（ΔG_m^M—x_B）应具有公切线，其切点对应的组成为平衡相的组成，如在 A、B 二元体系中，当二相处于平衡时，应满足$\frac{\partial(\Delta G_{m,A}^M)}{\partial x_B}=\frac{\partial(\Delta G_{m,B}^M)}{\partial x_B}$；③ 相平衡体系中同一组分在各相的化学位、活度应相等，如在上述二元体系中 α、β 两相达到平衡，则有 $\mu_A^\alpha=\mu_A^\beta$；$\mu_B^\alpha=\mu_B^\beta$ 和 $a_A^\alpha=a_A^\beta$；$a_B^\alpha=a_B^\beta$。

通常，在采用热力学模型进行相图计算时，应优先考虑采用简单的热力学模型和尽可能少的待定参数。相图计算一般遵循如下步骤：选取和输入相互独立的实测相图数据和热力学数据，运用最小二乘法以优化热力学函数解析表达式中的可调参数，然后通过使系统总的自由能趋于最小或使组元在各相中的化学位相等的条件对联立方程组求解相平衡。

2. 理想溶液模型简介

根据热力学理论，多元置换理想溶液的性质归纳如下：

1）理想溶液各组元的原子在晶格结点上的分布完全是随机的，其摩尔混合熵为

$$\Delta S_m^M(x_1,x_2,\cdots,x_k) = -R\sum_{i=1}^{k} x_i \ln x_i \tag{4-10}$$

2）理想溶液摩尔混合焓为零，即

$$\Delta H_m^M(x_1,x_2,\cdots,x_k) = 0 \tag{4-11}$$

3）理想溶液摩尔混合吉布斯函数值为

$$\Delta G_m^M(x_1,x_2,\cdots,x_k) = RT\sum_{i=1}^{k} x_i \ln x_i \tag{4-12}$$

3. 规则溶液模型简介

实际溶液的性质一般都与理想溶液的性质有偏差，这种偏差有时是很大的，这时不能直接用理想溶液模型描述。Hildebrand 发现在这些溶液中有相当一部分数量尽管不具备理想溶液的性质，但可以像理想溶液一样用简单的数学式子表示，他称这类溶液为规则溶液。规则溶液具有与理想溶液一样的混合熵，但其混合焓与理想溶液不同，不为零。因而，对于规则溶液，其热力学函数可写为

$$\Delta S_m^M(x_1,x_2,\cdots,x_k) = -R\sum_{i=1}^{k} x_i \ln x_i \tag{4-13}$$

$$\Delta G_m^M(x_1,x_2,\cdots,x_k) = RT\sum_{i=1}^{k} x_i \ln a_i \tag{4-14}$$

$$\Delta H_m^M(x_1,x_2,\cdots,x_k) = G_m^M + TS_m^M = RT\sum_{i=1}^{k} x_i \ln\left(\frac{a_i}{x_i}\right) \tag{4-15}$$

式(4-15) 也可以写成下列形式：

$$\Delta H_m^M(x_1,x_2,\cdots,x_k) = RT\sum_{i=1}^{k} x_i \ln \gamma_i \tag{4-16}$$

经热力学推导，可得出过剩吉布斯函数 $G_i^E = \mu_i^E = RT\ln\gamma_i$，$\gamma_i$ 为活度系数。在此基础上可得出规则溶液的混合焓与其过剩吉布斯函数相等，即

$$\Delta H_m^M = \Delta G_m^E \tag{4-17}$$

对于组元为 A、B 的二元系溶液，可以将规则溶液的混合焓与其成分间建立起关系式，即

$$\Delta H_m^M = \Omega x_A x_B \tag{4-18}$$

式中，Ω 为一不随成分而变的常数，称为组元 A、B 之间的相互作用系数。于是规则溶液的摩尔混合吉布斯函数表达式写为

$$\Delta G_m^M = \Omega x_A x_B + RT\ (x_A \ln x_A + x_B \ln x_B) \tag{4-19}$$

二、计算平衡相组成和绘制相图

1. 理想溶液混合系的组成与 G_m 的关系

对于 A、B 二组分 1 摩尔理想溶液混合系 G_m 与温度和成分有以下关系：

$$\begin{aligned} G_m &= (x_A G^*_{m,A} + x_B G^*_{m,B}) + \Delta G^M_m \\ &= (x_A G^*_{m,A} + x_B G^*_{m,B}) + RT(x_A \ln x_A + x_B \ln x_B) \end{aligned} \tag{4-20}$$

但从平衡相研究出发，则必须与其化学位 μ_A 联系起来，因为在研究相平衡系统中，必然要用到同一组成在各相的 μ_A 相等这一条件。

2. μ_A 与 G_m 的关系

根据化学位的求法可以得到

$$\mu_A = G_m + x_A\left(\frac{\mathrm{d}G_m}{\mathrm{d}x_A}\right)$$

将式（4-20）代入上式得

$$\mu_A = G^*_{m,A} + RT\ln x_A \tag{4-21}$$

同理可得

$$\mu_B = G^*_{m,B} + RT\ln x_B \tag{4-22}$$

设在温度 T 时 α、β 两相达到平衡，则有

$$\mu^{\alpha}_A = \mu^{\beta}_A;\ \mu^{\alpha}_B = \mu^{\beta}_B$$

对于组分 A，将式（4-21）代入上式，得

$$G^*_{m,A}(\alpha) + RT\ln x^{\alpha}_A = G^*_{m,A}(\beta) + RT\ln x^{\beta}_A$$

移项整理得

$$\frac{x^{\alpha}_A}{x^{\beta}_A} = \exp\frac{1}{RT}[G^*_{m,A}(\beta) - G^*_{m,A}(\alpha)] = \exp\left(\frac{1}{RT}\Delta G^*_{m,A}\right) \tag{4-23}$$

同理可得

$$\frac{x^{\alpha}_B}{x^{\beta}_B} = \exp\frac{1}{RT}[G^*_{m,B}(\beta) - G^*_{m,B}(\alpha)] = \exp\left(\frac{1}{RT}\Delta G^*_{m,B}\right) \tag{4-24}$$

利用式（4-23）和式（4-24）即可计算理想溶液平衡两相组成。

3. NiO-MgO 完全固溶体相图绘制

NiO-MgO 为液、固相连续互溶二元体系，液相和固相均为理想溶液。已知 NiO 和 MgO 的熔点分别为 1960℃ 和 2800℃，熔化热分别为 52.3kJ/mol 和 77.4kJ/mol。以纯液态 NiO 作为 NiO 的标准态，纯固态 MgO 作为 MgO 的标准态，则 $\Delta G^*_{m,\mathrm{MgO}}$ 和 $\Delta G^*_{m,\mathrm{NiO}}$ 近似计算式为

$$\Delta G^*_{m,\mathrm{MgO}} = 77400\left(1 - \frac{T}{3073}\right) \tag{4-25}$$

$$\Delta G^*_{m,\mathrm{NiO}} = 52300\left(1 - \frac{T}{2233}\right) \tag{4-26}$$

将式（4-23）和式（4-24）用于 NiO-MgO 系，设液相（L）为 β，固相（S）为 α，则有

$$x_{MgO}^{S} = x_{MgO}^{L}\exp\left(\frac{\Delta G_{m,MgO}^{*}}{RT}\right) \tag{4-27}$$

同理可得

$$x_{NiO}^{S} = x_{NiO}^{L}\exp\left(\frac{\Delta G_{m,NiO}^{*}}{RT}\right) \tag{4-28}$$

又因为 $1-x_{MgO}^{S}=x_{NiO}^{S}$，$1-x_{MgO}^{L}=x_{NiO}^{L}$，则式（4-28）可写成

$$1-x_{MgO}^{S} = 1-x_{MgO}^{L}\exp\left(\frac{\Delta G_{m,NiO}^{*}}{RT}\right) \tag{4-29}$$

联立式（4-27）和式（4-29），得

$$x_{MgO}^{L} = \frac{1-\exp\left(\frac{\Delta G_{m,NiO}^{*}}{RT}\right)}{\exp\left(\frac{\Delta G_{m,MgO}^{*}}{RT}\right)-\exp\left(\frac{\Delta G_{m,NiO}^{*}}{RT}\right)} \tag{4-30}$$

$$x_{MgO}^{S} = \frac{\left[1-\exp\left(\frac{\Delta G_{m,NiO}^{*}}{RT}\right)\right]\exp\left(\frac{\Delta G_{m,MgO}^{*}}{RT}\right)}{\exp\left(\frac{\Delta G_{m,MgO}^{*}}{RT}\right)-\exp\left(\frac{\Delta G_{m,NiO}^{*}}{RT}\right)} \tag{4-31}$$

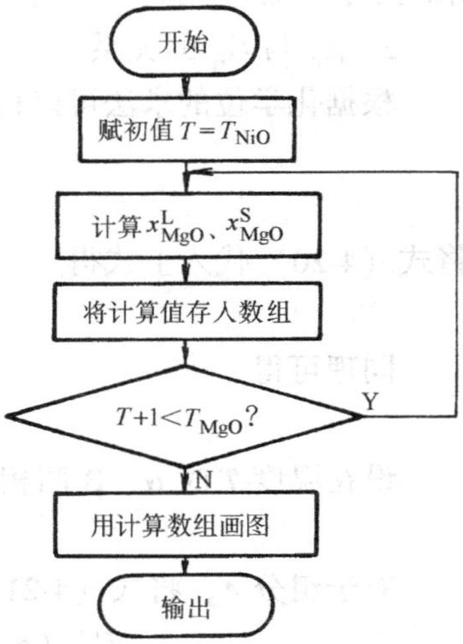

图 4-7　NiO-MgO 二元相图计算框图

由式（4-30）和式（4-31）即可计算 NiO-MgO 完全固溶体相图。图 4-7 为 NiO-MgO 二元相图计算框图。程序采用 Tubor C 编程，相应的计算程序见附录。图 4-8 为用计算机计算结果绘制的 NiO-MgO 相图，该计算相图与实测相图吻合很好。

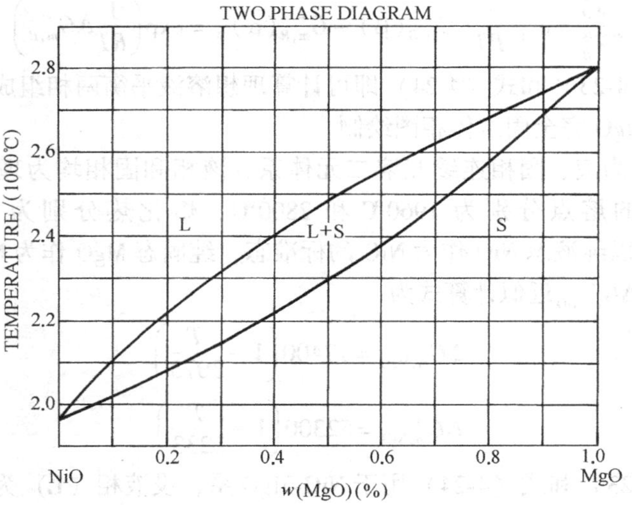

图 4-8　计算机计算的 NiO-MgO 二元相图

第三节　相图计算发展历程和计算软件介绍

相图计算（CALPHAD：Calculation of Phase Diagram）是在前人收集、总结热力学数据的基础上发展形成的一门新的介于热力学、相平衡和计算机科学之间的交叉学科。1977 年，Kaufman L. 创办了以相图计算为主的国际性学术杂志——CALPHAD Journal，Computer Coupling of Phase Diagram & Thermochemistry，并每年召开一次相图计算研究的国际会议，从此，开始了用计算机研究相图、应用相图的新的历史篇章。

一、相图计算的过程和特点

1. 相图计算的过程

相图计算经过近 30 年的发展和完善，现已形成一套成熟的计算方法。相图计算方法根据所研究体系中各相的特点，集热力学性质、相平衡数据、晶体结构、磁性、有序-无序转变等信息为一体，建立描述体系中各相的热力学模型和相应的自由能表达式，其中的可调参数（Adjustable Parameter）通过实测的热力学和相图数据经过优化计算获得或用各种经验方法估算，最后根据多元多相平衡的热力学条件计算相图。相图计算最终获得具有热力学自洽性（Thermodynamic Self-consistency）的相图和描述相图中各相热力学性质的优化参数（Optimized Parameter）。用 CALPHAD 方法计算相图主要步骤如下：

1）体系的热力学、相平衡和晶体结构等文献数据的调研和评价。由于实验数据来源和实验方法的不同，必须倍加注意判别实测数据的热力学合理性和自洽性。

2）根据体系中各相的结构特点分别选择合适的热力学模型及其吉布斯自由能函数，这些与温度、压力和成分有关的自由能表达式中含有一定数量的可调参数。利用经过评价后精选的实验数据，优化计算吉布斯自由能表达式中的可调参数。

3）用适当的算法和相应的程序按照相平衡条件计算相图。将计算结果与实验数据进行比较，如吻合不好则调整可调参数或重新选择热力学模型，再优化和计算，直至计算结果与大部分相图和热力学数据在实验误差范围内相吻合。

4）合理的低元系热力学性质的表达式是得到可靠的高元系外推结果的基础。直接外推或用可调参数优化计算高元系后，将计算结果与实验数进行比较，如两者相差较大，则有必要利用高元系的实验数据对有关低元系重新优化。

2. CALPHAD 方法的主要特点

CALPHAD 方法的主要优点如下：

1）体系热力学性质和相图的热力学自洽性。由于 CALPHAD 方法充分考虑了体系热力学性质和相平衡信息之间的内在联系，将所有可以获得的合理的实验数据放在一起，在一定的理论模型下拟合出一组描述体系中各相热力学性质的表达式，并基于相平衡条件计算相图，从而确保了体系所有热力学性质之间的自洽性。这是 CALPHAD 方法最重要的优点，为由二元系热力学性质优化参数和相图预测多元系的热力学性质和相图奠定了基础。

2）外推和预测多元系热力学性质和相图。用传统的实验，测定一个三元系相图的实验工作量相当大，更何况有时要测量多个具有潜在应用价值的三元和多元相图。由相应边二元系的热力学优化参数和评估相图（Assessed Phase Diagram）可以预测三元系和多元系的热力学性质和相图，它对多元合金设计和工业过程模拟均有指导作用，CALPHAD 方法中的多元多相平衡计算程序对于复杂的多元多相平衡研究及其工业应用也有重大的价值。

3）利用相图计算方法可以外推和预测相图的亚稳部分，从而建立体系的亚稳相图，通过这种外推，可以计算那些扩散活性差、难以达到平衡的体系和在极端条件（如高压、高温、放射性等）下用实验难以测定的相图。

4）提供相变动力学研究所需要的重要信息。通过相图计算方法中相应的热力学数据库和模型研究结合，可以关联体系的热力学和物理性质。

5）可获得以不同热力学变量为坐标的各种相图形式，以便用于不同条件下的材料制备过程。

二、相图计算软件介绍

当今最具有代表性的材料集成热化学数据库和相图计算软件是瑞典皇家工学院材料科学与工程系为主开发的 Thermo-Calc 系统和加拿大蒙特利尔多学科性工业大学计算热力学中心为主开发的 FACT 系统。Thermo-Calc 包括欧洲共同体热化学科学组（SGTE）共同研制的物质和溶液数据库、热力学计算系统（Thermo-Calc）和热力学评估系统（Top）；FACT 是 Facility for the Analysis of Chemical Thermodynamics 的简称，它包括物质和溶液两个数据库及一套热力学和相图等的优化计算软件。这些软件的共同特点是集成了具有自洽性的热化学数据库和先进的计算软件。

Thermo-Calc 系统有 WINDOWS 版（TCW）和 DOS 版（TCC）。完整的 Thermo-Calc 系统有 SGTE 纯物质数据库、SGTE 溶液数据库、FEBASE 铁基合金数据库、KAUFMAN 合金数据库、ISHIDA：Ⅲ-Ⅴ族化合物数据库以及 SGTE 盐数据库。该软件包括分成若干模块的 600 多个子程序，其中最主要的模块有 POLY-3，可用于各种类型的二元、三元和多元相图的平衡计算；TOP（Thermo-Optimizer）模块，为模型参数优化程序。该软件可通过网站（http://www.thermocalc.se）下载供教学使用的版本。

FACT 系统由 Christopher W. Bale 教授等人创建于 1976 年，多年来得到全世界各国学者的支持，向 FACT 的研发机构提供热力学数据和资料。现 FACT 提供 Windows 版 FACT-Win（FACT 3.0），其功能日趋完善和强大，含有多个可用于化学热力学计算的模块。其中主要有：① 化合物模块中超过 5000 个化合物的热力学数据（焓、熵、热容、热导、密度、膨胀系数等）；② 溶液模块中有超过 100 个非理想溶液的数据库；③ 化学反应模块有大量的用于计算化学反应的数据和多元多相平衡；④ 计算二元化合物相图，如 CaO-SiO_2、NaCl-KCl 和 Cu_2S-FeS 系相图，以及二元系相图优化和三元交互系相图计算等。

现在通过互联网 FACT 的网站（http://www.crct.polymtl.ca），可免费使用 FACT 的部分模块的有限功能，如 Compound-Web，Reaction-Web，Equilib-Web 和 Aqua-Web 模块的部分功能。

三、用 Thermo-Calc 系统计算相图举例

本例采用 Thermo-Calc 系统计算 Fe-8% Cr-C 三元系垂直截面图，其主要步骤如下：

1）在运行 Thermo-Calc 系统后，在 TCW MATERIAL 窗选择计算用的数据库 TER 98，并选择 Cr、Fe 和 C 元素，如图 4-9 所示。

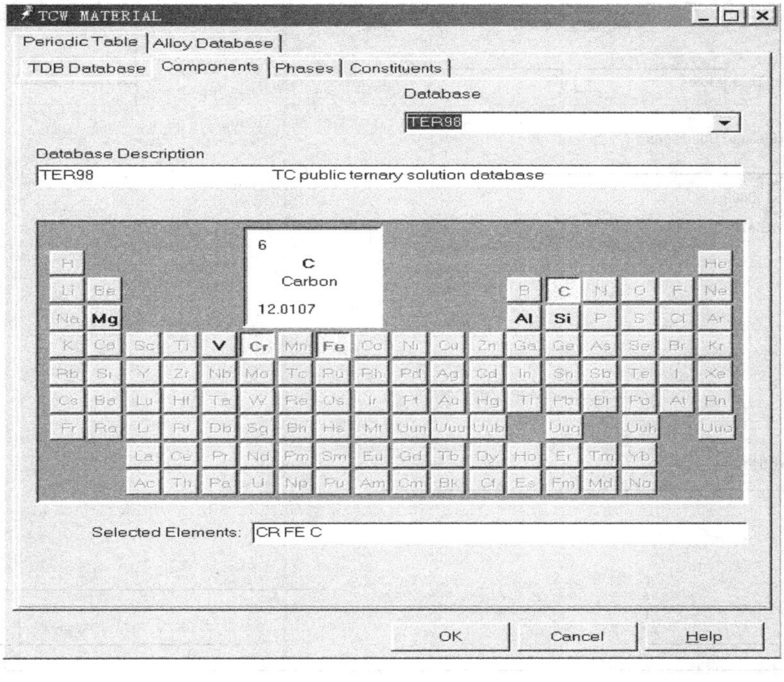

图 4-9　选择计算用的数据库和合金元素

2）在 CONTIDITIONS 条件窗内确定温度和成分等条件。如该例中选择温度 $T=1673\text{K}$，压力 $P=100000\text{Pa}$，1 个摩尔，成分 $w_C=0.1\%$，$w_{Cr}=8\%$，而后点击“Apply”，见图 4-10。

3）出现 THERMO-CALC 计算结果窗，如图 4-11。从计算结果窗中可以看出有铁素体（BCC_A2#1）和奥氏体（FCC_A1#1）组织的摩尔分数和各相成分以及相关的热力学数据。在该窗定义绘制计算相图的参数。如该例中选“System/Map/Step”定义栏，出现 TCW MAP/STEP DEFINITION 窗，见图 4-12。在该窗口中定义轴 1 为 X 轴，表示碳的质量分数 w_C（%），范围 0～1；轴 2 为 Y 轴，表示温度（K），范围 200～2500K。

4）绘出相图，见图 4-13。为了更清楚了解相图中某个局部，可进行重定义选择。如欲得到碳的质量分数在 0～3%、温度在 500～1600℃范围的相图，可点击“Redefine”按钮，选 X 轴（0～3）；Y 轴（500～1600℃），并重新画相图，如图 4-14 所示。

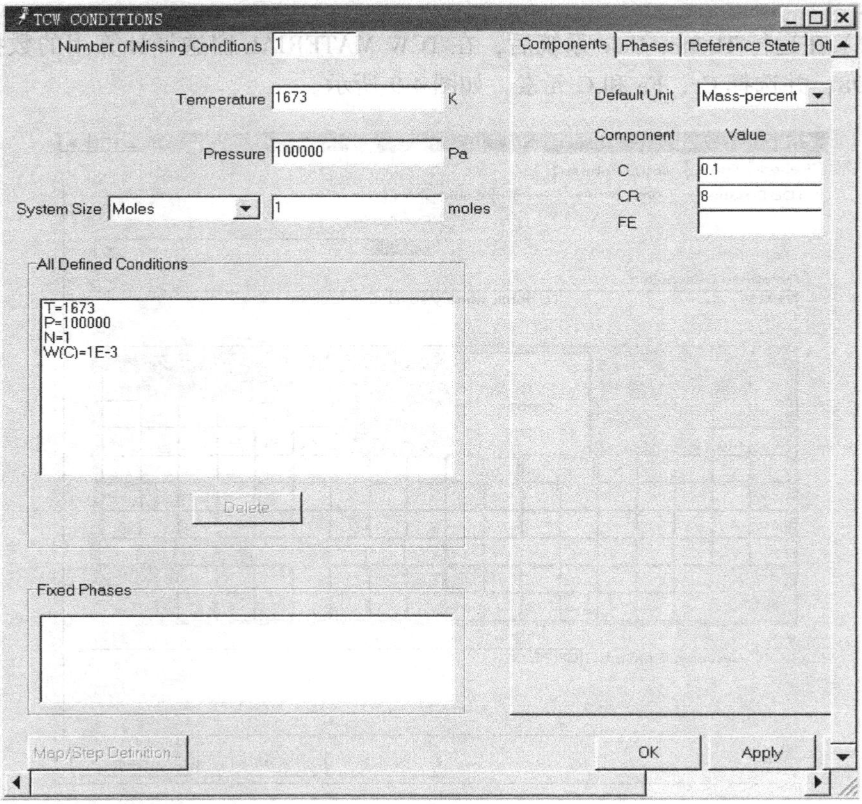

图 4-10　条件窗内确定温度和成分等条件

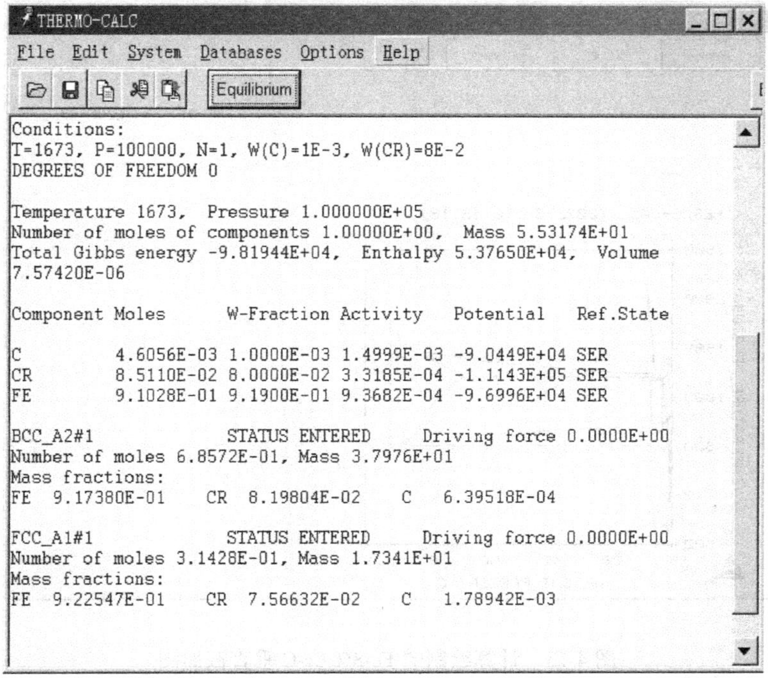

图 4-11 相图计算结果窗

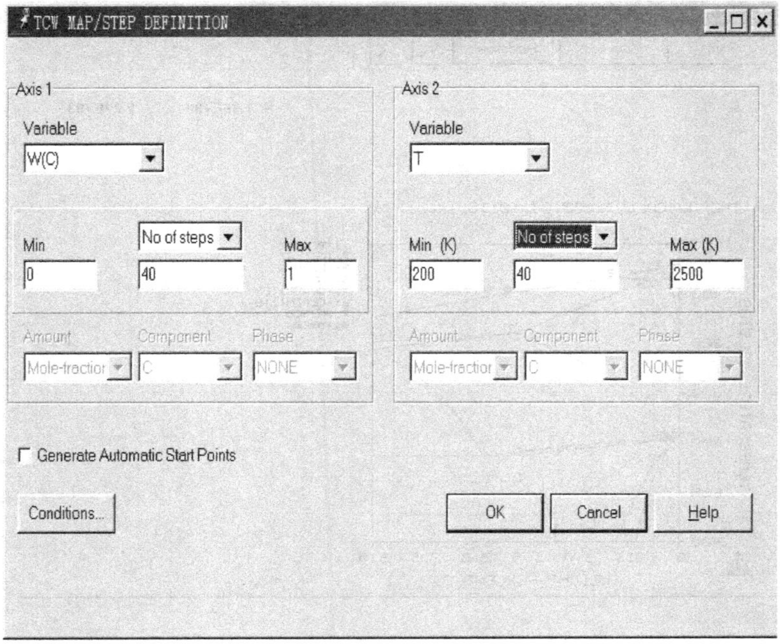

图 4-12 绘图定义窗口

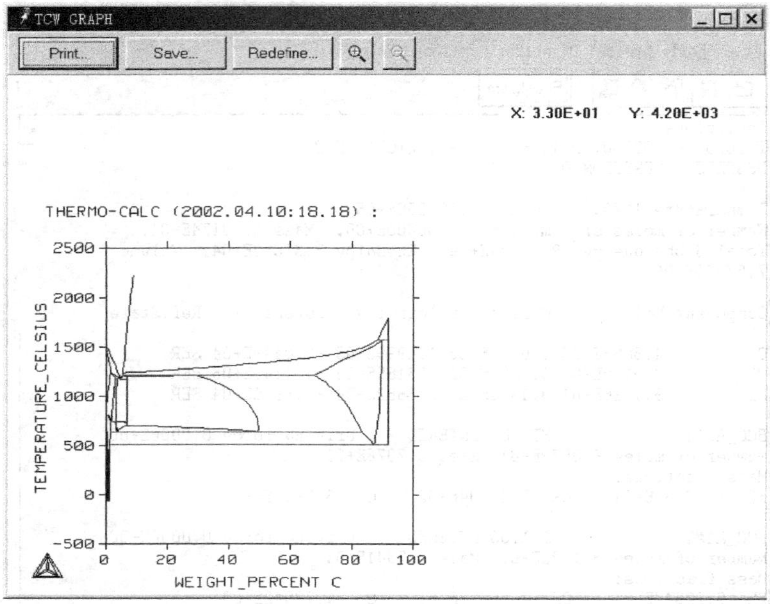

图 4-13 计算绘制的 Fe-8% Cr-C 垂直截面图

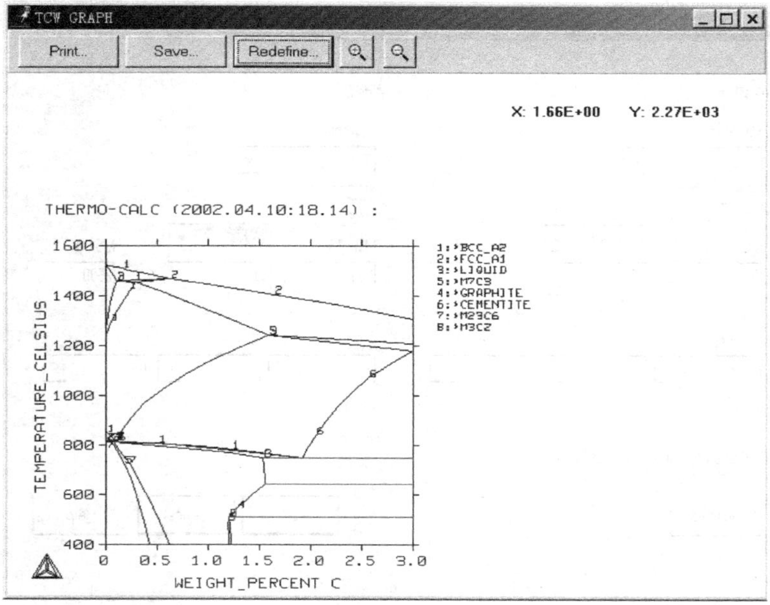

图 4-14 重新绘制的 Fe-8% Cr-C 部分垂直截面图

第四节 计算机模拟在材料科学中的应用

一、材料的组成和结构与计算机模拟

现今材料的组成和结构表征研究主要采用各种大型分析设备进行，例如扫描电镜（SEM）、透射电镜（TEM）、分析电镜（AEM）、扫描探针显微镜（SPM）等，各种谱仪和各种衍射仪。这些大型分析设备几乎无一例外地是在计算机的控制之下完成分析工作的，通常这些分析设备提供有不同的、功能强大的分析模拟软件以及相应的数据库，这些分析模拟软件大大减轻了在材料组成和结构分析时数据处理的工作量。

二、金属材料加工与计算机模拟

金属材料加工主要包括铸造、锻造、压力加工、热处理及粉末冶金等，其计算机模拟技术经过近30年的发展，已取得了很大的进展。通过数值模拟和物理模拟相结合的方法，可实现电脑试生产、动态显示材料加工和制备工艺的历程、预测缺陷和优化工艺。发达国家在工艺设计中几乎都采用计算机模拟。据美国铸造联合会1996年的一项调查报告显示：使用模拟软件后，在产品的生产和试制周期减少40%；劳动力成本减少30%，生产率提高25%。模拟方法的优点在于：① 可预测产品的质量，减少实验次数；② 可确定最佳的工艺流程，以达到某一特殊性能的要求；③ 动态显示各个物理量的演变历程和空间分布；④ 提高劳动生产率。可见，材料加工工艺的计算机模拟在材料研究领域的发展潜力是巨大的。

例如，采用模拟仿真系统对大功率柴油机铸件的模拟有效地提高了铸件质量，改善铸造工艺的设计能力，缩短了产品试制周期。该套铸造过程仿真系统配置为：硬件包含Sun20工作站一台，3GB硬盘，384MB内存；软件包含三维实体造型软件（使用美国PTC公司的Pro/ENGINEER）、铸造专用软件（使用德国MAGMA公司的MAG-MAsoft）。该系统可进行铸造过程、流场、温度场的模拟；可用缩孔补缩率等判据功能预测铸造缺陷产生的部位和大小，并有X光透视功能，图形清晰直观。用它对不同的铸件，包括对砂型、金属型、低压铸造等方法生产的铸件进行模拟分析，取得了很好的效果。

模拟仿真系统工作过程为：制订工艺方案→Pro/ENGINEER三维造型（型芯、铸件、浇注系统）→CAD模型传入（MAG-MAsoft）→组装铸型（MAG-MAsoft）→边界条件设定→计算模拟→模具加工（Pro/ENGINEER）。以上过程与实际生产过程一样，只不过是在计算机内完成。通过对计算机结果的分析，找出铸造缺陷部位，优化原工艺。通过模拟可以在计算机中很直观地看到增加一块冷铁或一个冒口的效果，找出铸造缺陷的部位，对原工艺进行优化而得到最佳工艺方案。

MAG-MAsoft 的数据库中提供了近百种材料，包括铸造合金、造型材料、模具材料等热物性参数，供计算时调用，而且还给用户提供一个接口平台，可根据用户需要将所需材料参数输入数据库中。通过软件的信息窗口，可直接读出所模拟零件的铸件、铸型、型芯、浇注系统、冷铁等各部分的体积、质量、面积等参数。这些数据对工艺设计有一定参考价值。

三、塑料加工中的计算机模拟

塑料制品一般采用模塑成型方法生产，而塑料模具设计与制造是当代计算机技术应用的一个重要领域。计算机辅助设计（CAD）和计算机辅助制造（CAM）的应用显著地提高了塑料模具的设计和制造的效率及质量，有效地缩短了模具设计制造周期。继 CAD 和 CAM 技术成功地在塑料模具设计和制造中应用之后，计算机辅助工程（CAE，Computer Aided Engineering）近来得到快速发展。CAE 主要针对各种塑料成型过程进行模拟，成为塑料成型加工的研究热点。CAE 技术是包含数值计算技术、计算机图形学、工程分析与仿真、数据库等的综合性软件系统，可实现塑料制品设计、塑料成型加工、塑料成型模具设计、塑料材料性能和成型设备参量数据库等工程问题的模型化和数值分析。就塑料加工工程而言，它的理论基础是聚合物的流变学和传热学。通过计算机辅助对塑料制品造型，大量数据调用和人机对话，在模具制造之前就可在计算机屏幕上模拟实际的成型过程，预测塑料制件设计、模具设计和成型条件对产品质量的影响，并能方便、迅速地修改，寻求最佳的成型过程，使新的成型制品在较短的周期内顺利投产。

近年来，国内外开发了众多的塑料加工 CAE 软件，如塑料注射模拟软件可对塑料注射成型过程的各阶段进行定性、定量描述。注射流动充模过程模拟分析包括浇注系统分析和型腔充填分析。浇注系统分析目的是确定合理的浇道布置和尺寸；确定浇口的数目和位置。型腔充填分析是为了得到合理形状和尺寸，得到最佳的注射压力、注射速率等工艺参数。注射模冷却系统模拟分析可确定合理的冷却管道的布置和尺寸以及冷却液的参量，从而保证有效冷却效率和模具温度的均匀性，在保证塑件质量的同时获得最短冷却时间。

塑料挤出模 CAE 软件可对口模的流动进行分析，对口模流道内熔体流动进行模拟，也可进行挤出制品的截面形状分析，像离模膨胀分析等。此外还可用于分析冷却定型过程，研究温度和残余应力分布等。

四、计算机工艺模拟发展特点

计算机工艺模拟在过去 10 年间已取得了很大进展。随着工艺模拟在生产中的广泛应用，工艺设计的思路也将会转变：首先从建立工艺概念入手，进行工艺分析，然后进行数值模拟和物理模拟，最后产生新工艺。可见，未来的模拟研究将体现以下特点：

1）具有集成性和不可替代性。工艺模拟是目前大型轧钢件组织演变历程观察的良好方法，甚至是唯一方法。

2）数学模型体现权威性。算法逐步优化，软件数量将逐步增加，软件的销售量将上升很快。据统计，ABAQUS 这类的大型软件每年销售量以 15% 的速度增长。

3）模拟研究将会促进多学科合作，如数学、计算科学和材料力学等的合作。

4）并行计算方法的采用可以明显提高计算效率。

5）系统工程的概念将使模具设计、制备到产品制造在计算机上进行虚拟设计成为现实。

参考文献

1 林惠国，傅代直．钢的奥氏体转变曲线——原理、测试与应用．北京：机械工业出版社，1988

2 Honeycombe R W K. Met. Trans., 7A, 1976, 915

3 戚正风．固态金属中的扩散与相变．北京：机械工业出版社，1998

4 王顺兴，刘勇．实用热处理模拟技术．北京：机械工业出版社，2002

5 杨书申．热加工工艺．40Cr 钢连续冷却相变的数值模拟．2001，4（4）：51～52

6 高技术新材料要览编辑委员会．高技术新材料要览．北京：科学技术出版社，1993

7 材料科学技术百科全书编辑委员会．材料科学技术百科全书．北京：中国大百科全书出版社，1995

8 石霖．合金热力学．北京：机械工业出版社，1992

9 徐祖耀．李麟．材料热力学．北京：科学出版社，2000

10 W T Thompson. Computer Calculation of Phase Diagrams microstructural Science. Volume 24, 21～24, July1996

11 吴长春．冶金热力学．北京：机械工业出版社，1993

12 乔芝郁，许志宏．刘洪霖．冶金和材料计算物理化学．北京：冶金工业出版社，1999

13 http://www.thermocal.com, TCW Basic Manual, Stockholm, Sweden, March 2002

14 FACT-Win - User Manual, C. W. Bale and A. D. Pelton, CRCT, Ecole Polytechnique de Montréal, Québec, Canada, January 1999 (http://www.crct.polymtl.ca)

15 刘庄，吴肇基等．热处理过程的数值模拟．北京：科学出版社，1996

16 高英俊，刘慧，钟夏平．计算机模拟技术在材料科学中的应用．广西大学学报（自然科学版）．第 26 卷．2001 年第 4 期：291～294

17 陈文革，魏劲松，谷臣清．计算机在材料科学中的应用．材料导报，2000（2）：20～21

18 杨亚杰．铸造模拟技术应用实例．特种铸造及有色合金，1998（2）：43～44

19 李殿中，张玉妥，刘实，李依依．材料制备工艺的计算机模拟，金属学报，2001（5）：449～452

20 周达飞，唐颂超．高分子材料成型加工．北京：中国轻工业出版社．2001

第五章　材料数据库和新材料、新合金的设计

第一节　数据库系统的组成与结构

数据和信息在现代社会中的重要性，迫切需要改善数据的分散管理、分散应用的状况，即把数据和数据的定义集中统一地管理起来，由用户按照自己的需要分别加以应用，这就导致了数据库管理技术的产生和发展。反过来，数据库技术的发展促进了各种计算机应用系统以及集成化的信息系统的建立。

工程数据库系统用于存储、管理和使用面向工程设计所需要的工程数据和数据模型。它将工程设计方法与数据库技术相结合，人工智能及专家系统与数据库技术相结合，达到智能化的 CAD/CAM 集成系统。本章主要介绍材料学科中的数据库在材料研究和设计中的应用，以及当今材料学科中数据库新进展。

一、数据库系统概述

数据是人类社会发展的一种极为重要的资源。如何妥善保存和科学应用这些数据是人们长期以来十分关注的课题。数据管理经历了人工管理、文件管理和数据库管理几个阶段。数据库技术及其应用系统最早出现于 20 世纪 60 年代，当时大多基于层次数据模型和网状数据模型。20 世纪 70 年代至 80 年代，关系数据库理论的迅速发展使数据库技术有了长足的进步。关系数据库有严格的数学基础，简单清晰，易于理解和掌握，因此发展迅速。20 世纪 80 年代以来，数据库得到了迅猛的发展，其主要特征表现在数据库技术的发展涉及到各种工程和科技领域，如分布式数据库、工程数据库、模糊数据库、并行数据库以及多媒体数据库等。它们都继承了传统数据库的理论和技术，同时也改造和扩充了数据库的理论和技术。近十年来，数据库技术得到了进一步的完善，已从简单数字或短数据记录检索发展到复杂应用。复杂应用除包括简单应用内容外，还包括复杂的数据以及多媒体数据，此时，即使最好的关系型数据库也无法完全满足复杂应用的要求，因此新一代面向对象数据库及相关的工具进入了数据库市场。当前，数据库技术已成为一门新兴学科，成为计算机软件的一个重要分支。它吸引着大量计算机软件工作者对其原理和开发进行探讨，使之更加通用化、标准化和理想化。

二、数据库管理系统

对于好的数据库来说，一个用户友好的管理和维护软件是至关重要的。如现在通常使用的数据库系统是一个人机对话、菜单式的数据系统，用户使用起来十

分方便。人们可以不必知道任何关于计算机的知识而容易地查找和操作数据，不用知道查询语言和特殊指令，不用知道任何标准化的术语、代码以及变量的名称，更不用记住它们的正确拼法。

为了实现上述功能，有一个负责数据库管理和维护的软件系统，称为数据库管理系统（Data Base Management System，简称 DBMS）。它是一组通用的程序，对数据库中数据的各种操作提供一种共用的方法，接受并完成用户提出的访问数据库的各种请求，负责数据库的建立、操纵、管理和维护。其任务就是在保证数据安全、可靠的同时，提高数据库应用时的简明性和方便性，大大减轻了用户的工作量和复杂性。由于在数据库设计时采用不同的数据模型，数据库管理系统又分为层次型、网络型和关系型三种。其中关系型数据库管理系统由于其固有的“容易使用”的特点更吸引人，它的出现促进了数据库的小型化和普及，使得在微型计算机上配置数据库系统成为可能。

目前，在微型计算机上应用的 DBMS 主要有 dBASE，FoxBASE，UNIFY，INFORMIX，INGRES，ORACLE 和 DB2，它们都是关系型 DBMS。从上述 DBMS 的发展来看，从 dBASE 到 ORACLE，各种 DBMS 都在积极地、不断地完善和提高，它们之间的差距正在不断地缩小。其中 ORACLE 是一个比较正规、完善的 DBMS 软件，是关系型数据库管理系统中的佼佼者，不仅在大、中、小型计算机及微型计算机中都能应用，而且具有分布式功能，这是 ORACLE 优于其他各种 DBMS 的突出的两个特点。在对数据管理要求较高的应用开发中得到特别的关注。

数据库的建立、使用和维护都是在数据库管理系统的统一管理和控制下进行的。数据库管理系统通常由数据描述和操纵语言、数据库管理控制程序、数据库服务程序三部分组成。

三、数据库系统结构

为了提高系统的开发功能，现代的数据库系统都至少包含以下三个部分：

(1) 数据库　一个结构化的相关数据的集合，包括数据本身和数据间的联系。它独立于应用程序而存在，是数据库系统的核心和管理对象。

(2) 物理存储器　保存数据的硬件介质，如磁盘、光盘等大容量存储器。

(3) 数据库软件　负责对数据库管理和维护的软件。具有对数据进行定义、描述、操作和维护的功能，接受并完成用户程序及终端命令对数据库的不同请求，并负责保护数据免受各种干扰和破坏。数据库软件核心就是 DBMS。

在数据库系统中，用户可以逻辑地、抽象地处理数据而不必考虑数据在计算机中是如何组织、存放的。为实现这一功能，现代数据库系统结构都为一种三级结构，分别为子模式、模式和存储模式。它们之间的关系如图 5-1 所示。数据库系统的三级模式结构有效地实现了数据库的管理。

四、数据库数据主要特征

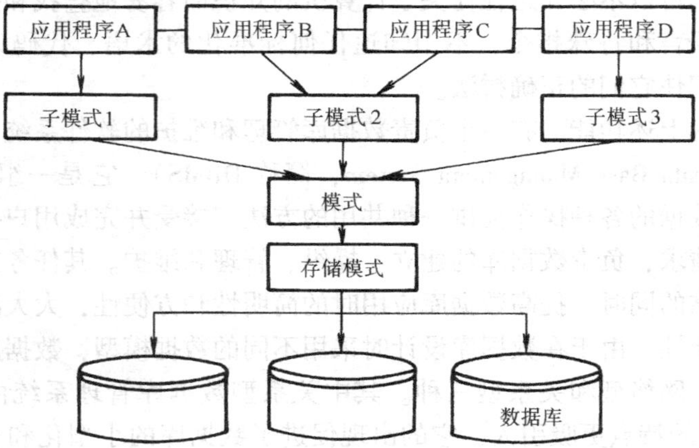

图 5-1　数据库系统的三级模式结构

除了用于管理数据的软件之外，数据的收集、整理和评价是建立一个数据库的关键。和文件管理方式相比，计算机数据库系统管理数据具有以下主要特征：

（1）数据共享　实现数据共享是数据库发展的一个重要原因，数据库的数据可供多个用户使用，某个用户只与库中的一部分数据打交道；用户数据可以是重叠的，在同一时刻不同的用户可以同时存取数据而互不影响，大大提高了数据的利用率。

（2）数据独立性　在文件系统中，应用程序不但与数据文件相互对应，而且与数据的存储和存取方式密切相关。在数据库系统中，应用程序不再同存储器上的具体文件相对应，每个用户所使用的数据有其自身的逻辑机构。数据独立性给数据库的使用、调整、优化和扩充带来了方便，提高了数据库应用系统的稳定性。

（3）减少数据冗余　数据库系统管理下的数据不再是面向应用，而是面向系统。数据集中管理，统一进行组织、定义和存储，避免了不必要的冗余，因而也避免了数据的不一致性。

（4）数据的结构化　数据库系统中的数据是相互关联的，这种联系不仅表现在记录内部，更重要的是记录类型之间的相互联系。整个数据库以适当的形式结构而成，用户可以通过不同的路径存取数据以满足用户的不同需要。

（5）统一的数据保护功能　多个用户共享数据资源，需要解决数据的安全性、一致性和并发控制问题。为使数据安全、可靠，系统对用户使用数据进行严格的检查，对非法用户将拒绝加入数据库，系统还通过其他的数据保护措施来保证数据的正确性。

五、工程数据库的应用

几十年来，数据库技术的发展经历了由层次数据库系统、网状数据库系统到关系数据库系统，现在又面临第三代新型的面向对象的数据库系统的发展。通常人们把第一代和第二代数据库系统统称为传统数据库系统。传统数据库系统主要应用于商业事务处理，如商业和银行的事务处理、办公自动化等。然而，自20世纪80年代以来，从不同的计算机应用领域对数据库提出了许多非传统的应用课题，如CAD/CAE/CAM等。这些新应用领域要求DBMS能够存储和管理诸如多媒体数据、空间数据、实时数据、复杂对象、图像对象、知识和超文本等。由于传统的数据库管理系统不能满足这些新领域的要求，人们开始研究第三代面向对象的工程数据库系统。

工程数据库是指适合于CAD（计算机辅助设计）/CAM（计算机辅助制造），计算机集成制造（CIM）等工程应用领域中的数据库。它又称CAD数据库、设计数据库、技术数据库和设计自动化数据库。

工程数据库系统的建立包括两项重要的工作：其一，选择一个适应工程应用的数据库管理系统作为工程数据库系统的开发平台；其二，将工程数据映像成数据库管理系统支持的数据模型，利用数据库管理系统提供的数据定义语言和数据操纵语言，设计数据库结构，提供操纵数据库数据的用户界面。

图5-2为机械制造工业中集成CAD/CAM系统的功能流程图。对这样的集成系统，工程数据库在其中扮演着重要的角色，它提供设计和制造过程中所有必要的信息，可取代传统的工程图表、工程技术和管理文件的作用。该系统功能结构图可拓展应用到其他工业生产过程中去。

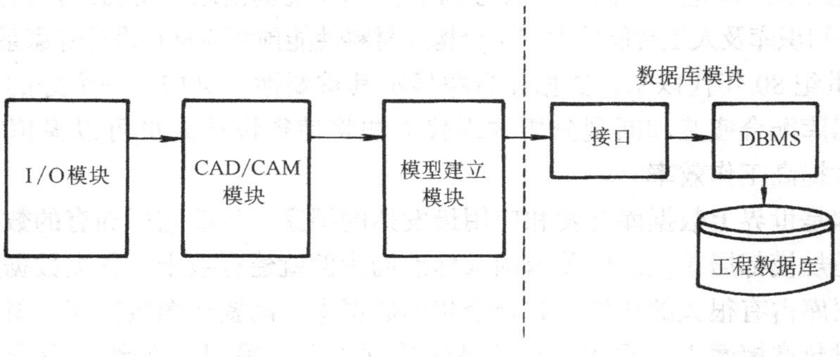

图5-2　CAD/CAM系统功能流程图

第二节　材料科学与工程数据库

一、材料数据库的发展

材料数据的特点是数据量庞大。目前世界上已有的工程材料就有数十万种，各种化合物达几百万种。材料的成分、结构、性能及使用等构成了庞大的信息体系，而且这一体系还在不断更新、扩充。因此，随着材料科学及数据库技术的发展，材料数据库得到了迅速的发展。CAD/CAM 在各个领域日益普及，使计算机辅助选材（CAMS）和 CAD/CAM 的结合更加紧密，成为当今发展的必然趋势。

在新材料研制工作中，成分设计和工艺优化具有巨大的潜力。如果对所有可能的成分组合或工艺路线都进行实验，则将耗费大量的人力、物力和时间，而如果利用材料数据库和其他信息处理技术，则有可能减少研制工作量、缩短研究周期、降低成本和提高效率。例如美国贝尔实验室在制备电子材料时，利用数据库预测 Si 中的 Ge、P、F 和 Al 的浓度。日本东京大学的陶瓷数据库存有 3000 个三元氧化物系统的数据，可以回答在某一给定成分下能否形成玻璃相的问题。在材料设计中，材料数据库也是必不可少的组成部分。例如日本的三岛良绩和岩田修一利用自己建立的核聚变反应堆材料数据库和合金设计系统对堆壁材料等进行计算机辅助设计，节省了对这类材料进行的条件苛刻、成本昂贵的实验费用。即使对于那些实验条件一般的新材料研制工作，也可起到事半功倍的作用。

概括起来，计算机材料性能数据库具有以下的优点：① 存储信息量大，存取速度快；② 查询方便，不仅可以由材料查性能（顺查），而且可以由性能查材料（反查）；③ 通过对不同材料的性能数据的比较，可以实现选材或材料代用；④ 使用灵活，可以随时输入新材料的最新数据，也可对原有材料的数据及时地修改和补充；⑤ 功能强，可以自动进行单位转换，可以将数据以图形表示，可以获得派生数据；⑥ 应用广泛，可以与 CAD、CAM 配套使用，实现计算机辅助选材，也可以与知识库及人工智能技术相结合构成材料性能预测或材料设计专家系统。

20 世纪 80 年代以来，数据库日益显示其重要性。例如，一个好的金属材料性能数据库配合疲劳和断裂分析的现代方法将使得设计人员可以模拟零件的行为，大大提高工作效率。

美国是世界上数据库开发和应用最发达的国家，目前它所拥有的数据库无论数量还是规模都居首位。以美国国家标准局为例就建有数十个各类数据库，其中材料数据库占有很大的比例，如合金相图数据库、陶瓷相图数据库、材料腐蚀数据库、材料摩擦磨损数据库。它的晶体数据中心，采用 X 射线、中子衍射和电子衍射等方法测得并收集了 10 万个晶体数据，包括了金属、无机非金属和有机材料。此外，它还建有材料力学性能数据库、金属弹性性能数据中心和金属扩散数据中心等，它的许多数据库在国内外具有很高的权威性。

由于数据库的涉及面广，很难由一个单位独立承担，因而常常几个单位甚至几个国家联合建库。例如美国国家标准局的许多材料数据库就是分别与美国金属学会、陶瓷学会、腐蚀工程师协会及能源部合作建立的。再例如，欧洲热力学数据科学学会 **SGTE**（**Scientific GroupThermodata Europe**）包括英、法、德、瑞士等欧洲国家，合作开发了无机和冶金热力学系统（thermodynamic data for inorganic and metallurgical systems），该数据库可用于热力学计算和材料科学领域。

20世纪80年代以来，我国在数据库技术方面有了很大发展。以材料数据库为例，有北京科技大学等单位联合建立的材料腐蚀数据库、武汉材料保护研究所建立的磨损数据库、北京钢铁研究总院建立的合金钢数据库、航空航天部材料研究所建立的航空材料数据库，正在建立的有机械电子部材料研究所的机械工程用材料数据库和中国科学院长春应用化学研究所的稀土材料数据库等。以上的材料数据库多数采用dBASE，在微型计算机上建立。清华大学材料研究所等单位在1990年联合建成新材料数据库，包括新型金属和合金、精细陶瓷、新型高分子材料、先进复合材料和非晶态材料5个子库。这个系统采用先进的Oracle关系型数据库管理系统，数据库主要内容为材料牌号、产地、材料成分、技术条件、材料等级、性能及评价等。

近年来，材料数据库技术在我国的科研领域已获得广泛的应用，但目前已经建立的材料数据库大多是单机版的，不利于推广和使用。网络技术的飞速发展，极大地改变了材料科学工作者的科研方式。通过现代网络数据库系统（Sybase、MS SQL Server、Oracle等），材料科学工作者可以很方便地实现材料数据库、文献资料和程序资源的共享。现在，材料数据库已逐步走向现代化、商业化和网络化，并在材料研究、理化测试、产品设计和决策咨询中得到广泛应用。

二、材料数据库的应用举例

1. 用PC-PDF检索系统分析PVD表面涂层

Hanawalt, Rinn and Frevel等人在1938年首次发表了PDF（Powder Diffraction File），从美国材料实验学会（ASTM）在1941年出版第一卷PDF到2001年11月止，X衍射PDF卡片已多达47卷、87500张，而且PDF卡片的数量每年还在不断地更新和增加。目前PDF卡片已成为X衍射相分析必不可少的、最权威的工具。通常人工检索PDF卡片效率低，漏检率高。早在1962年，人们就开始采用计算机处理PDF卡片。现在使用的PDF计算机检索系统由美、英、法和加拿大等国参加的粉末衍射标准联合委员会组织JCPDS-ICDD（the Joint Committee on Powder Diffraction Standards-International Centre for Diffraction Data）开发，采用WINDOWS界面，使用极为方便快捷。该软件的演示版可在该公司网站（www. icdd. com）下载。

本例用PC-PDF检索系统分析W6Mo5Cr4V2高速钢TiN多弧离子PVD涂层相组成。沉积工艺为：预抽真空20min，预轰击清洗15min，离子镀沉积30min后冷却出炉。为研究不同镀覆工艺参数的影响，实验中分别改变了负偏压（100~300V）、靶电流（35~80A）和氮分压（0.5~1.5Pa），试定性分析涂层相组成。

根据涂层厚度在2~3μm范围，可以初步判断X射线衍射图谱为基体的衍射峰和涂层的衍射峰的叠加。根据 Fe-Ti 相图，Ti 在 Fe 中溶解度小，稳定化合物只有 TiFe 和 $TiFe_2$ 两种，分析得出优先形成 TiFe。根据 Ti-N 相图，在 PVD 的温度下可能形成的稳定相有 α-Ti、Ti_2N 及 TiN，除此外，还可能出现非平衡相。

图 5-3 为 PC-PDF 检索系统的界面。用该检索系统，采用布尔（Boolean）检索法对仅形成 Ti-N 和 Fe-Ti 化合物进行检索，检索出 12 张 PDF 卡片，其 PDF 号见图 5-4a、b。再通过选择编号就可得到相应的 PDF 卡片，如在图 5-4b 中选择 2 就得到 PDF#17-0368i 的 Ti_2N 卡片，见图 5-5。在每个记录中存入的主要内容有：序号、PDF 卡片号、物相名、该物相所含的元素名、晶体结构参数、衍射靶参数、晶面间距值、相对强度值、晶面指数等。

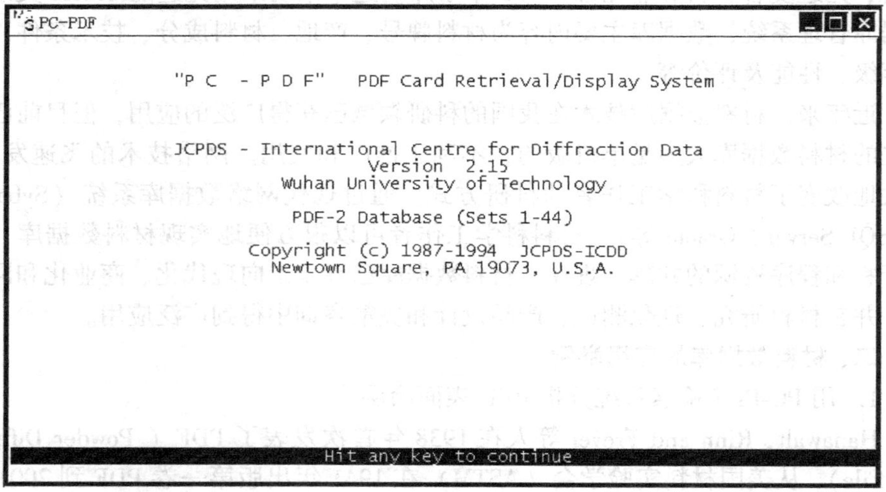

图 5-3 PC-PDF 检索系统的界面

结合该 PVD 工艺条件和 PDF 卡片对试样的 X 衍射图谱进行分析，得出该 TiN 涂层表面主要有 TiN、Ti_2N、$TiN_{0.26}$、FeTi 相。图 5-6 为 TiN 涂层试样 X 射线衍射图谱及物相分析结果。采用计算机 PDF 检索系统，大大提高了检索效率。此外，该系统还可采用三强峰等其他检索方式检索。

有了 PDF 卡片检索数据库，结合相分析软件可在获得 X 射线衍射谱后，利用数据库来对照分析，迅速准确对物相进行分析。Philips 公司为此开发出了 PC-IDENTIFY X 衍射图谱计算机分析系统，该分析系统将各衍射峰的值与各个可能存在物相的 *d* 值逐个进行比较，最终输出分析结果。图 5-7 是采用 X 射线物相定性计算机分析系统的流程，该分析系统为 X 衍射仪的一部分，能迅速对物相进行分析。

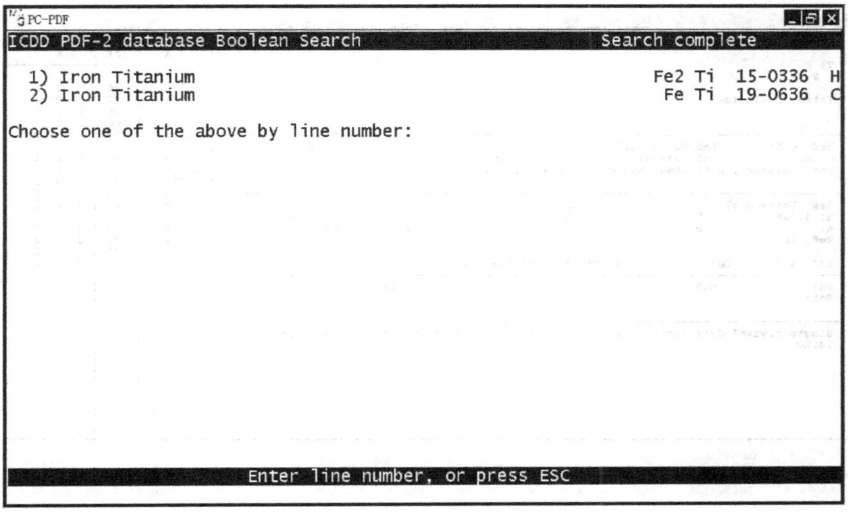

a)

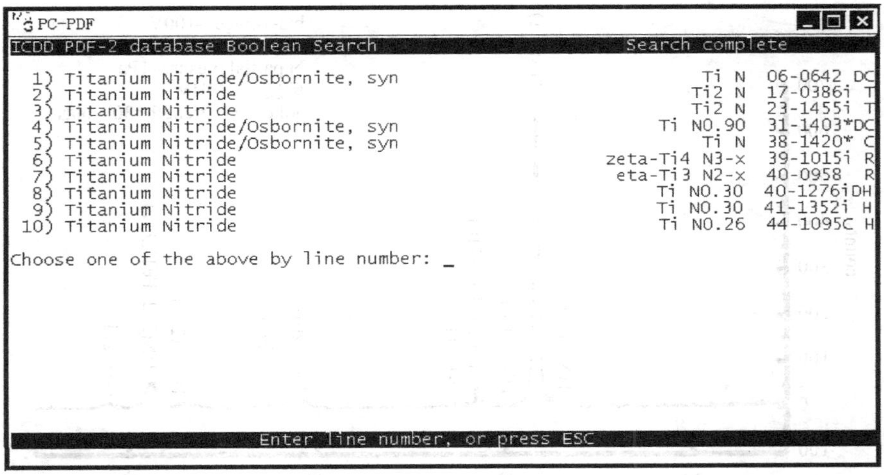

b)

图 5-4　PC-PDF 检索出的 12 张 PDF 卡片号

a）PC-PDF 检索出 Fe-Ti PDF 卡片号　b）PC-PDF 检索出的 Ti-N PDF 卡片号

2. 二元相图数据库系统

为了研究合金组织与性能之间的关系就必须了解合金中各种组织的形成及变化规律。合金相图正是研究这些规律的有效工具。合金相图用图解的方法表示合金系中合金状态、温度和成分之间的关系。利用相图可以知道各种成分的合金在

```
28B
17-386          JCPDS-ICDD Copyright (c) 1994    PDF-2 Sets 1-44 database          Quality: i

Ti N
  2

Titanium Nitride

Rad: CuKa1      Lambda: 1.5405          Filter:                 d-sp: Guinier
Cutoff:         Int: Visual             I/Icor:
Ref: Holmberg, Acta Chem. Scand., 16 1255 (1962)

Sys: Tetragonal                 S.G.: P42/mnm (136)
a: 4.9452        b:                c: 3.0342          A:            C: .6136
A:               B:                C:                 Z:  2         mp:
Ref: Ibid.

Dx:  4.915    Dm:               SS/FOM: F14=65(.013,17)

ea:              nwB:              ey:            Sign:      2V:
Ref:

Single-crystal data taken.  O2Ti type.  PSC: tP6.  Mwt: 109.81.  Volume[CD]:
74.20.

28BStrong lines: 2.29/X  2.47/8  1.45/8  1.39/8  2.21/5  1.79/5  1.75/5  1.52/5
```

d A	Int.	h	k	l
3.5	20	1	1	0
2.586	10	1	0	1
2.473	80	2	0	0
2.292	100	1	1	1
2.211	50	2	1	0
1.788	50	2	1	1
1.749	50	2	2	0
1.517	50	0	0	2
1.448	80	3	0	1
1.390	80	3	1	1
1.371	10	3	2	0
1.293	50	2	0	2
1.251	50	2	1	2
1.250	50	3	2	1

图 5-5　PC-PDF 系统检索出的 Ti_2N PDF 卡片

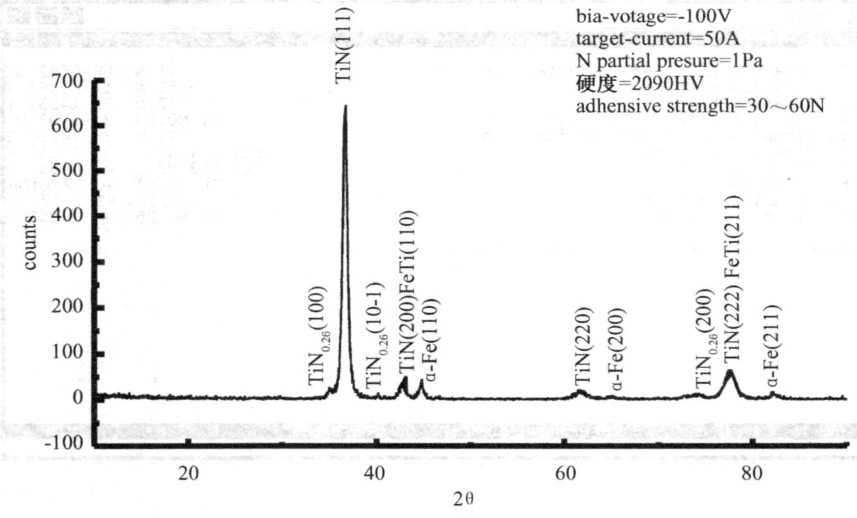

图 5-6　TiN 涂层试样 X 射线衍射图谱及物相分析

不同温度下有哪些相，各相的相对含量、成分以及温度变化时可能发生的变化。掌握相图的分析和使用方法，有助于了解合金的组织状态和预测合金的性能，也可按要求来研究新的合金。长期以来，在生产实践中，人们通过各种方法测定得到了大量的二元、三元相图，希望对这些相图系统的收集、管理和利用，使之为新材料的研究、新工艺的开发提供有效的工具。计算机数据库系统为相图的管理提供了必要的条件。

美国金属学会（ASM）、美国国家标准局（NIST）通过在世界上征集和其他各种渠道，收集了最完整的相图资料，开发出了相图数据库系统，包括二元合金相图数据库系统和三元合金相图数据库系统等。

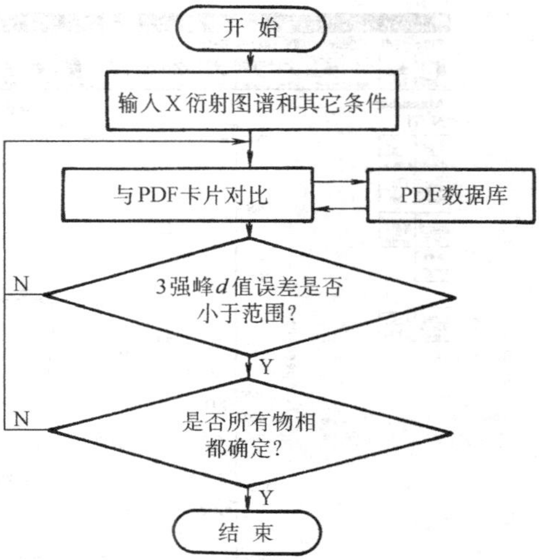

图 5-7　X 衍射物相定性分析系统流程图

这里主要介绍其二元合金相图数据库系统。该系统目前有 4700 余幅二元合金相图，是目前世界上最完整和最权威的二元合金相图来源。图 5-8 是二元合金相图计算机数据库系统界面。通过菜单选择可很方便地查找所需合金相图和其他如合金相结构、晶体结构、最大溶解度、熔点等资料。

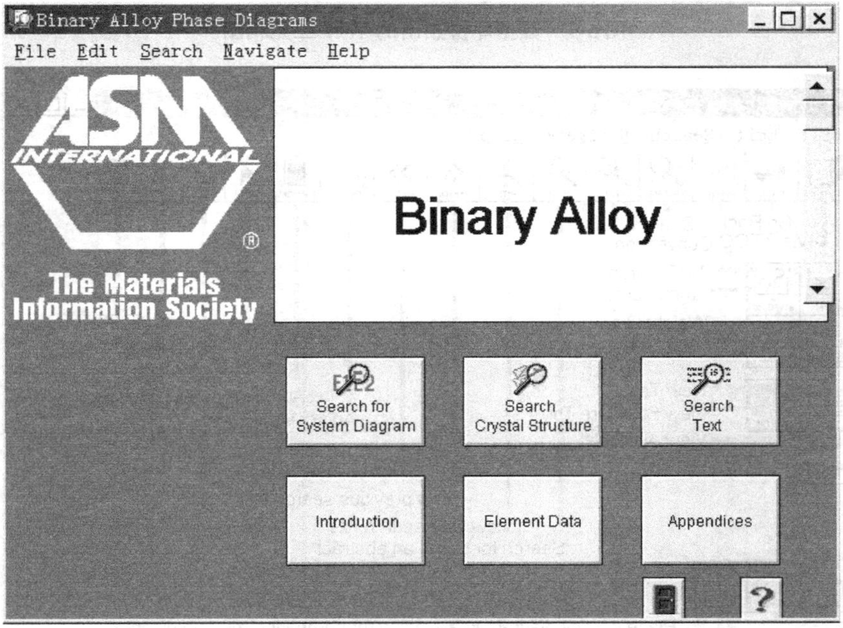

图 5-8　二元合金相图数据库系统界面

例如，在相图查询菜单中输入合金元素 Ti、N，即得到 Ti-N 系二元相图，如图 5-9 所示。该相图数据库系统功能强大，能满足材料研究和使用对相图的需要。此外该系统界面友好，有良好的帮助系统，如图 5-10 所示。

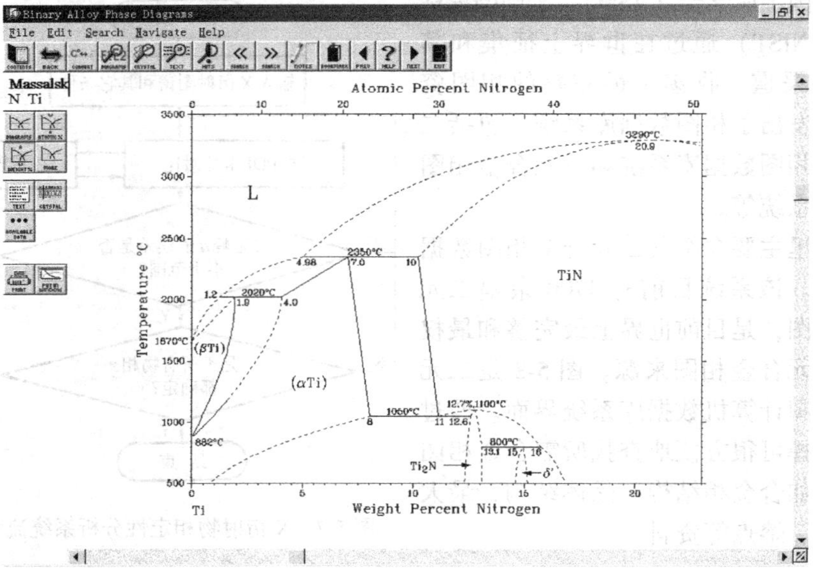

图 5-9 数据库检索出的 Ti-N 二元相图

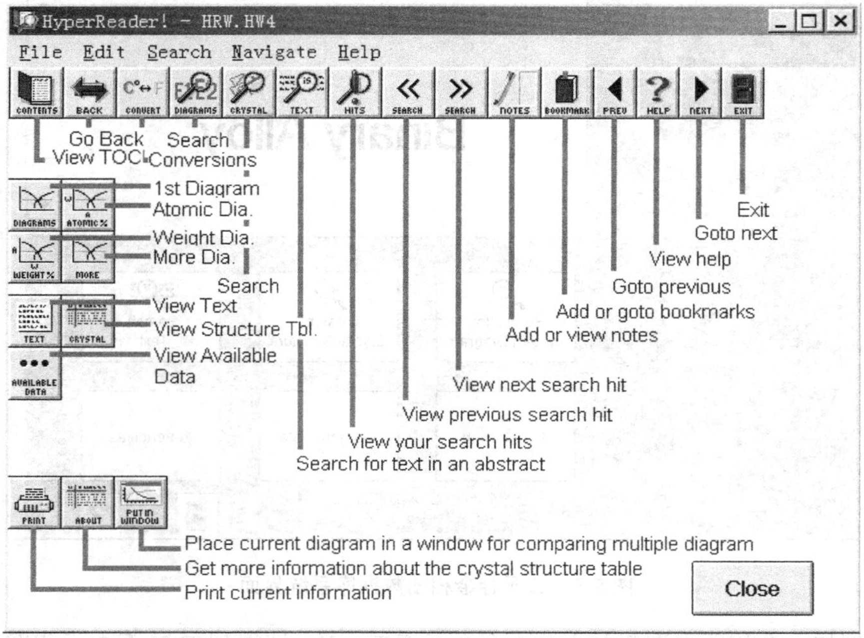

图 5-10 相图数据库帮助系统

3．现代网络数据库及估算

20 世纪 80 年代以来，世界上几乎所有的发达国家都已经相继建成了国家级的科研和教育计算机网络，在此基础上互联成覆盖全球的国际性学术计算机网络。材料热力学模拟软件和物性网络估算系统发展很快，FACT 的网络模拟程序提供了未来用网络计算机进行热力学计算和开发的基本模式。FACT 在 Internet 网络上进行了大量的开发工作，收集并整理了有关 Internet 网络无机热化学网络地址，形成了一个虚拟的无机热化学中心。图 5-11 为 FACT 的主页，这些网上资源无疑对材料研究和应用提供了极为有用的帮助。

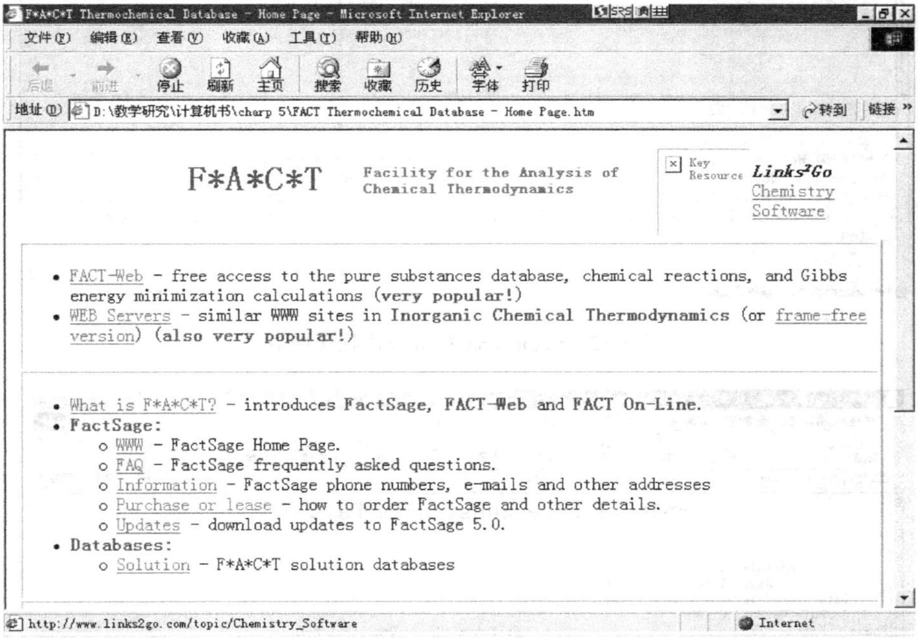

图 5-11　FACT 的主页

在 FACT 的网上用得最多的应用程序有 Compound-Web，Reaction-Web，Equilib-Web 和 Aqua-Web。这些应用程序采用的是目前绝大多数网络数据库所采用的 CGI（Common Gateway Interface）技术实现的。例如，利用 Reaction-Web 应用程序，可计算 H、G、S、C_p、A 等热力学函数；利用 Compound-Web 应用程序，可获得有关化合物的重要数据。图 5-12 为 Compound-Web 应用程序网页。如输入 Ti 和 N 两个元素，并选择化合物 TiN，就可得到 TiN 的有关数据，如图 5-13。

现代网络数据库发展很快，如相图网络数据库在网上提供了很多实用的相

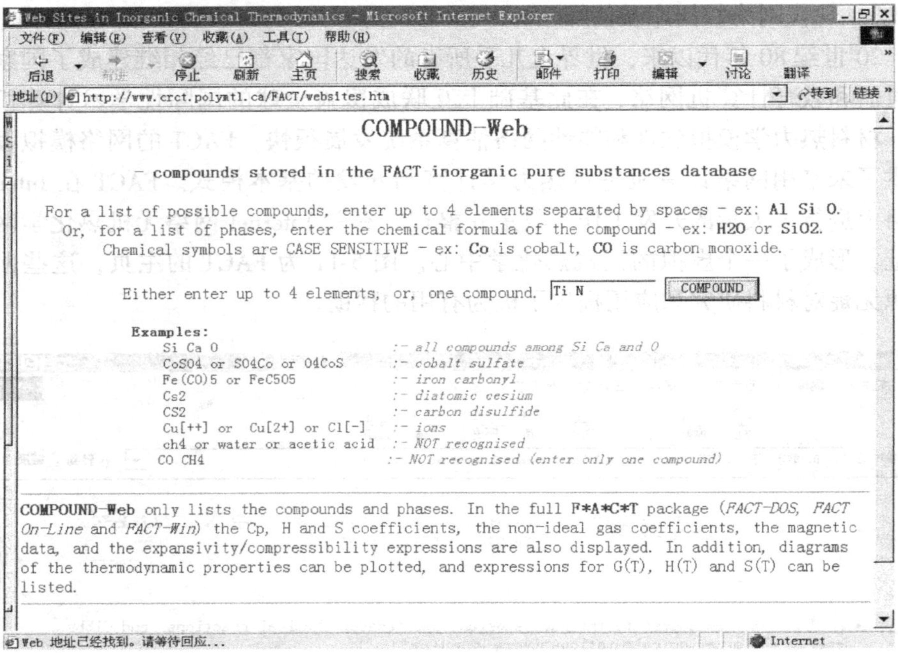

图 5-12 Compound-Web 应用程序网页

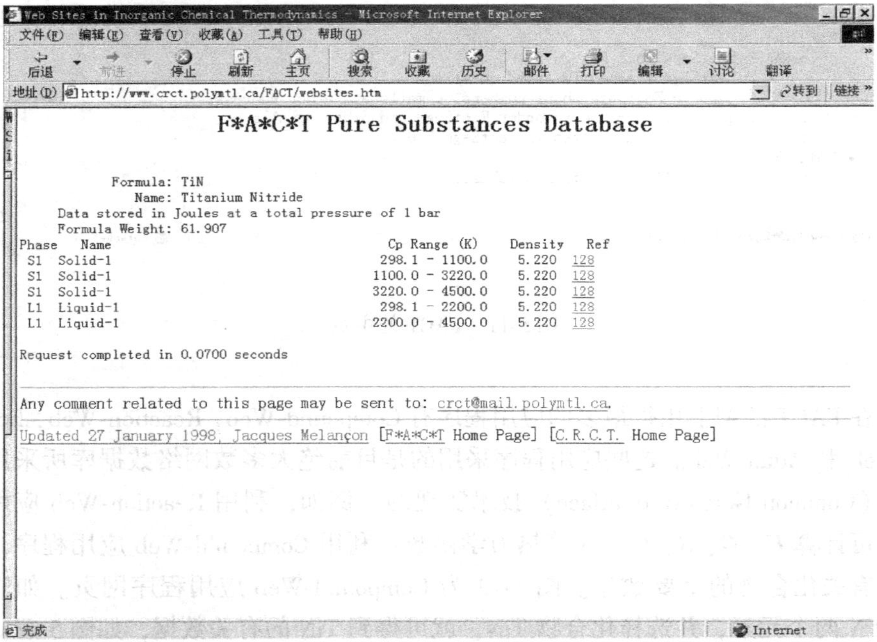

图 5-13 TiN 的有关数据查询结果

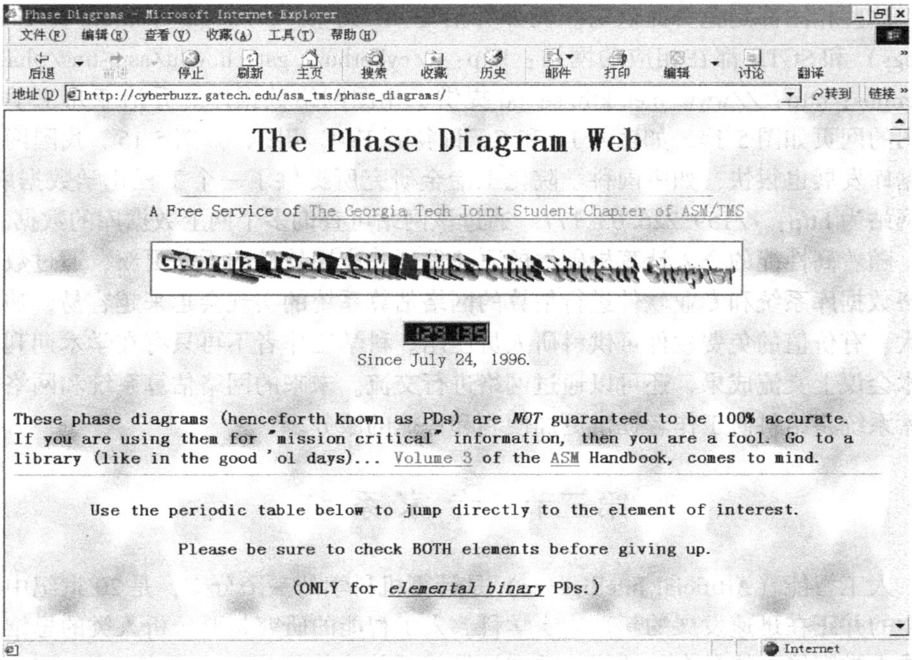

图 5-14　相图的网页

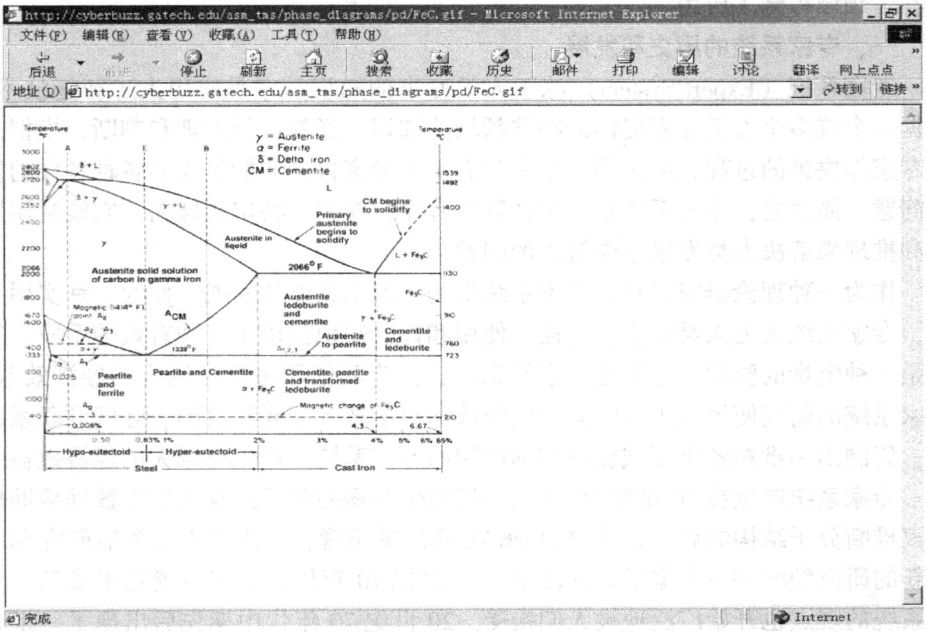

图 5-15　在网上数据库查询出的 Fe-C 相图

图，这些相图都是免费提供的。例如乔治亚州工学院（Georgia Institute of Technology）和SGTE都在相应的网站：http：//cyberbuzz. gatech. edu/asm-tms/phase-diagrams；http：//www. met. kth. se/pd提供了相图网络数据库。乔治亚州工学院相图的网页如图5-14。如输入Fe和C，即得到Fe-C相图，如图5-15。我国网上数据库发展也很快，如中国科学院化工冶金研究所提供了一个工程化学数据库，其网站为http：//159. 226. 63. 177。通过该网站可查询多个网上数据库的数据。

随着高性能的个人计算机硬件的飞速发展和应用软件的不断更新，通过数个网络数据库系统和专业软件进行估算的网络估算系统的实现会越来越容易，功能强大、有价值的免费软件可供科研人员使用。科学工作者不再只有在学术期刊和学术会议上交流成果，还可以通过网络进行交流。未来的网络估算系统和网络数据库系统将给科研工作者提供更加便利和快捷的服务。

第三节　专家系统

人工智能（Artificial Intelligence）是计算机科学的一个分支，是20世纪中期产生的并正在迅速发展的新兴边缘学科。人工智能的研究是要分析人类的思维过程或人类智能可能具有的功能，并在计算机系统中模拟实现。专家系统（Expert System）是人工智能研究领域中最活跃、最具实用价值的应用领域之一，目前已经在各领域得到了应用。

一、专家系统的历史和发展

专家系统（Expert System）源于人类专家的知识。它是应用人工智能技术，根据一个或多个人类专家提供的特殊领域的知识、经验进行推理和判断，模拟人类专家作决策的过程，解决那些原来只有工业专家自己才能解决的各种各样的复杂问题。简言之，专家系统是一种计算机程序，在某一特定领域内，它能利用知识和推理来解决人类专家才能解决的问题。

作为一种理论研究工具，专家系统推动了人工智能的发展。作为一种实用工具，专家系统又为人类保存、传播、使用和评价知识提供了一种有效的手段。知识是一种宝贵的资源，尤其是专家知识，其推广和使用可产生巨大的经济效益。专家系统的研究使得人工智能同国民经济和科学技术需要解决的实际问题联系起来，研制出一批在各个领域能够实际应用的专家系统，产生出巨大的经济效益。

专家系统产生在20世纪60年代。根据化合物的分子式及其质谱数据帮助化学家推断分子结构的启发式的DENDRAL系统的出现，标志着人工智能研究和一个新的研究领域——专家系统的诞生。20世纪70年代，专家系统趋于成熟，专家系统的观点也开始广泛地被人们接受。20世纪70年代中期先后出现了一批卓有成效的专家系统，这些专家系统涉及医疗、自然语言处理、数学、教学、地质学等多个应用领域。其中有代表性的专家系统有：MYCIN、CASNET、HEARSAY、PROSPECIOR等。随着专家系统的逐渐成熟，其应用领域迅速扩大，专家系统技术的研究也在不断向纵深发展，而且正在走向实用化和商品化。

二、专家系统的工作原理

一个完整的专家系统通常由知识库、工作数据库、推理机、知识获取机制、解释机制和人机接口六个部分组成，如图5-16所示。专家系统的工作过程可大致描述为：系统根据用户提出的目标，以综合数据库为出发点，在控制策略的指导下，由推理机运用知识库中的有关知识，通过不断的探索推理以实现求解的目标。因此，知识库与推理机是专家系统的核心部分，专家系统的工作过程是以知识为基础、对目标问题进行求解的过程，是一个搜索过程。因此，如何进行知识表达将是问题求解成功与否的关键。专家系统中各组成部分的功能介绍如下。

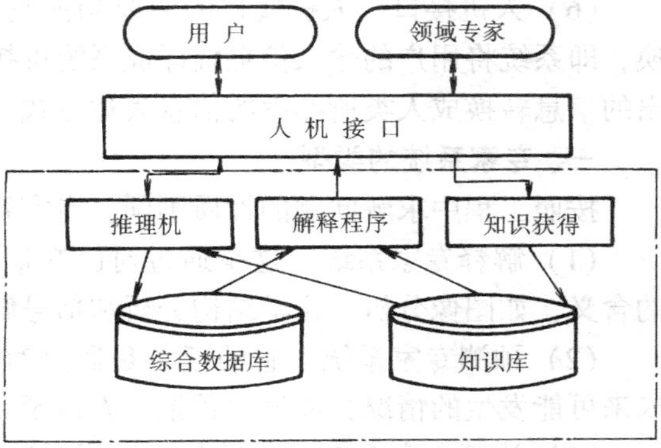

图5-16　专家系统结构示意图

（1）知识库　知识库是用于存放领域专家提供的专门知识。一个专家系统的性能水平主要是与它所拥有的知识数量和质量密切相关。知识库的建造主要包括从人类专家获取知识和选择合适的知识表达方式和数据结构、把专家的知识形式化并存入知识库中两方面内容。

（2）工作数据库　它主要由问题的有关初始数据和系统求解期间所产生的中间信息组成。数据库的组织、数据间的联系、数据的管理等是设计数据库需要考虑的重要问题。在专家系统中数据的表示与组织应尽量做到与知识的表示与组织相容，以便推理机使用知识库中的知识和描述当前状态的数据去求解问题。

（3）推理机　一个专家系统中的推理机所要解决的问题是如何选择和使用知识库中的知识，并运用适当的控制策略进行推理来实现问题的求解。推理机的设计与实现一般同专家系统求解的问题、知识的表示方法和组织结构有关，并直接影响到系统对知识库中的知识的使用效率。由于实际问题的证据和知识库中的知识常含有不精确性成分，因此专家系统的推理常常是不确定性推理。

（4）知识获取机制　知识获取机制主要是为了实现专家系统的自我学习，在系统使用过程中能自动获取知识，不断完善扩大现有系统功能。知识获取机制是实现系统灵活性的主要部件，它使领域专家可以修改知识库而不必了解知识库中知识的表达方法及组织结构等，因而大大提高了系统的可扩充性。

(5) 解释机制　专家系统的解释是指专家系统在同用户的交互过程中，回答用户提出的各种问题，包括与系统运行有关的求解过程和与运行无关的关于系统自身的一些问题。解释机制是实现系统透明性的主要部分，便于用户使用和理解系统行为。

(6) 人机接口　人机接口的主要功能是实现系统与用户之间的双向信息转换，即系统将用户的输入信息翻译成系统可接受的内部形式，或把系统向用户输出的信息转换成人类所熟悉的信息表达方式。

三、专家系统的类型

按照工程中求解问题的性质不同，专家系统主要可分为以下几种类型：

(1) 解释专家系统　这是通过对已知信息和数据的分析与解释，确定它们的含义，如图像分析、化学结构分析和信号解释等。

(2) 预测专家系统　它的任务是通过对过去和现在已知状况的分析，推断未来可能发生的情况，如气象预报、人口预测、经济预测、军事预测等。

(3) 诊断专家系统　其任务是根据观察到的情况来推断某个对象机能失常(即故障)的原因。诊断专家系统的例子特别多，如医疗诊断、电子机械和软件故障诊断以及材料失效诊断等。

(4) 设计专家系统　其任务是根据设计要求，求出满足设计问题约束的目标配置。设计专家系统涉及电路设计、土木建筑工程设计、计算机结构设计、机械产品设计和生产工艺设计等。

(5) 规划专家系统　规划专家系统的任务是找出能够达到给定目标的动作序列或步骤。规划专家系统可用于机器人规划、交通运输调度、工程项目论证、通信与军事指挥以及农作物施肥方案等。

(6) 监视专家系统　其任务是对系统、对象或过程的行为进行不断观察，并把观察到的行为与其应当具有的行为进行比较，以便发现异常情况，发出警报。这种系统可用于核电站的安全监视等。

(7) 控制专家系统　控制专家系统的任务是自适应地管理一个受控对象的全面行为，使之满足预期的要求。空中交通管制、商业管理、作战管理、自主机器人控制、生产过程控制和生产质量控制等都是控制专家系统的潜在应用方面。

四、典型专家系统分析

1. 热处理工艺专家系统

热处理工艺专家系统可根据用户提供的零件信息自动推理出最适当的热处理工艺，并确定相应的保温温度和时间等参数；在得到用户调整后，系统自动绘制出热处理工艺卡，并将工艺卡中的有关信息存储，以便以后需要时进行使用和研究。如图 5-17 所示为热处理专家系统的结构图。其各功能子模块所实现的目标介绍如下。

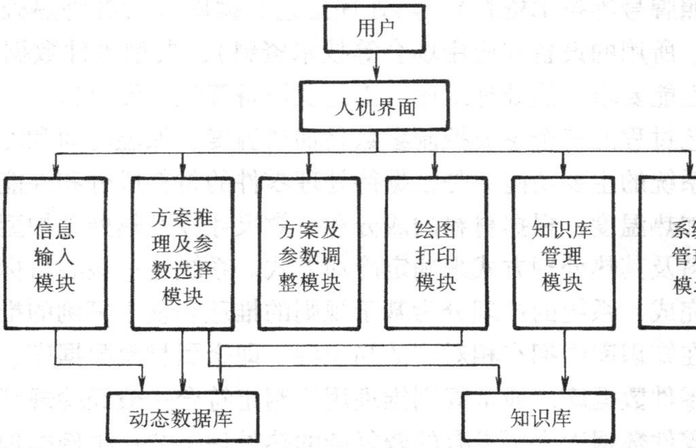

图 5-17　热处理专家系统结构图

（1）信息输入模块　该模块接受初始的零件信息（包括零件的材料牌号、尺寸、批量等）、热处理后的性能要求（包括硬度、强度等）和厂方的生产条件，并将这些信息以一定的设计结构形式存储于动态数据库中。

（2）方案推理及参数选择模块　该模块根据用户输入的信息，推理出适当的热处理方式，同时选择出合适的温度和时间等参数。

（3）方案及参数调整模块　系统的结果对于用户来说是完全开放的，具体表现在当推理结束后，用户可以任意修改方案、改变参数，以获得用户最满意的热处理方案和参数。

（4）绘图打印模块　该模块依据系统的推理结果，绘制出相应的热处理工艺曲线，制订出相应的热处理工艺卡，并可根据用户的要求将工艺曲线及工艺卡以打印方式输出。

（5）知识库管理模块　一个专家系统性能的优劣取决于其拥有知识的数量和质量，因此，为了保证系统在使用过程中性能可以得到不断的改善，需要对知识库进行合理维护。知识库管理模块用于实现专家系统知识库的维护、完善和补充，使系统在使用过程中拥有知识的数量越来越多，质量越来越好，规则性能越来越优越。

（6）系统管理模块　该模块完成方案确定过程中的辅助功能，主要包括：推理过程中显示帮助信息，为用户使用本系统提供方便；存取有关初始化信息及最终推理结果，以备日后查用。

系统的知识库由事实库、规则库和实例库组成，包括金属材料数据库（含常用钢铁材料的牌号、化学成分、相变临界点、物理性能、力学性能、用途、热处理工艺方法、国际标准组织以及美国、俄罗斯、日本、德国、法国、英国、瑞典等国外材料对照牌号等技术资料），热处理工艺数据库（含各种热处理及表面处理的工艺规范、所用的设备和应用场合等技术资料），典型零件数据库（含常用零件的选材、性能要求、热处理工序、工艺及设备等技术资料）。

热处理工艺过程的三个主要控制参数是加热温度、保温时间和冷却方式。热处理工艺专家系统的主要功能就是根据待处理零件的材料成分和性能要求确定热处理方式以及加热温度，根据材料的成分和有效尺寸以及热处理炉型确定保温时间，并根据材料及其热处理方式来确定冷却方式。系统这一核心目标的求解由系统的推理机来完成，系统的推理分为基于规则的推理和基于事例的推理。这两种推理求解方法在知识库中拥有相对应的知识源，即金属材料数据库、热处理工艺数据库和典型零件数据库。通常规则推理用于制定符合一般经验规则的热处理工艺或系统典型零件数据库中所没有的较复杂的热处理工艺；事例推理是参考系统典型零件数据库中已有的实例制订工艺。

热处理工艺的加热温度一般根据工艺类型取工件材料的临界温度 Ac_1、Ac_3 和 Ac_m 为参考依据；保温时间受工艺类型、工件材料、性能要求、形状尺寸和加热设备、装炉量、入炉方式等诸多因素的影响，系统根据经验公式计算的方法来确定保温时间。如淬火加热保温时间由公式 $t=\alpha KD$ 计算，D 为工件有效厚度，α 为与工件材料、形状、性能要求有关的系数，K 为与加热设备及操作方式等有关的系数。冷却方式根据工件材料的等温转变曲线和连续冷却转变曲线，结合各种冷却介质的冷却特性及所要得到的性能等因素来确定。

规则推理的方法是：以用户选择输入的有关零件的初始信息为条件，搜索金属材料数据库或热处理工艺数据库，得到与之匹配的粗略的工艺信息供用户选择或确认，然后以此条件再次搜索金属材料数据库或热处理工艺数据库，得到较精确的工艺信息，如此多次搜索，最终得到推理结果，经用户调整确认后，即形成正式的工艺文件。采用这种逐步细化的推理方式，可以增强用户输入信息的目的性，缩小搜索范围，提高推理速度。

具体推理的步骤如下：

1）用户选择输入工件的类别（如轴类、齿轮类等），系统把可能适用的材料提供给用户选择（用户可进一步查询每种材料的相关资料）。如果系统不能提供可选择材料，即请用户输入。

2）用户确定工件材料后，系统提供各种可能的热处理方法供用户选择。这些热处理方法包括热处理各工序及所得到的力学性能，同样，用户也可输入系统没有提供的工艺。

3）用户确定热处理方法后，系统提示用户输入工件的有效厚度，选择热处理设备类型、装炉方式、装炉量等，给定热处理要求（如渗碳层深度、表面碳浓度等）。如果用户忽略这些参数，则采用系统默认值。

4）系统根据用户给定条件从知识库中取得加热温度、冷却方式等工艺参数计算出保温时间，并以工艺卡或工艺曲线的形式提供该工件的热处理工艺。

5）用户确认或修改该工艺后，系统可打印出工艺卡或工艺曲线作为工艺文件，也可以存入典型零件数据库，从而补充一个新的实例。

专家系统中的知识库是一个动态的结构。在用户使用的过程中，知识库应当能够不断地更新与完善，从而使系统表现出越来越好的使用效果。为此开发了知识库管理器，以便用户对知识库进行扩充与维护。

2. 钢超精淬透性控制系统

负责瑞典奥瓦科钢公司（OVAKO）钢超精淬透性控制系统（The SKF Steel Extra Hardenabi1ity Control System）开发工作的朗德（T. Lund）指出，钢材用户为了限制淬透性的波动，往往对特定钢种的一些合金元素提出更窄的成分范围。然而，即使采用再严格的化学成分标准，淬透性的波动仍然很大，这是因为几乎每一个合金元素都能使钢的淬透性增加，而且元素对淬透性的增加的叠加不是简单的算术加和。为解决这个问题，OVAKO 公司开发了这个淬透性预测和控制系统，将用户的淬透性要求同炼钢工艺过程的淬透性控制联系起来，钢厂能够按用户的要求提供具有指定淬透性的钢材。

该系统是在对大量钢种的实测淬透性曲线进行多重回归后，考虑残余元素的作用等问题，在建立计算淬透性曲线的方程的基础上建立了自己的回归模型和预测系统。他们分析了渗碳钢、淬火回火钢的端淬实验数据。对于每一类钢分别建立回归模型。回归模型是建立在分别采用相加和相乘模型的回归分析的基础上。这些模型包括了所有合金元素和常存残余元素。模型的基本形式为：

$$HV = f\ (C,\ Si,\ Mn,\ P,\ S,\ Cr,\ Ni,\ Mo,\ V,\ Cu,\ \cdots) \qquad (5\text{-}1)$$

该模型考虑了合金元素对不同端淬距离处的淬透性贡献的差别，对每个端淬距离建立了两个回归方程。如图 5-18 所示为 SKF 模型中 Mo 和 Mn 对渗碳钢淬透性影响示意图。可以看出，在 SKF 模型中 Mo 和 Mn 随端淬距离不同对淬透性的贡献不同。朗德等曾研究了回归模型的预测能力。仍然以 30 炉 SKF、152（20CrNiMo）钢为实验对象，用 SKF 模型计算三个端淬距离的硬度值，并用相应的端淬实验实测值进行对比。预测精度用计算

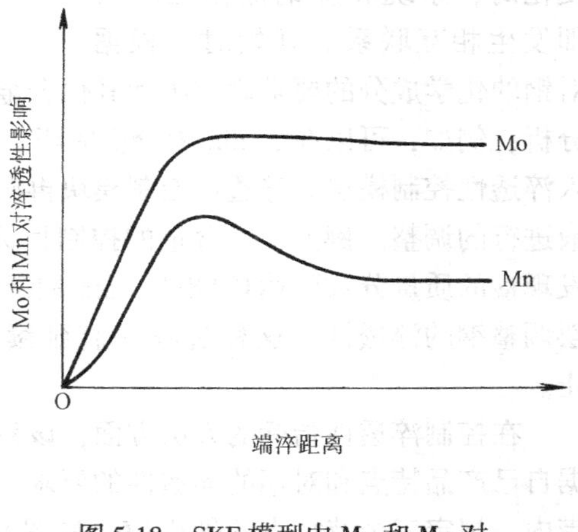

图 5-18　SKF 模型中 Mo 和 Mn 对渗碳钢淬透性影响示意图

值同实测值的差值的标准差（S_v）来衡量。S_v 是化学分析精度（钢液分析 S_l）、回归模型的计算偏差值（S_m）和端淬实验总偏差值（S_j）的函数：

$$S_v^2 = S_l^2 + S_m^2 + S_j^2 \tag{5-2}$$

式中，S_v 和 S_m 由实验得出。式（5-2）中各参数均在表 5-1 中列出。由表内 S_j 和 S_m 数值可知，回归模型的计算偏差值 S_m 小于端淬实验的偏差值。这就说明了模型的预测能力相对于端淬实验法的检测能力来说，是完全可以接受的。

表 5-1　不同端淬距离处的标准差 HV

J_d/mm	S_v	S_l	S_j	S_m
1.5	10.9	1.2	9.9	4.4
5	9.7	1.5	8.1	5.0
11	6.2	1.3	4.6	3.9

SKF公司还进一步运用计算技术使该系统具有反向预测功能，即根据所要求的淬透性确定钢的化学成分，从而形成了一个完整的淬透性预测和控制专家系统。如图 5-19 所示为该系统联合作业框图。由图可见，这个系统通过软件模块和过程计算机直接同铁合金选料配料装置和钢包炉相互联系起来。每当钢液的化学成分变化时，系统和炼钢操作之间当即发生相互联系。开始时，根据对钢的化学成分的要求确定碳和其他合金元素的起始值。所有钢液取样立即进行分析，例如，可以在 3 min 内分析完毕。过程计算机立即将分析所得化学成分输入淬透性控制模块。淬透性控制模块再次通过同技术标准的对照，确定应该对钢液进行的调整。例如，锰含量的控制目标值为 0.85%（质量分数），合金化时，发现锰的质量分数已达 0.88%。Mn 的微超量，将由系统自动地略降低铬含量补偿调整钢的淬透性。这种过程一直延续到预测的硬度指标符合要求的允差为止。

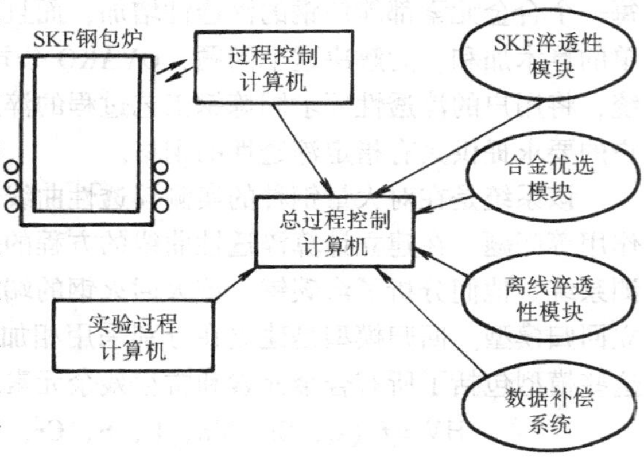

图 5-19　SKF 系统联合作业框图

在控制淬透性指标的方法方面，该系统采用所谓三点原则。即首先由用户根据自己产品特点和对钢的淬透性的要求，在所需钢种（例如 SKF152）的淬透性带内，规定三个特征点的硬度值，如图 5-20 所示。订货时，用户向公司提出钢种要求和三点硬度要求。这就是说，用户可以为不同零件对同一钢种提出淬透性不同的要求，如两个厚度不同的齿轮，淬透性的要求不完全相同，但要求用同一钢种进行生产。公司接到用户订货后，首先通过本系统的离线淬透性控制模块，对用户提出的要求进行初步验算，即确认所提淬透性要求是处于所提钢种的淬透性带之内，然后即可进行生产。如上所述，依靠本系统的生产跟踪淬透性控制的功能，使所得成品钢符合用户的淬透性要求，如图 5-21 所示。

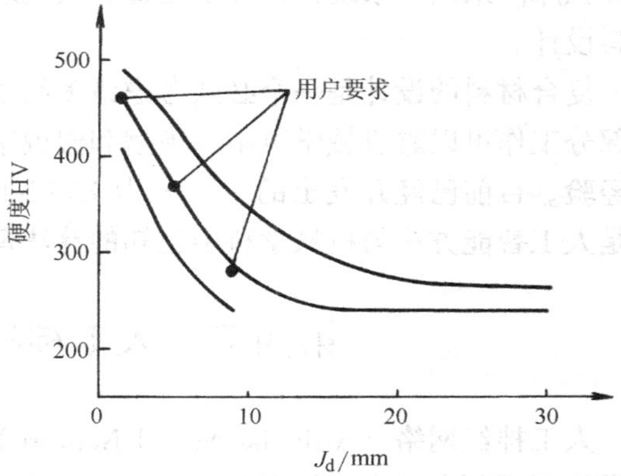

图 5-20　SKF152 钢的淬透性带和用户要求

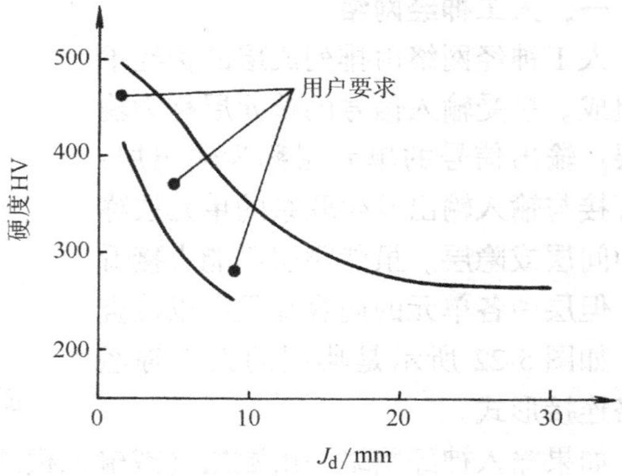

图 5-21　成品钢的端淬曲线

通过这种超精淬透性控制技术所获成品钢的淬透性曲线相当稳定。对大多数通用渗碳钢来说，在任一端淬距离上的硬度对规定值的偏离不大于 10HV，大大提高了产品的精度和产品的一致性。

3. 人工智能专家系统在复合材料设计的应用

人工智能方法特别适合于对分散知识进行处理的过程。在新型材料的设计过程中，材料选择恰好是这样一个问题。对设计者来说，各种材料可能组合而成的结构类型很多，以至于难以得出最佳结论。在复合材料设计中，材料选择专家系统将有关材料及它们的特性的数据处理并储存在一个数据库系统里，有关纤维增强复合材料的生产技术也被作为规则和事实记录于数据库系统中。这样使用者就可以通过 CAD 系统中的图形接口来接近材料的计算机辅助模型，从而选择最佳的材料。

由于大多数复合材料都有着广泛的化学、物理和机械特性，因而对于某些应用的聚合物通常为一些复杂性能的结合，因此，对于大量可用聚合物的选择就变得困难。为此，材料科学工作者开发出了一个用于聚合物选择的专家系统。此系统能够对不同用途的聚合物做出选择决策。系统的知识库中包含数十条用于聚合物选择的规则，数据库中则包含了多种聚合物性能的信息，并将专门知识编码建造知识库。采用本系统，设计工程师有效地应用聚合物工程的专门知识进行复合材料设计。

复合材料的设计是一个必须考虑诸多约束的高度复杂并且耗时的任务，其中一部分工作可以靠机械学科中的模型和假说来解决，而其他部分则取决于设计者的经验。目前已经开发出的一个名为 EVENT 的用于复合材料设计的专家系统，就是人工智能方法与机械学科中已知的算法模型的有机结合。

第四节　人工神经网络技术

人工神经网络（Artificial Neural Network）是一种信息处理技术，力图模拟人类处理问题方式去理解和利用信息。人工神经网络既可以解决定性问题，又可以用于直接解决定量问题，具有较好的可靠性；擅长处理复杂的多元非线性问题；具有自学习能力，能从已有的实验数据中自动总结规律。

一、人工神经网络

人工神经网络由排列成层的神经单元组成。接受输入信号的单元层称为输入层；输出信号的单元层称为输出层；不直接与输入输出发生联系的单元层称为中间层或隐层。虽然隐层不能直接看见，但层中各单元的内容却是可以检查的，如图 5-22 所示是典型的人工神经网络连接形式。

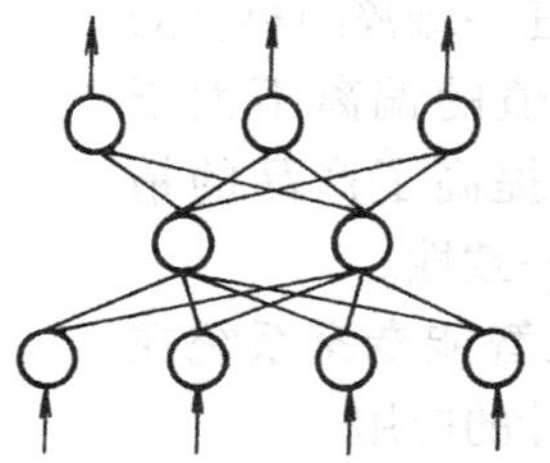

图 5-22　典型人工神经网络连接形式

如果输入神经网络一组数据（或输入模式或矢量），在网络输入层的每个单元都接受到输入模式的一小部分，然后输入层将输入通过连接传递给中间层。中间层接受到整个输入模式，但因输入信号要通过单元间加有权重连接的传递，到中间层的输入模式已被改变。由于权重的影响，中间层单元有的更加活动，中间层的输出就与输入层大不相同，有的单元没有输出，有的单元输出则很强。

一般情况下，中间层单元将输入信号传递给输出层的全部单元。输出单元从中间层单元接受输出活动的全部模式，但中间层往输出层的信号传递仍要经过有权重的连接，所以输出层单元接受到的插入模式已与中间层的输出不同。输出层单元有的激发、有的抑制，产生相应的输出信号。输出层单元的模式就是网络对输入模式激励的总的响应。

人工神经网络的基本单元是神经元，又称为处理单元。神经元的模型如图

5-23 所示，图中神经元 j 有一个输入集合 $\{X_1, X_2, \cdots, X_n\}$ 和一个单位输出 y_i，其数学描述如式（5-3），其中 $\alpha_j(t)$ 和 $\theta_j(t)$ 分别表示神经元的一个与时间有关的活动状态和阈值，W_{ij} 表示神经元之间的连接强度的权值。

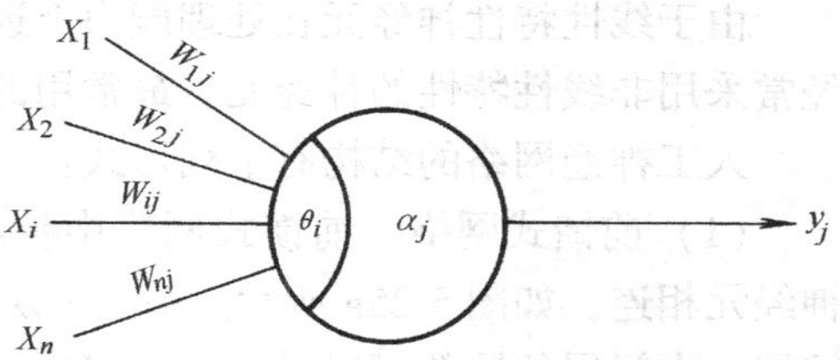

图 5-23　神经元的模型

$$
\begin{cases}
S_j = \sum_{i=1}^{n} W_{ij}X_j - \theta_i & \text{(a)} \\
\alpha_j = f(S_j) & \text{(b)} \\
y_j = g(\alpha_j) & \text{(c)}
\end{cases}
\tag{5-3}
$$

其中，f，g 为某一函数，当神经元没有内部状态，即 $g(\alpha_j) = \alpha_j$ 时，神经元的输出为：

$$
y_j = f\left(\sum_{i=1}^{n} W_{ij}X_j - \theta_i\right) \tag{5-4}
$$

该模型表明，神经元可以有许多输入，所有这些输入都是同时传送给神经元的。神经元是否被激发、激发的强弱程度，取决于输入信号的权重和、阈值和传递函数。神经元的输出也许成为另外一些神经元的输入，也许直接将信号输出到外界。

人工神经网络采用的传递函数有以下几种类型：① 阶跃函数，如图 5-24a；② 分段线性函数，如图 5-24b；③ S 型函数，如图 5-24c。

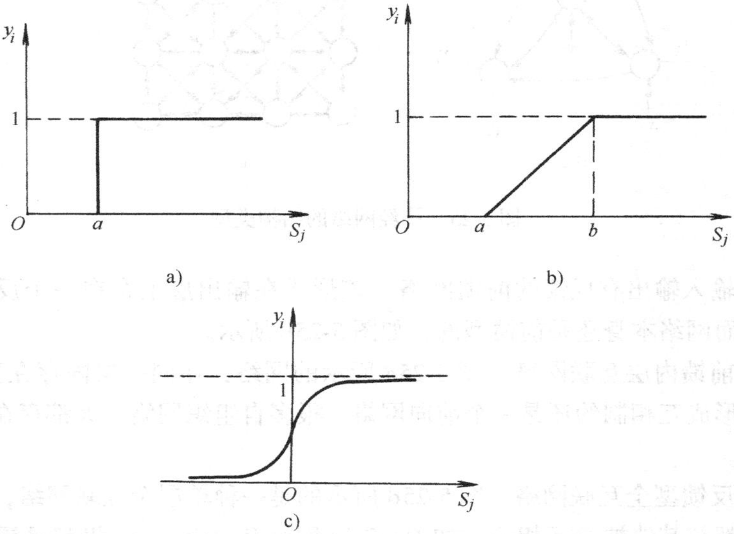

图 5-24　几种类型的人工神经网络的传递函数

由于线性特性神经元在处理能力上远不及非线性特性神经元，人工神经网络经常采用非线性特性的神经元，最常用的非线性传递函数是 S 型函数。

人工神经网络的结构有下列形式：

（1）前馈式网络　前馈式网络中神经元分层排列，每个神经元只与前一层神经元相连，如图 5-25a 所示。最上一层为输出层，最下一层为输入层，还有中间层，中间层的层数可以是一层或多层。

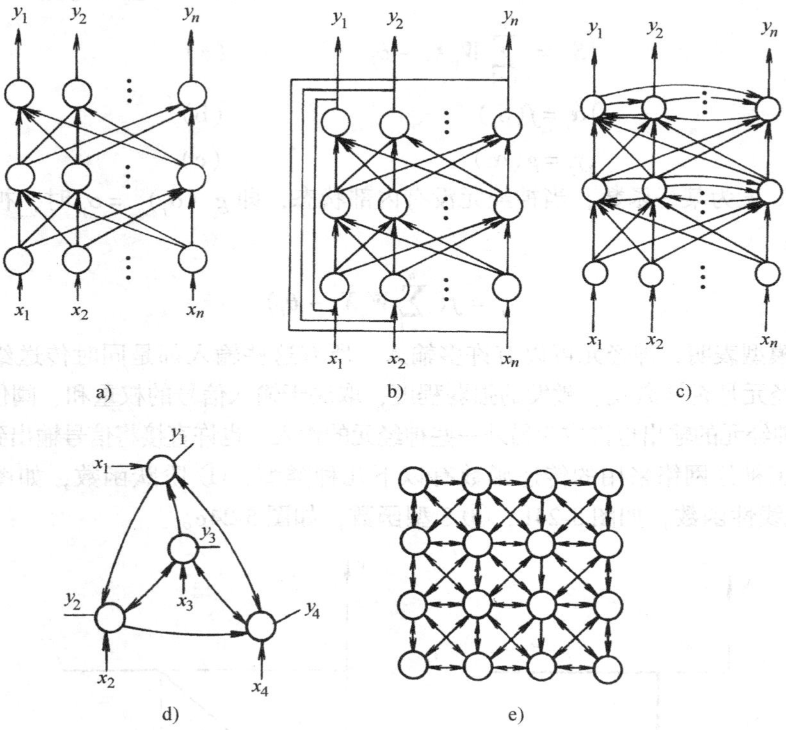

图 5-25　神经网络的结构类型

（2）输入输出有反馈的前馈网络　该形式在输出层上存在一个反馈回路到输入层，而网络本身还是前馈型的，如图 5-25b 所示。

（3）前馈内层互联网络　图 5-25c 所示的网络，在同一层内存在互相连接，它们可以形成互相制约还是一个前向网络。很多自组织网络，大都存在着内层互联的结构。

（4）反馈型全互联网络　图 5-25d 所示的是一种单层全互联网络，每个神经元的输出都与其他神经元相连，如 Hopfield 网络和 Boltzmann 机都是属于这一类网络。

（5）反馈型局部连接网络　图5-25e所示是一种单层网络，它的每个神经元的输出只与其周围的神经元相联，形成反馈的网络，这类网络也可发展为多层的金字塔形的结构。

反馈型网络存在着一个稳定性问题，因此必须讨论其收敛性和稳定性的条件。

二、神经网络的学习方法及规则

神经网络通过学习来解决问题而不是通过编程。学习和训练几乎对所有的神经网络来说都是最基本的。网络不是通过修改神经元本身来完成训练过程，而是靠改变网络中各连接的权重来学习。对每个神经元而言，若传递函数不变，其输出由两个因素决定，即输入数据和与此神经元连接的各输入量的权重。因此，若神经网络要学会正确地反映所给数据的模式，唯一用以改善网络性能的元素就是连接的权重。权重是变量，可以动态地进行调整，产生一定的输出。权重的动态修改是学习中最基本的过程，神经网络通过修改权重而响应外部输入。

有两种不同的学习方式或训练方式，即有指导的训练（Supervised Training）和没有指导的训练（Unsupervised Training）。

（1）有指导的学习　在这种方式中，神经网络将应有的输出与实际输出数据进行比较。网络经过一些训练数据组的计算后，最初随机设置的权重经过网络的调整，使得输出更接近实际的输出结果。学习过程的目的在于减小网络应有的输出与实际输出之间的误差，网络根据训练数据的输入和输出来调节本身的权重，使网络的输出符合于实际输出。

对于指导下学习的网络，在实际应用前必须对网络进行训练。训练的过程是将一组输入数据与相应的输出数据输入网络，网络根据这些数据调整权重。这些数据组称为训练数据组。在训练过程中，每输入一组输入数据，同时告诉网络相应的输出应该是什么。网络经过训练后，若认为网络的输出与应有的输入间的误差达到了允许范围，权重就不再改动，这时的网络可用新的数据检验。

（2）没有指导的学习　在这种方式下，网络不靠外部的影响来调整权重。在网络训练过程中，只提供输入数据而无相应的输出数据。网络检查输入数据的规律或趋向，根据网络本身的功能进行调整，并不告诉网络这种调整的好坏。没有指导进行学习的算法强调一组组神经元间的协作，如果输入信息使神经元组的任何单元激活，整个神经元组的活性就增强，然后，神经元组将信息传递给下一层单元。目前对于没有指导的训练机理还不充分了解，是一个继续研究的课题。

三、误差反传神经网络构成和学习方法

在现有的神经网络中，利用误差反向传播（Back-Propagation，BP）计算来处理误差是应用较为广泛的一种网络模型，其网络结构简单，使用方便，可以解决

大多数神经网络所面临的问题。BP 网络是在输入层和输出层之间加上一层或几层中间层（隐层）构成，如图 5-26 所示。前一层每个单元的输出都与后一层单元的输入相连接，层中的单元没有连接。在正向传播过程中，输入信号从输入层通过变换函数后逐层向隐层、输出层传播，每一层神经元的状态只影响下一层神经元的状态。如果在输出层得不到希望的输出，则转入反向传播，将误差信号沿原来的连接通路返回，通过修改各层神经元的连接权值，使输出信号误差减小到规定值内，因而称为反向传播。

BP 网的学习过程主要由四部分组成：① 输入模式顺传播（输入模式由输入层经中间层向输出层传播计算）；② 输出误差逆传播（输出的误差由输出层经中间层传向输入层）；③ 循环记忆训练（模式顺传播与误差逆传播的计算过程反复交替循环进行）；④ 学习结果判别（判定全局误差是否趋向极小值）。其学习过程如图 5-27 所示。可根据该框图的计算过程进行计算机程序设计，完成对 BP 网的训练过程。

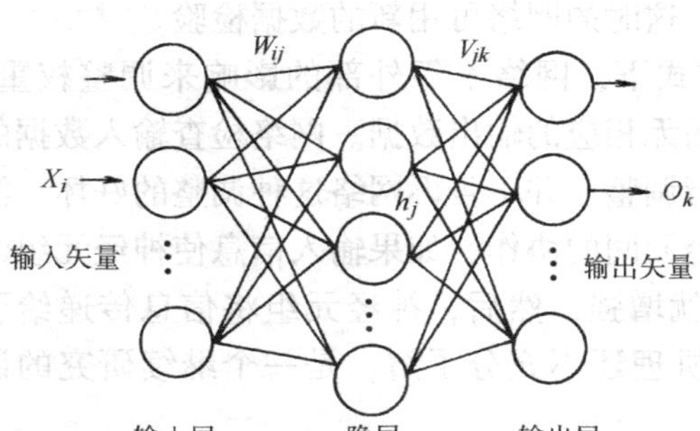

图 5-26　三层 BP 网络模型

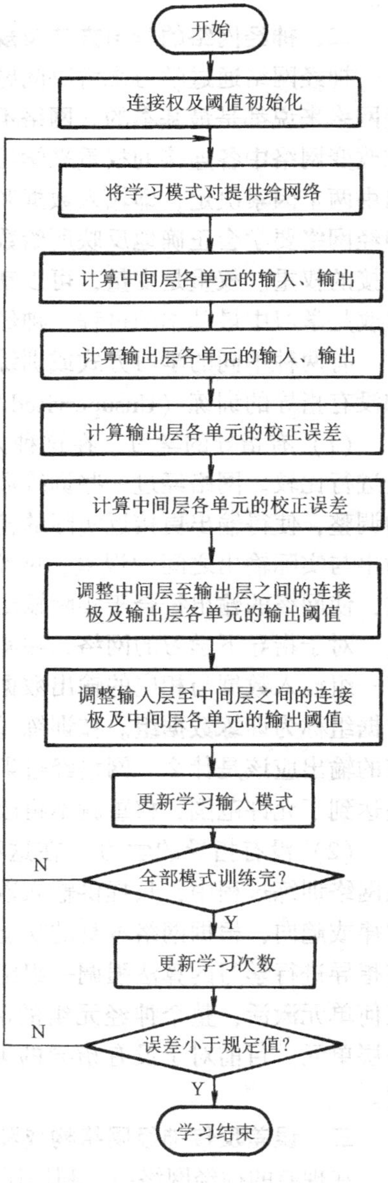

图 5-27　BP 网络学习过程框图

第五节　人工神经网络在材料科学中的应用

材料科学所研究的许多问题无法建立确切的数学模型。为了对其中的一些规律进行归纳，常采用对现有实验数据进行整理，选用某种回归方法进行处理。回归方法存在着局限性。人工神经网络具有自学习功能，能从实验数据中自动获取数学模型。它无需预先给定公式的形式，而是以实验数据为基础，经过训练后获得一个反映实验数据内在规律的数学模型，训练后的神经网络能直接进行推理。神经网络在处理规律不明显、组分变量多的问题方面具有特殊的优越性。人工神经网络在材料设计与成分优化、材料的智能加工与控制、材料加工工艺的优化、材料相变规律的研究与相变点的预测、材料性能预测等方面得到了广泛的应用。

一、用人工神经网络方法实现材料设计与优化

1. 材料设计简介

“材料设计”的设想始于20世纪50年代，其目的是通过理论设计来“订做”具有特定性能的新材料，按生产要求“设计”最佳的制备和加工方法。20世纪80年代以来，解决这类问题的条件渐趋成熟，初步成果日益增多。今天，研究者已处在应用理论和计算来“设计”材料的初期阶段。目前“材料设计”研究较为普遍，其主要原因有以下三个：

(1) 基础理论的完善和发展　物理学和化学的发展，特别是固体理论、量子化学和化学键理论的发展，使人们对材料的结构和性能的关系有了系统的了解，对材料制备、加工和使用过程中的物理化学变化也有了较深的认识。这就为材料设计打下了理论基础。

(2) 计算机信息处理技术的建立和发展　特别是人工智能、模式识别、计算机模拟、知识库和数据库等技术的发展，使人们能将物理、化学理论和大批杂乱的实验资料沟通起来，用归纳和演绎相结合的方式对新材料研制作出决策，为材料设计的实施提供了行之有效的技术和方法。

(3) 先进的材料生产和制备技术的发展　采用如急冷（Splat Cooling)、分子束外延（MBD)、有机金属化合物气相沉积、离子注入、微重力制备等，可制出过去不能制备的“人造材料”(Artificial Materials)，如超晶格、纳米相、亚稳相、准晶等，为材料设计开拓了新的应用园地，将传感器、人工智能技术、自控技术相结合，发展材料的智能加工（Intelligent Processing)，为材料制备和加工方法的优化设计开辟了新方向。

2. 材料设计的范围

材料设计的范围如图5-28所示，包括材料的制备到试用的整个过程。从实用出发，制成的材料必须通过实用的考验，而实用系统（如航天飞机、可控热核

反应炉等）的设计要以材料能达到的性能为依据，材料的性能依赖于材料的结构（包括使用过程中结构变化），而为了制备预定结构的材料，又必须设计出该材料的制备方法。

对于合金而言，人们已经从大量的合金元素含量、各种工艺参数及组织参数、性能参数中找到一些性能—显微组织和性能—成分、工艺之间的相互关系。借助这些关系，人们可以合理设计合金、优化工艺参数，以获得使用者所需要的性能。

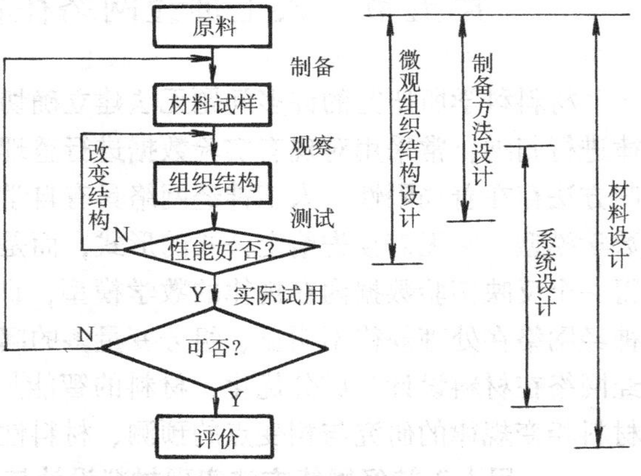

图 5-28　材料设计的范围

3．材料设计专家系统

材料设计专家系统是指具有相当数量的与材料有关的各种背景知识，并能运用这些知识解决材料设计中有关问题的计算机程序系统。在一定范围和一定程度上，它能为某些特定性能材料的制备提供指导，以帮助研究人员进行新材料的开发。材料设计专家系统大致有以下几类：

（1）以知识检索、简单计算和推理为基础的专家系统　由于材料科学研究需要的知识面广，有关资料极其庞杂，任何一位专家都不可能记住全部有关资料，所以单靠个人就会丧失许多灵活运用这些资料的机会，利用计算机则可以弥补这个缺陷。

（2）以计算机模拟和运算为基础的材料设计专家系统　材料研究的核心问题之一是材料的结构和性能关系。在对材料的物理、化学性能已经了解的前提下，有可能对材料的结构与性能关系进行计算机模拟或用相关的理论进行运算，以预报材料性能和制备方案。

（3）以模式识别和人工神经网络为基础的专家系统　模式识别（Pattern Recognition）就是利用计算机对某些物理对象进行分类，在错误概率最小的条件下，使识别的结果尽量与客观事物相符。模式识别和人工神经网络是处理受多种因子影响的复杂数据集、用于总结半经验规律的有力工具。材料设计中两个核心问题是结构-性能关系和制备工艺-性能关系。这两类关系都受多种因素的制约，故可用模式识别或人工神经网络（或二者结合）从已知实验数据集中总结出数学模型，并据此预报未知材料的性能和达到此性能的优化配方及优化工艺。

除上述三类外，近年来还发展了以材料智能加工为目标的材料设计专家系统。材料智能加工是材料设计研究的新发展，其目标是通过传感器在材料制造过程中采集信息，并输入智能控制以实现控制决策，使制备中的材料以最佳途径成为性能优良、稳定以及成品率高的材料。材料智能加工研究始于20世纪80年代中期，已在大直径砷化镓单晶制备、碳纤维增强碳素复合材料制备以及粉末热压和喷射成形等方面得到应用并取得良好效果。

4. 利用材料数据库和知识库辅助材料优化设计

利用大型知识库和数据库辅助材料设计的一个典型例子是日本三岛良绩和岩田修一等建立的计算机辅助合金设计（Computer Aid Alloy Design，简称 CAAD）系统。该系统任务是为未来的可控热核反应炉设计和选择材料。在大型计算机中储存了各种与合金设计有关的信息，其中包括各种元素的基本物理化学数据，合金相图，合金物性的各种经验方程式，各类合金体系的实验数据，各种合金的性能、用途以及有关文献目录等。他们以元素的含量（质量分数）为坐标，构筑以70多种元素的含量为坐标的多维空间，将上述各种信息记录在该多维空间中，然后按如图5-29所示步骤实现计算机辅助合金设计。

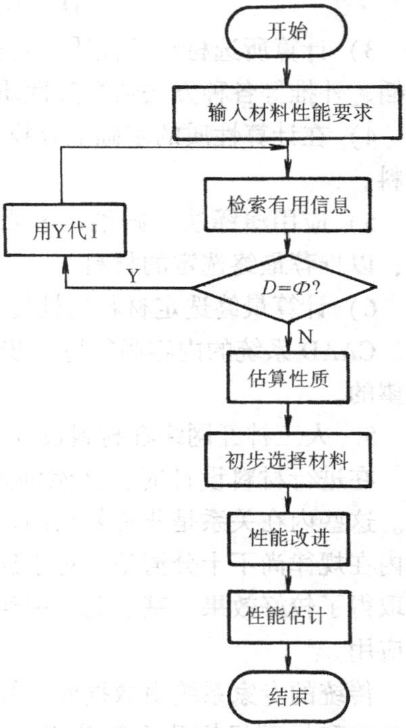

图5-29　合金设计程序

1）输入对材料性能的要求。要给出定量数据、性能的上限（P_U）和下限（P_L），以及使用条件 C：

$$C=(c_1, c_2, \cdots, c_k)$$
$$P_U=(a_1, a_2, \cdots, a_r)$$
$$P_L=(b_1, b_2, \cdots, b_r)$$

2）检索材料信息，找寻符合要求的资料。材料 M 由一系列变量（元素组成、热处理条件等）表征：

$$M=(m_1, m_2, \cdots, m_p)$$

检索出符合要求 i 的各种材料，构成集合 S_i（$i=1, 2, \cdots, r$），根据对被寻求材料的全面要求，求各 S_i 的交集 D，即

$$D=S_1 \cap S_2 \cap \cdots \cap S_r$$

若 D 不是空集，说明现有资料已可提供全面满足要求的材料，即可输出有关信息给用户。若 D 是空集，说明必须寻找新材料，此时将 M 有关的性质分为两段，即仅由成分决定的性质（如核性质、密度、热容等）和与显微结构有关的性

质。对满足前一类性质的材料的集合S'_i仍取交集

$$D_s = S'_1 \cap S'_2 \cap \cdots \cap S'_r$$

对满足其余性质的材料的集合 S''_i 则取并集

$$D_t = D_s \cup S''_1 \cup S''_2 \cup \cdots \cup S''_r$$

3）计算所选材料的性质。对前一步骤选得的 D_t 集合，根据理论、经验式、内插、外推等各种方法估算其性质。

4）在计算性质的基础上寻找指标高的未知材料，将预报点规定为初步选定材料。

5）应用演绎法、归纳法和数据库中的资料，试图改善初步选定材料的性能，以推荐最终选定的材料。

6）计算最终选定材料的性能。

CAAD 系统的内容尚待进一步充实，但它的初步成功已显示了合金设计是有希望的。

5. 人工神经网络在材料设计中的应用

在进行材料设计时，必然涉及到材料的成分、组织、工艺、性能之间的关系。这些内在关系是非常复杂的。随着材料科学的发展，许多新材料相继问世，其内在规律尚不十分清楚，对于这样一些问题，采用人工神经网络方法进行处理已取得了较好效果。基于此，神经网络已在材料设计和成分优化很多研究中得到了应用。

传统的专家系统由数据库、知识获取和推理机构几个部分组成。其中知识获取是限制专家系统发展的“瓶颈”。基于神经网络的专家系统在知识获取、并行推理、适应性学习、联想推理、容错能力等方面具有明显的优越性，用人工神经网络计算机辅助材料设计具有明显的优势。神经网络与传统专家系统结合构建的神经网络材料设计专家系统如图 5-30 所示。在给定所要求的性能后，首先在陶瓷材料数据库中搜寻，如果有满足要求的材料，使用评价模块找出最优的材料；如果还没有满足性能要求的材料，使用优化模块进行材料设计。

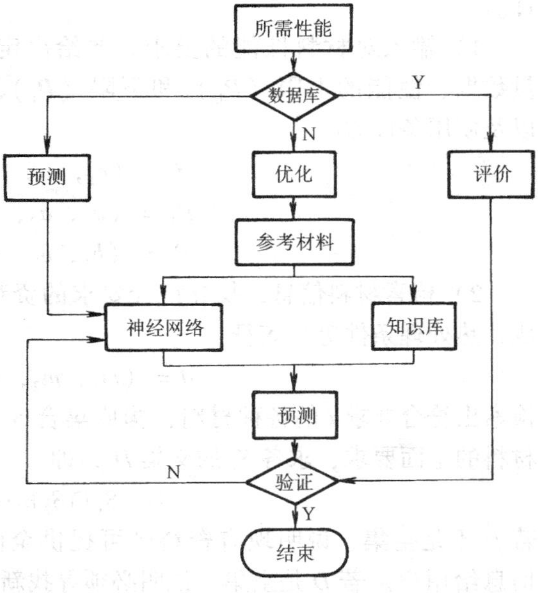

图 5-30　人工神经网络的材料设计专家系统

人工神经网络的作用是从已知数据中获取知识，并用来推理。人工神经网络与传统专家系统的结合，大大加强了决策支持能力。如在研究 SiC 晶须补强增韧的 Si_3N_4 陶瓷时，采用三层误差 BP 网络模型，输入 Y_2O_3、La_2O 和 Al_2O_3 的含量，输出参量为收缩率、相对密度和强度值。训练时，取精度为 0.003，网络经过 3727 次训练后收敛，用训练后的网络对数据进行预测，收缩率为 43%，与实验值相比较误差为 5%。

V—PTC 半导体材料是一种双功能材料。该材料在某一温度以上有标准的 PTC 效应，而在该温度下，又具有较大的负电阻温度系数。PTC 材料的性能对杂质的种类和数量以及处理工艺等因素非常敏感，而且许多性能颇难兼顾。因此采用人工神经网络对目标拟合并预报参量法确定参量和目标的关系。

取 41 个样本的配方和工艺参数 w_1（Yb_2O_3 的质量分数,%），w_2（TiO_2 的质量分数,%），T_c（烧结温度,℃），t_k（保温时间，h），v_t（相对冷却速度,℃/s）作为神经网络输入参量，以实测 ρ_t（室温电阻率），ρ_{max}/ρ_{min}（最大电阻率与最小电阻率之比），ρ_0/ρ_{min}（0℃时电阻率与最小电阻率之比）为输出参量（目标），采用三层 BP 人工神经网络算法，隐层节点为 3。经 10 万次运算，获得良好的拟合效果。

取用同样方法所设计的样本的预报特征变量 w_1，t_k，v_t 测值，并取 W_2，T_c 在 41 个已知样本中的最大值输入上述已训练好的网络，预报 ρ_t，ρ_{max}/ρ_{min}，ρ_0/ρ_{min}目标值。预报误差小于 5% 时，预报准确率达 90%。实验证明，利用人工神经网络对 V-PTC 材料进行设计是可行的。

二、人工神经网络实现材料工艺优化

材料在加工处理过程中，对最终性能的影响变量较多，关系较复杂，难以建立明确的数学模型。采用人工神经网络优化加工工艺能取得良好的效果。用神经网络方法优化 7175 铝合金工艺时，将变形量、固溶时间和时效时间作为网络输入，合金抗拉强度和屈服强度作为输出，建立了 3×6×2 的三层 BP 网络，用遗传算法对训练好的网络进行优化，得到了 7175 铝合金在 170℃时效处理的最优工艺为：冷变形 85.1% +480 ℃/133min 固溶 +170℃/10h 时效。

基于人工神经网络原理，对微合金钢热轧控制参数的选取进行了研究。利用 Gleeble——1500 热力模拟机提取了轧制温度、应变量、应变速率和相应的应力应变曲线，并通过显微组织观察获取了实验后样品断面的奥氏体晶粒尺寸。把实验数据归一化，采用 BP 网络对微合金钢热轧控制参数（轧制温度、应变量、应变率）和奥氏体晶粒尺寸之间的映射关系进行了函数逼近，建立了奥氏体晶粒尺寸神经网络模型，根据网络预测的结果可定量地进行热轧控制质量预报。与用已知数据建立多元非线性回归公式的预测相比，采用神经网络预测的精度要高得多。

三、人工神经网络实现材料性能预测

从20世纪60年代开始，我国汽车工业就提出了将汽车齿轮钢淬透带J9点的带宽控制在6～8HRC。进入20世纪80年代，我国汽车工业大量引进国外车型，齿轮钢的生产要求完全按国外企业标准供货，淬透性要求全带控制，带宽4～7HRC。为了实现汽车齿轮钢淬透性全带控制，将汽车齿轮钢的质量提高到更高水平，国内靠缩小化学成分规格的方法来满足淬透性要求，此种方法在少量试制国外钢种时尚可过关，但是一旦大批量生产质量则无法保证。因此，汽车齿轮钢淬透性值预报成为亟待解决的课题。

对于汽车齿轮钢淬透性预测，在20世纪60年代末Just采用多元回归分析方法导出线性方程，直接根据化学成分计算端淬曲线上选定位置的硬度。20世纪80年代余柏海提出采用非线性方程计算端淬曲线。由于各特殊钢厂冶炼原料、冶炼工艺、热加工工艺和热处理条件不同，加之淬透性约束公式的不完善，造成上述两种计算方法使用上的局限性。

采用BP神经网络的方法则可以得到令人满意的预报精度。如SCM420H是国内特钢厂生产的重载汽车齿轮钢，热处理条件是：880℃保温1h正火，870℃保温40min端淬，端淬值要求一点J15＝35～40HRC。

神经网络的输入为影响淬透性的因素，包括5个部分：C、Si、Mn、Cr、Mo。

神经网络的输出参数：J15

神经元输入层节点数：5

神经元隐层节点数：8

神经元输出层节点数：1

训练样本数：100

检验样本数：50

采用BP神经网络预测结果如图5-31a所示。经检验，每个样本的预测值与实测值相比较，相对误差都在±6%之内，该样本集的误差平方和$\sigma \approx 233$。采用线性回归方法得到J15的预测结果如图5-31b所示。经检验，每个样本的预测值与实测值相比较，相对误差在±10%之内，该样本集的误差平方和$\sigma \approx 385$。通过对比可以看出，采用人工神经网络预测汽车齿轮钢SCM420H淬透性值，精度更为准确。

材料力学性能是结构材料最主要的性能。力学性能受材料组织结构、加工过程等因素的影响。近年来采用人工神经网络的方法预测材料的力学性能，建立了能较准确地预测轧制力学性能的人工神经网络模型。该神经网络模型能用来评价加工工艺参数的影响，因而可用来指导改变加工工艺参数以获得所要求的力学性能。例如，Liu根据热轧C-Mn钢的显微组织与力学性能数据，用人工神经网络

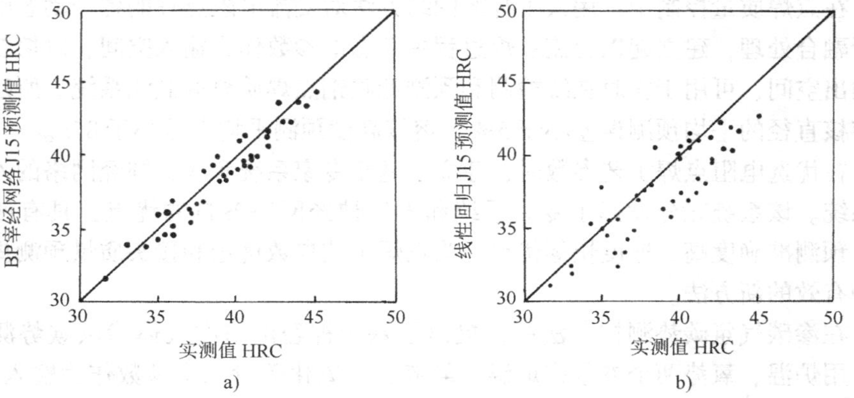

图 5-31　SCM420H 钢淬透性 J15 实测值与 BP 神经网络预测值及线性回归预测值比较

模型建立了显微组织和力学性能之间的关系。显微组织包括铁素体、珠光体、奥氏体的体积分数和铁素体晶粒尺寸，预测的力学性能有伸长率、屈服强度和抗拉强度。神经网络模型具有较好的学习精度和概括性，能够用来预测热轧钢带的力学性能。

四、基于人工神经网络的材料智能加工与智能控制

由于材料生产与成形过程涉及到化学成分配制、工艺参数选取、成形过程监控及过程参数协调等诸多因素，其过程的复杂性、随机性和不确定性使过程监控、预报和自动控制难度很高，长期以来，一直成为材料工作者努力探索的研究课题。由于神经网络控制可通过对网络结构及权值的自动调整而实现非生物神经网络系统的部分功能，适应性和智能性好，能处理高维数、非线性、强干扰、难建模的复杂工业过程，为解决上述问题提供了可行的手段。

人工神经网络在这一过程中的作用是，通过检测与生产过程相关的一系列动态信号（如应力场、应变场、温度场和过程参数等），从中提取特征参数作为神经网络的输入，网络的输出则为所识别的工艺系统的状态。通过对网络的训练，掌握控制对象的非线性函数关系，从而作出相应的控制决策，以实现对生产过程的在线控制。

美国麦道宇航公司（MDA）在生产纤维铺层复合材料时，采用小脑模型连接控制器（CMAC），将人工神经网络系统用于控制激光加热，再通过加压来形成复合材料制品。先将复合材料纤维一层层地铺放在工具上的预定部位，采用基于神经网络的激光控制系统加热纤维材料，同时用一个红外线辐射聚焦仪将实际加热温度反馈到控制系统，以达到对纤维温度的精确控制，使热塑性树脂塑化与固化同时进行。该法可生产高质量的复合材料制品。全部过程均实现了自动化。

在点焊质量控制中，用人工神经网络方法对交流电阻点焊的各个动态电参数进行融合处理，建立起以交流点焊过程中动态电参数作为输入空间、以熔核尺寸为输出空间，可用于实时在线检测和预测低碳钢点焊质量的监测系统。所建系统对熔核直径的平均预测误差小于5%，熔核高度预测平均误差小于8%。

在优选电阻点焊工艺参数时，建立了基于专家系统和人工神经网络的人工智能系统。该系统充分发挥了专家系统和人工神经网络各自的优点，具有使用简单、预测准确度高、速度快等优点，为点焊工艺参数优选和接头质量预测提供了一种有效的新方法。

在渗碳气氛碳势测控方法中，提出了基于神经网络的气体渗碳碳势测定方法。用炉温、氧势两个参数或炉温、氧势、一氧化碳量三个参数作为输入模式，用钢箔法实测碳势值作为输出模式对网络进行训练。该方法靠软件工作，在线运行时，当向已训练过的网络输入实际检测到的温度 T、氧探头输出 E（或 T、E 和 CO）后，网络便可迅速而准确地给出实时碳势值。使用该方法的优点是：精度高、可靠性高、复现性和稳定性好、成本低。

目前，在材料科学与工程的各个方面，利用神经网络获得很多成果，显示出十分诱人的应用前景。但总的来说，神经网络在材料科学与工程领域中的开发和应用，仍处于初步阶段，主要表现是：① 网络模型研究和应用单一化，目前用得最广泛、最有效的是BP网络，而其他网络应用较少；② 研究深度上不够，很多应用还停留在某些经验关系的拟合上，未发挥网络的根本特性，而且局部性强，难以从整体上推广；③ 离工业实际应用还有一定的距离，大部分工作还处于实验阶段，神经网络的工程应用效益还未得到充分体现。因此，在今后的研究中应充分注意非BP网络模型的研究和应用、材料科学与工程的过程实时控制、各网络模型综合和相关软硬件的开发和实现。总之，随着人工神经网络的研究和应用进展，其在材料科学与工程中的应用将越来越广泛和深入。

参考文献

1 宛延凯．工程数据库系统．清华大学出版社，1999

2 周志逵．数据库原理与技术．科学出版社，1994

3 樊新民，孔见，孙斐．材料科学与工程的计算机技术．江苏：中国矿业大学出版社，2000

4 材料科学技术百科全书编辑委员会．材料科学技术百科全书．北京：中国大百科全书出版社，1995

5 熊家炯．材料设计．天津：天津大学出版社，2000

6 乔芝郁，许志宏，刘洪霖．冶金和材料计算物理化学．北京：冶金工业出版社，1999

7 吴季恂，周光裕，荀毓闽．钢的淬透性应用技术．北京：机械工业出版社，1994

8 赵振业．合金钢设计．北京：国防工业出版社，1999

9 www. materialstoday. com. . Materials Today. UK：Elsevier Science Ltd. Nov，2001

10 王旭，王宏，王文辉．人工神经网络原理与应用．沈阳：东北大学出版社，2000
11 郭代仪，廖小云，雷闻宇．神经网络及其在机械工程中的应用，重庆：重庆大学出版社，1998
12 邱冠周，王海东，黄圣生．人工智能在材料设计中的应用．中国有色金属学报，1998，第8卷，增刊2：836～840
13 朱学莉．人工智能在复合材料领域中的应用．玻璃钢/复合材料，1994（2）：45～48
14 董敏．人工神经网络与材料工艺的优化．辽宁师专学报，2000（2）：100～103
15 于庆波，刘相华，王国栋．人工神经网络模型预报汽车齿轮钢淬透性．特殊钢，2002，23卷，第1期

第六章　材料加工过程的计算机控制

计算机应用技术近年来获得飞速发展。随着微型计算机的迅速普及，计算机应用也已深入到材料性能检测与加工过程控制领域。材料加工技术的发展主要体现在控制技术的飞速发展，微型计算机和可编程控制器在材料加工过程中的应用正体现了这种趋势。在材料加工过程中应用计算机不仅能减轻劳动强度，而且能显著改善产品质量和精度，提高产量。

计算机在材料加工中的应用大致可分为以下几个方面：

1）物化性能测试数据的采集和处理。

2）加工过程自动控制。

3）计算机辅助模具设计和制造。

4）计算机辅助研究。

5）材料加工过程的全面质量管理。

本章主要涉及计算机在材料加工过程控制中的应用。

第一节　计算机控制技术基础

生产过程自动控制是生产过程现代化的标志之一。在材料加工中，操作工人和生产管理人员已不再单纯依靠个人经验和体力，而更多地通过自动化仪表和装置对材料加工过程进行全面的监视、控制和管理，特别是计算机控制技术的推广应用，对增加产量、提高质量、减少劳动强度、提高工作效率、降低消耗、增加经济效益、提高材料加工过程的控制水平和企业现代化管理水平发挥着重要的作用。在材料加工控制领域中，运用较多的是微型计算机和可编程控制器（Programmable Controller）。材料加工过程中的基本单元控制一般由可编程控制器或微型计算机控制系统完成，而复杂的生产线可由编程控制器和微型计算机控制系统共同完成。

一、计算机控制系统的概念

1．生产过程控制系统的发展

实践表明，生产过程进行得好坏可以从一个或若干个工艺参数上反映出来，如温度、压力、流量、转速、成分等。自动控制的任务就是在满足生产工艺要求的前提下，使这些变量稳定在一定的范围内，或者按照预定的规律变化，以实现优质、高产、低消耗的目的。

原始的生产过程控制系统是完全由人工实现的，主要通过人的感官对被控对象的工艺参数进行检测，然后经过人的大脑对偏离程度作出判断，并根据经验作出决策，再由人去执行、调节。这里，人起到了检测元件（检测器）、调节器（控制器）和执行器三大作用。人工控制不仅劳动强度大，而且由于在观察能力、反应能力、判断能力以及经验等方面存在的问题，很难做到及时、准确地控制，特别是现代化生产过程变得越来越复杂，被控参数也越来越多，而人的体力和精力是有限的。为了解决人工控制出现的问题，在生产过程中最初采用了模拟控制器，它可以代替人的分析、判断、决策功能，使控制有合理的一致性。工业生产中的自动控制系统随控制对象、控制规律和所采用的控制器结构的不同而有很大的差别。在一个典型的定值控制系统中，为了获取控制信号，将被控参数 y 与设定值 ω 相比较，以构成误差信号 e，$e=\omega-y$。直接利用误差 e 进行控制，使系统趋向减小误差，以使误差趋向于零，从而达到被控变量 y 趋于设定值 ω 的控制目的。图 6-1 为一般自动控制的基本形式。

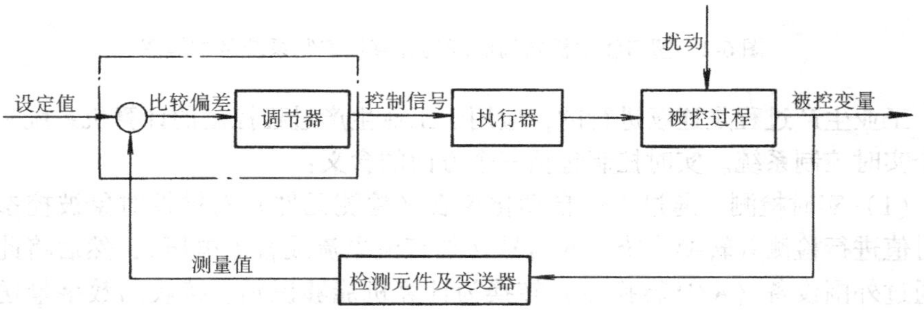

图 6-1　自动控制的基本形式

由图 6-1 可知，该系统通过测量元件对被控过程的被控变量（如温度、压力、流量、转速、位移等）进行测量，由变送器将被测参数变换成一定形式的电信号，反馈给调节器。调节器将反馈回来的信号与设定值进行比较，如有误差，调节器就产生控制信号驱动执行器工作，使被控变量的值与设定值趋向一致，这种负反馈控制，是自动控制的基本形式。

常规仪表控制系统虽然比人工控制系统有很大的进步，但是由于一个控制器只能控制一个参数，两个控制器之间只能进行简单的信息交换，故当被控参数很多时，需要的二次仪表也很多，安装又很分散，不便于集中管理。

随着生产技术的进步和科学技术的发展，生产过程要求具备更加复杂的控制系统，以期达到更高的精度、更快的速度、更优的控制和更大的经济效益。

计算机具有精度高、速度快、存储量大以及具有逻辑判断功能等特点，可以代替人的分析、判断、决策和常规二次仪表的功能。它既能像常规仪表控制系统那样实现对被控参数的自动控制，又能像人那样进行集中控制和集中管理，并且还具有使各控制器、各工段、各车间、各部门之间进行信息交换的优点，可以将整个生产过程控制和生产管理有机地结合起来，实现对整个工厂、企业、集团更加高级、复杂的控制和管理。在材料生产过程中采用计算机控制是实现优质、高产、低消耗的有效手段，是控制技术发展的必然趋势。

2. 计算机控制系统的基本原理及一般概念

如果把如图6-1所示调节器用计算机来代替，就构成一个简单的计算机控制系统，以塑料注塑机的料筒温度控制为例，基本框图如图6-2所示。

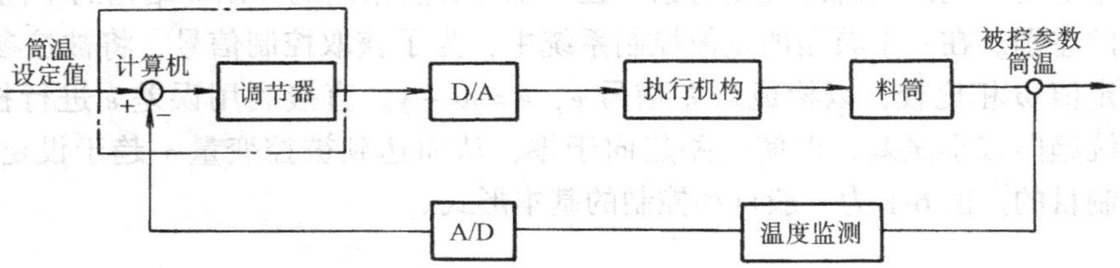

图6-2　塑料注塑机料筒温度的计算机控制系统基本框图

工业生产过程是连续进行的，应用于工业生产过程控制的计算机系统一般是一个实时控制系统。实时控制包括三个方面的含义：

（1）实时检测　通过工业自动化仪表（检测元件）对被控对象被控参数的瞬时值进行检测并转换成统一的信号（如直流电流或直流电压），然后将此模拟量通过外围设备（A/D 转换器）转换为计算机能够识别、接收的数字量送入计算机主机。

（2）实时决策　计算机主机将接收到的被控参数与通过外部设备输入的给定值进行及时处理（分析、比较、判断并按预先设定的算法和控制规律进行运算），并将运算或判断结果迅速返回、输出。

（3）实时控制　计算机主机根据运算、决策结果，发出控制指令，经外围设备（D/A 转换器）转换为工业自动化仪表（执行机构）能够接收的模拟量作用于工业控制对象，完成对生产过程的实时控制。

在控制系统中引进计算机，可以充分运用计算机强大的计算、逻辑判断和记忆等信息加工能力。只要利用微处理器的各种指令，写出符合某种控制规律的程序，微处理器执行程序就能实现对被控参数的控制；而在一般的控制系统中，系统的控制规律是由硬件电路产生的，改变控制规律就要改变硬件电路。在计算机控制系统中，控制规律的改变只需改变程序。

上述过程不断重复，使整个系统能够按照一定的动态品质指标进行工作，并且对被控参数和设备中出现的异常状态及时监测并做出迅速处理。对计算机来讲，控制过程的三个步骤，实际上只是执行算术、逻辑操作和输入、输出操作，这是计算机控制系统的一般概念。

3. 计算机控制系统的分类

计算机在工业生产过程自动控制领域得到广泛应用。按控制目的和控制方式分，计算机控制系统可分为开环控制系统、闭环控制系统、分布式控制系统、集散控制系统等。

- 计算机控制系统
  - 开环控制系统
    - 生产过程的巡回检测和数据处理系统
    - 操作指导控制系统
  - 闭环控制系统
    - 直接数字控制系统（DDC）
    - 监督控制系统（SCC）
      - SCC 加模拟控制器的控制系统
      - SCC 加 DDC 控制系统
  - 分布式控制系统-分级式控制系统
  - 集散控制系统（DCS）

(1) 开环控制系统　开环控制系统中，主机通过各种一次仪表、信号变换器、A/D 转换器对工业现场被控参数进行检测和不正常情况的报警，并根据一定的控制算法对测量的各生产工艺参数进行处理，然后同预先设定值进行比较，输出结果。操作人员可以根据这些结果来决定控制方案，执行控制操作。计算机并不直接对工业生产对象实施控制，而需要生产操作人员介入，即使计算机发生故障，也不会影响生产过程的正常进行，因而比较安全，但该系统不能充分发挥计算机的作用。常见的开环控制系统有：生产过程的巡回检测和数据处理系统、操作指导控制系统。

生产过程的巡回检测和数据处理系统特点是计算机仅仅执行生产过程工艺参数的巡回检测和对数据进行必要的处理，并不直接对生产过程进行控制。计算机只起到检测仪表的作用和代替人的部分数据分析工作，因而该控制系统简单、可靠，但对生产过程的控制仍需操作人员来完成。随着计算机技术的发展，这种单纯用作生产过程巡回检测和数据处理的计算机控制系统目前已很少采用。

为了充分利用计算机的资源，使计算机逐步代替控制仪表的功能，在巡回检测和数据处理基础上，进一步出现了操作指导控制系统，其组成原理如图 6-3 所示。

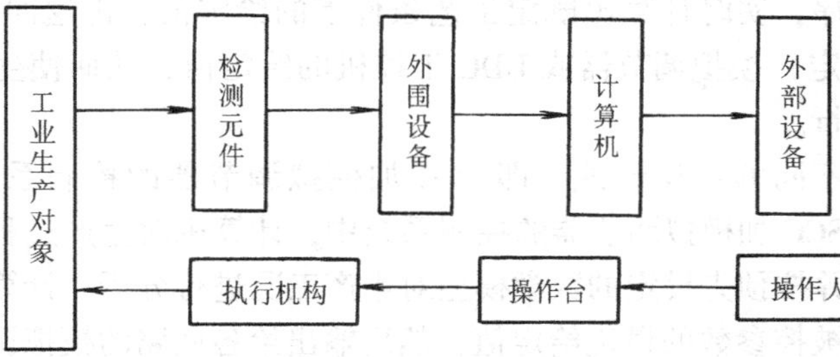

图 6-3　计算机操作指导控制系统组成原理方框图

操作指导控制系统在巡回检测和数据处理的基础上，按照外部设备预先设置的控制算法（数学模型）对检测到的工况参数进行及时处理，求得输入、输出关系，进行生产过程的质量检查和运行方法的计算，再与标准要求进行比较，然后通过打印或显示有关结果，向操作人员提供一些参考数据，指导操作者使用操作台来干预和管理生产过程。操作指导系统灵活、安全、直观。计算机并没有直接对生产过程施加影响，只是给出操作指导意见，经操作人员的分析、判断后，才通过操作台反馈给生产现场；若操作人员认为不合适时，则可以不予采用。

(2) 闭环控制系统　闭环控制系统中，计算机不仅通过检测元件对被控工业对象的工况参数进行检测、分析、处理，而且在显示和打印的同时，将处理结果（控制信号）通过执行机构反馈给被控工业对象，实施对生产过程的控制，从而使被控工业对象、检测元件、计算机、执行机构等构成一个闭合环路。该控制系统的特点是：计算机起到集检测仪表、控制器、执行器的功能于一身，充分发挥了计算机的作用，实时性强。常见的闭环控制系统有：直接数字控制系统（Direct Digital Control，缩写为 DDC）和监督控制系统（Supervisory Computer Control，缩写为 SCC）。

直接数字控制系统（DDC）是在巡回检测和数据处理基础上发展起来的一种多路数字调节装置，通过检测元件对生产过程的多种工况参数进行检测，经输入通道顺序地采样和模数转换后，转变为计算机可以接受的数字量输入主机，计算机主机将检测结果与设定值进行比较，然后按预先规定的控制规律（如 PID 控制规律）进行控制运算，不但可在控制台显示、打印，还可将运算结果通过输出通道顺序地作用于各执行机构，实现对生产过程的闭环控制。计算机不仅完全取代了模拟调节器，可以用一台微型计算机实现多回路控制，还能比较容易地实现不同规律的控制，如串级控制、前馈控制、自适应控制、模糊控制等。但是，直接数字控制系统中，对生产过程产生直接影响的被控参数的设定值是预先设定的，不能根据生产过程条件和生产工艺参数信息的变化及时修改，因而 DDC 控制方式无法使生产过程处于最佳状态。

监督控制系统（SCC）是指计算机根据外围设备送来的各种工况参数（测量值）和其他信息（给定值），按照预先编好的描述生产过程数学模型和最优化设计计算的应用程序，实时计算出既定工艺条件下的给定值，再返回 DDC 级，自动改变（重新设定）模拟调节器或 DDC 工控机的给定值，从而使生产过程在最优化的状态下进行。

SCC 有两种不同的结构形式，即 SCC 加模拟调节器的控制系统和 SCC 加 DDC 控制系统。SCC 加模拟调节器的控制系统中，计算机对生产过程的各种工况参数进行监测，并按预先设定的数学模型对生产工况进行分析、计算，同时按照优选条件求得各被控参数的最优给定值，然后输出给各回路的模拟调节器进行调节，使工况保持在最优状态。其优点是可以实现最优控制，而且较为安全，当计算机出现故障时，可以由模拟调节器独立完成控制任务。其缺点是仍需常规的模拟仪表。

SCC 加 DDC 组成原理方框图如图 6-4 所示。SCC 加 DDC 实际上是一个二级控制系统，SCC 计算机和 DDC 计算机之间通过信息进行联系，可简单地进行数据传送。SCC 计算机负责工段、车间的最优化分析、计算，并将计算结果作为最优化操作条件，重新设定 DDC 计算机的给定值，由 DDC 计算机执行过程控制，使工况保持最优。一旦 DDC 出现故障，可以由 SCC 计算机代替 DDC 的功能，提高系统的可靠性，确保生产安全。

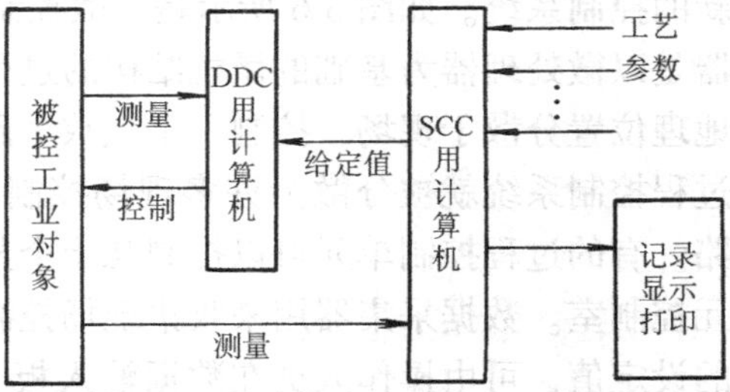

图 6-4　SCC 加 DDC 组成原理方框图

（3）分布式控制系统　随着价廉而功能完善的微型计算机的出现，可以由若干台微处理器或微型计算机分别承担部分控制任务，这种分布式计算机系统有代替集中控制的趋势。该系统的特点是将控制功能分散，用多台计算机分别执行不同的控制功能。此外，在包括材料加工过程在内的生产过程中既存在控制问题，也存在生产管理问题。利用分布式控制系统可将企业经营管理和生产过程分别由几级计算机进行控制。这种系统用于大型企业的生产与经营管理，除了完成生产过程的任务外，还能完成生产调度、生产计划、材料消耗、成本核算、检修和维护等企业管理任务。这种系统每一级都有自己的功能，基本上是独立的，但级与级之间或同级之间的计算机之间又有一定的联系，相互之间实现通信，如图 6-5 所示。

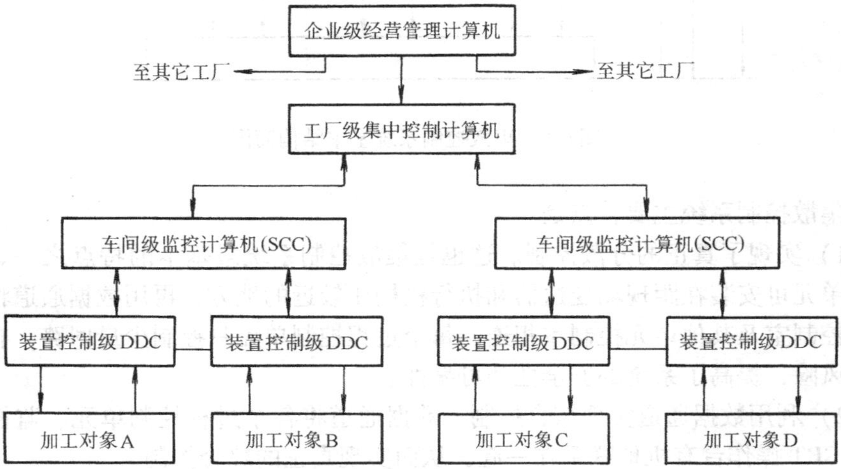

图 6-5　分布式控制系统

(4) 集散控制系统（Distribution Control System，DCS） 集散控制系统是以微处理器为基础的集中分散型控制系统，它将微型计算机、工业控制计算机、数据通信系统、显示操作系统、过程通道、模拟仪表等有机地结合起来，构成全新的控制系统。如图 6-6 所示是集散控制系统基本结构的简图。图中的基本控制器是以微处理器为基础的微机结构的过程控制单元，也称现场控制单元。它们按地理位置分散于现场，控制一个或数个回路。这样，一个成百上千个回路组成的过程控制系统就被分散为许多现场控制单元，分散独立地控制各现场的所辖回路。有的过程控制单元可以控制几十个甚至上百个回路，这样的控制单元也称单元控制室。数据采集器用来收集现场控制信息和过程变化的信息。自动控制方式的设定值，可由操作人员在数据输入板 DEP 上设定。全厂范围的中央控制室通过信息系统汇集分散在各过程控制单元控制室的信息，从而实现信息的综合与集中管理。

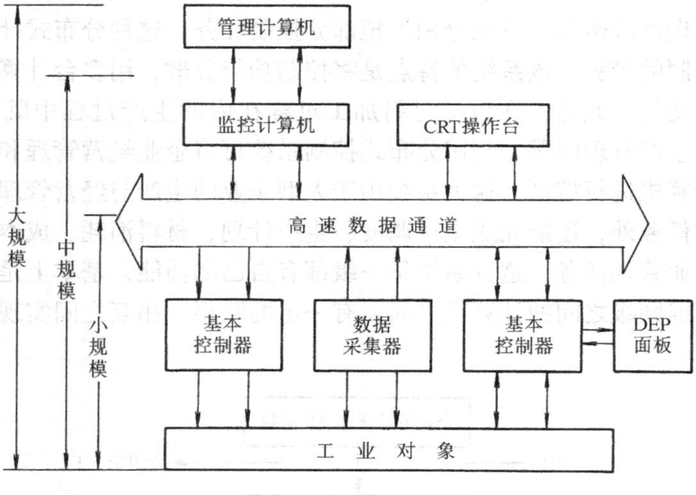

图 6-6 集散控制系统基本结构简图

集散控制系统主要特点是：

1）实现了真正的分散控制。这也是集散控制系统最基本的特点之一。过程控制单元可安装在距现场变送器和执行机构比较近的地方，再用数据通道将其与中央控制室及其他单元控制室相连，每个过程控制单元只控制少量回路，有效分散了风险，提高了系统的安全性和可靠性。

2）利用数据通道实现综合控制。数据通道将各个过程控制单元、监控计算机和 CRT 操作台有机地联系在一起，从而实现真正的综合控制。

3）利用操作台实现集中监视和操作。一方面过程控制单元本身可以与现场的显示装置接口，随时进行实时显示；另一方面中央操作站可以显示任何一个分散过程单元的全部信息。生产过程的全部信息集中到中央操作站并在屏幕上显示出来。显示器取代了大量的显示仪表，实现对生产过程的集中显示和控制。利用计算机上的“智能化”操作台，操作人员通过键盘进行简单的操作，就可以实现复杂的高级功能。

4）利用监督控制计算机实现最优控制和管理。利用监督控制计算机（上位机）可以实现生产过程的管理功能，包括存取有关生产过程控制的所有数据和控制参数、按照预定要求打印综合报表、进行运行状态的趋势分析和记录、及时实行最优化监控等。

5）集散控制系统既有计算机控制系统控制算法先进、精度高、响应速度快的优点，又有仪表控制系统安全可靠、维护方便的特点。

由于集散控制系统具有上述优点，因而，尽管其开发时间不长，但发展速度很快，成为计算机控制系统发展的主流。在金属材料、高分子材料、无机非金属材料等材料生产、加工领域中应用也非常广泛。

由于集散控制系统的广泛应用和迅速发展导致更宏大、更完善的系统——计算机集成制造系统（CIMS）的诞生。CIMS已不单是对生产技术的变革，也是对生产组织和生产方式的变革。可以毫不夸张地说，CIMS是工业控制技术划时代的进步，是工业自动化系统的未来。感兴趣的读者请进一步参考相关书籍。

二、计算机工业控制系统的基本功能及其结构与组成

计算机工业控制系统是实现工业生产自动控制的强有力工具，必须具备能够满足生产过程控制的基本功能和要求。用作工业生产过程自动控制的计算机控制系统，一般应具备以下基本功能：

1）模拟量参数的采集、转换及屏幕显示。

2）模拟量参数的越限报警。通常用声、光形式发出报警信号。

3）被控参数的闭环自动控制。

4）各种流量的累计计算，用来统计产量及物料和能源的消耗。

5）各种开关量输入信号的检测与各种开关量输出信号的控制，用于设备的启停与各种连锁保护。

6）生产工艺流程图及各种被控参数的动态趋势曲线的屏幕显示，便于操作人员及时掌握设备运行状况，实现对生产过程的操作和控制。

7）工艺参数的记录及打印，以便保存生产技术资料作经济指标考核。

8）完成与上位机的通信，将下位机的各检测参数和各流量累计值通过数据线传输到上位机，以便能接收到上位机的监督控制。

微机工业控制系统的硬件组成方框图如图6-7所示，由微型计算机、外部设备、外围设备、工业自动化仪表和被控工业对象五个部分所组成。此外，还必须配有完备的软件。

1. 硬件部分

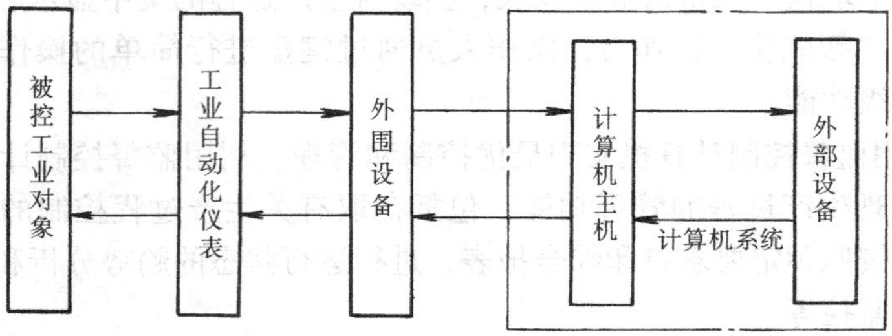

图 6-7 微型计算机工业控制系统的组成方框

(1) 外围设备 在计算机过程控制系统中，主机通过输入输出过程通道控制工业生产过程。因此，输入输出过程通道是计算机与生产过程之间联系的桥梁，称为主机的外围设备。其功能是：把生产现场的工况参数（模拟量、开关量、脉冲量和数字量）转换成计算机能够接受和识别的代码，输入主机，以便主机根据控制算法进行运算，然后主机把根据控制算法进行运算的结果转换成改变生产过程控制变量的控制信号，即作为操作、执行机构的控制信号。

(2) 外部设备 在过程控制中，外部设备包括键盘、打印机、显示器等人机通信设备，实现对生产过程进行启停、查询、输出结果、修改程序等人工干预操作。

(3) 主机 微处理器是控制系统的核心，和内存储器一起通常又称为主机。主机根据过程输入通道发送来的工业对象的生产工况参数，按照预先设计的程序，进行信息的处理、分析和计算，并作出相应的控制决策或调节，通过输出通道，发出控制命令。主机中的程序和控制数据是人们事先根据控制规律（数学模型）设计好的。通过对工业对象特性的分析和研究，选择控制算法，建立数学模型，编写出相应的计算机控制软件。

(4) 工业对象 工业对象通常是指与控制系统有关的工艺生产设备。例如在加热炉温和塑料挤出机或注塑机料筒温度控制系统中，工业对象就是指需要控制的加热炉或挤出机、注塑机的料筒。

(5) 工业自动化仪表 外围设备必须通过工业自动化仪表才能和控制对象发生联系。工业自动化仪表的种类很多，其中有检测仪表、显示仪表、调节仪表以及执行机构等。一个控制系统的可靠性和控制质量的优劣与这些自动化仪表质量和精度有极密切的关系。

检测仪表的功能是感受并测出被控变量的大小，如热电偶、应变片等。变送器将检测元件测得的信号变成调节器所需要的信号形式；调节器首先将设定值与测量值进行比较，并对两者的差值进行运算并作出判断，然后发出使执行机构动作的控制信号（命令）。执行机构的作用是接受调节器发来的调节信号并放大，推动调节机构（如阀门、闸板等）动作，对被控过程施加校正作用。执行机构的工作能源供给有电动、气动和液动三种形式。

随着微电子技术和大规模以及超大规模集成电路的迅猛发展，微处理器已被引入到工业自动化仪表等装置中，出现了智能仪表产品，使仪表智能化、功能多样化，为工业仪表自动化及其系统应用向更高层次发展奠定了基础，具体将在第二节介绍。

2. 软件部分

软件建立和依托在硬件的基础上，是人的思维与机器硬件之间的桥梁，是计算机的灵魂。用户通过软件来使用计算机，软件的优劣关系到计算机的正常运行、硬件功能的充分发挥和应用。软件包括系统软件和应用软件两大类。系统软件是开发、调试和执行其他程序，简化程序设计和使用方法，发挥和扩大计算机的功能和用途，提高计算机使用效率的一组文件和程序，带有一定的通用性。主要包括：语言程序（如汇编语言、各种高级语言的编译和解释程序）、管理系统及操作系统、服务程序（如诊断程序、排错程序、编辑程序）等。由于计算机系统硬件的迅速发展和应用领域的不断扩大，系统软件和应用软件发展也很快。应用软件则根据不同的控制对象和不同的控制任务在软件组成上有很大的区别。在均衡系统硬件和软件功能，确定系统硬件后，才能确定如何配置软件。在微型机控制系统中，每个控制对象或控制任务都一定要配备不同的控制程序，用这些控制程序来完成对各个控制对象的不同要求。这种为控制目的而编制的程序，通常称为应用程序。应用程序一般是由计算机控制系统厂家或用户自己编写。用户采用哪一种语言来编写应用程序，主要取决于控制系统软件配备的情况和整个系统的要求。

三、计算机工业控制系统中计算机的分类和选择

可用于计算机工业控制系统的计算机几乎包括各种类型，像单片机、可编程序控制器、工控机、工业 PC 机、系统机等。

1. 单片机

与其他生产过程控制系统一样，单片微型计算机，简称单片机，也是材料加工控制以及智能化系统中应用最多的计算机类型之一。使用者可以根据材料加工过程实际需要，开发、设计单片机系统，具有方便、灵活、成本低的特点。以高分子材料加工常用的注塑机为例，很多小型注塑机采用注塑机单片机控制系统取代常规继电器控制系统，大大降低了在高分子材料加工设备中采用计算机控制系统的门槛，加快了计算机控制系统在高分子材料加工领域的应用。使用的基本方法是在单片机的基础上扩展一些接口，如用于模拟量/数字量转换的 A/D、D/A

转换接口，用于人机对话的键盘处理接口，LED 或 LCD 显示接口，用于输出控制的接口等，再根据实现的功能开发相应的软件，即组成了完整的单片机控制系统。

2. 可编程序逻辑控制器

可编程序逻辑控制器（Programmable Logical Controller），简称 PLC，是早期的继电器逻辑控制系统与微机技术相结合的产物。它吸收了微电子技术、微机技术和通信技术的最新成果，发展十分迅速，逐步形成具有多种优点和微型、小型、中型、大型、超大型等各种规格的系列产品，现在已成为最重要、高度可靠性、应用场合最多的工业控制微型计算机。PLC 采用微处理器作为主控制器，用大规模集成电路作为存储器及 I/O 接口。PLC 有很强的逻辑控制和定时功能，可以根据生产过程对多任务进行顺序控制，可以代替继电器进行开关量控制。一些中高档 PLC 具有 A/D、D/A 转换，可以对模拟量进行检测和控制，应用于从继电器控制系统到监控计算机之间的许多过程控制领域。可编程序逻辑控制器可以构成各种综合控制系统，例如构成逻辑控制系统、过程控制系统、数据采集和控制系统、图形工作站等。PLC 已和数控技术及工业机器人并列为工业自动化的三大支柱。

1980 年，美国电气制造商协会（NEMA）将可编程序逻辑控制器（PLC）正式命名为可编程序控制器（PC）。1987 年 2 月，国际电工技术委员会（IEC）对 PC 的定义是：可编程序控制器是一种数字运算操作的电子系统，专为在工业环境下应用而设计，它采用一类可编程序的存储器，用于其内部存储程序，执行逻辑运算、顺序控制、定时、计数和算术操作等面向用户的指令，并通过数字式或模拟式输入输出，控制各种类型的机械或生产过程。可编程序控制器及其有关外部设备，都按易于与工业控制系统联成一个整体、易于扩充功能的原则设计。

可编程序控制器具有以下特点：

1）可靠性高。可靠性是用户选择 PC 的重要依据，生产厂家一般都将可靠性作为第一指标。PC 的平均无故障时间已达到 30 万小时以上，使用寿命长。

2）控制功能强。PC 具有逻辑判断、计数、定时、步进、跳转、移位、记忆、四则运算和数据传送等功能，可以实现顺序控制、逻辑控制、位置控制和过程控制等。

3）编程方便，易于使用。PC 采用与继电器电路相似的梯形图编程，容易推广应用。

4）适用于恶劣的工业环境，抗干扰能力强。

5）具有各种接口，与外部设备连接方便。

6）采用积木式结构或模块式结构，扩展灵活方便。

7）维修方便。PC 上有 I/O 指示灯（LED）。如果某个 I/O 元件有故障，一目了然。

8）可根据生产工艺要求或运行情况，随时对程序进行在线修改，不用更改硬接线，灵活性大，适应性强。

PC 是一种专门用作数字控制的电子计算机。按其程序存储器内的指令安排，执行逻辑或数值运算，并通过开关量或模拟量输入输出接口控制各种加工设备或生产过程。典型的可编程序控制器主要硬件构成框图如图 6-8 所示。

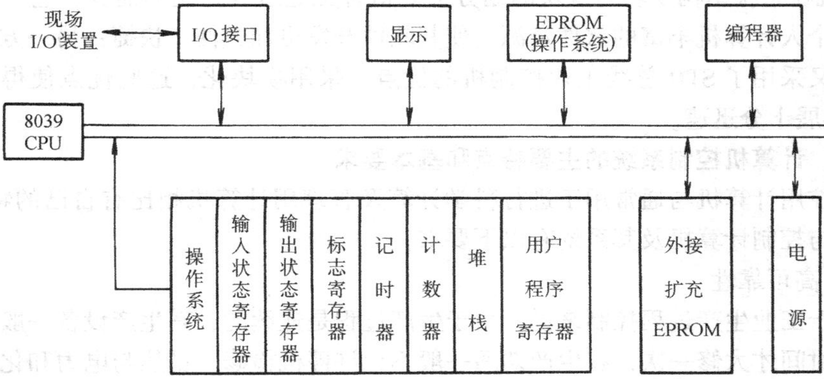

图 6-8　可编程序控制器（PC）主要硬件构成

CPU 按系统程序赋予的功能从存储器逐条读取用户程序，经过命令解释后按指令产生相应的控制信号，开启或关闭有关的控制电路，执行数据的存取、传输、组合、比较，完成用户程序规定的逻辑或算术运算等任务。PC 配有系统程序存储器和用户传输存储器。前者存放监控程序、模块化功能子程序、命令解释程序和各种参数等，后者存放用户编制的梯形图等程序。I/O 接口是 CPU 与现场 I/O 装置或其他外部设备之间的连接部件。PC 提供了各种操作电平和驱动能力的 I/O 模板及各种用途的 I/O 功能。如输入输出电平转换、电气隔离、A / D 或 D/A 变换以及其他控制功能等。I/O 模板既可与 CPU 放置在一起，又可远程现场放置。编程器用于用户程序的编制、调试和监视，它经过通信端口与 CPU 联系，完成人机对话连接。PC 还提供了各种带电源的模板框架供选用，PC 的内部电路由这种开关式电源供电。

可编程序控制器的应用范围非常广泛，从继电器控制系统到过程控制系统都可以使用，在材料加工控制中也有许多成功的应用实例。PC 也可与计算机组成功能更强的分布式控制系统。

3．STD 总线工业控制机

STD 总线工业控制机是 20 世纪 80 年代发展起来的一种广泛用于工业过程控

制的计算机系统，简称工控机。工控机大都采用模块式结构，具有通用性强、可靠性高、系统组成灵活等特点，具有广泛的适应性。在工控机中，除了主机板外，还有大量用途各异的功能板，如A/D、D/A转换板，步进电机控制板，内存控制板，串、并行通信扩展板，开关量输入输出板等。

4. 工业PC机

随着生产发展的需要以及电子技术的发展，STD总线工业控制机已越来越不能满足工业控制的需要。在原来个人计算机的基础上，工业PC机发展起来。工业PC机在系统结构及功能模块的划分上更适合工业过程控制的需要，它一方面继承了个人计算机丰富的软件资源，使其软件开发更加方便、快捷；另一方面在结构上又采用了STD总线工业控制机的优点，采用模块化，这些优点使得工业PC机发展十分迅速。

四、计算机控制系统的主要特点和基本要求

测控用计算机与通常用于进行科学计算及管理用计算机相比有自己的特点，对检测与控制计算机及其系统有以下要求：

1. 高可靠性

对于工业生产过程控制来说，由于生产过程是连续的，其生产设备一般一年或更长时间才大修一次，在生产期间一般不允许停机检修。虽然与电力和化工等工业装置相比，很多材料加工装置的可靠性要求没有那么苛刻，但计算机发生故障将对材料加工过程产生严重影响，甚至会发生质量和安全事故，因此特别要求计算机控制系统可靠性要高。可靠性是指计算机控制系统能够无故障运行的能力，具体衡量可靠性的指标是“平均故障间隔时间”。发生故障的间隔时间越长，则系统的可靠性就越高。

计算机系统的可靠性的高低，主要取决于它所采用的元件质量、线路工艺水平和整机设计技术。另外，由于微型计算机的可靠性较高，且价格低廉，因此在关键部位可采用冗余措施（如双机并用，一台为工作机，另一台作为备用）以提高系统的可靠性。采用分散型结构也是提高可靠性的措施之一。

2. 可维护性

可维护性是指日常进行维护时的方便程度，并在发生故障时能尽量缩短故障时间。首先，系统的硬件结构应该采用插件式，确定哪块插件坏了，就可方便地换插上备件，使系统恢复工作。另外，系统软件中应该有诊断程序，以便发现和判断故障部位。这些诊断程序在管理程序控制下，在执行控制程序的空闲时内运行，使生产过程控制和诊断故障两不误。其次，管理程序必须保证在某些输出输入单元被暂时断开时，系统能够继续工作。

3. 对环境的适应性

用于材料加工过程控制的计算机系统一般安装在距离控制现场不远的地方，

有的甚至直接装在被控装置或机器设备上，像高分子材料加工常用的注塑机、挤出机等。由于大多数工业对象处于高压、强电或强磁场、温度高、湿度大、振动剧烈、粉尘浓度高、腐蚀性强的环境下，不可避免地在计算机输入通道中引入各种干扰，因此，计算机控制系统应能适应各种工业环境，除了采用滤波器和屏蔽等技术外，还常常采用数字滤波等，并应针对具体情况采取相应的各种抗干扰措施。

4. 控制的实时性和中断系统

材料加工是按照一定规律运行的生产过程，计算机必须在材料加工过程进行时及时采集运行数据、及时处理、及时发出控制命令，由执行机构对该过程实施调节、控制。发生不正常情况时，应及时进行报警和事故处理。为实现这一要求，在硬件上，应配有实时时钟和优先级中断信息处理电路；在软件上，配备有完善的时钟管理，中断处理等程序，并配备实时操作系统，保证在生产过程正常运行时，严格地按照正常的操作步骤进行；当生产过程有变化而请求中断时，则分轻重缓急，及时地响应；在修改工艺参数和设定值时，也要能及时处理。

5. 完善的外围设备和指令系统

计算机控制系统需要配备完善的专用外围设备。例如，模拟量输入输出、开关量输入输出、自动化检测仪表以及人机通信设备等。此外还要求有丰富的指令系统，例如输入输出指令、逻辑判断指令和外围设备控制指令等。

通常在计算机失灵或调试新开发程序时，容易引起生产波动，为此，需要设置手动与自动切换装置，并要求做到无扰动切换。

6. 有正确反映生产过程规律的数学模型和完善的软件系统

控制用计算机不但要完成各种运算、控制、数字显示、打印、人机通信等工作，还要完成与其他计算机单元的通信联系，如向工厂级的管理用计算机发出当前生产情况的信息，为此必须配备完善的软件系统。一种是在系统内部进行信息处理，并使系统和外部世界相联系而设计的各种软件；另一种是“应用”软件，即用来使被控生产过程正确运转的专用性很强的控制算法和控制规律。数学模型能否正确反映生产过程规律，直接决定了材料加工过程控制的好坏。为了寻找材料加工过程的最优工况，实现最佳优化控制，达到优质、高产、低消耗的目的，需要建立能够正确反映材料加工实际生产过程规律的数学模型。

第二节　计算机控制系统的输入与输出

计算机控制系统的输入部分包括传感器、变送器及 A/D（模/数）转换等；输出部分包括 D/A（数/模）转换、信号调节器和控制执行器等。需要强调的是，正如在上一节中已经提到的，随着微电子技术等的发展，微处理器已被引入到这些工业自动化仪表等装置中，出现了智能仪表产品，为工业仪表自动化及材料加工过程的计算机控制系统应用向更高层次发展奠定了基础。

一、检测技术

1. 检测与转换技术及传感器

（1）检测与转换技术　检测与转换技术是自动检测技术和自动转换技术的总称，即从诸多不能直接输入计算机处理的被检测的物理量中提取所需要的信息。通常需要把这些非电量信号如温度、压力、位移、流量等物理量转换为电压或电流等电信号，转换后的电信号应能反映物理量的实际变化。

（2）传感器　传感器是信息获取过程中的第一个环节，是将被测对象的物理参数转换成相应的易于检测、传送或控制的模拟信号的器件，由敏感元件和部分测量电路构成。很多情况下传感器直接与被测对象接触，故应能适应生产现场的各种可能的恶劣环境条件，同时要满足规定的静态和动态精度要求，工作中还要简便可靠。由于被测参数多种多样，因而传感器的种类和规格十分复杂。按用途可分为用于力、温度、位移、速度、重量、时间、转速、频率和成分分析的传感器；按工作原理和利用的物理原理可分为电阻式、电感式、电容式、热电式、光电式、压磁式及压电式等；也可按传感器的组成结构划分，如最简单的、无需测量电路的电量传感器（热电偶传感器、光电池和压电传感器等），传感器结构中包括测量电路的电参数传感器（热敏电阻传感器、电容传感器、感应同步器、角度编码器等），除敏感元件外还需二次转换元件的电参数传感器（电位器传感器、电阻应变传感器、压磁传感器等）。

1）电阻式传感器是把被测参数转换为相应的电阻值，通过测量电阻值来反映被测参数。诸如导体长度变化、导体内部接触电阻的变化、导体内应力的变化、温度的变化等都能够引起电阻的变化。目前使用的有电位器式电阻传感器、电阻应变式传感器、热电式传感器等。

2）电感式传感器根据转换原理可分为自感式和互感式两种。在材料加工过程的计算机控制系统中多用于测量位移、压力和振动等参数，既可用于静态测量，又可用于动态测量。电感式传感器的种类很多，有气隙式电感传感器、差动变压器、电涡流式传感器等。

3）电容式传感器将材料微小尺寸变化或被测材料间电容介质的介电常数微小变化转变为电容量的变化，然后通过测量电路把电容量的变化以一定的电信号形式输出，实现非电量电测的目的。电容式传感器不仅广泛应用于精密测量位移、振动、角度和加速度等方面，而且逐步扩大到压力、液面、料位和成分等方面的测量。

由两种不同导体组成的闭合回路中，如果它们的两个接点的温度不同，则在该回路中就会有电动势产生，称为热电效应。利用这一原理制成的测定温度的传感器称为热电偶。使用最多的是铂铑-铂（S 型）、镍铬-镍铝（K 型）、镍铬-康铜（E 型）、铜-康铜（T 型）热电偶。

材料工程中常用的传感器有温度传感器、压力和压差传感器、氧探头、氮分解仪、红外线气体分析仪和氧势传感器、光敏电阻等。例如，无论是高分子材料还是金属材料、无机非金属材料加工过程中都常用到的用于温度检测的热电偶、热电阻；还有非接触式的测温仪表，如辐射式温度计、亮度温度计等；用于碳势或氮势检测的红外仪、氧探头、氮分解仪；用于薄膜材料加工检测的光敏电阻等。

2. 变送器

变送器是自动控制系统中的重要组成部分。在各种工业过程自动控制系统中，变送器对温度、压力、液位、流量、成分等物理量进行测量，并转换成统一的标准信号。从以往观点看，传感器与变送器是两种不同功能的模块。传感器是借助于敏感元件，接受物理量形式的信息，并按一定规律将其转换成同种或另一种物理量信息的仪表；而变送器为输出标准信号的传感器。

变送器无论是在过程控制系统中，还是在集散控制系统中，都占有独特的地位。变送器为适应下一单元的需要，将各种物理量的电信号进一步转换成统一的标准电信号，如 0 ~ 5V 或 0 ~ 10mA 等。信号标准其实是仪表之间的协议。信号标准的变化代表了过程控制仪表的发展进程，每一次变化对变送器都带来新成果。目前国际上已出现了多种现场总线的变送器，带有微处理器的智能化现场变送器是发展的必然趋势。

随着工业技术的更新，特别是半导体技术、微电子技术的发展，使变送器制造技术出现了巨大的变化，由此使变送器不断升级换代。智能传感器的普及又加速了智能变送器的进步。近几年，采用微机械加工技术和微电子技术从传统的结构设计转向微机械加工工艺结构设计，使敏感元件与信号调理电路一体化，传感与变送功能合一，出现了多参数变送器，这是今后智能变送器的发展趋势之一。

二、控制仪表与装置

1. 调节器

在定值自动调节系统中，由于扰动的作用，被调节参数会偏离给定值，即产生偏差。偏差等于被调节参数与给定值之差。偏差信号作为输入量送入调节器，在调节器中按一定规律运算后，给出输出信号进行调节，以消除扰动的影响，使被调节参数回到给定值。调节过程的品质即以何种途径、经过多长时间回到给定值，不仅与对象特性有关，还与调节器的特性有关。

近年来，虽然出现了许多新型的调节器，相应地也出现了一些新型调节规律，但是最基本的，工业上用得最普遍的仍然是比例（P）、积分（I）及微分（D）三种调节规律。在此基础上可以组合成比例调节器、比例积分（PI）调节器、比例微分（PD）调节器以及比例积分微分（PID）调节器。

比例调节器的输出与输入成正比，而输入是设定与反馈之差，偏差一出现，就能及时地产生与之成比例的调节作用，但是，调节过程终止时，被调节参数测量值与给定值存在偏差，称为静态偏差，也称静差。

比例积分调节器中积分作用的特点是：调节器输出与偏差存在的时间有关，只要偏差存在，输出就会随时间不断增长，直到偏差消除，调节器的输出才不再变化。因此，积分作用能消除静差，这是它主要的优点。但积分作用动作缓慢，在偏差刚出现时，调节器作用很弱不能及时克服扰动的影响，致使被调节参数的动态偏差增大，调节过程延长。因此，很少单独使用积分调节器，绝大多数都是将积分作用与比例作用合在一个调节器中形成比例积分调节器 PI。PI 调节器动作快，又能消除静差，是用得最多的调节器。但当对象有较大的惯性时，PI 调节器不能得到很好的调节品质。由于对象惯性大（如温度对象），即使受到大的扰动，被调节参数开始时变化仍不大，偏差很小，相应的 PI 调节器的调节作用就很弱，但偏差却以一定的速度增大。因此，对于惯性较大的对象，PI 调节器不能及时克服扰动的影响，以致造成大的动态偏差和较长的调节时间。

比例积分调节器中微分作用的特点是输出只能反映偏差输入的变化速度。对于一个固定不变的偏差，不管它的数值多大，根本不会有微分作用输出，因此它不能克服静差；当偏差变化很慢，但经长时间积累达到相当大的数值时，微分作用也无能为力，所以在系统中不能使用单独的微分作用，它需要与比例作用配合构成比例微分调节器。若在调节器中加入微分作用，在偏差值尚不大时，根据偏差变化的趋势，调节器提前给出较大的调节动作，可使过程的动态品质得到改善。但是，如微分作用过强，或对象惯性较小时，微分作用反而会使过程品质变坏，甚至使系统不能稳定工作。

同时具有比例、积分、微分作用的调节器称 PID 调节器。从调节规律来讲，PID 调节器是模拟调节器中最完善的调节器。PID 调节器中，使它的积分时间为无穷大，即得到 PD 调节器；使它的微分预调时间为零，即成为 PI 调节器，同时使积分时间为无穷大，而预调时间为零，则成为 P 调节器。

随着微电子技术的迅猛发展，微处理器被引入调节器等工业自动化仪表装置中。数字式调节器由主机、过程通道、键盘及显示器等基本部分构成，当要求与操作站或上位机联络时，可配备接口，需要打印记录信息时可另配打印机接口。

一般的数字式 PID 调节器内部装有微处理器，其各种丰富的功能均是在硬件电路的基础上，由执行程序实现，用户不需编制程序，操作人员如同使用模拟仪表一样方便。其缺点是功能比较局限，只有确定的有限功能，不能灵活组成复杂的控制系统，在此基础上出现了可编程数字调节器。

可编程数字调节器在其内部设计了全新概念的软件包，它将运算功能和控制功能等做成标准的功能软件包，并预先存储在调节器的存储器中。为实现某一控制策略，用户不必更改装置的硬连接，也无需掌握微处理器的知识，只需掌握并运用一定规则，通过编程将这些功能模块进行自由组合，便可实现所需的控制系统。因此，可编程数字调节器具有充分的灵活性与良好的系统扩展性。一台可编程数字调节器相当于多台模拟调节器和运算器的功能，不仅提高了性能价格比，而且削减了仪表台数，缩小了仪表盘面积。可编程数字调节器甚至可以独立构成控制系统，也可与上位机进行，构成分级控制系统。

2. 执行器

人们常把执行器称为实现生产过程自动化的“手足”。执行器在自动化生产过程中起着非常重要的作用。它在自动控制系统中接受调节器的控制信号，自动改变操作变量，达到对被调参数（如温度、压力、液位等）进行调节的目的，使生产过程按照预定要求正常进行。

经 D/A 转换后的模拟量输出为 0 ~ 5V 或 0 ~ 10mA，在大多数情况下需要经过上述调节器调节信号，再与执行器相匹配。在实际应用中应注意调节器与执行器的匹配。以材料加工过程中常见的温度控制为例，比较常用的如可将输出的 0 ~ 10mA 信号，经过占空比调功器控制晶闸管进行大功率控温，再如渗碳可通过窄脉冲滴控器驱动电磁阀进行控制。

执行器根据执行机构使用的工作能源不同可分为三大类：气动执行器、电动执行器、液动执行器，其中，液动执行器使用较少。

(1) 气动执行器　气动执行器是以压缩空气为能源的执行器，具有结构简单、输出推力大、动作可靠、性能稳定、维护方便、价格便宜、安全防爆等优点。它不仅能与气动调节仪表配套使用，还可通过电/气转换器或电/气阀门定位器与电动调节仪表或工业控制计算机配套使用，是目前实际应用最多的执行器。

(2) 电动执行器　电动执行器的主要特点是：能源取用方便，信号传输速度快，传送距离远，便于集中控制，停电时执行器保持原位不动，不影响主设备安全，灵敏度和精度较高，与电动调节仪表配合方便，安装接线简单。缺点是结构复杂、体积较大、推力小、价格贵、平均故障率高于气动执行器、适用于防爆要求不高及缺乏气源和使用数量不多的场合。例如，在高分子材料加工设备中用得较多。

随着微处理器引入到过程控制装置中，出现了智能执行器、智能调节阀等智能仪表产品。智能仪表改变了传统的实现方式，成为硬件和软件的结合体，仪表的众多功能将由软件来实现，为工业仪表自动化及其系统应用向更高层次发展奠定了基础。

智能执行器是智能仪表中的一种，有电动和气动两类，每类又有多个品种。一般智能执行器的基本功能是信号驱动和执行，内含调节阀输出特性补偿、PID 控制和运算、阀门特性自检验和自诊断功能。由于智能执行器备有微机接口，它可与上位调节器、变送器、记录仪等智能化仪表一起联网，构成控制系统。

三、输入输出过程通道

在计算机控制系统中，计算机能够接收和发出的是由二进制代码表示的数字量信号，而从被控工业对象采集和直接作用于被控工业对象的信号为模拟量信号。从被控工业对象通过传感器、变送器采集的各种模拟量信号不能直接输入计算机，同样，从计算机发出的数字量控制信号也不能直接作用于被控工业对象。为了实现对生产过程的控制，要将对象的各种测量参数按要求的方式送入微型计算机；计算机经过计算、处理后，将结果以数字量的形式输出，此时也要把该输出变换为适合于对生产过程进行控制的量，两者之间必须经过模拟量数字量转换（A/D 转换）或数字量模拟量转换（D/A 转换）。这些信息传递和转换工作要依靠过程通道来完成。因此说，过程通道是联系计算机和被控工业对象的纽带和桥梁。

过程通道包括模拟量输入通道、模拟量输出通道、数字量输入通道和数字量输出通道。要对工业现场实现所需要的自动控制，就必须对它的运行状态进行检测。模拟量输入通道和数字量（或称开关量）输入通道就是为此目的而设置的两种检测通道。生产过程的被调参数（包括压力、流量、温度、液面高度等），一般都是随时间连续变化的模拟量，通过检测元件和变送器，把它们转换为模拟电流或电压。由于计算机只能识别数字量，故模拟电信号必须通过模拟量输入通道转换为相应的数字信号才能送入计算机；而生产现场的两态开关、电平的高低、接点的断通、限位开关的状态，通过脉冲计数器输入的流量、转速、数量一类脉冲量等数字或开关信号，则可通过数字量输入通道输入计算机。

计算机控制生产现场的控制通道也分为模拟量输出通道及数字量输出通道。计算机输出的控制信号以数字形式给出。有的执行元件要求提供模拟的电流或电压，如很多控制执行装置，显示、记录等，则应采用模拟量输出通道来实现；有的执行元件只要求提供数字量（或开关量），如报警显示、信号灯显示等，则应采用数字量输出通道。

（1）输入过程通道　输入过程通道的结构示意框图如图 6-9 所示，包括模拟量输入通道和数字量输入通道。

由图6-9可见，模拟量输入通道由信号处理器、多路切换采样器、采样保持器和数据放大器、A/D转换器、控制电路以及输入输出接口等组成。生产现场的各种被测工况参数由传感器或测量仪表变换成统一信号，同时必须根据需要对这些信号进行处理。信号处理可选择的内容包括小信号放大、信号滤波、信号衰减、阻抗匹配、电平变换、非线性补偿和电流/电压转换等。

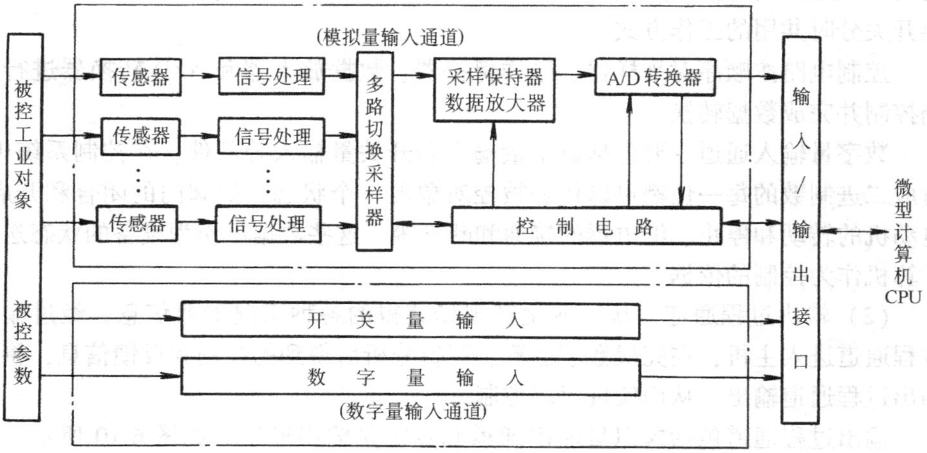

图6-9 微型机控制系统输入过程通道示意框图

计算机应用于生产过程控制，主要是利用计算机运算和判断的快速性，使得一台计算机可以“同时”对多个回路的输入信号进行处理和监控多个回路。一般生产过程计算机控制系统的模拟量输入可能是几十点甚至上百点，为了使这些模拟量信号一个一个地送到A/D转换器，就要通过多路切换采样器来实现。

多路切换采样器受控制电路中的采样顺序寄存器控制，按顺序逐点接通开关，将各测点的电压信号送入采样保持器和数据放大器。

采样保持器的作用是提高转换精度和消除转换时间的不确定性。数据放大器则将电压信号放大到A/D转换器所需要的输入电平。

选择合理的采样周期是很重要的，下一节中将要介绍的塑料挤出机、塑料注塑机料筒温度的控制，就必须考虑这个因素。采样周期若太短，会使调节过于频繁，执行机构来不及响应；而过长则会使干扰得不到及时克服而使调节品质恶化。一般根据生产过程的物理特性与加在该过程上的干扰程度来选择采样周期。响应快、波动大的量易受干扰，采样周期要短；而反应慢、滞后时间长的量，调节不宜过频，采样周期可以长一些。

模拟量输入通道中的核心部件是A/D转换器。它的功能是将模拟电参量转换为计算机能处理的数字量。其类型很多，应用较为广泛的有逐级比较型和双积分型等。一般可以根据采样速度和转换精度的不同要求来选用适当规格的 A/D 转换器，例如采样速度低于 5 ~ 10 点/秒可采用双积分式 A/D 转换器，而高于这个采样速度可采用逐级比较式。表征 A/D 转换器转换精度的分辨率常用二进制数位来表示，有 8 位、10 位、12 位和 16 位等，一般选用 12 位的 A/D 转换器就能满足工业控制需要。高速或高精度的 A/D 转换器价格较贵，通常采用多路转换开关分时共用的工作方式。

控制电路按顺序对采样器、采样保持器、数据放大器和 A/D 转换器进行协调控制并完成数据转换。

数字量输入通道主要包括数字量输入和开关量输入等部件。在控制系统中，对应二进制数的每一位都可以代表被控对象的一个状态，如阀门的闭合和开启，电动机的转动和停止、继电器的接通和断开等。这些数据可作为设备的状态送往计算机作为控制的依据。

（2）输出过程通道　从工业生产现场获得的各种工况参数信息，经过输入过程通道进入主机，在完成数字运算、逻辑分析后得到的控制和反馈信息，将由输出过程通道输出，从而实现闭环控制。

输出过程通道包括模拟量输出通道和数字量输出通道。如图 6-10 所示，为一种具有公共 D/A 转换器模拟量输出的输出过程通道框图。模拟量输出通道由 D/A 转换器、多路切换器、控制电路以及执行机构等组成。数字量输出通道主要包括数字量输出处理部件，并由它完成信息加工处理及送往工业生产现场。由于计算机给出的控制信息是二进制数码，而多数电动或气动调节执行部件是按模拟量输入方式工作的，所以模拟量输出通道的主要任务是按预定输出顺序实现数/模转换，这由 D/A 转换器来完成。模拟量输出通道中回路的数目称为通道容量，它是通道的一个重要指标。通道容量的选择应根据工业生产现场的控制要求来确

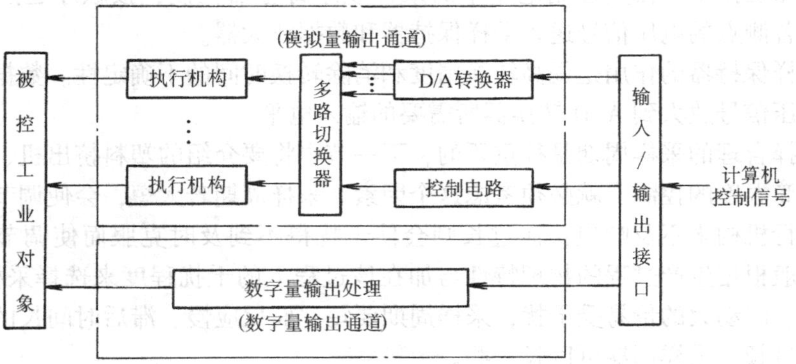

图 6-10　输出过程通道框图

定。这种经过转换后的控制模拟量信息，再经过多路切换器按预定顺序送往各个调节执行机构，以实现系统的闭环控制。

第三节 材料加工的计算机控制

一、高分子材料加工的计算机控制

(一) 注塑机的计算机控制

注射成型是一种重要的塑料成型方法。注塑制品在塑料制品中占很大比例，它能一次成型外形复杂、尺寸精确的制品，并且其加工过程容易实现生产自动化。注塑机是完成注射成型加工的机械。新一代的注塑机大都采用了微机控制系统。注塑机微机控制系统主要实现：① 顺序控制；② 过程控制（速度、压力、转速、温度)；③ 注塑制品的质量控制；④ 集中管理和集中监视控制。其中顺序控制、过程控制基本每一台注塑机都具有，而产品质量控制、集中管理和集中监视控制的配置与否则取决于生产规模的大小和生产过程。以注塑机为中心的塑料加工厂，即使在过去没有计算机时也要以某种形式实现集中监视、集中管理控制。

一个典型的注塑机的计算机控制系统如图 6-11 所示。

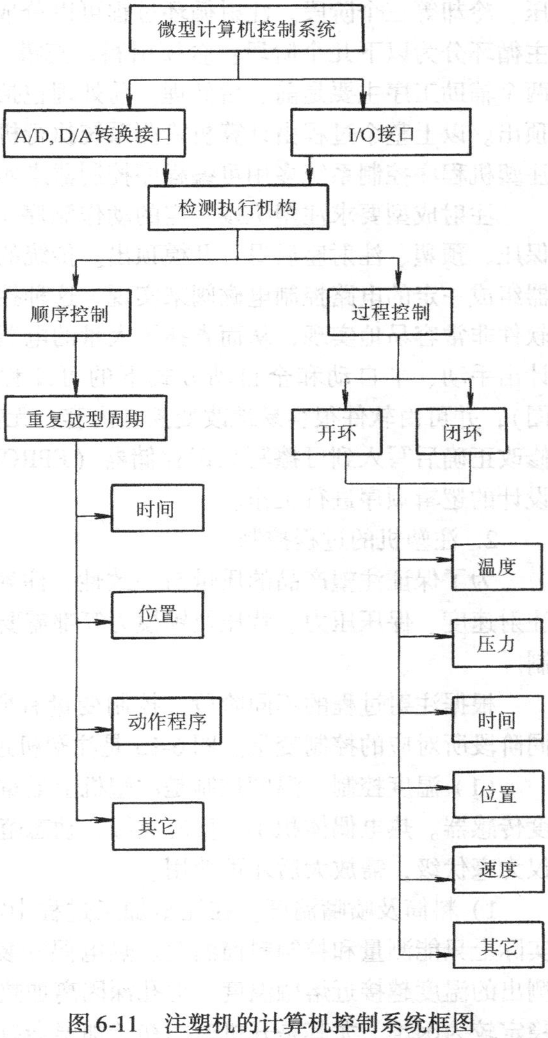

图 6-11 注塑机的计算机控制系统框图

上述控制系统主要控制内容有：① 对注射速度、保压螺杆、背压螺杆转速的实际值与设定值进行比较修正；② 分阶段地设定注射速度、保压螺杆和背压螺杆转速；③ 注射工序向保压工序的自动转换；④ 成型工艺条件的确定；⑤ 物料温度、料筒温度、循环时间、模具紧固装置的集中监控。

1. 注塑机的顺序控制

顺序控制是指对注塑机的各种动作、位置控制。一个注射循环过程是由许多部件的动作按一定的逻辑和时间序列顺序完成的。注塑机的机械运动可分成两种主要的运动：一是模腔装置的周期运动，包括模板开始闭合、正式闭模、模板开始开启、正式开模等四个阶段；二是注射装置的周期运动，其中包括注射、保压、冷却等三个阶段。注射循环过程可以分成“主循环”工序和两个辅助工序。主循环分为以下几个阶段：合模引料、充模、保压、倒流、凝封、冷却、开模。两个辅助工序主要是前、后处理。前处理包括进料和预塑，后处理主要指制品的顶出。以上整个过程由计算机检测系统执行机构组成的控制系统进行控制。一般注塑机程序控制系统多用可编程序控制器来实现。

注射成型要求注塑机按一定的动作顺序工作，即闭模、注射座前进、注射、保压、预塑、注射座后退、开模顶出。传统的方法是依靠按钮、各种开关和继电器组成一定的电路控制电磁阀来实现。这种控制方式可以由可编程序控制器通过软件非常容易地实现，从而省掉了大量的电器元件。依据注塑机的电路图，可设计出手动、半自动和全自动方式下的可编程序控制器的内部逻辑图（即梯形图），并可由软件很容易地改变控制内容，无需重新设置和修改线路。经调试和修改正确后写入到可擦写只读存储器（EPROM）中，每次开机后注塑机就按所设计的逻辑顺序进行工作。

2. 注塑机的过程控制

为了保证注塑产品的质量与一致性，注射过程中的许多变量，如料筒温度、注射速度、保压压力、背压及锁模力等都需要控制。过程变量一般都采用闭环控制。

根据注射过程的不同阶段，控制变量有所不同。图 6-12 表示出注射过程不同阶段所对应的控制变量。图 6-13 是注塑机过程控制的构成示意图。

(1) 温度控制　温度控制是注塑机上最重要的控制变量，常用热电偶作为温度传感器。热电偶体积小、反应灵敏、动态范围宽、安装方便。但它的输出信号仅为毫伏级，需放大后才可使用。

1）料筒及喷嘴温度。在注塑加工过程中需要控制的是塑料的熔融温度，但实际上只能测量和控制料筒温度。热电偶安装在料筒的测量孔中。测量孔越深，测出的温度越接近熔融温度。但孔深因离加热器较远，当设定温度改变后，达到稳定较为困难，尤其是开机时的初始加温会有较严重的超温。

料筒温度具有较大的热惯性和热滞后，要实现更好的温度控制可采用串级控制。串级控制采用一深孔和一浅孔的双热电偶检测。相对于深孔，浅孔的热电偶

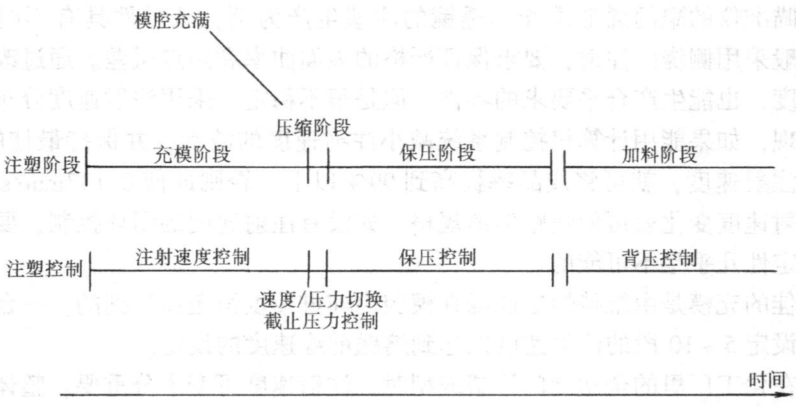

图 6-12　注射过程不同阶段所对应的控制变量

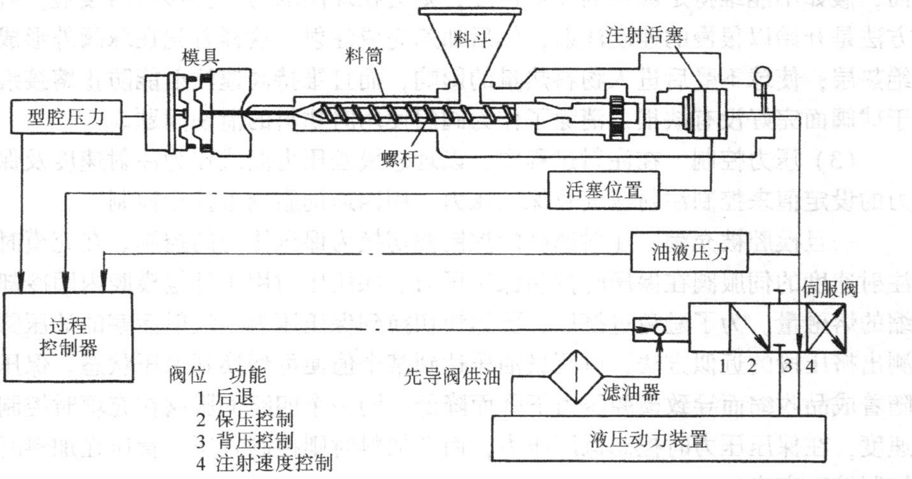

图 6-13　注塑机过程控制的构成示意图

能快速地检测出加热器的温度变化，因而可以减少超温，它构成内环；深孔的热电偶则构成外环。为了准确地测量出熔融温度，必须注意热电偶与孔壁接触是否良好。

2）模具温度。模具的表面温度对成品的质量有着重要的影响，尤其是表面的质量。模具温度不但影响塑料制品的表面光泽度，还直接影响注射成型后制品的内应力。模温控制一般由计算机控制系统控制加热/冷却装置来满足其要求，通常只用一个模具温度来代表模具的三维表面温度分布。

（2）注射速度的控制　注射速度的控制与料筒温度和喷嘴温度的控制同样重

要。以瞄准仪的聚丙烯酸酯光学透镜的注塑生产为例，该零件具有不同的凸表面。一般采用侧浇门注射，要求保证严格的表面曲率和焦点误差。通过改善模具的精确度，也能生产合乎要求的零件，但是很不稳定。采用注射速度分布控制手段后发现，如果能用计算机控制系统减小注射速度的波动，并保持最佳的慢速、稳定的注射速度，就可将成品率提高到99%以上。否则即使0.137mm/s这样很小的注射速度变化就可使焦距偏离规格。如没有注射速度的闭环控制，要取得这样的稳定性几乎是不可能的。

最佳的充模是由维持熔融前缘在模腔内前进速度恒定而达到的。一台现代注塑机可设定5~10段的注射速度以达到熔融前缘速度的设定。

用在化工厂里的全塑阀门注塑成型时，注射速度可变十分重要。整体式阀体包绕在涂有聚四氟乙烯密封料的ABS阀球和阀杆上。物料从正对阀球的浇口进来，撞击在球面上，使球面产生剥蚀，因此，此时希望采用低的注射速度。然而，假如不能维持足够快的注射速度，则会在球阀的另一侧形成熔接痕。解决的方法是开始以很慢的速度注射，然后加速完成注射。这样首先在球阀外形成一层绝热层，使球不受后进入物料热量的影响，而且维持高速注射能防止熔接痕。由于球阀面完好没有缺损，消除了作为阀门使用时物料的泄漏问题。

(3) 压力控制　在注射过程中，以理想模腔压力曲线作为注射速度及保压压力的设定值来控制注射速度及保压压力，用四通伺服阀来执行控制。

一旦模腔被充满，注射速度的控制便切换为保压压力的控制。在充模时控制注射速度的伺服阀在保压时控制保压压力。保压压力用于补偿模腔内因冷却而收缩的熔融量。为了避免过挤压，要尽快切换到保压压力。注射活塞的油压骤升是测出挤压段的近似方法，可测量油压达到某个值便可切换到保压状态。保压压力随着成品收缩而导致模腔压力下降而降低。同一个四路伺服阀在充填时控制注射速度，在保压压力时控制保压压力，而在加料时则控制背压。背压在加料时主要控制熔融密度。

3. 小型注塑机的微机控制系统

虽然大、中型注塑机普遍地采用计算机控制，但由于计算机价格占小型注塑机整机的价格比例很大，所以小型注塑机还是以常规继电器控制系统为主。针对小型注塑机生产批量大、接线复杂、控制精度不高、效率低、性能不稳定等问题，采用了单片机微机控制系统用于小型注塑机的控制。以近年来国内研制的某小型注塑机为例，能满足以下要求：

1) 注塑机采用单片机控制方式，实现整个注塑机工作过程的控制，实时性强。由于采用单片机，降低了小型注塑机微机所占成本比例。

2) 有手动、半自动、全自动、调模四种方式，由行程开关输入，输出到电磁阀控制。

3）面板上有拨码和数码管，数码管用于显示定时器时间或加工工件数。在面板上用发光管指示正在执行的动作，以便操作。压力大小由拨码来设定。

4）能够满足不同客户的要求，留有多个输入、输出接口。

（二）塑料挤出过程的计算机控制

1. 挤出成型加工的控制要求

聚合物挤出是一个连续的加工过程，聚合物由固态在加热与剪切的共同作用下逐渐塑化成熔体，非牛顿熔体的熔流在适宜的加工条件下形成稳定的流动和均匀的输出。挤出加工过程较为复杂，影响因素也较多，实现精确控制比较困难。随着对聚合物熔体流变学特性研究的逐步深入，聚合物熔体性能数据越来越丰富，对挤出加工这一复杂过程实现较为完善和理想的控制成为可能。随着人们对产品性能和质量提出了更高的要求，从而对设备的要求也更为严格，对挤出加工过程实现计算机在线控制成为一个极其重要和必须解决的实际问题。

挤出加工过程控制的主要目的就是从挤出模具中获得充分塑化的熔体并保持稳定的挤出速率。这就要求输送到模具的熔体保持相同的压力、温度和剪切过程，以保证模具对熔体的输送恒定而且稳定。以熔体的温度和挤出机端部的熔体压力控制为例，可在挤出机上多处对熔体温度进行测量以确定剪切速率与温度的交互影响，从而对熔体温度进行精确控制。而熔体压力是几个因素共同作用的结果，如温度、剪切过程以及挤出机中物料的混合程度，因而很难直接控制。同时，剪切过程与挤出机背压密切相关，这两者的变化又必然影响到熔体温度，很显然熔融参数之间是相互影响的。另外，这些被控变量还与挤出机参数设定及操作方式关系紧密。这些交互作用的调整在很大程度上是依赖于机器组装人员和操作人员的技术和经验。如果利用计算机进行自动控制，就有可能使加工过程不再依赖操作人员的技术水平而使其保持稳定。总体来说，影响挤出加工过程的各因素都是交互作用的，相互间呈非线性关系。

计算机在塑料挤出机上的应用之一是在成型机头上的应用。在实际成型时，能使熔体沿着机头的整个宽度均匀地分配，像在电线、电缆的多层共挤出成型过程中，应用计算机控制系统能完成高精度的成型机头控制，如材质选择、流道设计、流道温度操作条件的最佳化等。另一主要应用是在机筒和螺杆上的应用，如料筒温度的精密控制。

与注射成型不同，挤出成型的顺序控制可以说几乎没有，如何在塑料挤出加工过程中实现稳定、自动化的操作，是挤出机计算机控制系统的主要任务。

2. 挤出机计算机控制系统功能的实现

挤出机计算机控制系统采用可产生适度稳定输出的一套操作条件进行启动，然后通过改变机器的设定值来增大输送速率。通过对一些参数的在线监测，由计算机判断其运行状态是否平稳，并同时给出调节指令，如通过对挤出压力波动监测可判断熔体状态，因为压力波动预示着熔体发生不稳定和波动。还可对出口熔体进行声波检测来测定熔体质量，声音频谱可表明剪切过程的变化，这些变化也将预示波动或其他不稳定情况的发生。用远红外测量对刚挤出模头的型材作关键部位的测量，挤出熔体的棱边能非常灵敏地反映挤出量的波动和出口膨胀的变化。

另外，通过改变螺杆转速或/和牵引速率可保持产品具有合格和稳定的每米重。以管材加工为例，挤出管材内径的控制非常重要，采用计算机控制，内径的精度大大提高了。计算机控制的管材挤出成型生产线采用重量式供给装置，而不是采用过去的容积式定量加料器进行物料供给。计算机利用温度、压力传感器高精度地测定挤出成型机和成型模头的温度和压力，按初始设定值进行控制，以维持一定的熔体材料密度，获得均一的产品质量。用 β 射线厚度计测定制品的厚度，通过控制成型头部的电动机转速调整壁厚，计算机根据反馈信息进行自动调节控制。

实现控制的做法就是利用计算机得到的反馈信息改变机器的操作参数。要根据计算机的控制信息来改变螺杆转速，则在主驱动电动机上装一个信号敏感的联动器；若要改变挤出机端部的限流状况，则要使用一个信号敏感的熔体阀来调节计算机所指示的限流；温度控制系统要能根据计算机和温度传感器所发出的调节熔体温度的信号对机器温度加以调节，熔体温度将会由于挤出速率的调节和进料特性的变化而发生变化。计算机还能够对挤出机周围环境的变化做出补偿。对挤出过程成功地实现闭环控制系统的关键是经过模头、挤出机能提供稳定的输出。

3. 挤出机筒体温度的控制

挤出机筒体的温度控制是计算机控制系统在高分子材料挤出加工中应用的典型例子。为了保证工艺上的需要，各节筒体均需维持温度恒定及相互间具有预定的温度梯度。为此，每节筒体均带有加热和冷却控制系统。视螺杆长径比不同，挤出机筒体在数节至十多节之间。根据每节筒体的功能，其内部的螺杆的形状、螺距也相应变化，每节筒体的设定温度也不同。显然，随着螺杆转速、加料量、混炼物种类不同，每节筒体的吸热、摩擦热、反应生成热均有很大不同，筒体间的热耦合不但较强而且随工况不同而变化。此外，系统还具有较大的热惯性和热滞后。对于这种工况复杂的多变量耦合大滞后系统，要进行良好的温度控制，无疑是很困难的。通过采用计算机控制系统，引入变结构预测控制技术，比较成功地解决了这一问题。此外，安全联锁、故障分级报警处理功能，可避免人为误操作及故障扩大。软硬件模块化，则使系统生产、维修、升级和移植都十分方便，也提高了系统的可靠性。

整个系统可以分为相对独立的三部分：嵌入式薄型工控机、多路高精度测控模块、塑料挤出机强电执行系统（包括各种传感器）。多路高精度测控模块通过串行通信口接受工控机的指令，对塑料挤出机的各种状态进行测量，经滤波、校准和标度传换后发回工控机，工控机则把这些状态测量值以彩色图形方式显示，并将根据测量值计算所得控制量发往测控模块，测控模块根据此控制量通过强电执行机构对塑料挤出机进行各种控制。图 6-14 是其中多路高精度测控模块结构示意图。

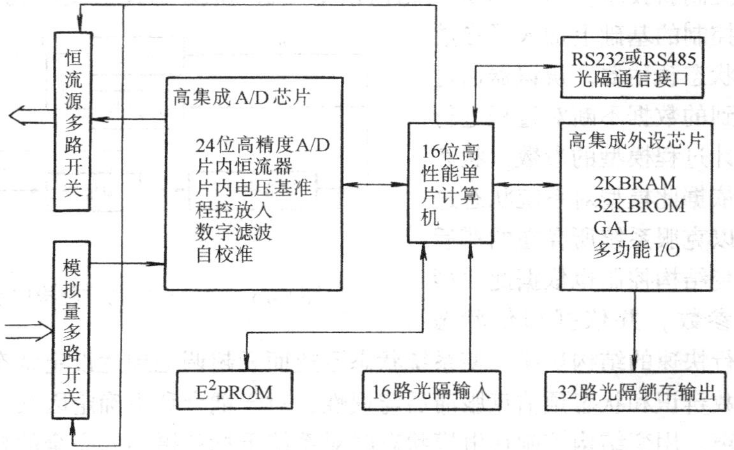

图 6-14　多路高精度测控模块结构示意图

嵌入式薄型工控机是近年来出现的一种新型的工控机。它采用液晶显示屏和一些笔记本电脑的轻小型部件，实际上可以把它看作加固型的笔记本电脑。它的使用方式也与传统工控机有所不同，主要依靠通信进行功能扩展。在薄型工控机显示屏上有透明的五线电阻触摸屏。安装相应的驱动软件后，与 Windows 彩色图形界面相配合，形成十分友好的操作界面。显示屏所显示的图形既有丰富的信息显示，也可直接触模图形进行相应操作，形象、直观而又方便。触摸屏图形界面使计算机控制系统的操作较常规仪表更简单、更容易、更可靠。它使计算机高深复杂的技术有了亲切、友好、易懂的包装，易于为大多数人所接受。显然，这对计算机技术在高分子材料挤出加工中的推广应用具有极大的意义。多路高精度测控模块实际是一个完整的计算机测控系统。系统采用的模块以 INTEL 公司的 16 位高性能单片计算机为核心，配以 24 位高精度 A/D 转换器及高集成度芯片，结构紧凑，性能优良。模块的输入输出可以软件组态，不同品种的塑料挤出机，只要根据其要求进行相应软件组态即可，十分方便。

模块以串行通信口与上位机进行通信。模块按照上位机发来的命令进行组态、校准、测量和控制等各项功能，并发回已经滤波、校准和标度转换的精确数据。

如前所述，挤出机筒体温度控制是一个复杂的多变量控制系统，不但具有惯性大和滞后大的特点，而且还存在较强的耦合和不确定性。对这样的系统要建立精确的数学模型并据此进行控制，几乎是不可能的。采用变结构预测控制是一个较好的方案。

变结构预测控制是在变结构控制的基础上引入参数辨识功能和状态预估功能而构成的控制新技术。图6-15是变结构预测控制构成示意图。变结构预测控制在变结构控制的基础上加入了参数辨识器和状态预估器。辨识器通过在线收集到的数据不断对过程进行辨识，估计过程模型的参数，状态预估器则依据此模型对系统状态进行预估，以克服系统所存在的滞后和惯性。变结构控制也依据此模型调整控制参数，并依据预估状态对系统进行快速的结构切换，使系统状态迅速而无超调地到达设定状态。

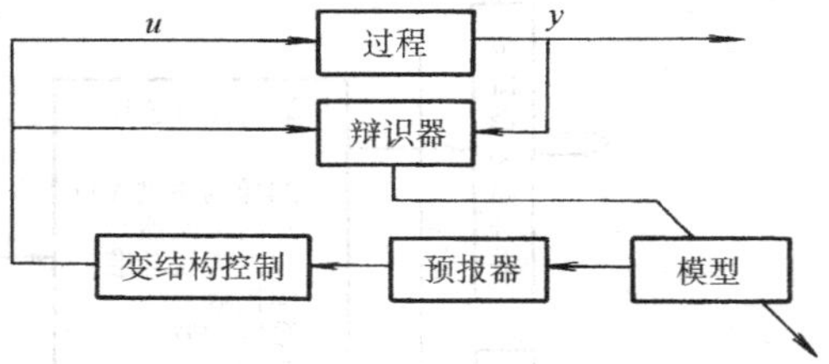

图6-15　变结构预测控制构成示意图

以参数辨识和状态预估克服滞后与惯性，对于耦合和不确定因素，则可视为干扰和噪声，用变结构控制在滑模状态时对系统干扰和摄动的完全的自适应性予以解决。整个多变量控制系统可以看作多个单输入单输出的组合，每个单输入单输出子系统可以独立进行控制，控制算法大为简化，实际控制效果仍然十分优良。

（三）薄膜吹塑生产过程的计算机控制

在薄膜吹塑生产过程中，吹塑薄膜的折径宽度、薄膜的平均厚度、膜泡的颈部长度等一直都是影响吹塑薄膜质量的关键因素，以前一般只能凭经验控制。在吹塑薄膜的生产过程中，应用计算机控制系统，把薄膜质量的控制水平提高到一个崭新的阶段，使薄膜质量提高、废品率降低、产量增加。

计算机控制要根据生产中的主要技术参数和工艺参数编制程序。利用可编程序控制器对其主要参数，如薄膜厚度、折径宽度、膜泡颈部长度、螺杆转数、牵引速度以及口模间隙等，实行指定的程序控制。计算机控制的灵敏度、准确性和速度，把工艺参数调整到最优状态，保证了薄膜的规格和质量，消除了人为控制所带来的误差，也大大地提高了生产率。

1. 折径宽度的控制系统

对于既定规格的薄膜，折径宽度是一定的。可由下式求得：

$$W=\frac{1}{2}\pi aD$$

式中，W是折径宽度，a是吹胀比，D是口模直径。

由于D是定值，在实际生产中，控制折径宽度主要通过改变吹胀比。

折径宽度计算机控制系统利用光传感器测量薄膜缠绕前宽度。如果测得薄膜折径宽度变大，说明膜泡直径变大，吹胀比增大，这时，可编程序控制器立即指令吹胀空气的控制装置把过多的空气排除膜泡外，减少吹胀比。如果测得的折径变小，则把所需的空气量输入膜泡内，增加吹胀比。为了快速地将膜泡调节到所需要的薄膜宽度，合理地控制膜泡的软化段，可以设置薄膜定径装置，利用可编程序控制器控制膜泡定径装置。可编程序控制器根据折径宽度测量器测得的宽度值，指令定径装置，并由定径装置上的执行机构控制吹胀空气量，或者输入，或者放出。使膜泡与定径装置相接触，既提高了薄膜的冷却速率，又保证了薄膜平折宽度的一致性，成卷规整，有利于薄膜制品的后加工。

2. 薄膜平均厚度的控制

由于吹胀比可调范围比较小，在生产中，吹塑薄膜的厚度主要由牵引比来调节。可编程序控制器在牵引速度、螺杆转速、加料速度之间调节它们之间的变化关系，以维持薄膜厚度的一致性。螺杆转速提高，挤出量增加，如果牵引速度不变，薄膜厚度增加。

此外，为了保证薄膜厚度的均匀性，在吹塑薄膜辅机上安装β射线自动测厚装置，如图 6-16 所示。厚度测量器的测量头正对着膜泡，以定点或沿膜泡圆周移动的方式来测量膜的厚度。当测量的厚度值发生变化时，可编程序控制器指令牵引装置，对牵引速度做相应的调整或者对口模间隙内熔料速度作相应的调整。

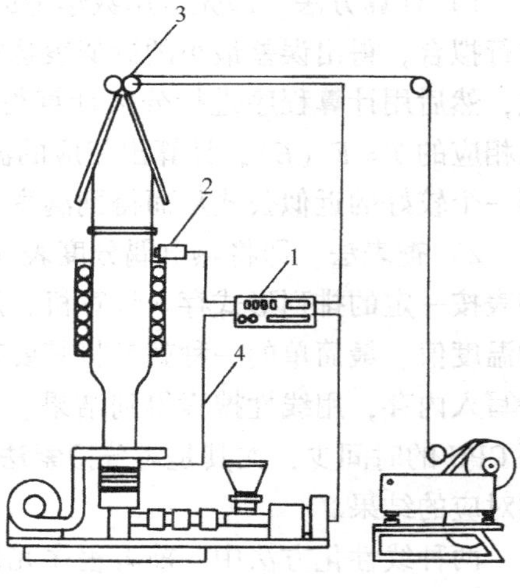

图 6-16　可编程序控制器与薄膜厚度监测装置构成的薄膜平均厚度控制系统

1—可编程序控制器　2—薄膜厚度监测装置
3—控制牵引装置　4—口模内熔料速度控制装置

二、金属材料加工的计算机控制

金属材料加工设备中最常见的是加热炉，计算机可以对加热炉实现温度、时间、气氛和工序动作的自动化控制，还可以按规定的工艺数学模型实现加工工艺过程的优化控制。计算机不仅可以对加热炉实现单台炉控制，还可以实现对多台加热炉的群控。计算机正逐渐成为材料加工设备和工艺过程控制中不可缺少的部分。

温度控制是加热炉设备自动化控制中十分重要的一个方面。加热炉温度控制又是一个具有大滞后环节的系统，所以也是较难控制的一个参数。加热炉温度控制系统可分为温度信号测量与处理和温度控制两部分。如图 6-17 为加热炉温度控制系统示意图。

(1) 温度信号测量与处理　加热炉温度测量一般用热电偶作为感温元件，得到的热电势（热电势是热电偶冷热两端点温度的函数）经 A/D 转换器把模拟信号转换成数字信号，再经 I/O 接口进入计算机。

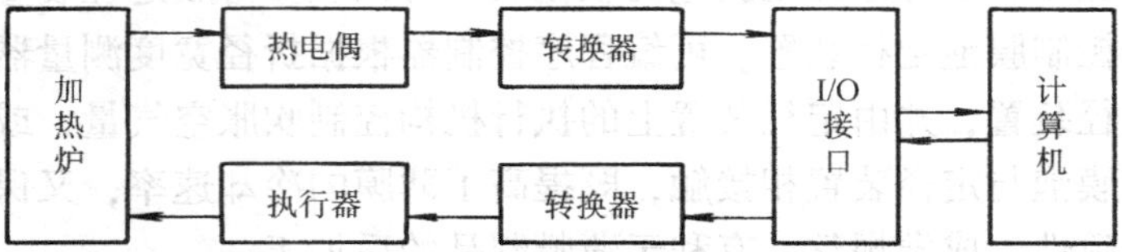

图 6-17　加热炉温度控制系统示意图

热电偶感温元件产生的热电势与所对应的被测温度之间是非线性关系。要将热电势或放大后的电势信号转换表示成温度，必须进行非线性校正。目前大多采用以下两种线性化方法进行非线性校正：

1）计算方法。即先应用数学上的曲线拟合方法，对热电势 E 和对应温度 T 进行拟合，得出误差最小的近似表达式 $T = F(E)$，为简化起见常常用分段表达式，然后用计算程序进行分区计算得到温度值。使用时，将测得的热电势 E 代入相应的 $T = F(E)$，计算出相应的温度。有一些热电偶在某个测温范围可以找到一个较好的近似公式从而得到满意的拟合精度。

2）查表法。即将热电偶分度表（热电势值与温度值的对应关系）或放大电势表按一定的排列形式存入计算机，用测得的电势值，靠软件搜索来查得相对应的温度值。最简单的一种就是将其要查找的热电偶分度表按数值大小排列组成表格写入内存，用线性搜索得到结果。这种方法（在此不妨称为直接查表法）占用 CPU 的时间少，尤其是对分搜索法只用十几次搜索就能在 2000 多个数据中找到对应的结果。

两种线性化方法中，前者程序冗长，特别是在工业控制机中常要用浮点运算进行，相当费时间；后者可以很快从已输入的热电势值-温度值表中查得对应温度，准确快速。但是热电偶分度表占据的内存较多，如镍铬-镍硅热电偶分度表，分度表中每个数据是一个 5 位数字的毫伏值，这对于一个内存量本来就不太多的智能测温仪表来讲是一个不容轻视的问题。最好是对热电偶分度表巧妙地变换形式，组成一个占内存很少的表格，根据所测的热电势值准确快速地得到相对应的温度值。比如用压缩存表的变换形式，每个 8 位内存字节存放 8 个温度，在 0 ~ 1500℃测温范围，只占 210 个内存字节。具体细节可参考相关资料。

A/D 转换器把模拟信号转换成数字信号也有精度问题，镍铬-镍硅热电偶的热电势 E 在 0℃时为 0.00mV，在 1200℃时为 48.81mV，8 位 A/D 转换器的转换精度是1/256，即在0～1200℃测温时A/D转换器将0.00～48.81mV的热电势E作256等分，其最小分辨率为48.81/256 =0.19mV，约为5℃。12位A/D转换器的转换精度是1/4096，即在0～1200℃测温时其最小分辨率为48.81/4096 = 0.012mV，约为0.3℃。设计加热炉温度控制系统时要依加热炉温度控制精度要求选择A / D转换器的位数。

（2）温度控制决策计算机得到温度测量数字信号后，将已给定的温度设定值与其比较，得到偏差信号，计算机按预先给定的计算决策方法，如PID算法最优化算法等进行控制决策计算，控制要求高一些的还依温度分区采用不同计算决策方法，得出温度控制量，再经I/O接口输出到执行机构去调节加热炉输入功率，使加热炉始终保持在温度设定值，保证加工工艺的实现。为保证加热炉设备安全，在软件编制中还加入断偶保护报警。

1）PID温度控制算法：对一些目前生产过程和控制对象的性质还不太清楚，无法得到精确的数学模型的情况下，应用最广泛的是前面介绍过的PID控制算法。它有要求灵活、调节方便的特点，也可以满足于一般的控制要求。PID控制算法公式为

$$P(t) = K_{\mathrm{P}}\left[e(t) + \frac{1}{T_{\mathrm{I}}}\int_0^t e(t)\,\mathrm{d}t + T_{\mathrm{D}}\frac{\mathrm{d}e(t)}{\mathrm{d}t}\right]$$

式中，$e(t)$为偏差值；K_{P}为比例常数；T_{I}为积分时间常数；T_{D}为微分时间常数。

如前所述PID控制算法由三部分组成，它是使控制动作既和当时偏差有一定关系的比例部分，又和过去产生的偏差历史情况有一定关系的积分部分，还有和偏差的变化趋势有一定关系的微分部分。三部分各有作用，比例部分的作用是对出现的当时偏差进行及时地成比例的调节，及时纠正偏差；积分部分的作用是改善系统的静态特性；微分部分的作用是按偏差的变化趋势，在适当的时机加速控制动作或减缓控制动作，使控制过程得到较稳定的变化。控制理论和实践经验都证明，在温度的工业控制中，只要适当选择K_{P}、T_{I}、T_{D}参数值，使用PID控制算法控制可以取得比较满意的控制效果。

由于计算机控制系统是一种在时间上离散的系统，为了实现PID控制，需要采用描述离散系统的PID控制算法差分方程形式。设计算机控制系统的采样周期为T，第n次采样时的偏差为$e(n)$，控制决策输出为$p(n)$，则离散PID控制算法为

$$p(n) = K_{\mathrm{P}}\left[e(n) + \frac{1}{T_{\mathrm{I}}}\sum e_i T + T_{\mathrm{D}}\frac{\Delta e(n)}{T}\right]$$

如果计算机控制系统的输出是控制执行器阀门，则控制决策输出$p(n)$是用于表示执行器阀门开度的，称为位置式算法。它要用到每次的采样偏差值，每次

的输出值都与过去的全部偏差值状态有关。因为要对 e_i 进行累加，如果控制计算中出现过任何故障，都会使控制输出值变化，引起执行器阀门的误动作；另外当 n 很大时，占用计算机的资源大，计算时间长。

为解决上述问题，可采用增量式算法，第 n 次控制决策输出 $p(n)$ 是在第 $n-1$ 次控制决策输出 $p(n-1)$ 基础上加上一个增量 $\Delta p(n)$ 得到，即 $p(n)=p(n-1)+\Delta p(n)$，而 $\Delta p(n)$ 可由 $p(n)$、$p(n-1)$ 两者相减而来，即

$$\Delta p(n)=p(n)-p(n-1)=K_P[e(n)-e(n-1)]+K_I e(n)+K_D[e(n)-2e(n-1)+e(n-2)]$$

式中，$K_I=K_P(T/T_I)$；$K_D=K_P(T_D/T)$。增量式算法只与前两次采样偏差值有关，出现过的故障对以后的计算影响小；只存放前后三次采样偏差值，占用计算机的资源小，计算时间短。PID 增量式算法用于加热炉温度控制是较为适用的。

2）断偶保护报警。热电偶在使用中可能断丝，使热电偶回路断开而没有热电势，因而不能反映加热炉温度情况。如果计算机不能及时发现断偶，即可能认为加热炉温度未达到已给定的温度设定值而持续加热，导致加热炉温度超温甚至烧毁加热炉及工件的严重事故。为此加热炉温度控制系统必须设置断偶保护报警。

热电偶断偶后，感温元件送入计算机的数字信号可能出现两种极端情况，其输入可能为零或者满量程，这是断偶保护报警的基本依据。计算机程序中考虑几个细节问题：① 考虑加热炉是否启动；② 考虑冬天加热炉起始温度可能为0℃，非热电偶断偶情况加热炉全速加热启动时，几分钟之内感温元件送入计算机的数字信号应有变动，可设计延时程序再判断是否热电偶断偶（延时时间可依具体炉子用实验方法确定）。确定热电偶断偶后马上报警，并强制加热炉的输入功率为零，保证加热炉设备的安全。

3）分区温度控制决策。加热炉的温度控制，总是离不开“升温—恒温—降温”三个基本状态。分析炉温总的变化曲线：在升温过程中远离控制点时，要求的是实现大幅度的迅速的升温，以减少设备的升温时间，提高设备的使用效率；而在控制点附近时，要求的是减少超调量，使升温尽可能平滑地接近并稳定于控制点，提高温度的控制品质。针对不同的控制要求，显然应当采取不同的控制决策方法。远离控制点时，采用全功率或比例控制决策，尽量提高升温速率；在接近控制点时，采用模糊控制推理决策或 PID 控制算法。为了提高和保证系统的控制品质，要抓住两个因素：一是变温过程的速度，二是恒温过程的稳定。偏重变温时，就要考虑超调和过冲的问题；偏重恒温时，就要考虑达到温度点的速度问题。因此，在接近控制点的控制区内，应先注重变温的速度，后注重恒温的稳定，整个控温过程采取分区段多种决策。利用程序判断分流是很容易的。实验证

明，引进分区多种决策的方法，可以有效地克服滞后情况严重的炉温超调现象，升温快速，控制效果较好。各分区界限值依具体炉子自身特性而定。

三、无机非金属材料烧成的计算机控制

以陶瓷烧成炉温度及气氛控制系统的设计为例。要使陶瓷材料坚固耐用、色泽光润，提高陶瓷生产质量，在陶瓷烧成炉中要求控制炉温是分级进行加热和保温的，比如在室温～1350℃之间加热时要求分成10～20个时间段区间进行加热和保温，每个时间段区间都有不同的升温速度和温度给定值。在加热中又分成不同的气氛控制区段，第一区段为氧化区段（室温～800℃），要求控制炉内的气氛呈氧化性气氛；第二区段为上釉区段（800～1200℃），要求控制炉内的气氛呈还原性气氛；第三区段（1200～1350℃）要求控制炉内的气氛呈弱还原性气氛。控制中计算机计算较麻烦，控制参数给定值多，并要求显示工艺流程，所以多采用上下位计算机系统完成。上位机完成显示和管理功能，包含工艺流程图显示、控制参数给定值设置、与下位机的通信和故障声光报警；下位机一般选用适合于工业现场使用的计算机，多为工业可编程序控制器（PLC），完成检测现场控制参数、计算控制参数输出值、向执行器发出控制参数指令和与上位机的通信。图6-18为陶瓷烧成炉温度及气氛控制系统示意图。

可编程序控制器PLC的编程采用梯形图或语句表设计。

梯形图编程是采用接点梯形图来表达程序的方法。梯形图看上去与传统的继电器线路图非常类似，因此比较直观形象，对于那些熟悉继电器电路的设计者来说，易被接受。

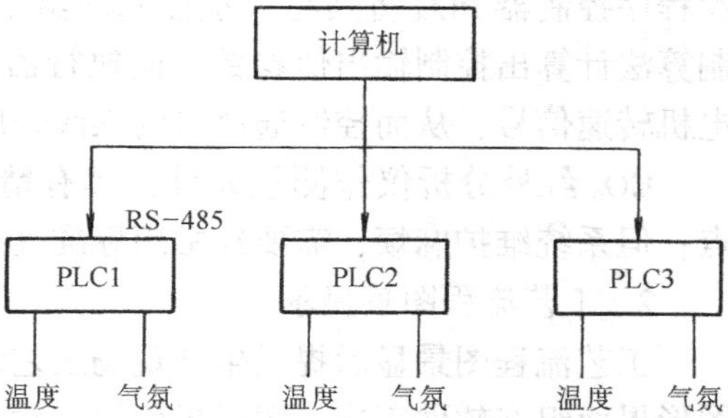

图6-18　陶瓷烧成炉温度及气氛控制系统示意图

采用接点梯形图表达程序时，用符号“┤├”来表示可编程控制器的输入信号，而用符号“ –(　)– ”表示输入信号所控制的对象。输入信号和被控制对象必须标上相应的标志符和地址码，如X000、X001、X002和Y030等。

另外，为了在编程器的显示屏上直接读出接点梯形图所描述的程序段，构成接点梯形图的图案支路都是一行接一行横着向下排列的，每一条支路的触头符号为起点，而最右边的线圈符号为终点。

另一种程序表达形式是语句表形式。语句表是使用一组助记符来表示程序的各种功能。这一组助记符应包括可编程控制处理的所有功能，每一条指令都包含操作码和操作数两个部分，操作数一般由标志符和地址码组成，如LD　X000，AND　M100，OUT　Y030。在语句表中，LD、AND、OR…为操作码，X000、

M100…为操作数，X、M…为操作数中的标志符，000、100…为操作数中的地址码。

采用这种类似计算机语言的编程方式，可使编程设备简单，逻辑紧凑。

上述两种程序的表达方式各有所长，在比较复杂的控制系统中，这两种方式可能会同时使用；但对于简单的控制系统采用可编程控制器进行人工编程时，大都采用接点梯形图编制程序，当设计好接点梯形图后再根据接口、梯形图写出语句表，最后便可将语句表键入可编程控制器中进行调试。

1. 陶瓷烧成炉气氛控制

陶瓷烧成炉气氛控制参数是通风口的碟阀开度。根据烧成炉炉内的气氛同温度的控制关系要求，依生产过程的工艺流程要求，在不同的时间段区间给出炉内的气氛控制的给定值；再利用 CO_2 红外分析仪作测量元件测量烧成炉炉内的气氛参数 CO_2 含量，和温度控制一样，经 A / D 转换器把模拟信号转换成数字信号进入可编程序控制器 PLC；可编程序控制器 PLC 将其与气氛控制的给定值比较，得到偏差值；再按一定的控制算法计算出控制输出值参数，向执行器可逆伺服电机发出控制参数指令-伺服电机转速信号，从而控制通风口的碟阀开度，达到通风口输入风量的控制。

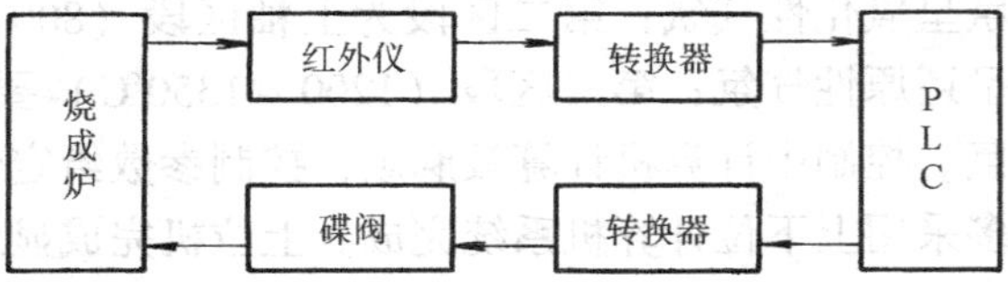

图 6-19　陶瓷烧成炉气氛控制系统示意图

CO_2 红外分析仪作测量元件，具有精度高、反映速度快、适用于控制的特点；但系统维护麻烦，需要经常用标准气校验。

2. 工艺流程图景显示

工艺流程图景显示提供生产现场工艺流程进行情况的直观表达，目前多采用图形界面组态软件完成。图形界面组态软件在图形界面的美观性和方便性上功能很强。Intellution 公司的 FIX 组态软件、Wonderware 公司的 Intouch 组态软件和 NI 公司的 Labview 软件是当前三大流行工控软件，国内也有一些公司自行设计的工业监控管理组态软件，如 SYNALL、FORCECONTROL 等。工业监控管理组态软件是一个完全基于 Win95/Win98/WinNT 操作系统的软件，界面良好，操作方便，具有图形动画连接和后台语言的控制功能，利用功能齐全的各类控件可以实现监视和控制的目的。

在计算机控制系统中，为了完成各种参数的采集和设备的控制，必须有相应的软件来完成。一般可以用通用的计算机语言编制相应的控制程序完成各种功能，但这样只能起到控制的功能，而无法用丰富的多媒体效果来表现各种设备的状况从而起到监视的作用，另外用通用语言编制的程序扩展性不好，当应用到新的系统中时，必须重新编制相应的程序，这对于非计算机专业的工程技术人员来说存在一定的困难。而选用专业的工业控制软件可以克服以上缺点。专业的工业控制软件具有控制方便、多媒体监视效果良好、扩展性好，无需专业编程经验等特点。

工业监控管理组态软件用于上下位机计算机系统、集散控制系统很适合，它提供了许多类型 I/O 设备的驱动程序，如许多类型的 PLC 设备的驱动程序，使计算机与下位机工业可编程序控制器（PLC）的通信十分方便；还提供了图形动画连接功能，非计算机专业的工程技术人员也可以方便地绘制生产现场设备和工艺流程图，并以动画连接方法与生产现场设备工况变量联系起来，从而在上位机计算机上直观具体地表示生产现场设备工况和工艺流程进行情况，达到多媒体监视效果。

陶瓷烧成炉是一类典型的工业过程对象，具有大滞后、非线性、多干扰等特点，工艺流程中控制参数要求多。在这类设备的控制中使用上下位机计算机系统能达到良好的性能品质，使用工业监控管理组态软件可以直观实现监视和控制的目的。

参 考 文 献

1 郭献军，刘晓魁编．微机在硅酸盐工业中的应用．武汉：武汉工业大学出版社，1999
2 李英民，崔宝侠，苏仕方编著．计算机在材料热加工领域中的应用．北京：机械工业出版社，2001
3 樊新民，孔见，孙斐编著．材料科学与工程中的计算机技术．徐州：中国矿业大学出版社，2000
4 周达飞，唐颂超．高分子材料成型加工．北京：中国轻工业出版社，2000
5 邱明恒主编．塑料成型工艺．西安：西北工业大学出版社，1998
6 日本ビニル工业会编．塑料成型加工与计算机．茅皖珍等译．北京：中国轻工业出版社，1992
7 马国华．监控组态软件及其应用．北京：清华大学出版社，2001
8 解挺等．挤出加工过程的计算机控制．塑料科技．1996，(6)：32～35
9 郑尚德．塑料挤出机计算机控制系统．工业仪表与自动化装置．2000，(6)：13～16
10 胡家芬等．小型注塑机微机控制系统的研制．微计算机信息．2002，18（5）
11 张友根．精密注射成型精度及控制．现代塑料加工应用．1989（4）
12 张广成等．微机在注射机控制中的应用研究．塑料科技．1993（4）
13 贾毅．薄膜吹塑过程中的微机控制．塑料工程．1992（3，4）
14 范进等．陶瓷烧成炉温度及气氛控制系统设计．武汉汽车工业大学学报．1997（3)：59～61
15 何小于．单片机模糊温度控制系统设计．电子与自动化．1993（1)：46～47
16 但永红．热电偶分度表的全压缩方法与程序．仪表技术．1993（6)：51～52
17 黄一夫．微型计算机控制技术．北京：机械工业出版社，1999
18 富巍，陈彦．分布式计算机控制系统在塑料厂的应用．仪表技术与传感器．2002（7)：29～31

第七章 计算机在材料检测中的应用

材料的性能主要决定于它的化学成分和组织结构。化学成分不同的材料具有不同的性能；而相同成分的材料经过不同的加工处理而具有不同的组织结构时，也将具有不同的性能。材料科学就是以材料的成分、加工工艺、组织结构和性能的关系及其变化规律为研究对象的。以这些关系和规律作为依据可以为材料设计适当的成分和适宜的加工工艺，从而获得预期的组织结构，当然也获得材料的最终性能。所以在材料科学中，对材料成分、组织结构的分析和研究、材料的性能检测是十分重要的。

计算机在材料各种性能、组织结构等的检测和工程过程的控制方面的应用是材料科学中计算机实用的一个重要方面，在其计算机检测系统、计算机控制系统组成方面有很多的共性。在第六章已经学习到计算机测控系统组成的各种知识，但是设计计算机系统在各种场合下的应用时也会遇到很多实际要解决的问题，它有时还是检测或过程控制能否或值得用计算机系统完成的关键。下面分类举例介绍计算机在材料检测方面的应用时，重点不是介绍各种应用系统中的计算机知识，而是针对如何在材料科学中应用计算机解决材料检测方面各种实际的问题。

第一节 材料成分的检测

材料的组成对材料的性能和应用有很大的影响，许多材料的合成和制备也正是通过改变材料的成分来调整材料的性能，如材料的表面处理就是使材料的表面成分与心部不同，以获得材料表面的特殊性能。因此，材料成分的检测对于材料研究有着特别重要的意义。

现今可利用各种大型分析设备如扫描探针显微镜（SPM）、扫描电镜（SEM）、透射电镜（TEM），各种衍射仪如X射线衍射仪、电子衍射仪，各种谱仪如红外光谱仪、原子吸收谱仪、激光光谱仪等用于材料成分的检测。

一、分析电子显微方法

分析电子显微方法是现代电子显微学领域中的重要组成部分，是从微观尺度认识和研究材料的非常重要的手段。分析电子显微方法中要获得材料成分的信息，可以采用电子能量损失谱方法（EELS）、X射线能谱方法（EDS）、高角度散射暗场方法（STEM）（也称Z衬度方法）。最近采用场发射电子枪已使纳米尺度的成分分析成为可能，它能进行1nm以下区域的成分分析。

电子能量损失谱方法（EELS）是分析电子显微方法中重要技术之一，近几年来已有了很大的发展，它不仅对轻元素的分析特别有效，还可以对材料的微区组成进行定量分析。

X 射线能谱方法（EDS）是分析电子显微方法中成熟的基本技术。用电子扫描观察装置，使电子束在待测试样上作二维扫描，测量其特征 X 射线的强度，得到特征 X 射线强度的二维分布图像，这样的观察方法称为元素的面分布分析方法，它是测量元素二维分布的非常方便的分析方法。

高角度散射暗场方法（STEM），也称 Z 衬度方法，是扫描透射电子显微方法应用之一。衬度强度正比于待测试样元素的原子序数的平方，观察像的衬度与待测试样元素的原子序数有密切的关系。这样，像的解释就很简单，如果待测试样厚度一定，亮的衬度就表示原子序数大的元素。

电子探针微区分析在材料研究中已被广泛使用。例如某电厂20 万 kW 汽轮机叶片产生裂纹和变形，微区成分分析发现叶片上沿着加工划痕上的应力集中使水蒸气中的有害物质（如 K、Ca、S）在此积聚，成为腐蚀源，随着高频颤振产生微小的腐蚀疲劳裂纹。

要注意的是，在这些分析方法中，实验条件和测量精度一般是不同的，而且对于所采用的某些特定的分析方法来说，由于待测试样不同、试样待测成分种类不同，其分析精度也会发生变化。有时采用单一的分析方法还不能满足分析要求，要采用几种分析方法互相补充才能有效精确地测定材料的成分。

表面处理是材料科学研究的一大方向，材料表面上不同于内部成分、结构和性质的原子层的情况如何是材料研究很感兴趣的问题。俄歇电子能谱仪可以测量固体表面层的元素分布。电子束轰击样品某微区，使微区的原子电离或激发，会发射出俄歇电子，各种元素在不同跃迁过程中发射的俄歇电子有各自的特征能量，检测其俄歇电子的能量和强度，可以获得有关表面层化学成分的定性和定量信息。真正能保持其特征能量而逸出表面的俄歇电子仅限于表层下 0.1 ~ 1nm 的深度范围，这只相当于表面的几个原子层，这是俄歇电子能谱仪作为有效的表面分析的依据。目前利用细聚集入射电子束的“俄歇探针仪”可以分析大约 50 nm 微区的表面化学成分。

以上各种分析设备几乎都是在计算机采集和数据处理系统控制下工作。这些计算机系统都提供了不同的设备控制、数据处理分析软件，功能非常强大，对检测结果的分析精度和详尽程度是过去用人工分析很难办到的。其数据处理软件大致可以分为三类：

（1）计算、模拟软件　输入被测材料的名称、实验条件和分析要求，系统按某个计算模型或公式输出计算结果，用于实验前的结果预测、与实验结果比较和数据评价。

如由 Small World 公司编制的 Electron Flight Simulator 软件，可依据蒙特卡罗模拟，求出入射到试样中电子散射的轨迹，也可计算试样产生的特征 X 射线谱等。

(2) 数据分析、图像分析软件　依控制实验条件而得到的实验结果（图像或图谱的数据），按指定的公式运算处理，输出计算、分析结果。

如 Gatan Inc. 公司出的 EL/P（M）软件，可用于电子能量损失谱仪（EELS）的控制和谱仪数据的分析，给出微区成分分析的结果等。

(3) 设备控制软件　控制各种分析设备装置分析过程的软件。输入选择的分析要求、实验条件，分析设备装置按照这些选择运行分析过程。

二、各种光谱仪方法

光谱分析是依据样品物质的特征光谱，研究其化学成分和存在状态。在现代科学技术的发展中，光谱分析在材料成分分析和结构分析中起着重要作用。光谱包括光学光谱、X 射线光谱和微波辐射光谱。

光学光谱包括在紫外光（20～400nm）、可见光（400～800nm）或近红外光（800～900nm）波长范围内的锐线特征辐射（发射或吸收）。通过测定特征谱线的波长，可实现样品元素的定性分析；通过测定某一谱线的发射或吸收的相对强度，可实现样品元素的定量分析。

X 射线光谱是把样品物质激发出的特征 X 射线，依波长或能量展平即得到波谱或能谱，再将待分析元素的特征谱线辨认出来，并测得它们的强度，据此进行材料的化学成分分析。就 X 射线的本质而言，波谱和能谱是一样的，不同的仅仅是横坐标按波长标注还是按能量标注，波谱是用光学方法展谱，能谱是用电子学方法展谱。

每种元素的原子都有自己的特征光谱，根据特征谱线的存在与否，就可以确定样品中是否存在这种元素。每种元素的特征光谱通常包括很多谱线，判断元素的存在并不需要将该元素所有谱线都找出来，而只需要找出 2～3 根灵敏线即可。灵敏线是一些激发电位低的光谱线，它们的强度大，在很低含量就能出现。材料成分的定性分析一般选用灵敏线作分析线，用元素光谱图对比即可。元素光谱图是标注有许多元素的灵敏线的波长位置和强度级别的图片。若样品光谱中某些谱线与元素光谱图中已标明的某些元素谱线的位置相重合，则可判断样品中存在哪些元素。定量分析是根据被分析元素谱线的强度确定其浓度的，方法如下：

(1) 峰值比较法　根据特征谱线峰值强度和已知的参考标准谱线峰值强度对应的含量比较而标出浓度。

(2) 显线法　被测元素的谱线数目随该元素含量的增加而增加，当某元素达到最低含量值，该元素的灵敏线出现，随着元素含量逐渐增加，次灵敏线和弱线出现，因此通过标准样品的校准，把元素含量和相应的谱线数目编制成元素的分析线表，测量时对比即可。

(3) 内标法　选用一条比较谱线即性质相近的元素的谱线做内标谱线，用测量分析线与比较谱线的强度比来确定被分析元素的浓度。

现今的光谱仪都采用计算机采集和数据处理系统，如图 7-1 所示为光谱仪系统结构图。

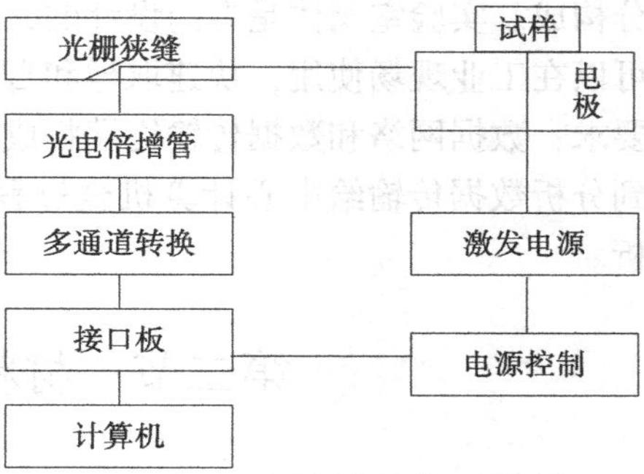

图 7-1　光谱仪系统结构图

光谱仪中待测试样被激发后产生特征光，由入射狭缝经光栅依波长分光后，形成不同波长的光分通道，由光电倍增管，将光信号转为电信号，再经各通道的电流频率转换器形成不同频率的脉冲信号，计算机专门设计计数器对脉冲进行计数，其计数值即为各单色光的谱线强度。

谱线强度与元素的浓度关系可用以下关系式表示：

$$I = ACB$$

式中，A、B 为常数；C 为浓度；I 为谱线强度。

谱线强度正比于光电倍增管电流、各通道的电流频率以及计数值，故根据计数值的大小即可算出各元素的浓度。

在采集系统中，计算机每隔 0.02s（供电频率 50Hz）对各个分析通道巡检一次。

计算机系统应用软件完成以下功能：

(1) 测量参数选择　不同样品作不同元素的检测时，许多测量控制参数都有所不同。应用软件中应能选择不同的参数，为此建立测量控制参数文件，并存储在磁盘中。测量控制参数选择子菜单含装载测量控制参数文件、显示测量控制参数文件、输入测量控制参数、修改测量控制参数、存储测量控制参数文件等项。

(2) 定标处理　测量前仪器都需经标准样品校准。标准样品中各种元素浓度与仪器相应通道的光谱线强度计数值一般以文件形式存储，应用软件在工作时调用此文件与实测时的光谱线比较，得出被测样品的含量值。

(3) 常规测量过程控制　完成一般的常规测量过程，同时数据系统把测量数据依通道存入测量数据文件。

(4) 分析测量结果　依测量数据文件和定标文件对被测样品作出分析，给出被测样品的成分分析结果，并显示相应结果。有的还可以将两者的谱线图同时显示在一起，以便工作人员加以人工判断。

计算机测控系统的使用已使光谱仪成功地用于一些要求在线现场快速成分分

析的地方，例如炉前快速成分分析等。据统计在日本的钢铁成分分析中，约有90%的任务是由原子发射光谱仪（AES）和X射线荧光光谱仪（XFS）分析完成的。在线现场快速成分分析系统主体是一个半自动全封闭的光谱实验室，它由实验室箱体、快速取样和自动磨样机、发射光谱仪、数据网络和数据传输终端5部分构成。实验室箱体是专门设计的，具有防震、防尘、抗电磁干扰等性能，使其可以在工业现场使用；快速取样和自动磨样机使其可以满足在线快速成分分析的要求；数据网络和数据传输终端将成分分析数据迅速传输给中心计算机，从取样到分析数据传输给中心计算机全过程不超出150秒，完成在线现场快速成分分析。

第二节　材料组织结构的检测

材料科学是以材料的成分、加工工艺、组织结构和性能的关系及其变化规律为研究对象的，所以材料科学研究中通常都要检测直接影响性能的材料组织，评价材料缺陷；在了解了材料组织与缺陷，以及其与性能之间的关系和变化规律的基础上进行计算机仿真，则是材料科学研究的新手段。下面分类介绍一些材料组织结构检测方面的计算机应用情况。

一、金相图像分析系统

金相定量分析法早期是用人工方法进行，如网格法、称重法等。其准确性和重现性差，效率低，在某些情况下还无法实现。因此一直以来对金相组织的分析多采用定性分析，难以实现定量测量。随着计算机技术和模式识别技术发展起来的计算机金相图像分析系统则可以对灰度反差较大的金相组织实现定量分析和测量。计算机图像处理基础将在第八章介绍。

计算机金相图像分析系统在自动检测方面具有较高的测量精度。其测量速度快，重现性好，并且能连接金相显微镜、扫描电镜和数码相机等各种外部设备，有丰富的图像编辑、增强、变换和切割功能，可对特征物自动完成测量，所以图像分析系统在金相定量检测方面得到了广泛的使用。目前生产厂家开发了许多符合国家标准的金相定量检测专用软件，如金属平均晶粒度测定软件包、球墨铸铁球化率评级软件包、汽车渗碳晶粒度测定软件包等，满足了材料检测、科学研究和部分金相定量评级的需要。

（一）有关图像分析测量的要求

为保证测量结果的准确性，图像定量检测很重要的一点就是要保证制出高质量的金相图像。试样要求平整、无污点、无磨痕；为保证测量的结果的精度，还要求试样能进行反映组织细节的腐蚀，但不能过腐蚀。理想的腐蚀是采用染色的方法，依靠各相的颜色不同来区别各相。

为了能够真实地反映组织的量，要求对试样尽可能地测定较多的视场，取多次测量的平均值代表真实值，以减少测量误差。在测量时，对视场的选择应当是客观的、非人为的；应选择合适的放大倍数，使组织图像的细节尽可能地分辨清晰。

（二）金相图像分析系统应用举例

金相图像分析系统可以对合金相和非金属夹杂物等进行定量测量，还可以对合金组织进行评级和定量测量。

1．合金相的定量测量

铬镍奥氏体不锈钢焊缝要求检测焊缝金属金相组织中一次铁素体（δ 相）的面积的百分比。

标准规定用金相割线法或标准等级图片法检测。标准等级图片法不足之处在于人的主观性太大，且精度不高；金相割线法是将 100 个刻度的测微目镜切割到的特征物相对量（占 100 个格中的多少个）视为该视场内一次铁素体（δ 相）含量，此法虽有一定的精度，但费力费时，检测工作人员易疲劳。用金相图像分析系统就很简单，且有很高的精度。

金相图像分析系统可以确定金相组织中合金相的类型及其含量。系统提供两种识别方法：

（1）半自动网格法　半自动是指需要由人目判断合金相类型，对待测合金相所占网格结点用鼠标点以不同的颜色以示区别。网格法是一种典型的计点分析法，以往都是由人实现计点的，这里是计算机自动识别。

计算机采用一种网格参数与待测金相图像中较细小合金相的尺寸相当的网格，随机地铺放在待测金相图像上，自动统计出待测合金相所占网格结点的数目和网格结点总数目，两者之比即为待测合金相的含量。

利用计算机进行网格计点统计时，可以用鼠标或键盘调节网格大小尺寸、位置。对同一类型合金相计点统计时，应该进行多次识别计点统计，取平均值作为统计值。

（2）区域识别法　用鼠标先将待识别的组织划分为若干闭合区域，若闭合区域内只有一种组织（如 δ 相），通过统计该区域内的像素数目就可以实现该区域内的一种组织的识别和计数，并送入 δ 相计数累加器；若闭合区域内有两种灰度反差较大的组织（如 δ 相和奥氏体相），那么通过统计该区域内不同灰度的像素数目就可以实现该区域内的两种组织的识别和分别计数。计数送入分别的计数累加器，实现多区域的统计识别。最后 δ 相计数累加器的数字与两计数累加器的数字和之比即为待测合金相（δ 相）的面积的百分比。

腐蚀剂是铁氰化钾 13g，氢氧化钠 20g、水 100ml 的溶液。试样在新配的溶液中腐蚀几分钟，金相组织中奥氏体呈白色，一次铁素体（δ 相）呈红棕色。

用人机对话方式窗口输入选择，以一次铁素体（δ 相）颜色为特征物，以面积为特征物参量。金相图像分析系统很快给出合金相的定量测量结果，测量结果示例见表 7-1。

表 7-1　合金相的定量测量结果示例

测量结果数据文件	C：W1. ALY
已测视场数目	1
特征物个数	146
视场面积	3. 62160E－001
特征物面积	6. 082895E－002
占视场面积百分比	16. 8%
面积单位	mm^2

测量结果清楚明了，一些需要计算的量也显示出来，客观性强，不用费力费时，检测工作人员只需输入几个选定参量即可。

2. 非金属夹杂物的定量测量

钢中的非金属夹杂物对钢的性能有很大的影响。其影响程度主要取决于非金属夹杂物的性质、数量、大小、分布情况等。一般认为非金属夹杂物越少，且细小颗粒呈均匀分布时对钢的性能影响越小。但由于测量手段的局限，对非金属夹杂物的数量、大小、分布情况等只能有定性的认识，定量测量很粗略。GB1056—1989，YB—1968，YJZ—1984 等标准规定用标准等级图片法对非金属夹杂物作半定量检测，粗略地估计所观察到的非金属夹杂物与标准图片相近的等级级别。由于人的主观性，对同一试样、同一视场会有不同的检测结果。标准规定用的另一种方法即在光学显微镜下用网格人工定量测量，也是费力费时且精确度不高。

金相图像分析系统可以对非金属夹杂物的数量、大小、分布情况作自动定量检测，步骤如下：

(1) 非金属夹杂物标记　先对每个夹杂物依金相图像像素进行分离识别，并作标记。不同的夹杂物标以不同的标记数值，以便对每个夹杂物进行识别测量。

(2) 夹杂物特征参数的测量　夹杂物有很多的特征参数可测量。

1）夹杂物体积分数的测量：采用计点法测量出夹杂物的总面积 A 和测量区域总面积 A_m，即可得到夹杂物体积分数 φ（$\varphi = A/A_m$）。夹杂物体积分数表征了夹杂物数量的多少。

2）夹杂物形状因子的测量：采用计点法测量出夹杂物的内部点和边界点数目，依边界点数目可算出夹杂物被截面的周长 L，内部点和边界点数目之和即为夹杂物被截面的面积 A，如选用 SF 形状因子作为夹杂物的形状参数，即可算出 $SF = (4\pi A) / L^2$。圆形的 SF 值最大（$SF=1$）。夹杂物的形状越复杂，SF 值越小。正方形时 $SF=0.785$，等边三角形时 $SF=0.603$。夹杂物形状因子可用来表征夹杂物的球化或粒状化的程度。

3）夹杂物平均面积的测量：采用计点法测量出每个夹杂物的面积即可算出夹杂物平均面积。夹杂物平均面积反映夹杂物大小情况。

4）夹杂物分布情况的测量：在定量金相学中，尚无统一方法描述夹杂物分布情况。目前较好的方法是采用（X、Y）双向分布直方图来反映夹杂物分布情况。

(3) 给出定量测量结果　金相图像分析系统依据选择的特征物和显示的要求给出定量测量结果。

非金属夹杂物定量测量结果示例见表 7-2。

表 7-2　非金属夹杂物的定量测量结果示例

测量结果数据文件	C：W2. ALY
已测视场数目	18
特征物个数	132
统计方式	恶劣视场
氧化物含量（面积的百分比）	0.49 %
硫化物含量（面积的百分比）	0.07 %
硅酸盐含量（面积的百分比）	0.01 %

金相图像分析系统还可以以别的方式给出检测结果数据，如非金属夹杂物粒子按截面尺寸分布条形图、按截面尺寸分布数据报表等，方便检测工作人员分析结果。

3. 脱碳层深度的定量测量

金属表面碳的损失为脱碳。钢的脱碳几乎是不可避免的，但是当脱碳层深度达到一定的程度时，将对钢的性能和使用带来一定的影响。如在工具钢、滚珠轴承钢中，为了控制工件的质量，在生产检验中对钢的脱碳层深度有一定的规定。一般生产检验中是通过光学显微镜由人工目测完成的。人工目测中由于人的视角、尺度把握不同，结果数据有一定差异。金相图像分析系统则可以解决问题，且操作简单、再现性好。

脱碳层深度的定量测量专用软件，根据 GB224—1987 的规定设计，其测量原理是根据脱碳层在金相图像上的灰度的变换而定的。钢的表面脱碳时由于碳含量减少，表层珠光体减少、铁素体增多时，灰度变淡，与基体有灰度的差异。测量时根据钢种的不同，适当调整参数，保证适当的灰度比，定量测量就可以进行。

金相图像分析系统测量结果示例见表7-3。

表7-3 脱碳层深度的定量测量结果示例

数据文件名	C：W3. TCC
送检单位	
材料名称	60Si2Mn
已测视场数目	1
已测宽度/mm	0.54
脱碳层最大深度/mm	0.34
脱碳层平均深度/mm	0.33

4．球墨铸铁的球化率评级测量

石墨的形状对球墨铸铁的力学性能影响很大。一般来说，石墨越规整，球径越小，分布越均匀，则球铁的力学性能越高。球状石墨从其形状对铸铁基体的连续性的破坏和缺口效应大小来看，不仅优于片状石墨，也比团絮状石墨要好。铸铁中的石墨呈团片状或厚片状时，其力学性能，尤其是疲劳性能显著下降，所以球墨铸铁的球化率等级和石墨大小是球墨铸铁的重要参数。

一般生产检验是根据国家标准 GB9441—1988 进行的，测量球墨铸铁的石墨球化率需测几个视场；再根据国家标准 GB9441—1988 附录 A 中关于石墨球化率计算方法给出的各种形状石墨面积率的对照表，计算各种形状石墨的个数，并依其给出的球化率计算公式计算出石墨球化率。检验过程很麻烦，人为偶然误差较大。

国家标准 GB9441—1988 规定：

单颗石墨的面积率 = 石墨的实际面积/石墨的最小外接圆面积

按石墨的面积率划分石墨的形状，面积率大于或等于 0.8 为球状石墨；面积率等于 0.61 ~ 0.8 为团状石墨；面积率等于 0.41 ~ 0.60 为团絮状石墨；面积率等于 0.10 ~ 0.40 为蠕虫状石墨；面积率小于 0.10 为片状石墨。

用金相图像分析系统直接测量时，确定最小外接圆可以石墨的最大投影长为直径。放大 100 倍测量时，少量小于 2mm 的石墨不计数。

球化率 = $(1.0N_{1.0} + 0.8N_{0.8} + 0.6N_{0.6} + 0.3N_{0.3} + 0.1N_{0.1}) / (N_{1.0} + N_{0.8} + N_{0.6} + N_{0.3} + N_{0.1})$

式中，$N_{1.0}$为面积率大于或等于 0.8 的球状石墨颗数；$N_{0.8}$为面积率等于 0.61 ~ 0.8 的团状石墨颗数；$N_{0.6}$为面积率等于 0.41 ~ 0.60 的团絮状石墨颗数；$N_{0.3}$为面积率等于 0.10 ~ 0.40 的蠕虫状石墨颗数；$N_{0.1}$为面积率小于 0.10 的片状石墨颗数。

根据以上介绍的国家标准 GB9441—1988 测量球墨铸铁石墨球化率的规定，用金相图像分析系统十分方便。

球墨铸铁组织对光的反射和吸收不尽相同，反映到金相图像上即产生不同的灰度级别。分析系统对球墨铸铁组织金相图像采用边缘检出区域提取的方法进行识别。识别物体时，看得最清楚的就是物体的边缘部分。边缘的检出是图像识别过程中的重要一项。因为球墨边缘是图像灰度阶跃部分，以数值理解图像时，灰度阶跃可通过一次微分得到边缘处的拐点，分析系统每次取 4 个相邻像素进行判断，确定是否球墨边缘。若为球墨边缘时，进行边缘跟踪，取附近像素再进行判断，直至球墨区域确定，球墨边缘坐标被提取。

测量时先依特征物测量石墨的实际面积，再依石墨的最大投影长测量石墨的直径，计算单颗石墨的面积率；按石墨的面积率划分石墨的形状，依分类计数，计算球化率。金相图像分析系统不但可以给出球化率，还可以提供各种形状石墨的颗数，可以用各种图案表示出来，清楚明了。

除了以上的示例外，金相图像分析系统还可以分析粉末冶金的粉末粒度。

金相图像分析系统经过数十年的不断升级和发展，已形成一套设计先进、功能齐全、软件丰富、性能稳定、测量准确可靠、测量方法符合国际国内标准的金相图像分析产品，如中国科学院北京中科科仪计算技术公司的 SiSc IAS 系列图像分析系统，细节可访问网站 www. CAS-SiSc. com. cn。

二、材料缺陷的计算机评定

材料缺陷检测、分级评定和材料缺陷对性能的影响研究也是材料组织检测的一项。

材料缺陷检测、分级评定是保证产品质量的重要环节之一。长期以来，材料缺陷的检测都是用肉眼观察图像来判断。这对于一些要求检测率比较高的电站设备、压力容器等重要部件，不仅检测工作量大、周期长，而且检测水平受检测主观因素的影响而不稳定。

随着计算机图像处理与模式识别技术的发展以及材料缺陷特征参数的研究，计算机材料缺陷评定系统具有材料缺陷图像获取、缺陷检出、缺陷识别、缺陷尺寸测量和分级评定等功能，基本上实现了材料缺陷检测、分级评定的全部自动化。

下面以电站设备零部件缺陷的计算机评定为例介绍计算机的应用。

腐蚀破坏，特别是应力腐蚀和腐蚀疲劳，是电站设备零部件常见的失效方式之一。在通常情况下，这两种失效方式的初期均伴有点腐蚀坑，点腐蚀坑发展到一定程度时即在其底部萌生微裂纹源，裂纹的进一步扩展则导致断裂事故。准确评价材料表面的点腐蚀坑，有助于研究腐蚀失效的起源，以制订预防腐蚀断裂事故的有效措施。借助于计算机的快速运算和逻辑判断能力可以很方便地对材料缺陷——点腐蚀坑作计算机评定。

1. 计算机材料缺陷评定系统配置

计算机材料缺陷评定系统硬件部分包括投影仪、显微镜、摄像机、计算机和打印机等。投影仪主要用于观察较大尺寸的材料缺陷，其放大倍数在 1~20 倍之间可调；显微镜用于观察较小尺寸的材料缺陷，其放大倍数在 50~500 倍之间可调；摄像机可以把来自投影仪或显微镜的光学图像转变为电信号输入到计算机；计算机是该系统的核心，控制着其他部件，并负责图像处理、分析与测量、数据存储等功能。系统配置见图 7-2。

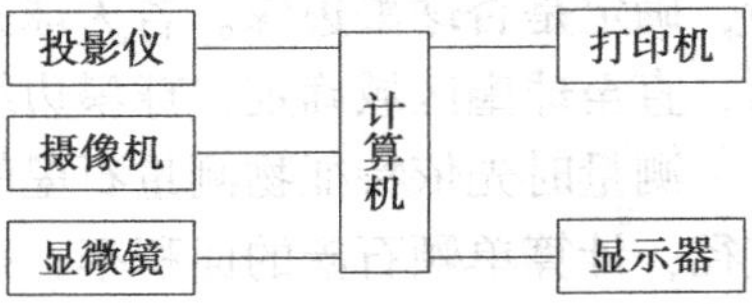

图 7-2 计算机材料缺陷评定系统配置图

2. 计算机材料缺陷评定系统软件构成

计算机软件部分由以下几个模块组成。

(1) 图像采集及存储模块　图像采集及存储模块用于实现参数定义、采集及存储图像。用此模块，计算机控制投影仪、显微镜、摄像机，采集和实时显示欲分析的材料图像，并以文件形式存储该图像备案。

参数定义也在此模块用人机对话方式进行。描述点腐蚀坑的参数有长度 L、宽度 B、面积 A、周长 P、当量直径、形状因子、分布密度等。利用长度、宽度、周长可以计算出点腐蚀坑的形状因子 α 和当量直径 D。当量直径 $D=(L+B)/2$，是描述点腐蚀坑平均尺寸的参数；形状因子 $\alpha=4\pi A/P^2$，是描述点腐蚀坑几何形状的参数；分布密度是单位面积中的点腐蚀坑个数，是描述材料表面点腐蚀坑密集程度的参数。

(2) 图像预处理模块　图像预处理模块主要用于图像增强。此模块主要包括图像数字化、消噪处理、图像增强、锐化处理、图像二值化等计算机图像技术处理，以改善缺陷的图像质量。

(3) 特征提取模块　特征提取模块用于针对缺陷的特征，提取被采集部位的图像的缺陷信息，采用合适的识别准则判定缺陷的类型、位置等，列出缺陷的主要特征参数表格。步骤如下：

1) 进行特征参数的确定。为了实现缺陷的自动检测，要确定各类缺陷的主要特征参数，力求采用最少的特征量建立基于决策理论的分类准则，保证以最快的速度实现缺陷的准确识别。如确定形状因子，当 $\alpha=1.0$ 时点腐蚀坑为几何上的圆形状；当 $0.9<\alpha<1.0$ 时点腐蚀坑为几何上的接近圆形状；当 $0.6<\alpha<0.9$ 时点腐蚀坑为几何上的块形状；当 $\alpha<0.6$ 时点腐蚀坑为几何上的条形状。

2) 进行计算机缺陷形状识别。用计算机识别缺陷形状是依各类缺陷的主要特征参数提取特征进行形状识别。首先是在预处理后的图像中把缺陷检出，在缺陷边界上图像灰度有阶跃突变的特点，系统取 4 个相邻像素进行判断，确定是否缺陷边界，若确定为缺陷边界时，则对缺陷边界轮廓线进行跟踪，直至缺陷区域确定并做标记，缺陷边界坐标被提取存放；然后依各类缺陷的主要特征参数提取特征进行特征提取，如利用缺陷边界轮廓线坐标点数计算缺陷周长 P，利用缺陷区域标记计算每一个缺陷的面积 A，利用周长 P 和面积 A 计算形状因子 α 等；最后依提取的主要特征参数对缺陷作自动形状识别并分类存放数据。

（4）分析模块　分析模块主要用于列出各种缺陷分布情况结果，负责数据存储并评定级别。分析模块在对缺陷作形状识别并分类后，列出缺陷的主要特征参数表格，扩展功能中还可依要求列出各种分布情况图。参数表格和各种分布情况图以文件形式存储备案，以利于研究人员分析。

分析模块在列出缺陷的主要特征参数表格和各种分布情况图的基础上，还可以依指定的标准进一步对图像进行缺陷评定或质量评级。

例如，某电厂汽轮机组，由于蒸汽品质不良，部分低压叶片表面出现明显的点腐蚀现象，有必要对其腐蚀程度作进一步的定量分析。运用计算机材料缺陷评定系统对典型叶片点腐蚀坑的几何参数进行分析与测量，分类后列出缺陷的主要特征参数表格，然后计算机推出一系列分析结果：

1）主要特征参数表格中点腐蚀坑的最小形状因子为 0.4073，即呈条形状；最大形状因子为 0.9850，即呈接近圆形状；平均形状因子为 0.7906，即呈块形状。这说明点腐蚀坑形状差别较大，叶片点腐蚀过程比较复杂。

2）从主要特征参数表格中点腐蚀坑的各形状因子间隔内出现的百分数看，α 在 0.8～0.9、0.9～1.0 间隔内的百分数各为 30%，α 在 0.6～0.7，0.7～0.8 间隔内的百分数各为 15%～20%，$0.4<\alpha<0.6$ 的只占 0.5%。表明叶片表面的点腐蚀坑形状多为接近圆形状或块形状，只有少数点腐蚀坑形状为条形状，叶片点腐蚀坑形状分布是不均匀的。

3）从主要特征参数表格中点腐蚀坑的各直径间隔内的平均形状因子看，不同直径间隔内的点腐蚀具有不同的形状因子 α。点腐蚀坑直径增大，其形状因子减少。在点腐蚀初期，点腐蚀坑呈接近圆形状或块形状，随着点腐蚀的进一步发展，部分点腐蚀坑变成条形状。

4）观察中发现有的点腐蚀坑底部存在显微裂纹。显微裂纹出现的比例与点腐蚀坑的形状因子有关。点腐蚀坑形状因子越小，其底部出现显微裂纹的比例越高。随着叶片表面点腐蚀的进行，点腐蚀坑尺寸及深度不断增大，点腐蚀坑的形状因子不断减少，点腐蚀坑底部的应力集中系数也不断增大，如果存在外部应力很容易在这些点腐蚀坑底部造成显微裂纹。

有了以上的分析结果，就对该汽轮机组低压叶片点腐蚀情况有了一个比较清楚的了解。可见利用计算机材料缺陷评定系统评价材料中缺陷情况，测量方便，准确可靠，结果全面。

三、材料显微组织的计算机仿真

在大量的材料显微组织检测后，了解了材料组织以及其与性能之间的关系和变化规律的基础上可进行计算机仿真，由计算机仿真建立材料的显微组织模型，然后反过来又可用该显微组织模型推测而不是检测材料的性能。

下面用颗粒复合材料显微组织的计算机仿真说明计算机仿真过程。颗粒复合材料的性能对其显微组织是特别敏感的，建立两者之间的关系已经成为颗粒复合材料显微组织设计的重要内容。

在这个计算机仿真过程中首先要获得颗粒复合材料的显微组织模型。

由于材料是不透明的，直接从实际材料观测其三维显微组织很困难。目前可用的方法包括从材料二维截面推测其三维组织特征及参量的体视学方法，以及材料的系列金相截面进行三维重建的方法等。其中体视学方法是间接的，试样要满足一定的条件，而系列金相截面进行三维重建法工作量很大。可以用计算机仿真模拟具有不同颗粒和基体组织参数的颗粒增强复合材料显微组织。

1. 增强粒子的空间分布

颗粒复合材料中颗粒的组织结构参数包括粒子形状、尺寸、位置及空间分布、数量（体积分数和总颗粒分数）等，这些颗粒的几何特征参数都会影响到材料的性能。可以用数据结构来表示颗粒的几何特征参数。

模拟实际复合材料中颗粒的空间分布是要着重解决的问题，因为颗粒分布对材料的性能有重要影响，而目前对于颗粒分布特别是三维空间分布表征的研究还很不充分。由于获得实际复合材料的颗粒空间分布较为困难，代价昂贵，特别需要通过计算机仿真等手段去获得空间分布可以改变的、接近实际的颗粒组织模型，以便研究颗粒空间分布的表征方法及其对材料性能的影响。

对于不同的空间分布，可采用的颗粒坐标计算方法如下：对于完全随机分布的颗粒组 织，颗粒 P 的坐标 $\{X, Y, Z\}$ 通过随机数获得；当颗粒为不完全随机分布即存在偏聚时，对于层状分布、线状分布、团聚分布，颗粒的三个坐标中分别有一个、两个和三个取某些特定值，然后加上一个均匀分布的偏差，而剩余的坐标值则由随机数获得，因此，颗粒坐标的计算公式如下：

周期分布：$X=X_i$，$Y=Y_j$，$Z=Z_k$（$i, j, k=1, 2, \cdots, N$）；

随机分布：$X=\mathrm{RAND}(0, X_m)$，$Y=\mathrm{RAND}(0, Y_m)$，$Z=\mathrm{RAND}(0, Z_m)$；

层状分布：$X=\mathrm{RAND}(0, X_m)$，$Y=\mathrm{RAND}(0, Y_m)$，$Z=Z_k+\mathrm{RAND}(0, Z_m)$，（$k=1, 2, \cdots, N$）；

线状分布：$X=\mathrm{RAND}(0, X_m)$，$Y=Y_j+\mathrm{RAND}(0, Y_m)$，$Z=Z_k+\mathrm{RAND}(0, Z_m)$，（$j, k=1, 2, \cdots, N$）；

团聚分布：$X=X_i+\mathrm{RAND}(0, X_m)$，$Y=Y_j+\mathrm{RAND}(0, Y_m)$，$Z=Z_k+$

RAND（0，Z_m），（i，j，k=1，2，…，N）；

颗粒仿真程序运行得到的颗粒坐标和每个颗粒的其他可变参数一起存入数据文件中，供后续仿真程序使用。

2. 基体的MONTE CARLO（蒙特卡罗）仿真

颗粒增强复合材料的基体组织一般是多晶聚集体，而晶粒的形状、尺寸及尺寸分布等参数对其性能有着重要的影响。因此不论对于单相材料还是多相复合材料，在显微组织尺度对多晶基体组织进行表征和模型化都是非常重要的，可以利用蒙特卡罗仿真方法来模拟多晶基体的晶粒长大过程。一些材料科学工作者运用蒙特卡罗方法模拟晶粒长大过程已取得了较大的进展。可把这类模拟组织作为颗粒增强复合材料的基体组织的一种模型，这种仿真方法所得到的多晶基体组织与实际上的近似等轴的晶粒组织非常接近。

蒙特卡罗法亦称为随机模拟或随机抽样技术。所谓蒙特卡罗法是对某一问题作出一个适当的随机过程，把随机过程的参数用由随机样本计算的统计量值来估计，从而由这个参数找出最初所述问题中包含的未知量的方法。如果某一问题的现象是随机过程，可以原封不动地把它数值化进行模拟。蒙特卡罗法用随机数来描述粒子的运动，并使其符合波尔兹曼分布。在这种方法中粒子瞬时分布很接近实际情况。方法的关键是抽样方法，目前较好的方法是集中算法，它将每一个原子构型用权重因子$EXP(-E/KT)$加权，并筛选掉不现实的构型，被广泛应用在材料热力学性质的计算上。

3. 三维可视仿真结果

首先产生不同形状、尺寸、位置及空间分布、数量（体积分数和总颗粒分数）的颗粒组织数据，尔后将其和蒙特卡罗方法结合，在颗粒组织的基础上产生基体组织，得到了具有不同平均晶粒尺寸的颗粒增强复合材料的显微组织。

在仿真程序中，颗粒的形状可以选择为球状、椭球体、圆柱体、规则多面体。颗粒的空间分布可以选择为周期分布、随机分布、层状分布、线状分布、团聚分布，通过改变颗粒和基体组织参数，可以仿真各种实际颗粒增强复合材料的显微组织。

三维可视仿真结果出来后，可以作任意的二维截面，从而用于颗粒组织和多晶聚集体的体视学研究；可以用于颗粒空间分布的表征问题的研究；可以将三维仿真组织转化为数据文件，并赋予其中各相以材料性质，作为颗粒增强复合材料计算的材料模型。可见计算机仿真结果十分有利于材料的研究。

第三节　材料力学性能的检测

机器零件承受着不同形式和大小的外力，为保证机器的正常运转，要求零件必须具有一定的强度和塑性，如屈服强度、抗拉强度、断裂强度、冲击韧度、硬度、疲劳强度和蠕变强度，以及伸长率和断面收缩率等。这些指标统称为材料的力学性能，反映材料抵抗变形和断裂的能力，是工程结构的安全设计的基础。材料的这些宏观性质主要取决于材料的化学成分和微观组织。对材料的力学性能的检测是材料科学研究中常常涉及的。

随着科学技术与工业生产的发展，材料的力学性能的检测范围变得越来越广，检测技术的要求越来越高，材料力学性能的实验设备的功能和精度也发生了很大的变化。如拉压试验机，过去应用摆锤式测力计，在类似塑料、橡胶等需要较高试验速度时，由于摆锤摆动的惯性引起的负荷误差竟达15%，现在采用电子测力、测变形及机电伺服控制技术和计算机技术的电子试验机，示值精度已为量程的±0.1 %。计算机技术的引入，使材料力学性能的实验设备的自动化程度几乎达到了智能化。

一、万能材料试验机的计算机辅助测试系统

随着新工艺、新材料的不断涌现，对材料试验设备的要求也相应地提高。国内外已经出现了各种计算机控制的材料试验机测试系统。CAT 系统泛指试验机上采用计算机辅助测试的高级测试控制系统，它的应用软件大多是针对材料的常规测试项目开发，使用方便，达到了在试验室里实行材料试验自动化的目的。现在许多技术人员针对研究的材料项目对 CAT 系统加以二次软件开发，不断加强 CAT 系统的功能来弥补其某些硬软件功能的不足。

1．系统工作原理及主要配置

系统的基本工作原理是：由引伸仪、力传感器分别测得试验过程中的变形值、力值信号，经放大器放大后，通过 A/D 转换板（有的采用通用性很强的多功能板卡，能与各种仪表、传感器匹配连接，进行应变、压力、位移等物理量的测试）将模拟信号转换为计算机能够接收的数字信号，经过计算机处理，获得所需的试验数据。二次开发的 CAT 系统（采用多功能板卡）还可以使用各种外接传感器，如应变片、液压传感器等。这些外接传感器的信号经过动态电阻应变仪或其他放大器处理后变成电压信号输入到多功能板卡。其系统组成图见图 7-3。

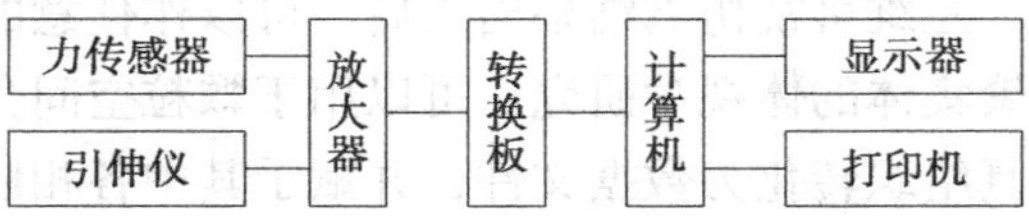

图 7-3　万能材料试验机的计算机辅助测试系统组成图

各种仪表、传感器的满量程电压输出可以是不同的，可以通过程序设置增益大小来设置多功能板卡各 A/D 通道的满量程电压输入，从而使各 A/D 通道分别适应不同满量程电压输出的仪表，充分发挥各种仪表的潜力和精度。

随着计算机控制的引入，对材料试验机的功能要求提高了很多，既要实现缓慢或微小的位移，又要能实现一定速度的试验过程控制；既要能作应力控制，也要能作应变控制，还要能作二者复合控制，且其控制范围相当宽。因此一般的小流量阀是无法完成试验机液压控制的，需要一种特殊的 PWM 数控电液比例微小流量阀，此阀采用数控形式，与计算机和多功能板卡连接非常方便。计算机、PWM 流量阀和直接驱动流量阀的多功能板卡构成材料试验机的 PWM 数字伺服系统，使材料试验机的控制精度、控制稳定性、控制范围和软件设计的难易程度都有了很大的改善。

2. 系统软件的组成

系统软件采用多层菜单形式，有试验参数设定、数据采集、数据处理和试验结果输出等子菜单。试验参数设定子菜单中又有传感器参数设定、试验类型设定和试验参数设定。系统人机界面友好，操作易于掌握。

为了消除试验过程中随机干扰信号和周期性高频信号的影响，在采样过程中运行实时软件滤波程序。试验过程中当各物理量达到设置好的采样条件，就把各 A/D 通道的采样数据送入相应的数组文件，同时计算机将相应的各物理量同步地绘制在屏幕的曲线上。

为了把多功能板卡各 A/D 通道中采样数据转换成各物理量实际值，需要对每一个传感器进行标定，以得到多功能板卡各通道的采样数据与相应各物理量的转换关系。运行标定程序，标定在采样数据与相应的各物理量之间直接进行，并直接反映在屏幕显示和保存的数据中。

3. 主要实现功能

（1）主要力学性能指标的测量　能够依标准和要求测量材料的 σ_s、σ_b、E、δ、ψ 等力学性能指标；能够根据不同类型的试样（棒材、板材、管材、螺纹钢等）自动计算试样的横截面积、标距，大大方便了试验过程，提高了工作效率；并能把力学性能指标在屏幕的曲线上或表格里绘制出来，使其一目了然；能够对各种外接传感器进行数据采集和处理，可以根据科学试验的需要设计配置不同的传感器和信号采集仪表，扩充了材料试验机的用途。

（2）试验过程的控制　在试验过程中可实时跟踪计时，把变形值、力值、应力速率、应变速率等均显现在屏幕上。可根据标准和要求很容易地对应力速率、应变速率进行控制。试验过程中在屏幕的窗口上可根据选择显现力-变形曲线及力-时间曲线（不同颜色或不同位置）。也可以方便对试验结果进行时域分析，这在进行流变试验（松弛试验、蠕变试验和用常应力速率和常应变速率确定模型参数的试验）等反复加卸载试验过程中是必不可少的。

（3）模拟再现试验过程　试验过程数据自动存入对应文件，试验后可以在屏幕上模拟再现试验过程，其中包括变形值、力值、应力速度、应变速度等变化，这有助于分析试验过程中的受力状况。

试验过程数据文件可根据需要随时打印出来。

(4) 试验曲线的计算 无论在试验过程中，还是在试验后，以数据文件的方式调出的试验曲线都可以进行某些指标值的计算。例如可以在试验曲线上任意选定 ε 值进行 $\sigma_{T\varepsilon}$、$\sigma_{P\varepsilon}$ 等特殊规定屈服应力的计算；可以在试验曲线上选定 L_1 和 D_1，即可计算 δ、ψ 值。这个功能进一步扩充了材料试验机的用途。

例如对执行 API SPEC 5D（钻杆规范）及 API SPEC 5CT（套管和油管规范）的石油专用管材来讲，其材料的屈服指标为 $\sigma_{T0.5}$、$\sigma_{T0.6}$、$\sigma_{T0.7}$ 等，任意选定 ε 值的方法很方便。

(5) 试验报表功能 可以根据标准和要求设计试验报表格式，能够把试验数据输入到设计好的试验报表中，还可以根据标准和要求，很方便地打印出试验报告单，使试验人员告别了手写试验报告单的历史。

(6) 数据管理功能 利用计算机的数据管理能力，还具有数据查询、数据统计功能。

由于试验数据、试验曲线、力学性能指标都以数据文件的形式存入计算机，因此可以很方便地检索所需的数据，并能够根据要求对数据进行分类、排序等。

数据统计功能也很有用，例如可以绘制各种性能指标的统计直方图，直观易懂帮助分析原材料、产品的质量状况，对工厂的质量管理有重要意义。

材料试验机的计算机化使得材料力学性能数据的取得更方便、更全面、更可靠。

二、专项实验设备的计算机数据采集和处理系统

缺口试样的摆锤冲击弯曲断裂实验，已有几十年的历史，可灵敏地检测材料的回火脆性、白点、粗晶，特别是脆性转变温度等。这些性能指标是材料质量和加工工艺控制的重要指标。

随着断裂力学研究的发展，材料在动载下的形变断裂过程成为发展新材料的重要课题。传统的冲击试验只给出总的单位面积冲击吸收功，已远远不能满足要求。目前已认识到整个冲击过程可分为弹性变形、塑性变形和裂纹扩展三个阶段，因而总弯曲断裂功由弹性功、塑性功和撕裂功所组成。弹性功为材料开始塑性变形前所吸收的变形能；塑性功为材料开始塑性变形后进一步发展到裂纹形成以前所吸收的变形能；撕裂功则是材料裂纹扩展至完全断裂所吸收的变形能。这三种功的大小及其在总功中所占的比例标志着材料的性质。如果材料有较大的塑性功和撕裂功，在断裂前有显著的塑性变形，裂纹扩展慢，则材料表现为韧性；反之，塑性功很小，撕裂功几乎没有，断裂前无明显塑性变形，裂纹一旦出现，即猝然断裂，材料表现为脆性。这在材料研究和材料使用里差别很大，冲击实验测试中只给出总的单位面积冲击吸收功而无细分是不够的。由于整个冲击实验形变断裂过程只有数毫秒，为了细分测试过程，采样周期应该是微秒级的，所以要改造传统的冲击试验装置、获得更精确的试验数据，配置一套高速数据采集和处理计算机系统才能办到。

1. 冲击实验装置

冲击实验装置由四个部分组成：冲击实验机、数据采集系统、微型计算机和打印机或绘图仪，见图7-4。

(1) 载荷传感器　用于测量试样在冲击实验过程中所承受的载荷。载荷传感器采用灵敏度极高的半导体应变片作为传感元件，接低漂移的直流电源。

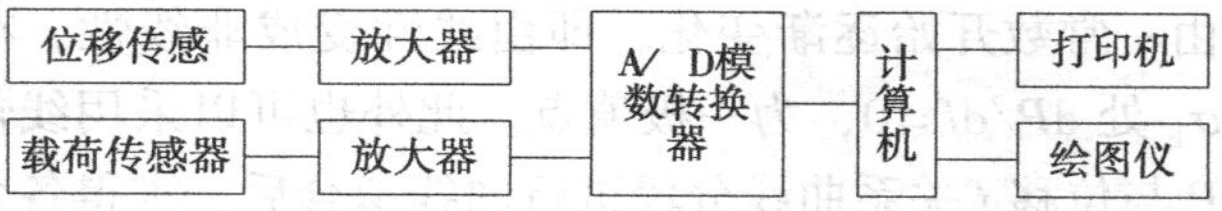

图7-4　冲击实验装置系统图

(2) 位移传感器　用于测量试样在冲击力作用下的变形过程。选用高精度位移电位计作为位移传感器，其造价低，精度高。将位移电位计安装在摆锤轴上，根据电位计的偏转角度，测出直流电压数值，从而测出试样形变量。

(3) A/D模数转换器　用于将测量模拟量转换成为数字量，选取12位模数转换器可满足精度要求。由于整个形变断裂过程只有数毫秒，为了比较精确地测出载荷和形变的时间曲线，特别是测定载荷、形变位移的特征值，如弹性极限、屈服强度、抗拉强度及裂纹扩展起始点和止裂点等，采样周期应该是微秒级的。研制和选用微秒级的高速A/D模数转换器就成为整个采样系统的基础。所选取的A/D模数转换器，其内部需要带有缓冲存储器。因为A/D模数转换器采样速度很快，而向计算机传输数据的速度相比之下较慢，故需要把采集的数据先暂存在缓冲存储器中，再进行处理。

安装在摆锤上的负荷传感器和安装在摆锤轴上的位移传感器，同时将载荷和位移信号通过各自的放大器，放大成适合A/D模数转换器输入的信号送入A/D模数转换器，将模拟量转换成为数字量输入到计算机中进行处理。

2. 冲击实验数据采集和处理

在计算机自动控制下，系统控制释放摆锤并进行数据采集，将载荷和形变电信号转换成数字信号输入给计算机。

首先确定采样周期。根据实测的冲击实验结果，若按比例10%的试样误差要求采样周期最大为7μs。根据采样定律，采样角频率$\omega_S \geqslant \omega_{max}$，则采样的离散信号$Y(t)$能够不失真地恢复原来的连续信号，其中$\omega_{max}$是连续信号$Y(t)$的频谱特性中的最高角频率。所以采样周期$T_S \leqslant T_{max}/2$，即$T_S \leqslant 3.5\mu s$。本冲击试验装置采样周期选为2μs。

为防止摆锤电磁和振动的干扰，采样一定要从摆锤锤头刀口接触到试样时开始。摆锤下落到接触试样这段时间可用延时程序避开。

冲击实验采集的数据在采集结束后自动读入计算机存储区，并在显示器上显示载荷P与位移f关系曲线，以便实验人员直观了解冲击实验过程。

采集结束后计算机进行数据处理。为了划分冲击过程的各个阶段和测定材料的冲击弯曲的强度指标，需要求出载荷 P 与位移 f 关系曲线的各个特征值，主要是屈服点 σ_s、抗拉强度 σ_b 和止裂点。

曲线的各个特征值可根据曲线的斜率 dP/df 的变化来判断。例如 σ_s 处 dP/df 由一常数开始逐渐变化，即由线性变成非线性，在斜率变化最大处即为 σ_s 处；σ_b 处 $dP/df=0$，为一极值点。此外也可以采用线性和非线性回归分析，对载荷 P 与位移 f 关系曲线分段进行曲线拟合后，求得各个特征值。

三部分的功可通过 $P-f$ 曲线相应部分的积分求得：$A = \int P\mathrm{d}f$。

通过计算机数据采集和处理系统，可以精细、完整地记录材料整个冲击过程，较准确地测定出材料冲击断裂曲线上的各特征值和相应三部分功，从而确定材料性质，为正确评价材料提供了科学的根据，把材料检测技术提高到一个新的水平。

第四节　材料物理性能的测量

材料物理性能的内容相当广泛，包含了电、热、磁等多方面的性能。它们的测试方法各不相同，测试设备也有许多种类。例如测量导电材料的导电性用双臂电桥或电位差计；热膨胀测量用电感膨胀仪、电容膨胀仪；测量合金的铁磁性用冲击法的磁性测量仪等。还有一些特殊材料如超导材料有特殊性能，就要采用一些特殊的测试方法。这些测试设备中动作的控制、测试参数测量，包括测试参数数据的处理，都可以用计算机来很好地解决。只是要注意每一种具体的测试设备或测试方法，涉及到的具体的测试参数常常有各自的特别之处，在计算机采集系统、计算机控制系统、计算机数据处理系统的设计中要特别解决才行。

一、磁性测量中的计算机数据处理

在磁性测量中，冲击法由于测量装置简单，灵敏度高，测量精度高，目前依然是我国直流磁性测量的主要方法，在实际应用中还很普遍。但冲击法测量不连续，测量过程麻烦，尤其是在测量磁化曲线、磁滞回线以及最大磁导率 μ_m 等磁参量时，需要测量很多点才能保证绘制的曲线及测得的 μ_m 值足够准确，而且数据处理时需逐点计算，工作量很大，导致在实际测量可能减少测量点，使绘制出来的曲线粗糙，测得的磁参量准确度就不够。改用计算机作测量数据处理，既快又精确。

1．冲击法测量磁性的基本原理

冲击法测量磁性装置有三个回路：主回路、测量回路、校正回路。

测量时，样品放入样品盒，设试样的横截面积为 S_0，样品盒的横截面积为

S，样品盒上绕有主回路的线圈 N_1、测量回路的线圈 N_2。调节主回路中可调电阻使 N_1 线圈中的电流为 I，则产生磁场强度 $H=(N_1I)/(2\pi r)$，样品被磁化，产生磁感应强度 B。此时主回路电源突然换向，在极短的时间内使 N_1 线圈中的电流为 $-I$，磁场强度为 $-H$，相应的磁感应强度为 $-B$，即 $\Delta B=2B$，则试样的磁通的变化为 $\Delta\Phi=2BS$。磁通的变化在测量回路中产生感应电动势 $e=-N_2(\mathrm{d}\Phi/\mathrm{d}t)$，从而在测量回路中产生感应电流 $i=e/R$，其中 R 为测量回路的总电阻。在 t 时间内测量回路中电流产生的总电荷量为

$$Q=\int_0^{\Delta\Phi} i\mathrm{d}t=-\frac{2N_2BS}{R} \tag{7-1}$$

可用测量回路中的冲击检流计测出这个总电荷量。瞬时电荷量越大，冲击检流计的指针偏转量 α 越大，即有 $Q=C_\mathrm{b}\alpha$，其中 C_b 为冲击检流计的冲击常数，结合式（7-1）有

$$B=\frac{C_\mathrm{b}R}{2N_2S}\alpha$$

根据测得的冲击检流计的偏转量 α 值，便可求出磁感应强度 B，从而求得磁化曲线、磁滞回线及其他磁参量。

2. 测量中几个问题的解决

测量计算中要求 $C_\mathrm{b}R$ 已知，利用校正回路可求得。不过在求 $C_\mathrm{b}R$ 的测量中要保证测量回路的总电阻 R 和测量磁参量时相同。

求 $C_\mathrm{b}R$ 的测量是用接有主回路和测量回路的标准互感器 M 进行。方法同前述测量磁参量时一样，有

$$C_\mathrm{b}R=2MI_\mathrm{M}/\alpha_\mathrm{M}$$

式中，α_M 为求 $C_\mathrm{b}R$ 的测量时检流计的偏转量；I_M 为求 $C_\mathrm{b}R$ 的测量时的磁化电流。

另一个问题是在实际测量中常遇到所测的磁通变化范围很大，而测量用的标尺是有限长的，此时要调节磁性测量装置的量程。方法是改变测量回路中的可调电阻来改变测量回路的总电阻，从而改变 $C_\mathrm{b}R$，保证测量时冲击检流计的偏转量 α 在合适的范围内。

3. 磁参量测量数据处理程序

磁参量的数据处理程序框图见图 7-5。

磁参量测量数据处理程序包含几个步骤：

（1）输入测量装置相关参数　输入数据处理中要用到的样品盒的横截面积 S、测量回路的总电阻 R、测量回路的线圈 N_2 等相关参数。选择输入实际测量中选定的量程和需要的逐点测量数。

(2) 逐点读入测量数据 逐点读入测量数据，由于冲击检流计使用直线标尺，测得的偏转量 α 要进行逐点非球面修正；读入校正时的 α_M 值。

(3) 数据处理和计算 依据读入的逐点测量数据和校正时的 α_M 值，计算相应的测量结果值，绘制测量结果曲线图，并计算需要的磁参量。测量参数都在测量文件中保存，随时可调出测量参数和曲线图作分析研究。

磁参量测量数据处理程序使磁参量的测量和计算不再麻烦，获得测试结果准确。

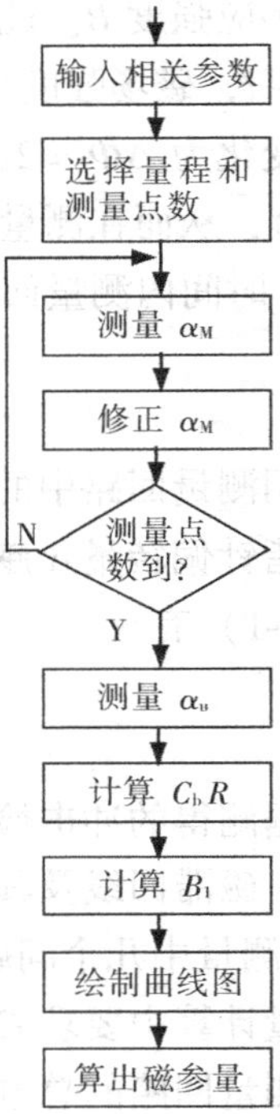

图 7-5 磁参量的数据处理程序框图

二、超导材料特性曲线计算机测量

在超导材料性能的研究中，测试是获得试验样品各种性能参数的重要手段，测试的准确与否直接影响到研究工作的进程。

在超导材料各种性能参数中，临界电流值 I_C 是表征超导材料的最重要的参数之一，是工程实际应用研究的重要依据参数。从测量得出的精确的超导电压与电流特性关系曲线中不仅可以确定超导材料临界电流值 I_C，而且还能从中获得一些有关超导材料本质特征的重要信息。

超导电压与电流特性关系曲线可分为三个区域：超导态、临界态和正常态。其中临界态的电压变化行为直接与超导材料的性质、结构密切相关，该区域的超导电压与电流特性关系曲线通常被描述成以下指数式：

$$V = V_0 \left(I/I_0 \right)^n$$

式中，I_0 是电压为 V_0 时的电流值；n 反映超导电压与电流特性曲线形态，表明超导材料从超导状态到普通材料状态过渡段的突变情况，其值通常在 10～100 之间。

所以，临界态区域的超导电压与电流特性关系曲线的精确测量，对于了解超导材料性质信息具有关键性的意义。为了快速采集和处理数据，以达到临界态小区域内精确测量，使用计算机特性曲线采集系统。

1. 特性曲线采集系统及精度问题

脉冲法测定超导电压与电流特性曲线已成为当今世界上正在发展的超导材料领域中测试的一种有效方法。

在计算机采集系统控制下，脉冲电源依次向超导材料试验样品施加强度不断增加、具有一定时间宽度的电流脉冲，与此同时，在每一个电流脉冲持续期间采集相应的样品电压值。计算机用采集到的相应电压与电流关系数据作出超导材料电压与电流特性曲线，再对电压与电流特性曲线进行拟合处理，得到临界电流值I_C。

为了提高测试结果精度，应当采用较小的电流递增步长值（特别是在临界态区域），以便采集到尽可能多的临界态曲线区域的数据点，从而更精确地描述电压与电流特性曲线，获得更为精确的临界电流值I_C。可是，单一采用较小的电流递增步长值就会导致在整个测试范围采集数据量太大，造成最有价值的临界态区域数据尚未记录下来，就出现了记录数组超出存储器容量的限制或在计算中出现溢出等问题。实际上，对于超导材料电压与电流特性曲线测试而言，最希望临界态区域数据尽可能多，其他两个区域数据则不用太多，因为理论上超导材料电压与电流特性曲线在这两个区域内只不过是一条水平直线和一条斜直线，包含的材料性质信息量不多。

解决问题的方法是在测试过程中，整个测试范围内不同的区域采用不同的电流递增步长，即在超导态区域和正常态区域采用较大的电流递增步长值，而在临界态区域采用较小的电流递增步长值。这样既能提高临界态区域测试结果精度又不至过分增大采集数据量。

2. 变电流递增步长计算机采集系统的实现

测试范围内不同的区域采用不同的电流递增步长值，在临界态区域采用较小的电流递增步长值，就要对计算机采集系统进行改动，以达到变电流递增步长，保证测度完成。

（1）硬件和测试流程的改进　为实现较小的电流递增步长值，用12位D/A接口板代替原8位D/A接口板。例如选用脉冲电流发生器的200A档位，这样就可以获得1/4095档位的电流分度值，即200A/4095 = 48.84mA，也就是最小的电流递增步长值可以达到48.84mA，提供实现变电流递增步长的物质基础。

由于不知何时改变电流递增步长值，在实际测试过程中对每一个超导材料试验样品的测试要进行多次。第一次采用较大的恒电流递增步长值进行测试范围内全程粗测试，以获得临界电流值I_C的大致范围，然后依这个临界电流值I_C的大致范围输入预先设定的开始较小电流递增步长时电流值和结束较小电流递增步长时电流值，进行变电流递增步长正式测试。这样使实际测试过程简单迅速，编程可大大简化。

（2）软件流程　软件程序分为样品测试控制和数据分析处理两大模块。

测试控制模块完成参数设定和测试过程控制工作。模块内容与硬件设备密切相关，管理系统A/D和D/A接口、控制接口、图形接口等。模块中进行参数设定输入，完成测试全过程控制，采集和保存测试数据。

软件为使用人员提供了一个良好的人机对话窗口，每一次采集的电流、电压、电流递增步长值都显现出来，所采集的数据也被绘制在电压与电流特性曲线图上。这样就可以及时了解到所采集数据的大小和所处的区域，使操作控制非常直观。输入开始变电流递增步长时电流值和结束变电流递增步长时电流值也用菜单形式在人机对话窗口上解决。采集的测试数据和电压与电流特性曲线图在测试结束前以文件形式保存。

数据分析处理模块是对采集的数据进行计算，并通过拟合处理得到电压与电流特性曲线的多项式表达式，拟合处理有多种拟合方式可以选择；再通过判据条件获得临界电流值 I_C，最后完成测试结果的存储等。这部分与硬件设备联系较少，但计算量大，程序结构复杂。

（3）测试使用情况　特性曲线变电流递增步长计算机采集系统的测试使用情况见表 7-4。

表 7-4　初测实验数据和原始实验数据比较

项目	原始数据	12 位变步长	8 位定步长
测试电流范围/A	0 ~ 30	0 ~ 30	0 ~ 30
测试电压范围/μV	0 ~ 30	0 ~ 30	0 ~ 30
电流递增步长/A	0.5	0.5/0.1	0.5
临界电流值 I_C/A	22.06	21.27	21.60
特性指数 n	31.41	33.93	25.70

表 7-4 是对国内循环比对实验中的标准试样进行测试的数据，其中“原始数据”为原国内循环比对实验中的测试数据，代表了目前得到承认可信度比较高的正确结果，只不过是时间已较长；“8 位定步长”为最近的用 8 位 D/A 转换电压与电流特性曲线采集系统的测试数据，代表了目前试验样品的真实值；“12 位变步长”为用 12 位 D/A 转换电压与电流特性曲线变电流递增步长计算机采集系统的测试数据，它采用分区域变电流递增步长测试，可以看到由于分区域变电流递增步长测试使得临界态区域取得的采集点多，对于临界态曲线段的描述更为细致，从而导致新的更为准确的测试结果产生。

总之，这套新的变电流递增步长计算机采集系统实现了对超导材料试验样品进行自动变电流递增步长测试和数据分析处理，使超导材料标准化、自动化测试得到了进一步的改进与完善，在我国超导材料研究工作与国际研究结果比对方面又迈进了一步。

三、金属熔点附近热物性参数的计算机测量

金属熔点附近热物性参数包括热导率、导温系数和洛仑兹数等。由于测量中待测试物质状态的维持，控制要求精确，用一般测量仪表难以精确测量。

传统测试的方法是施加一温度梯度于待测试物质，并在测试过程中保持这一温度差的情况下，通过测得单位时间、单位面积内流过待测试物质的热流量，由傅里叶定律求得热导率。这套方法由于有温度差，因而使冷凝过程中生成的凝聚相难以保持其微观结构及热、电物理性质的真实性，不可避免地引起测量误差，使测量结果不理想。

在新的用相界面移动速率来测量的测试方法中，可以分成固相和液相两个方向来测量、比照。对固相热物性参数测试时，可先将相变室内待测试物质熔化，并将待测试物质熔体保持在稍高于熔点的温度一段时间，使其温度均匀；然后突然将其底部面温度降到低于熔点的某一温度，并在测试过程中保持这一温度不变，造成冷凝过程从底部面开始，使固、液相界面随时间的推移逐渐向上移动，直至冷凝过程结束。根据相界面和底部面距离与冷凝时间的关系、相界面和底部面距离的温度差、待测试物质熔体的相变潜热，可算出固相在熔点附近的导温系数。由于导温系数与热导率的关系（$\lambda=\alpha/C_P\rho$）可以算出热导率，同样可以反向进行一次类似测量。

1. 计算机在线检测控制系统组成

先计算检测控制系统要检测多少路参数。为保证相变室内始终是一维轴向导热，应将相变室外壁温度控制在被测物质的熔点附近，故应检测相变室外壁温度2~3个点。为检测相变过程中的轴向温度变化，故应测量相变室内被测物质的温度2~3个点。为监测相变室上、下底部面的温度以控制熔化和冷凝过程及相界面的移动，故应测量相变室上、下底部面的温度2个点。为精确测量相界面的移动，将一极细的瓷管沿轴向插入被测物质，形成电阻探测器，两端与一恒流电源相连。利用被测物质固、液相的电阻率差别很大的特点，通过测定电阻探测器两端的电压变化就可以测定电阻探测器的电阻变化，从而测定相界面的移动速率，故应检测探测器电压1个点。

2. 计算机在线检测控制工作原理

为了满足上述参数检测和温度控制，系统要实现8路检测（7个温度点和1个电压点）和2路负载的控制。负载为分别装备在相变室上、下底部面的电阻丝加热器，对此两电阻丝加热器的控制分别用来实现控制相变室上、下底部面的温度，也就是控制测试过程中被测物质的熔化和冷凝过程及相界面的移动。其中能不能进行相变室上、下底部面的温度精确的动态测量和控制，是本系统成败的关键。

温度传感器和电阻探测器检测来的输入信号经PCLD-779多路模拟转换开关选择后，再经多功能数据采集卡PCL-812PG进行A/D转换送入计算机。多功能数据采集卡PCL-812PG有一常驻内存程序，该程序包含了利用PCL-812PG进行A/D、D/A转换的库文件。

计算机依输入的检测信号，运行专门设计的软件包，利用PID控制增量算式，进行比较、运算而得出控制命令。程序一方面在屏幕上显示并储存控制值，另一方面输出控制命令。

输出的控制命令经多功能数据采集卡 PCL-812PG 进行 D/A 转换，再送入 ZK-1 型晶闸管电压调节器，调节电阻丝加热器两端的电压，从而控制相变室上、下底部面的温度。

3. 用户界面

计算机在线检测控制系统的用户界面用于用户与控制系统做人机对话，可选择是进行在线检测过程还是进行检测结果显示。

计算机在线检测控制系统软件包首先调用用户界面程序，生成用户选择菜单。该菜单包括进行在线检测过程、进行检测结果显示、退出选项。选择进行在线检测过程则生成在线检测用户界面，在进行检测的同时将检测过程的各检测参量显示在屏幕上，以便用户了解在线检测过程的进程；选择检测结果显示则生成显示结果用户界面，只需输入检测结果文件名，即可显示选择的一次检测的结果，还可以观察选择的一次检测的动态过程。

计算机在线检测控制系统在友好的用户界面的基础上，较理想地实现了检测参量的自动检测、统一存储、集中显示和温度控制，保证了检测所需要的边界条件，达到了减少误差、提高检测精度的目的。这一在线检测控制系统也为探索新的热物性测试方法提供了现代化的测控手段。

参 考 文 献

1 [日] 进藤大辅，及川哲夫著. 材料评价的分析电子显微方法. 刘安生译. 北京：冶金工业出版社，2001

2 余焜编. 材料结构分析基础. 北京：科学出版社，2000

3 陈宏礼等. 利用 IBM 计算机改造 LABTAM8450 型光电直读光谱仪计算机系统. 1999，(1)：13 ~ 17

4 郭剑英，IAS4 图像分析系统在定量金相中的应用. 物理测试. 1997，(6)：35 ~ 38

5 王锐，图像分析仪在球铁金相检验中的应用. 物理测试. 1998，(6)：34 ~ 39

6 秦湘阁等. 颗粒增强复合材料显微组织的计算机仿真. 佳木斯大学学报. 2001，(1)：1 ~ 3

7 徐静等. 电站金属材料点腐蚀坑的计算机评定. 汽轮机技术. 1998，(5)：310 ~ 316

8 孙宏等，万能材料实验机的计算机化改造与应用. 理化检验—物理分册. 2001，(7)：295 ~ 297

9 徐丹. 冲击实验计算机数据采集和处理系统. 物理测试. 1997，(6)：39 ~ 43

10 曹光明. 磁性测量的冲击法及计算程序. 物理测试. 2001，(6)：18 ~ 22

11 张文泉等. 高温超导“$V-I$”特性曲线变电流递增步长计算机采集系统. 物理测试. 2001，(1)：18 ~ 23

12 周子民等. 金属熔点附近热物性测试及计算机在线检测. 中南工业大学学报. 1998，(6)：549 ~ 551

第八章　材料科学研究中的数据与图像处理

材料研究中获得的大量原始数据需要经过处理才能得到所需结果并加以保存。计算机的飞速发展使得不但可以利用计算机大量保存并方便快速查找实验数据，而且更重要的是可以对数据作进一步的后续处理（如计算、绘图、拟合分析等）。目前，可用于数据管理、计算、绘图、解析或拟合分析的软件很多，有些功能非常强大，有的则相对简单、专业化。本章将以 Microcal Software 公司的 Origin（V6.0）软件为对象，结合材料科学研究中的一些具体实例，介绍计算机在数据处理方面的应用。

数据信息的处理与图形表示在材料科学与技术领域占有重要地位。Origin 软件可以对科学数据进行一般处理与绘图。其主要功能和用途为：对实验数据进行常规处理和一般的统计分析，如记数、排序、求均值和标准差、t-检验、快速傅里叶变换、比较两列均值的差异、回归分析；用数据作图（用图形显示数据之间的关系）；用多种函数拟合曲线等。

第一节　材料研究中的数据处理

一、Origin 软件的基本功能和使用方法

（一）Origin 软件的窗口组成

Origin 窗口从上至下依次为标题栏、菜单栏、窗口主体、文件显示栏和状态栏。

标题栏：显示正在编辑的数据、绘制中的图形文件名。

菜单栏：含有其他 Windows 应用程序中类似的下拉菜单，但具体的菜单按数据页、矩阵页、图形页有所不同。

窗口主体：数据页或图形页为主显示窗口。Origin 运行后，初始界面窗口图显示的是空白的数据页。

文件显示栏：窗口主体下为文件显示栏，数据页、图形页、统计分析结果、拟合结果等都以文件形式列于该栏并被保存，通过点击切换这些文件，可随时切换显示窗口。

状态栏：最下面是状态栏，显示当前操作的状态、结果或提示。

（二）在 Origin 数据表中输入、编辑和保存数据

1. 输入数据

Origin 运行后，空白数据表一般只显示 2 列表格。如果要进行数据运算或者绘制多条二维曲线或者绘制三维曲线，就需要自行添加新的列。在“Column”菜单下的“Add New Columns”提供了添加新列的功能，可根据需要设定新添列的数目。

在 Origin 对数据进行加工之前，首先需要把准备处理或绘图的数据输入系统。数据输入有如下 3 种方式：

(1) 键盘输入 Origin 可以直接接受从键盘输入的数据和对数据进行现场修改编辑。

(2) 复制其他数据文件 如果复制 Windows 其他窗口中的一组数据到 Origin 数据表中，则选定该组数据并“Copy”，然后切换到 Origin 的数据页，选定一空白数据列点击该列的最上部单元格。选择“Edit”菜单中的“Paste”命令。用这种方式可将 Word 文件表格中数据、Excel 工作表中数据，甚至其他数据处理软件如 Grapher 软件的 Worksheet 中数据直接复制到 Origin 的数据页。

(3) 从已有的数据文件中读入数据 这种方法比较方便、迅速和准确，尤其是在数据量很大的情况下，更具优越性。通过计算机控制的材料性能测试仪器得到的测试数据或计算机测控系统得到的数据都可以通过一定的文件格式转换，输入到数据处理软件中作进一步处理。利用“File”菜单下“Import”功能便可以将数据文件中的数据导入到数据表中。Origin 软件兼容的数据格式有很多种，除了可以读取以 Origin 的二进制方式保存的数据以外，还能够读取文本格式（ASCII）、Excel 格式（.xls）和数据库文件（.dbf）的数据文件，但是对 Excel 文件支持的版本并不是很高。读取各种数据的具体操作如下：

1）读取 Origin 二进制方式的数据文件。打开“File”下拉菜单中的“Open”命令，在相应的目录、路径中找到后缀为 .opj 的文件并打开。

2）读取其他格式的数据文件。在数据页窗口中，打开“File”下拉菜单，根据数据文件的格式选择“Import”中相应的命令，例如文本文件可以选用“Import”中的“ASCII”。在选择数据文件所在的目录路径，确认相应的文件后完成数据读入。

3）在一个数据页中读入多个数据文件。在数据页中读入第一个数据文件后，在数据列的右边添加足够新列，点击列的上部（选定第一个单元格），重复读入数据文件的操作步骤，即选择“File”菜单中的“Import”命令，给定文件的目录路径和文件名。

4）打开多个数据页，并在其中读入数据文件。打开“File”菜单，选择“New”中的“Worksheet”命令，可以打开一个新的空白数据页。选用上述方法读入或输入数据。

另外，在“Column”菜单下的“Fill Column With”选项提供了 3 种快速输入一列数据的功能。

2. 编辑数据

编辑数据即对数据页中的数据进行修改、添加和删除等加工。

（1）删除数据　选定一个数据格，打开“Edit”下拉菜单，选择“Clear”命令，则该格置为空白（不是零）；如果在“Edit”菜单中，选择“Delete”命令，则该格被取消，下面行的相应格依次向上替补。

（2）删除数据列（行）　选定一个数据列（行），打开“Edit”下拉菜单，选择“Clear”命令，则该列（行）为空白；如果在“Edit”菜单中，选择“Delete”命令，则该列（行）被取消，由右边列（下面行）依次向左（上）替补。

（3）修改数据　选定一个数据格，修改该项内容。

（4）改变列的数据类型和属性　在每个数据列名称旁边的括号中都标明了该列数据的属性，例如：X、Y、Z、L（字符，Label）或无属性（没有括号和标记）。为了方便将数据集绘图，一个数据集中只能有一个X列，该列数据用于配置X轴，但是可以有多个Y列、多个Z列和多个L列。数据类型有数值（Numeric）、字符（Text）、时间（Time）、日期（Date）、月份（Month）、星期（Day of Week）等。在进行数据类型和属性操作时，首先要在数据页中选定一个数据列。

（5）改变数据属性　打开Column下拉菜单，选择相应的属性命令“Set as X”、“Set as Y”、“Set as Z”、“Set as Label”或者选择“Disregard Column”命令不给定任何属性。

（6）改变数据类型　打开Format下拉菜单，选择“Column”命令，在对话框的“Options”一栏中选择相应的数据类型。

（7）改变数据列的名称　在Format菜单中选择“Column”命令，修改对话框的“Column Name”一栏，用这个方法可以将每列的名称进行更改。

3. 保存和输出数据

（1）以ASCII文本方式保存数据　在数据页中，打开“File”下拉菜单，选择“Export ASCII”命令。选择驱动器、给定文件的路径和文件名并确认后完成数据文件的保存。

（2）以Origin的二进制方式保存数据　在“File”菜单中选择“Save”命令把数据文件更新保存（不改变原有的文件名），“Save As”命令更名保存，后缀为.opj。

（三）数据运算

在数据表中完成数据输入之后，就可以进行计算，也就是通过函数表达式对整列数据或几个数据单元格（点击后拖动鼠标）进行赋值。选定一个数据列或其中的几个数据单元格，打开“Column”下拉菜单，选择“Set Column Values”命令，通过对话栏输入函数表达式进行赋值，如图8-1所示。

在运算对话框中可以查到 Origin 软件所支持的全部计算函数。只要按照 Origin 的规定写入数学公式，就可以进行任何数学计算。点击对话框中两个下拉箭头分别显示函数表达式和列名称，选中某个函数和列，通过点击其右边的“添加”按钮，就可以方便地加到公式栏中，最后按 OK 即完成运算。

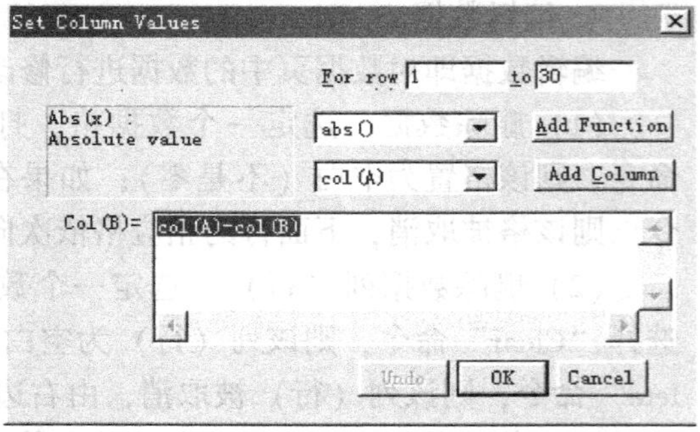

图 8-1　运算对话框

Origin 为我们提供了强大的数学计算功能，可以进行非常复杂的数学计算，以满足我们在材料研究中的计算需要。下面以材料断裂韧度（K_{IC}）计算为例作简要介绍。K_{IC}的计算公式是：

$$K_{IC}=\frac{3PLY}{2wh^2}\sqrt{a}$$

式中，K_{IC}为材料的断裂韧度（$MPa\cdot m^{\frac{1}{2}}$）；P 为断裂载荷（N）；L 为跨距（常用 20mm）；w 为试条宽度（mm）；h 为试条高度（mm）；a 为槽深（mm）；Y 为几何因子，参见图 8-2。

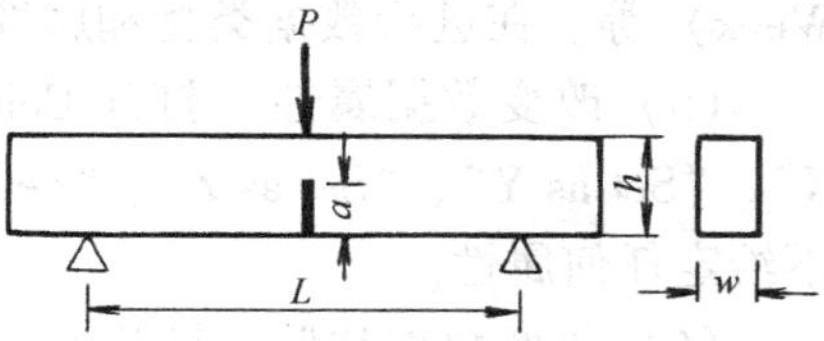

图 8-2　测定 K_{IC} 试样尺寸及加载情况

当试样 $L/h=4$ 时，Y 的表达式如下：

$$Y=1.93-3.07\frac{a}{h}+13.66\left(\frac{a}{h}\right)^2-23.98\left(\frac{a}{h}\right)^3+25.22\left(\frac{a}{h}\right)^4$$

要求 $a/h=0.4\sim0.6$ 测量数据才有效，越接近 0.5 越好。

首先对 Origin 数据表添加足够新列，将测量原始数据输入到 Origin 数据表中 A～F 列，G～K 列用于计算，每列第 1 行分别写入名称。选中 G 列 3～19 行，在“Column-Set Column values”下写入公式：col（E）/col（D），按 OK 后即得到 a/h 比值，以判断测量的有效性。仿照此，依次选中 H 列和 I 列的 3～19 行，分别写入如下公式：

1.93－3.07＊col(G)＋13.66＊col(G)^2－23.98＊col(G)^3＋25.22＊col(G)^4

和　1.5＊20＊9.8＊col(F)＊col(H)＊SQRT(col(E)/1000)/col(C)/col(D)/col(D)

即可计算出 Y 值和 K_{IC} 值，列于 H 列和 I 列，参见图 8-3a。

（四）数据统计处理

1. 数据按某列的升序或降序排列

在数据页中，选定一个排序的列。打开“Analysis”下拉菜单，选择“Sort

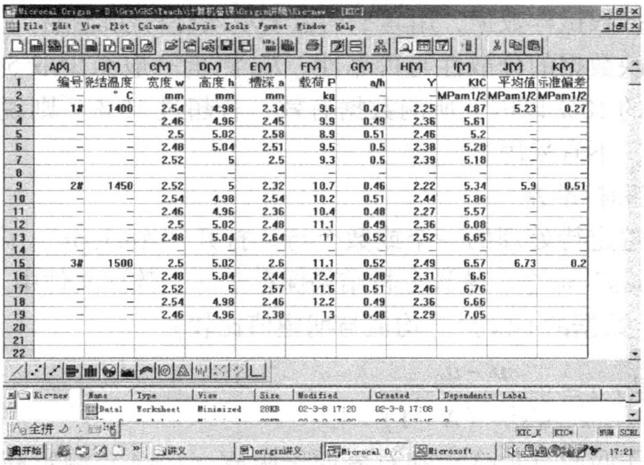

	A(X)	B(Y)	C(Y)	D(Y)	E(Y)	F(Y)	G(Y)	H(Y)	I(Y)	J(Y)	K(Y)
1	编号	烧结温度	宽度 w	高度 h	槽深 a	载荷 P	a/h	Y	KIC	平均值	标准偏差
2	–	° C	mm	mm	mm	kg	–	–	MPam1/2	MPam1/2	MPam1/2
3	1#	1400	2.54	4.98	2.34	9.6	0.47	2.25	4.87	5.23	0.27
4	–	–	2.46	4.96	2.45	9.9	0.49	2.36	5.61	–	–
5	–	–	2.5	5.02	2.58	8.9	0.51	2.46	5.2	–	–
6	–	–	2.48	5.04	2.51	9.5	0.5	2.38	5.28	–	–
7	–	–	2.52	5	2.5	9.3	0.5	2.39	5.18	–	–
8	–	–	–	–	–	–	–	–	–	–	–
9	2#	1450	2.52	5	2.32	10.7	0.46	2.22	5.34	5.9	0.51
10	–	–	2.54	4.98	2.54	10.2	0.51	2.44	5.86	–	–
11	–	–	2.46	4.96	2.36	10.4	0.48	2.27	5.57	–	–
12	–	–	2.5	5.02	2.48	11.1	0.49	2.36	6.08	–	–
13	–	–	2.48	5.04	2.64	11	0.52	2.52	6.65	–	–
14	–	–	–	–	–	–	–	–	–	–	–
15	3#	1500	2.5	5.02	2.6	11.1	0.52	2.49	6.57	6.73	0.2
16	–	–	2.48	5.04	2.44	12.4	0.48	2.31	6.6		
17	–	–	2.52	5	2.57	11.6	0.51	2.46	6.76		
18	–	–	2.54	4.98	2.46	12.2	0.49	2.36	6.66		
19	–	–	2.46	4.96	2.38	13	0.48	2.29	7.05		
20											
21											
22											

a)

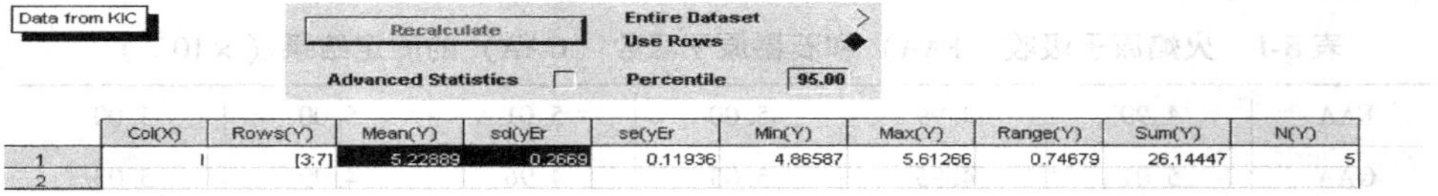

	Col(X)	Rows(Y)	Mean(Y)	sd(yEr	se(yEr	Min(Y)	Max(Y)	Range(Y)	Sum(Y)	N(Y)
1	I	[3:7]	5.22889	0.2669	0.11936	4.86587	5.61266	0.74679	26.14447	5
2										

b)

图 8-3　K_{IC} 计算与统计结果

a）数据页　b）数据统计文件

Column”命令。在对话栏中选择“Ascending（升序）”或“Descending（降序）”或“Custom（按字母顺序）”，确认后，所有数据列会按排序调整。

2. 按列求和、均值和标准差

在数据页中，点击要处理的一个或数个列的最上部，选定整个列。打开“Analysis”下拉菜单，选择“Statistics on Columns”命令。在新出现的数据文件中保存了各列的统计结果，包括和（Sum）、均值（Mean）和标准差（sd）等信息。

下面继续对计算所得 3 组 K_{IC} 数值进行统计分析。选定 1#试样的 5 个数据（鼠标点中第 1 个数据单元格后向下拖拽），利用“Analysis”菜单下“Statistics on Columns”功能将立刻得到统计信息如图 8-3b。将平均值和标准偏差复制到 Origin 的数据表中。对其他两组试样的数据也作同样处理，就可以得到 3 组试样的全部统计信息。

统计分析完成后，将在 Origin 软件下部文件显示栏中生成一个统计分析数据文件，其中保存了所有统计分析信息。

材料性能往往对材料的微观结构与制备工艺比较敏感，存在较大的分散性。

每种材料需要测量多根试样数据，用其平均值表示该材料性能指标。此外，还要求标准偏差，以反映数据的分散性与可靠性。K_{IC}测量一般至少取 5 根试样，标准偏差若在平均值的 10% 以内，所测数据有效；若超过 10%，则说明数据分散性太大，可靠性差，不宜采用。

3. 按行求均值和标准差

在数据页中，选定待处理的一个或数个行。打开“Analysis”下拉菜单，选择“Statistics on Rows”命令。统计分析结果保存于一个数据文件中。

4. 一组（列）数据的 t-检验（均值与期望值比较）

t-检验的公式是：$t=\dfrac{\mu-\mu_0}{\sqrt{s^2/(N-1)}}$

例 用火焰原子吸收（FAA）和石墨原子吸收（GAA）测定高纯材料中一种杂质金属离子的含量，测定结果见表 8-1。

表 8-1 火焰原子吸收（FAA）和石墨原子吸收（GAA）的测定结果（$\times10^{-6}$）

FAA	4.99	4.99	5.00	5.01	5.00	5.00
GAA	5.01	4.95	5.03	4.96	4.99	5.03

在数据页中 A 列输入 FAA，B 列输入 GAA，选定一个数据列（A 列）。打开“Analysis”下拉菜单，选择“t-Test (One Population，单样本)”命令，弹出对话框如图 8-4a。

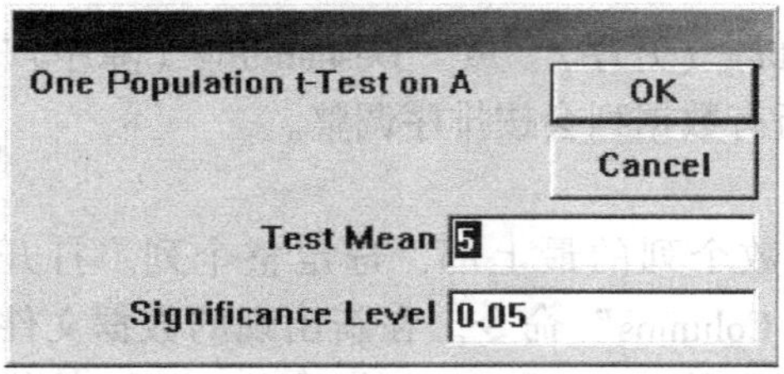

a)

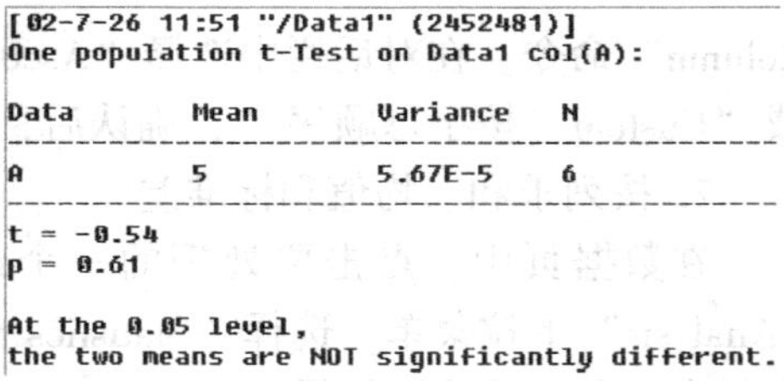
[02-7-26 11:51 "/Data1" (2452481)]
One population t-Test on Data1 col(A):

Data	Mean	Variance	N
A	5	5.67E-5	6

t = -0.54
p = 0.61

At the 0.05 level,
the two means are NOT significantly different.

b)

图 8-4 进行一组数据 t-检验时的参数设置对话框和 t-检验结果

在“Test Mean”一栏里，填入检验均值 $\mu_0=5.00$，在“Significance Level”中填入显著性水平 $\alpha=0.05$（也称为信度值）。确认后，系统给出检验结果：均值 μ (mean) =5、方差 s^2 (variance) =5.67E-5、数据量 $N=6$、$t=-0.54$，p（概率）=0.61，如图 8-4b 所示。结论是对于显著性水平 $\alpha=0.05$，不能否定假设 H_0：$\mu=\mu_0$，即判定可以认为该金属离子的浓度是 5×10^{-6}。

5. 两组（列）数据的 t-检验（比较 X 和 Y 两列数据的均值）

在数据页中，选定两个数据列。打开“Analysis”下拉菜单，选择“t-Test (Two Populations)”命令，弹出对话框如图 8-5a。

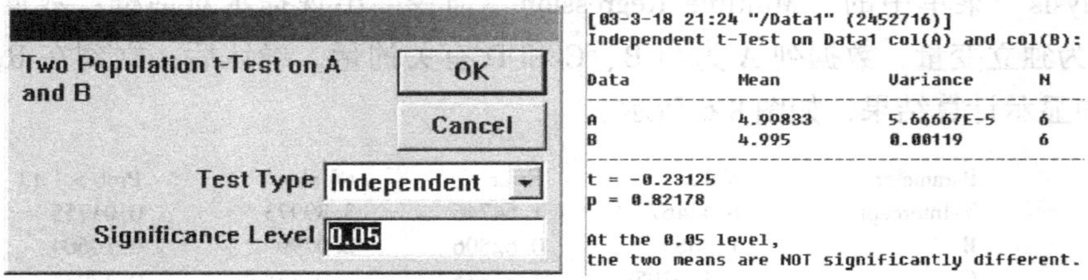

a)　　　　　　　　b)

图 8-5　进行两组数据 t-检验时的参数设置对话框和 t-检验结果

“Test Type”（检验的类型）有两个选择：“Independent”和“Paired”。如果两组数据的方差不相等，选用“Independent”，否则选用“Paired”。在“Significance Level”中填入显著性水平 α。确认后，分析结果如图 8-5b 所示。分析结论为两种分析方法测得的均值没有明显的差异。

6. 多元线性回归

多元线性回归就是求回归方程 $y = y_0 + a_1x_1 + a_2x_2 + a_3x_3 + \cdots$。在许多数据分析中常常需要求出这种定量的经验关系。在数据页中，选定两个或两个以上的 Y 数据列。打开“Analysis”下拉菜单，选择“Multiple Regression”命令后确认。分析结果将在一个新出现的 Results Log 窗口中显示于数据页上部。

例　材料中含三种不同的正离子，每种离子都有一定的迁移率，对材料的离子电导率产生贡献，一般符合加和规则。现制备了不同配方的 8 种材料，检测了它们的组成并测定离子电导率，见表 8-2，其中，x_1、x_2、x_3 为三种离子的质量分数，y 为电导率。求 y 对 x_1，x_2，x_3 的回归方程。

表 8-2　材料中离子组成及电导率

编号	x_1（%）	x_2（%）	x_3（%）	y/（S/cm）
1	2.2	1.8	3.4	5.6
2	1.9	2.0	2.4	6.1
3	1.5	2.2	3.0	5.2
4	3.6	2.5	2.4	7.9
5	2.0	1.6	2.8	8.4
6	2.8	2.5	3.5	7.6
7	4.0	2.5	3.5	8.1
8	4.5	4.0	5.0	7.4

打开数据页，把 y 数据放入 A（X）数据列，把 x_1、x_2、x_3 分别放入 B（Y）、C（Y）和 D（Y）中。选定 B（Y）、C（Y）和 D（Y）数据列。执行“Analysis”菜单中的“Multiple Regression”命令，出现提示对话框：数据列 B 到 D 为独立变量，数据列 A 为与 B、C 和 D 有关的量。确认后，立刻在 Results Log 中显示计算结果，如图 8-6 所示。

Parameter	Value	Error	t-Value	Prob > | t |
Y-Intercept	6.42467	1.64746	3.89973	0.01755
B	1.3063	0.62806	2.0799	0.10604
C	-1.07058	1.21885	-0.87835	0.42935
D	-0.15542	0.80893	-0.19213	0.857

R-Square (COD)	Adj. R-Square	Root-MSE (SD)
0.54716	0.20753	1.09021

图 8-6　在 Results Log 中显示多元回归分析的结果（部分）

从上述结果可见，对于回归方程 $y = y_0 + a_1x_1 + a_2x_2 + a_3x_3$，$y_0$、$a_1$、$a_2$ 和 a_3 的值分别为 6.42、1.31、-1.07 和 -0.16，它们的标准差为 1.65、0.63、1.22、0.81；y 的标准差为 1.09；y 与 x_1，x_2，x_3 的相关系数的平方为 0.55（即相关系数为 0.74）。

（五）绘图

当实验数据处理完毕，就可用来绘图。Origin 软件提供了数据分析中常用的绘图、曲线拟合和分辨功能，可绘制二维及三维图等，所能绘制图形样式通过下拉 Plot 菜单将全部显示出来供选择。图形赋予一组数据以视觉意义，直观显示数据的不同或相似之处或变化规律，显示出数据所产生的数字模型。绘图的第一步是决定画什么图形，要求所画图形能够准确表达这组数据的内涵或规律。用 Origin 软件绘制的初图并不完美，需要对图形的每个元素进行精心设置、编辑、修饰，才能提交一张美观大方、高质量的符合出版发表要求的图形。由于用图形方法显示数据的直观性，数据间的关系容易理解，因而在科技论文、实验报告中经常使用。

Origin 为自行创建绘图模板提供了很大方便，读者如果要经常绘制某种图形，可以将其保存成一个模板，供以后经常调用，不必每次绘图都要对其进行繁琐的设置。

1. 绘制二维图（散点分布图、线图或点线图）

首先确认数据页中各列的属性，这类图形以 X 为横坐标，Y 为纵坐标，在数据页中可以有数个 Y 数据列，但只能有一个 X 列。选定绘图用的若干 Y 数据列，打开“Plot”菜单，选择“Line”（线图）、“Scatter”（数据点分布图）、“Line + Symbol”（点线图）其中之一，显示图形。或者在数据页中释放掉选定的数据列

（用鼠标点击数据列头部以外的任何位置）后，打开“Plot”菜单，选择“Line”（线图）、“Scatter”（数据点分布图）、“Line + Symbol”（点线图）其中之一。在数据列的图形安排对话框中，为图形的 X 和 Y 轴选择数据列。在有数个 Y 数据列的情况下，需要用到“Graph” - “Add Plot to Layer”命令，相当于在一个图形页面中显示多组数据图，对每条曲线可选择不同的图线形式。

下面仍以上述计算的 K_{IC}数据为例进行介绍。将 A 列属性改为 L（不参与绘图），将 B 列属性改为 X，将 K 列属性改为 Y Error。选中 J、K 两列，下拉 Plot 菜单，选择“Line + Symbol”形式，将立刻在图形页显示如图 8-7a 所示的图形，已画出误差棒，但曲线不能成连线。下拉“Format”菜单，选“Page”命令，在对话框的 Display 选项卡中 Connect Line Across Missing 前打钩，就可画出连线了，如图 8-7b。另一种处理方式也许更简单，将分散放置的数据（K_{IC}、误差、温度数据）复制到 3 列相邻单元格，下拉 Plot 菜单，选择“Line + Symbol”形式，弹出选择数据栏对话框，正确选择绘图所用数据栏：选择 L 栏数据作为 X 轴、J 栏数据为 Y 轴、K 栏数据为误差，得到带有误差棒的图形（图 8-7b），这是 Origin 软件的一个优点。这只是得到一张草图，需要对每一元素进行编辑，这将在后面介绍。

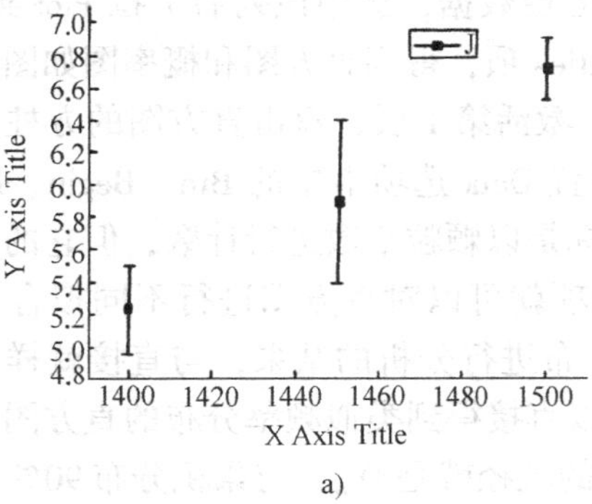

a)

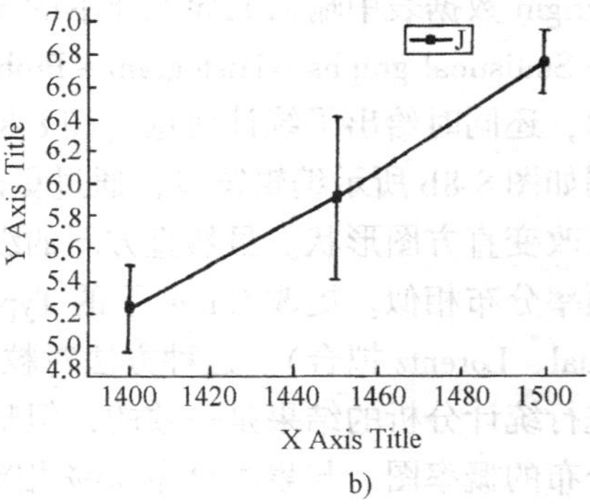

b)

图 8-7　绘制的草图

2. 数据点误差、数据列标准偏差的图形表示方法

除了上述在绘图过程中选择数据栏时直接选择误差数据列而绘出带误差棒的图形外，在数据页中，读入 X 列数据、Y 列数据及各点的误差，选定表示 Y 列误差的数据列，选择“Column”菜单中的“Set as Y Error”命令，选择 Y 列及其误差列，打开“Plot”菜单，选择其中的一种绘图命令，也将得到一张带有误差棒的曲线图。另外，也可在图形页中打开“Graph”菜单中选择“Add Error Bars”，但弹出的对话框中只有 2 个选项，即“Percent of data（%）”（数据的百分值）和“Standard Deviation of Data”（数据的标准差）作为误差数值。

3. 在一张图（layer）里表示两套 Y 轴的方法

在数据页中，选定两个 Y 数据列。选择“Plot”-“Special Line/Symbol”-“Double-Y”命令即可绘制双坐标图。图形左边是第一个 Y 数据列的坐标，右边是第二个 Y 数据列的坐标，可以方便地表示出两组数据随着 X 的变化。

4. 直方图、扇形图（用于生产统计、市场分析等）

在数据页中读入数据，选择“Plot”-“Statistical graphs”-“Histogram”或“Histogram + Probabilities”命令，可绘制竖直方图。在有多个 Y 数据列的情况下，为并列竖直方图。

材料研究中通常需要进行类似粒度分布（平均粒径和粒度分布的标准偏差）类型的数据处理。如果利用 Excel 软件通过一定办法计算可以直接求得粒度分布，采用这种方法具有它自身的优势，可以方便地给出 D_{50}、D_{90} 等特征参数。对于小样本（手工输入数据）或者大样本（自动导入数据）粒径数据，但没有对相同粒径的个数进行统计，而且原始数据是凌乱排列的情况下，可利用 Origin6 软件绘制 Histogram + Probabilities（直方图 + 概率图），直接给出粒径分布直方图和累积分布图，同时给出样本的统计信息（平均粒径、标准偏差等），还可对粒径直方图进行拟合。再经过人为操作，也可以给出 D_{50}、D_{90} 等特征参数。首先在 Origin 数据表中输入或导入样本的全部粒径数据，选中该列后下拉 Plot 菜单，选中 Statistical graphs→Histogram + Probabilities 项，得到直方图和概率图如图 8-8a 所示，还同时给出了统计信息（图 8-8c）。激活第 1 层，双击直方图的方柱区域得到如图 8-8b 所示编辑窗口，通过更改设置 Data 选项卡中的 Bin、Begin、End，可以改变直方图形状。虽然直方图的纵坐标是以颗粒个数进行计数，但它的形状与频率分布相似。更改 Curve 下的 Type 选项就可以对直方图进行不同拟合（如 Normal、Lorentz 拟合）。这种方法对粒度分布进行分析的结果，与直接就样本按列进行统计分析的结果是一致的，但却可以直接得到类似频率分布的直方图和累积分布的概率图。与累积分布 50% 相对应的粒径就是 D_{50}，与累积分布 90% 相对应的粒径就是 D_{90}，在累积分布图上可很容易得到这两个参数。

在有多个 Y 数据列的情况下，选择“Plot”-“Special Bar/Column”-“Stack Column”命令，则绘制堆积式竖直方图。与之相仿，选择“Stack Bar”命令，则绘制横直方图；在有多个 Y 数据列的情况下为并列或堆积横直方图。若选择“Plot”菜单中的“Pie”命令，则绘制扇形图。

5. 函数图形的绘制

（1）在空白图形页中显示函数图形　在数据页中，给数据列用函数表达式赋值后，选择“Plot”菜单中的“Line”命令。或者，在数据页（图形页）中，选择“File”菜单中的“New”命令，在弹出的对话框中选择“Function”后，在新对话框中写入函数公式，即可绘出函数图。

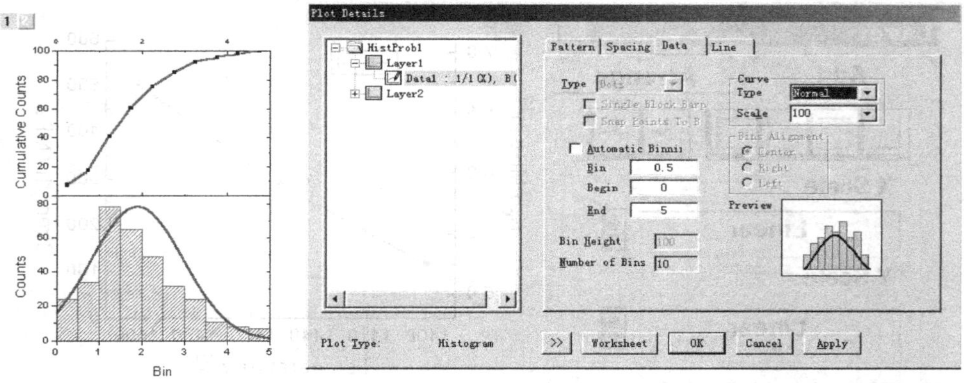

a)　　　　　　　　　　b)

Mean	SD	Maximum	Minmum	Size
1.91	1.07	5	0.1	334

c)

图 8-8　粒径分布直方图和概率图以及统计信息

（2）在已有的图形页中加入函数图形　在图形页中，选择“Plot”菜单中的“Add Function Graph”命令，在对话框中输入函数表达式。

6. 增加新的图形页面和删除图形页面

Origin 的图形页面，分为页 page 和图层 layer。一个图形窗口称为一个页面（page），在同一个页面中还可以安排数幅图层（layer）。如要增加新的图形页面，选择“File”-“New”-“Graph”命令即可，如要删除图形页面，只要将其关闭即可，关闭时会提示是否保存。

7. 在同一个页面中增加新的图层

在图形页中，打开“Tool”菜单，选择“Layer”选项卡中的相应坐标轴显示方式，在窗口的左上方会出现新的图层序号按钮。选择“Plot”中“Add Plot to Layer”命令，在新增加的图层中安排图形。

利用这种方式也可以绘出包括双坐标轴在内的其他图形，如图 8-9a 所示，第 3 个按钮即是在右边添加一根 Y 轴，最后一个按钮甚至允许在一个大的图形页面上，添加一个小图形，这个图形往往是局部区域的放大图，这个区域因为曲线稠密或因其他原因而需放大，才能清楚地表达出其变化情况。

这种做法实质上是在原来页面上叠上第 2 层，比如选择第 3 个按钮：原来 X 轴不变，单在右边添加一根 Y 轴，此时页面变成如图 8-9b 所示，显示出第 2 层。激活第 2 层，再在“Graph-Add Plot to Layer”下选择画图形式后，又弹出画图数据栏对话框，选择绘图数据后，即可添加第 2 根 Y 轴的曲线。照此还可叠加第 3 层、第 4 层，但是 Origin 只能在右边添加第 2 根纵坐标，不能添加更多的纵坐标轴。

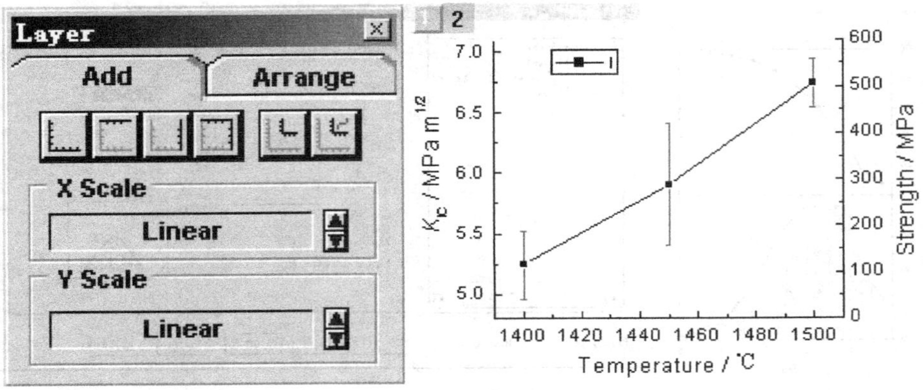

a) b)

图 8-9 添加第 2 根纵坐标

8. 增加新的页面

打开“File”菜单，选择“New” - “Graph”，即可在增加页面中安排新的图形。

9. 删除图形

点击图形的坐标轴，选择“Edit”菜单中的“Clear”命令，并确认，或者关闭图形页而不加保存，即在提示对话框中选择“Delete”。

10. 图形修饰与编辑技巧

(1) 页面大小与背景颜色 在“Format”菜单下选择“Page”命令，可以更改页面尺寸的单位、宽度和高度，页面背景颜色以及对图例的设置。当要把画好的图形复制到Word文件中，实际上是通过复制整个页面到Word中，而不仅仅是图形本身。如果页面尺寸采用默认值，则插入到Word文件中势必太大，需要缩小，缩小后常会使图形在某种程度上产生失真变形，同时图中文字大小、线条粗细都无法保证，而几乎所有科技论文期刊对发表文章的图形（包括其中文字、线条等）都有严格规定。为了避免这一点，就可以自定义页面尺寸，使之插到Word文件中保持原大，这样所设置的文字大小、线条粗细等都能得到保证，图形变形失真很小。

(2) 图形大小及在页面中位置 在“Format”菜单下选择“Layer”选项，从弹出的对话框在“Size/Speed”选项卡中改变图形左边界、上边界和图形区的长和高。填入适当数值后，得到新设置的图形。通过页边距和图形区尺寸设置，尽可能调整图形居于页面中心位置，使图形在页面上比较丰满，不要留下过多页边空白，以免影响图形美观和排版效果。注意参数的单位（% of Page、inch、cm、mm、pixel 等）的选用。

在图形页中，“Edit”菜单的“Rotate Page”用于转动页面。

在图形页中，选择“Edit”菜单中“Merge All Graph Windows”，用于把多个图形整齐地排成数行数列于一个窗口页面上。

(3) 线条和符号编辑　在图形页中，点击相应的layer按钮，选择“Format”菜单中“Plot”命令，可更改曲线和误差线的线型与粗细、符号类型与大小及它们的颜色等，也可选中曲线并双击，从弹出的对话框分别进行编辑。

(4) 坐标轴及坐标轴标题　双击坐标轴或打开“Format”-“Axis”-“X-Axis”或“Y Axis”，即可对坐标轴进行编辑。两个坐标轴的编辑程序完全相同，从弹出的对话框中对每一选项卡进行设置。

在“Scale”选项卡中，可以选择轴的取值范围，确定坐标始终值、刻度、主刻度跨度等。左下方栏中，是坐标单位的选择，除了正常的线性坐标以外，还有对数坐标、倒数坐标等选项。

在“Title & Format”选项卡中，为详细的坐标刻度选项，选择刻度线朝向、刻度线粗细等。

在“Grid Lines”选项卡中，可以添加网格线，其中的“Additional Lines”选项下在“Opposite”前打钩选中，可以在上边框或右边框位置添加框线。

在“Break”选项中，可以设置轴的中断：中断范围、中断显示于何处等。

在“Custom Tick Lables”选项中，设置主刻度数值。

在“Minor Tick Lables”选项中，设置次刻度数值。

在“Tick lables”选项中，设置刻度数值的格式、字号字体等。

分别选中“X Axis Title”和“Y Axis Title”并双击，从弹出的对话框可以分别写入X轴标题和Y轴标题。在Origin中，允许一次写入汉字、英文、特殊符号、上下标等进行混排。

选中并双击图例，更改大小，可以在图例中写入新的内容。

至此，一张图形编辑完成。下拉“Edit”菜单，选择“Copy Page”复制图形，再切换到Word窗口，就可以将Origin图形粘贴到Word文件中。要想将一张图形画得十分精美，需要花时间予以精雕细刻，涉及到很多具体的技巧细节，在此不一一介绍，请读者自行摸索。

11. 其他技巧简介

(1) 添加多条曲线　当画完一张曲线图后，要在同一层面上再添加曲线，下拉“Graph”菜单，选择“Add Plot to Layer”，再选择图形形式后，便弹出选择画图数据栏的对话框，正确选择数据栏，即可添加曲线。如此反复，可在同一层面上添加多条曲线。

(2) 拟合　为了准确表示出实验数据所蕴藏的变化规律性，需要对试验数据进行拟合。究竟选用哪种拟合，一般要经过逐一试验，选择既要符合美观要求，又符合实验结果的科学规律性的拟合方式。Origin软件提供了很强的拟合功能，如线性拟合、多项式拟合、对数拟合、指数拟合等。在 Analysis 菜单下，当图谱有多个峰时，可以用多个峰的 Gaussian 函数和 Lorentzian 函数拟合，从 Fit Multi-peaks 下找到这项功能。对于非线性拟合，选 Non-linear curve fit，在弹出的对话框中可以自行选择 Origin 软件已提供的很多非线性拟合函数，也可根据需要自行新增自定义拟合函数、修改原拟合函数的参数等。非线性拟合在解析曲线时是必不可少的工具。

一旦选定一种拟合方式之后，Origin 就给出拟合相关信息（如拟合方程等等），并直接将拟合线绘制出来。所有的拟合方式全部显示在 Analysis 菜单下。

（3）三维图绘制　用 Origin 软件绘制三维图形，首先必须进行数据转换。在 Origin 数据表中输入 3 列数据，选中第 3 列，下拉“Column”菜单选中“Set as Z”，这样就把 3 列数据分别定义为 X 轴、Y 轴和 Z 轴。然后再下拉“Edit”菜单，选择“Convert to Matrix”，再选择“Regular XYZ”，就将三列数据转化为 Origin 绘制三维图的数据格式，见图 8-10。此时，原来的“Plot”菜单就转变成“Plot3D”，其下提供了多种绘制 3D 图的形式，选定一种形式后，就可很方便地获得一张三维图形。对这张三维图形各个要素的编辑修改，可以仿照二维图形一样进行，此处不再重复介绍。

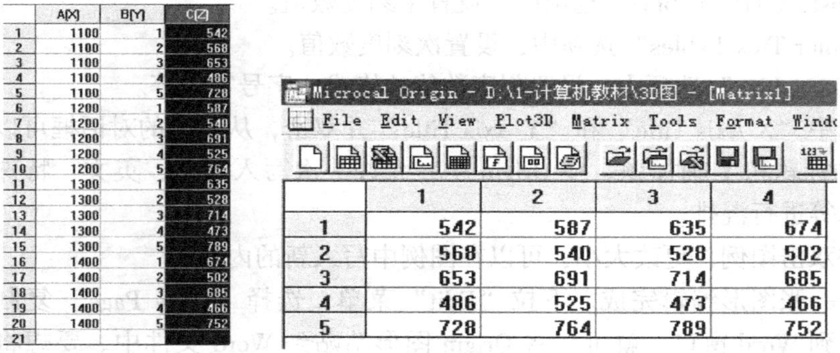

	A[X]	B[Y]	C[Z]
1	1100	1	542
2	1100	2	568
3	1100	3	653
4	1100	4	486
5	1100	5	728
6	1200	1	587
7	1200	2	540
8	1200	3	691
9	1200	4	525
10	1200	5	764
11	1300	1	635
12	1300	2	528
13	1300	3	714
14	1300	4	473
15	1300	5	789
16	1400	1	674
17	1400	2	502
18	1400	3	685
19	1400	4	466
20	1400	5	752
21			

	1	2	3	4
1	542	587	635	674
2	568	540	528	502
3	653	691	714	685
4	486	525	473	466
5	728	764	789	752

图 8-10　绘制三维图数据转换

12. 图形的输出与保存

当完成图形绘制后，要将其保存或者输出。Origin 提供了多种格式来输出图形，其中很多种格式可应用于 Windows 应用程序（如 Office 等）以及其他应用程序，常见有：bmp 格式、tif 格式、pdf 格式等。在图形页中，打开“File”菜单，选择“Export”命令，就可在“另存为”对话框中查找选择所提供的格式，然后选定保存文件的路径和输入文件名。此外也可以 Origin 的二进制格式（.opj）文件同时保存数据页和图形页，这种文件只能用 Origin 打开。操作过程是在数据页或者图形页中，选择“File”菜单中的“Save As”命令，选定保存文件的路径和输入文件名。

二、Origin 在材料科学研究中的应用举例

本节结合材料科学研究中若干实例，介绍如何灵活应用 Origin 软件。

（一）反应结合氧化铝动力学机理研究

在研究反应结合氧化铝复合陶瓷中，原料为陶瓷与金属铝的复合粉末，要控制一定的条件使铝氧化成为氧化铝就要对氧化的过程与机理进行研究，以便制订合理的工艺条件。研究其过程与机理的一种方法就是通过综合热分析仪自动采集温度-失重数据，得到的热失重曲线如图 8-11a 所示，再对数据和曲线进行进一步处理。

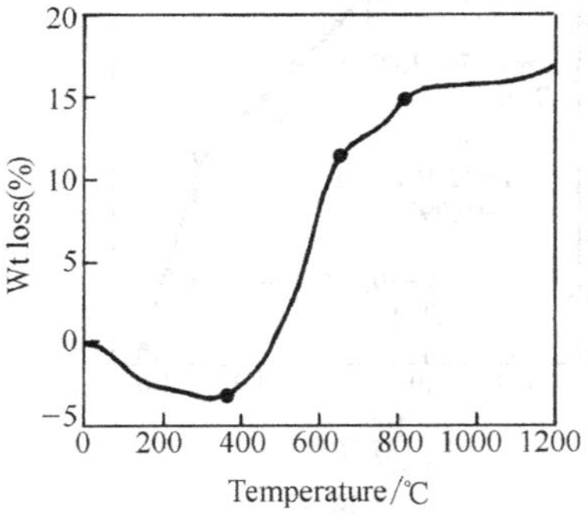

a)

A(X)	B(Y)	C(Y)	D(Y)	E(Y)
"t (Degree)"	"wt loss (%)"	"1000/T"	"wt+3.20"	"ln (wt loss)"
20	0	3.41297	3.2	–
40	-0.2	3.19489	3	–
60	-0.54	3.003	2.66	–
80	-0.86	2.83286	2.34	–
100	-1.34	2.68097	1.86	–
120	-1.78	2.54453	1.42	–
140	-2.1	2.42131	1.1	–
160	-2.32	2.30947	0.88	–
180	-2.47	2.2075	0.73	–
200	-2.58	2.11416	0.62	–
220	-2.72	2.0284	0.48	–
240	-2.84	1.94932	0.36	–
260	-2.92	1.87617	0.28	–
280	-3.06	1.80832	0.14	–
300	-3.18	1.7452	0.02	–
320	-3.18	1.68634	0.02	–
340	-3.2	1.63132	0.02	-3.91202
360	-3.12	1.57978	0.08	-2.52573
380	-2.91	1.53139	0.29	-1.23787
400	-2.56	1.48588	0.64	-0.44629

b)

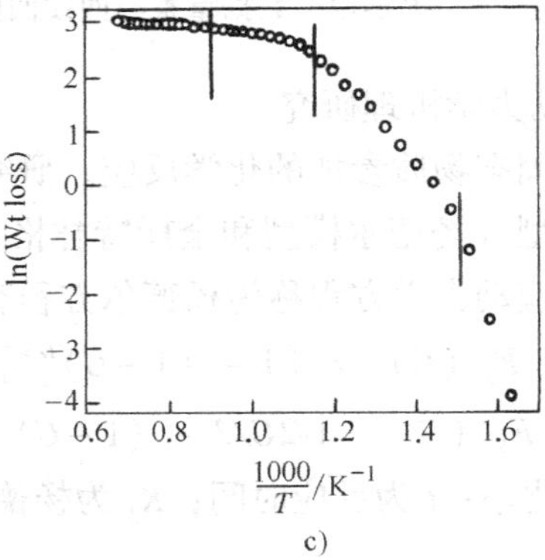

c)

图 8-11 失重数据计算和曲线

为了研究机理和过程，需要得到 ln（Wt loss）（失重）-1000/T 的曲线，通过对该曲线的分析，就可以获得 $Al + O_2 \rightarrow Al_2O_3$ 的过程和机理。在数据表 C 栏计算 1000/T（公式 Col（C）=1000/（col（A）+273）），D 栏计算 B 栏数据 +3.2（公

式 Col（D）=col（B）+3.2），在 E 栏计算 ln 失重（公式 Col（E）=ln（D））（参见图 8-11b）。以 E 栏数据对 C 栏数据画图，见图 8-11c。

从图 8-11c 明显可见，反应过程分为 4 个阶段，每个阶段的斜率变化显著不同，代表着氧化反应的活化能不同。通过对每个阶段作线性回归，得到斜率，就可以求出反应活化能。为了便于分段回归，对数据重作整理，将不同阶段的数据分列于 F、G、H、I 栏。分别以 F、G、H、I 栏数据对 C 栏数据作图，再对每组数据作线性回归，下拉 Tools 菜单选 Linear Fit 并按图 8-12a 进行设置，特别是要选中 Fit All Curves 才能使四条曲线同时得到回归直线（图 8-12b），由斜率即可计算出每段反应的活化能，由此可以对机理进行深入讨论。

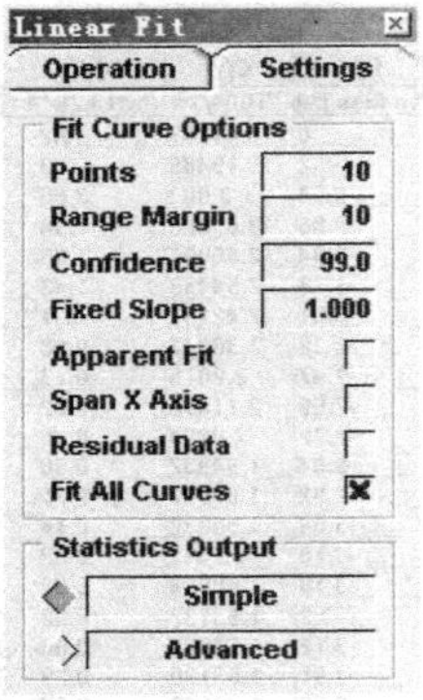

a)

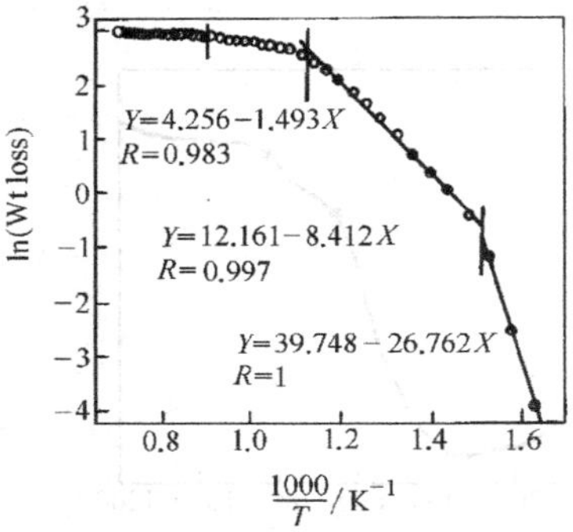

b)

图 8-12　数据重整与曲线回归

（二）固相反应动力学机理研究

固相反应泛指有固态物质参加的化学反应。研究受扩散控制的固态物质之间的化学反应有两个模型（杨德尔模型和金斯特林格模型），由这两个模型经过推导建立起来的固相反应动力学方程称为杨德尔方程和金斯特林格方程，分别是：

$$F_J(G) = [1-(1-G)^{1/3}]^2 = K_J t$$

$$F_K(G) = 1-2G/3-(1-G)^{2/3} = K_K t$$

式中，G 为反应物转化率；t 为反应时间；K_J 为杨德尔方程速度常数；K_K 为金斯特林格方程速度常数。

测定不同反应时间所对应的反应物转化率数据（详细原理和过程参考有关专著），输入到数据页中，然后按上述公式用转化率数据分别计算 $F_J(G)$ 和 $F_K(G)$，再分别用 $F_J(G)$ 和 $F_K(G)$ 对 t 作图，如图 8-13 所示（画成双纵坐标图）。可见，在反应的起始阶段和反应后期，$F_J(G)$ 和 $F_K(G)$ 与 t 的关系偏离直线，只有在反应中间的一段时间范围内符合直线关系，但是两条曲线直线部分所对应的时间范围是不同的，这与两个模型的假设条件有关。由此说明，这个固相反应在起始阶段和后期不符合模型假设的条件，只有在中间的一段时间范围内满足假设条件，因此要求其动力学速度常数必须删除起始阶段和后期不合理的数据，取中间这段有效数据进行拟合才是正确方法。经过数据整理取直线部分数据，重画图并作线性拟合，将拟合信息复制到图上（见图 8-13），这样就求得了两个动力学方程的速度常数 K_J 和 K_K。在上述过程中，需要对图形每一元素进行精心编辑，充分发挥读者的才能，提交一张最漂亮的图。限于篇幅，具体过程此处从略。

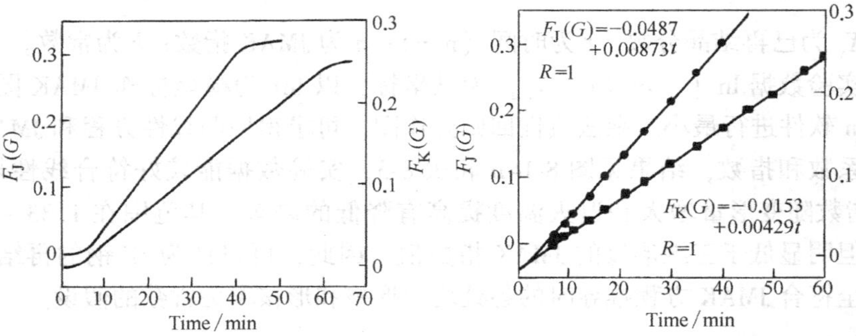

图 8-13　固相反应动力学研究

（三）Origin 软件在数学模型建立和拟合中的应用

下面以 IF 钢退火过程中再结晶数学模型的探讨为例加以介绍。

对 IF（无间隙原子）钢再结晶过程可以采用传统的 Johnson-Mehl-Avrami-Kolonagorov（JMAK）模型和一种新的再结晶模型进行研究。IF 钢的再结晶过程可近似看成单相合金形核长大的再结晶过程，基本符合 JMAK 再结晶模型，但回归得到的 JMAK 指数偏低。为了更好地研究 IF 钢的再结晶过程，采用一个新的再结晶模型对其进行分析研究，用非线性回归方法回归出该模型的参数。该模型将再结晶过程与其组织参数联系起来，具有明确的物理意义，能较好地用于描述 IF 钢再结晶过程。

图 8-14a 为不同变形量的 IF 钢在不同温度下再结晶动力学曲线。与其他单相合金一样，IF 钢等温退火再结晶动力学曲线成 S 形。许多材料的相变、析晶等过程往往具有明显的 S 形曲线特征，它包含了孕育期（诱导期）、自催化（快速生长）期、饱和期 3 个阶段。

如认为 IF 再结晶是均匀形核，其过程可用传统的 JMAK 模型来描述。

$$X_v = 1 - \exp(-k\tau^n)$$

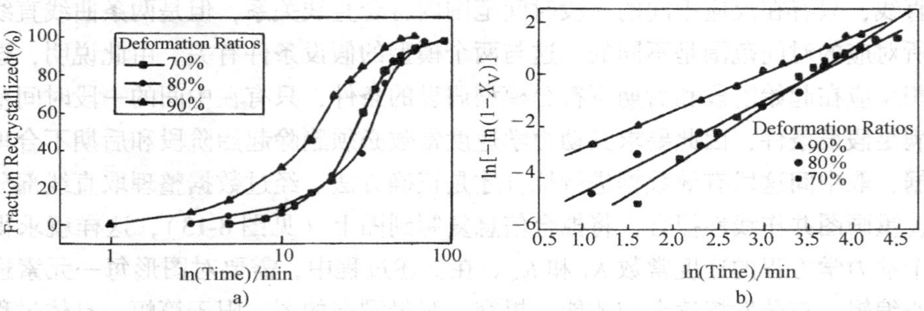

图 8-14　不同变形量的 IF 钢在不同温度下再结晶动力学曲线

a）在 630℃再结晶动力学曲线　b）在 630℃退火的 JMAK 图

式中，X_v 为已再结晶分数；τ 为时间（min）；n 为 JMAK 指数；k 为常数。

以实验数据 $\ln[-\ln(1-X_v)]$ 为纵坐标，以 $\ln\tau$ 为横坐标作 JMAK 图，采用 Origin 软件进行最小二乘法线性回归并作图，可求得回归线性方程和 JMAK 模型中的系数和指数，结果见图 8-14b 和表 8-3，实验数据能较好符合线性规律。JMAK 指数随变形量增大和退火温度提高有降低的趋势，其范围在 1.33～2.51 之间，但明显低于三维形核的 JMAK 指数值。因此，可以认为 IF 钢的再结晶过程不完全符合 JMAK 方程推导时的各处均匀形核和形核率为常数的假设。

表 8-3　不同变形量条件 JMAK 方程中 k 值和 n 值回归数据

温度 / ℃	n_{70}	k_{70}	n_{80}	k_{80}	n_{90}	k_{90}
630	2.23	3.56E-4	1.76	1.78E-3	1.60	8.17E-3

为了更好地了解 IF 钢的再结晶过程，有必要建立适用于 IF 钢生产过程的再结晶数学模型，以揭示 IF 钢再结晶退火的规律，为优化 IF 钢的再结晶退火工艺提供理论依据。新的再结晶模型由下面两式给出：

$$X_v = (D/D_{max})^3$$

$$D = D_{max}\tan[M(\rho_{ini}-\rho_0)\tau/D_{max}]$$

式中，X_v 为已再结晶分数；D 为再结晶时晶粒尺寸（m）；D_{max} 为再结晶完成后晶粒尺寸（m）；ρ_{ini} 为再结晶前位错密度（m^2）；ρ_0 为再结晶后位错密度（m^2）；M 为晶界迁移率（$m\cdot s^{-1}\cdot J^{-1}$）；$\tau$ 为时间（s）。

再结晶后的位错密度约为再结晶前的位错密度的百万分之一，因此，相对于再结晶前的位错密度，再结晶后的位错密度可忽略不计。再结晶前的位错密度可用下式来估算：

$$\rho_{ini} = 8\pi(1-\nu)[\sigma/(Gb)]$$

式中，$\nu = 0.33$，$G = 8\times10^{10}N\cdot m^{-2}$；$b = 2.03\times10^{-10}m$；$\sigma$ 根据其显微硬度换算

确定。这样 ρ_{ini} 就可以通过计算得到，而 D_{max} 可通过测量获得，则新的再结晶模型中的晶界迁移率 M 可通过非线性回归确定，由此也就确定了再结晶模型。根据该再结晶模型回归的结果见图 8-15，基本上能用于描述 IF 钢的再结晶过程。

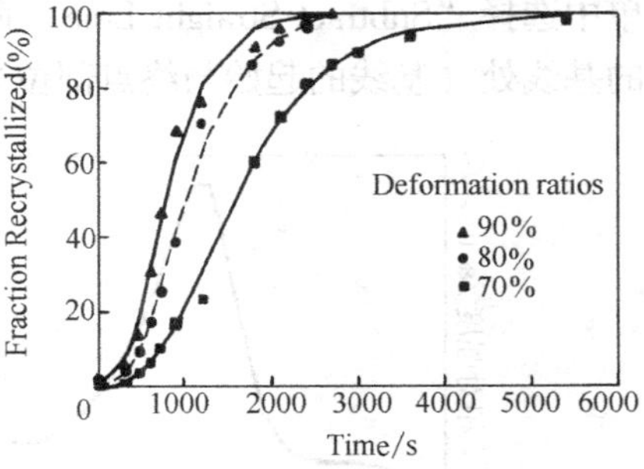

图 8-15　根据新的再结晶模型回归的再结晶曲线

（四）谱线处理

材料科学研究离不开各种谱图。虽然谱线原始数据中包含了所有有价值的信息，但信息质量有时并不高。用数据作图后，无法借助人的眼和脑判断数据之间的内在逻辑联系，往往还需要进一步对数据图形进行处理，提取有用的信息。这就涉及到谱线处理的一些内容。

谱线和曲线的处理包括以下几个部分：数据曲线的平滑（去噪声）、数据谱的微分和积分、谱的基线校正或去除数据背景、求回归函数与多函数拟合达到分解和分辨数据谱的目的。进行这些处理的命令，基本上都包括在 Origin 图形页的“Analysis”和“Tool”两个菜单中。

1. 曲线平滑

实验谱或实验数据常有一定的噪声背景，在高分辨谱中更为常见。打开图形页中的“Analysis”菜单，其中的“Smoothing” -“Savitzky-Golay”或“Adjacent Averaging”或“FFT Filter Smoothing”命令分别是 Savitzky-Golay 方法、窗口平均法和快速傅里叶过滤器，选择其中之一。根据软件提供的平滑参数范围，选择适当参数后确认。

2. 谱的基线与数据背景校正

许多谱的测量都有一定的吸收背景，在进一步谱处理前必须先去基线或进行背景校正。

（1）已知谱的基线或数据背景　测量时受到仪器本身因素或者外界干扰信号的影响，图谱基线不总是在曲线图 $y=0$ 位置，即基线出现漂移。那么 Baseline 功能可以自动产生基线或者按照人为定义产生基线，对这两种方式产生的基线还可以根据需要进行局部修改，Origin 软件可以扣除基线漂移重新绘制一张基线在 $y=0$ 或人为定义位置的图谱。

把谱线的基线或数据背景安排在数据页的一个 Y 数据列中。在图形页的“Analysis”菜单中选择“Subtract” -“Reference Data”命令。对话框显示了可用的数据列，扣除数据背景按照 Y = Y1 - Y2，Y1 为原始谱数据列，Y2 为数据背景。因此，把左边可用数据列中的相应列选入 Y1 和 Y2，运算符号栏中选用□ - □，确认后，图形页自动进行背景扣除并更新。

(2) 在当前显示图形中去基线(直线基线) 在当前图形页的"Analysis"菜单中选择"Subtract Straight Line"命令。当前鼠标为"⊹",在双击谱的两端要去的基线处(基线的起始与终点部位),图形页自动去除基线并更新,参见图8-16。

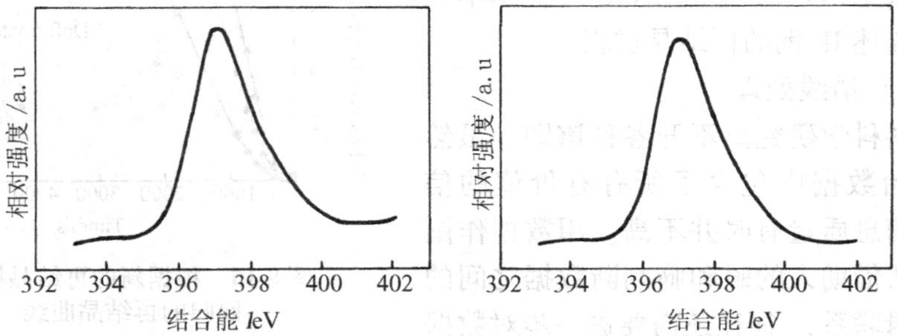

图 8-16 基线去除前后的谱线对比

3. 谱的微分和积分

(1) 作原谱的微分谱 选定作微分谱的数据列,在图形页的"Analysis"菜单下,选择"Calculus"-"Differentiate",微分谱显示在另一个"Deriv"窗口中。

(2) 求谱的积分 在图形页的"Data"菜单中选定求积分的谱数据列,在图形页的"Analysis"菜单下,选择"Calculus"-"Integrate"命令,曲线下方面积的积分结果显示在"Results Log"中。

4. 曲线拟合与谱图分辨

在科学研究中,仪器记录一物理量(因变量)随另一物理量(自变量)的变化而得到谱图。谱图由若干谱带(峰)组成。每一谱带都有三个主要特征:① 位置,如振动光谱中的波数(频率),可见-紫外光谱中的波长,X射线衍射中的2θ,示差扫描量热法(DSC)的温度等,位置主要反应样品中存在的物质种类;② 峰的极大值(峰高),在光谱中表现为强度,与物质浓度直接相关;③ 峰宽(波形),通常用半高宽表示,即用峰高一半处峰的宽度表示,它与样品的物理状态有关。

谱线的解析拟合就是将谱图分解为各个谱带,给出它们的准确的位置、峰极大值和峰宽。对于不同种类的仪器,影响谱带形状的物理因素不同,谱图也很不一样。如X射线衍射和Raman光谱峰较多和峰较窄,可见-紫外光谱峰较少和峰较宽。此外,Raman光谱信号较弱,分辨率和信噪比都不如可见-紫外光谱。现已有许多谱线拟合的解析式,综合考虑各种因素,从而得到正确的谱带信息。

谱线解析拟合最常用的函数是Gaussian函数和Lorentzian函数,它们关联对称谱带的三个主要参数:峰极大值、峰极大的位置以及半高峰宽。在三参数均相同的情况下,半高峰宽以上部分Gaussian函数和Lorentzian函数拟合的谱形状基本重合，但在半高峰宽以下部分 Gassian 函数拟合的峰较窄，收缩较快，如图 8-17。

Origin 提供了许多拟合函数，如线性拟合（Linear Regression）、多项式拟合（Polynomial Regression）、单个和多个 e 指数方式衰减（Exponential Decay）及 e 指数方式递增（Exponential Growth）、S 形函数（Sigmoidal）、单个和多个 Gauss 函数（Gaussian）和 Lorentz 函数（Lorentzian）。此外用户还可以自定义拟合函数。实现这部分功能的命令都在图形页的“Analysis”菜单里。在作非线性函数的拟合过程中，需要配合选择合适的初始值。曲线拟合及谱图解析往往不会一次成功，需要反复试验才能得到较好的结果。

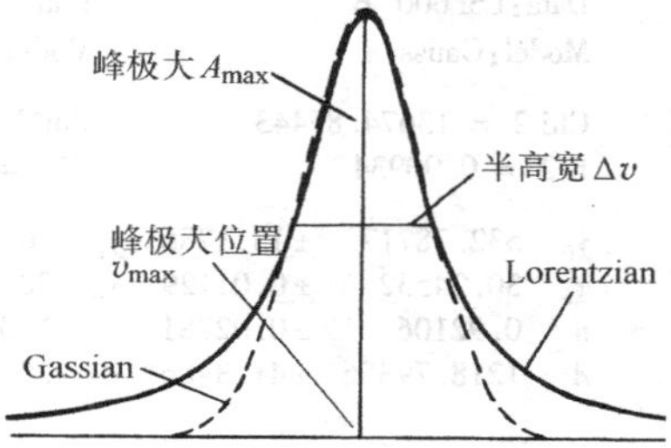

图 8-17　用 Gassian 函数和 Lorentzian 函数拟合的谱带

（1）曲线拟合　在图形页的“Data”菜单中选定拟合曲线的数据列，根据需要，在图形页的“Analysis”菜单中选择相应的命令，按要求选择给出拟合参数。拟合结果的参数部分显示在“Script Window”窗口中，同时在图形页中显示拟合的曲线（迭加在原来的曲线上，以便比较）。

现将测量仪器自动采集的某个峰的数据导入到 Origin 数据表中，绘制出来的图形如图 8-18。

对于这个图形，我们需要确定峰的最大值及其位置、半高宽，如果这条曲线不作任何处理是很难确定的。采用 Origin 软件 Gaussian 函数和 Lorentzian 函数拟合，并自动提供相关拟合结果，非常便利。Gaussian 函数的拟合过程：下拉 Analysis 菜单选 Fit Gaussian，将立刻得到拟合结果。按同样过程可以得到 Lorentzian 函数拟合结果，它们的对比示于图 8-19。其中，对于 Gaussian 拟合：y_0 是基线偏移，x_c 是峰的位置，w 是拟合函数标准偏差的 2 倍，也近似于 $0.849\times$半高宽，A 是峰下面积；对于 Lorentzian 拟合：w 是半高宽，其余同 Gaussian 拟合。

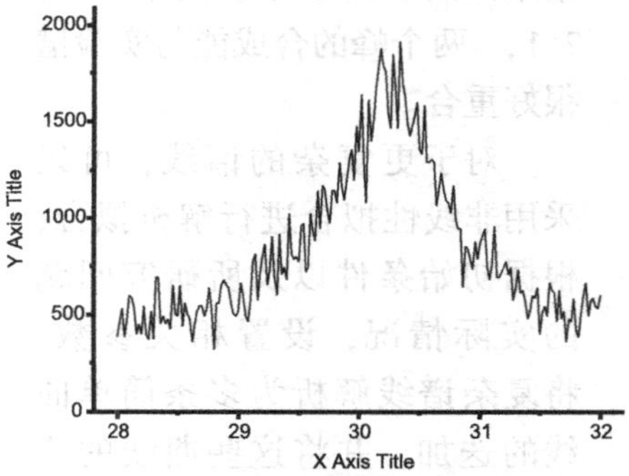

图 8-18　谱图中某个峰的原图

当采用 X 射线衍射法由 Sherrer 公式测定晶体晶格常数时，需要准确测量衍射峰高度及其对应角度、半高宽。将图形打印出来进行人为测量，会对这些参数引入很大误差，特别是偶然误差。当采用上述介绍的方法进行处理时，既减少了工作量，又提高了准确度，所存在的误差最多也就是系统误差。对于峰高，可以从 Origin 窗口最下部的拟合数据文件中得到。双击该文件，A［X］栏是独立的横

Data: LSL600_B
Model: Gauss

Chi^2 = 13674.85443
R^2 = 0.90934

y_0	532.78717	±13.1786
x_c	30.24532	±0.01129
w	0.92106	±0.02781
A	1218.79356	±41.3486

Data: LSL600_B
Model: Lorentz

Chi^2 = 11684.44095
R^2 = 0.92254

y_0	407.2963	±18.37431
x_c	30.25038	±0.00991
w	1.04264	±0.04541
A	2060.8182	±95.02458

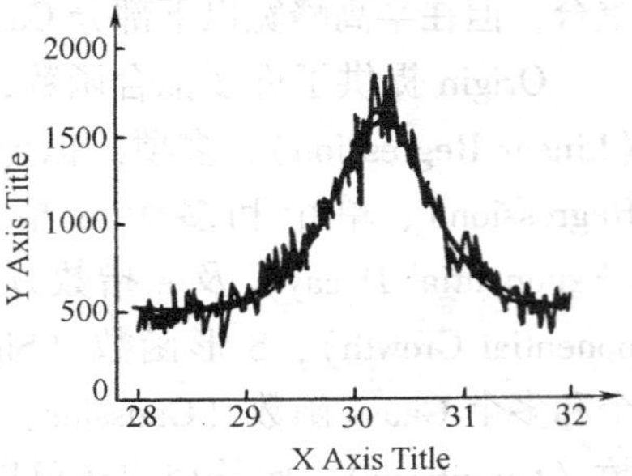

图 8-19　Gaussian 拟合和 Lorentzian 拟合比较

坐标，B [Y] 栏数据就是拟合值，参考 x_c 可迅速查到峰高为 1588.4（Gaussian 拟合）或 1664.8（Lorentzian 拟合）。

（2）谱线分辨　N 原子 1s 的 XPS 谱有两个峰（两种不同局域环境的 N 原子，一个氨基 N 和两个芳环上的 N），且两个峰的面积比为 1:2（等于两种 N 原子个数比），试确定这两个峰的位置（eV，电子伏）。

按题意拟用两个 Gauss 函数的迭加拟合，先去除基线，经过多次试算，所得结果如图 8-20 所示。两个峰的位置分别为 397.01 eV 和 398.44 eV，峰面积比为 2:1，两个峰的合成能与实验谱很好重合。

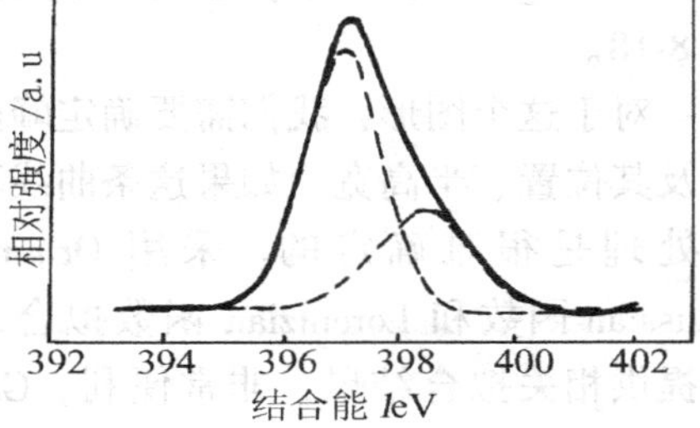

图 8-20　XPS 谱被分解成两个峰

对于更复杂的谱线，可以采用非线性拟合进行解析拟合，根据初始条件以及所研究问题的实际情况，设置相关参数，将复杂谱线解析为多条简单曲线的迭加，并将这些曲线的峰位、半宽高、峰下面积等信息给出，以便再作定量处理。Origin 软件和 Excel 软件都具备这项功能，当然实际操作会非常繁琐而费时，需要耐心反复试验，才能得到满意结果。需要指出，根据初始条件及实际情况的不同，解析结果不惟一，需要优化条件或参数设置，得到合理的解析结果。图 8-21 示

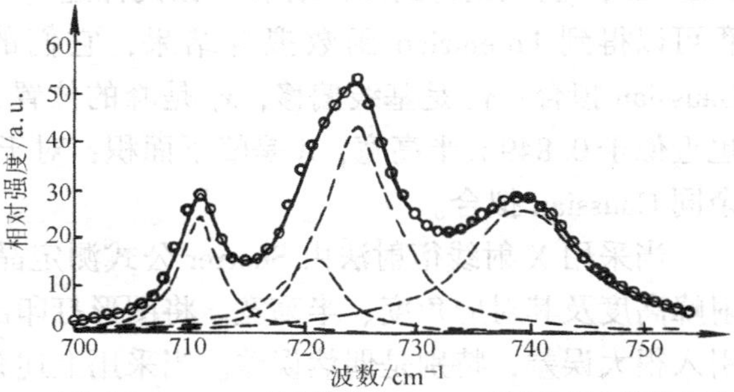

○：实验值　　—：拟合谱线　　----：拟合的四条谱带曲线

图 8-21　非线性拟合 Raman 光谱

意了非线性拟合解析谱线的一个实例。

三、材料研究科学中的数据处理

材料设计中离不开数据处理，所处理的数据往往比较复杂，涉及数据精度要求较高，仅凭人工计算处理难以达到精度要求。即使能达到，也要花相当多的精力和时间，且出错的几率很大。计算机快速准确的计算功能正好满足了这些条件和要求，这方面的应用事例不胜枚举。除了使用商品化的数据处理软件外，还可以自己编程，以满足材料科学研究中数据处理的特殊要求。

洛阳船舶材料研究所史嘉龙等利用计算机对球扁钢剖面要素进行了计算。河北工业大学的王宝珠等用Basic语言对所测相变数据进行分段抛物处理实现了曲线拟合，洛阳船舶材料研究所张明奇采用计算机编程与数据处理，绘制了钢的过冷奥氏体等温转变TTT图和连续转变CCT图。在直接生成式控制气氛热处理中，由于炉内化学反应涉及多种平衡因素，因而计算复杂，姜岩等推出了较准确地计算炉气平衡成分的方程式，并编制了计算机程序，不仅准确度明显提高，且运算时间仅需几秒钟。华中理工大学的张乐福等利用计算机和人工网络系统对铸铁激光表面淬火实验数据进行了处理，得到了满意结果。洛阳船舶材料研究所邓欣对应力腐蚀试验数据处理系统进行了研究。

形变硬化是金属极为可贵的性质之一。应变硬化指数是描述形变硬化能力大小的一个常用的材料性能指标，其在宏观上是材料形变强化特性的表征，微观上则反映了材料不同的应变强化机制。因此，应变硬化指数与材料的塑性变形行为(如材料的冷变形加工工艺、形变强化工艺等）和断裂行为（如宏观断裂韧性指标）均有密切联系，是分析材料断裂过程和评价材料力学性能的重要参数。为了获得准确的试验数据，原机械工业部上海材料研究所王滨等在高锰奥氏体钢拉伸试验中采用计算机辅助采样及数据处理的方法来分析研究其真实应力σ与真实应变ε的关系，并分别采用两种经验公式测定高锰奥氏体钢的应变硬化指数。

中南工业大学材料系苏玉长等人对石墨插层复合材料进行研究，采用原位X射线衍射分析深入地考察层间化合物相（阶，stage）的变化与其电位变化之间的关系。对特征衍射峰峰位-半高宽变化作仔细考察，对衍射谱线进行分解-拟合，不仅检测到非原位方法所不能测到的高阶相，而且可以查出每种阶出现和消失的时间，以便进行动力学和热力学计算。

点阵常数是多晶材料的重要物理参数之一。陶瓷材料多数属非立方晶系化合物，低对称晶系多晶材料点阵常数精确测定比较困难。研究低对称晶系点阵常数的测定方法和提高精度的途径对材料研究有重要的意义。出于其衍射花样复杂、高角线弱且难以准确指标化，特别是方程组数据处理过程中可能出现的病态方程问题，使解的可靠性较低。一般材料研究者普遍采用的单一方程组的联立方程法计算出的点阵常数几乎是不可信的，误差很大，可靠性很差。另一种通常采用的内标法，其结果误差也较大。即使用单一方程组的最小二乘法而不作特殊数据处理，也有可能得出不很可靠的结果。中国科学院上海硅酸盐研究所郭常霖提出了联立方程法、联立方程外推法、最小二乘法、最小二乘外推法、线对法、线对最小二乘法等六种测定方法，采用稳定性判别法、抛弃平均法、最小二乘判别法等三种数据处理方法及其适用条件，测定了低对称晶系多晶材料点阵常数，经过计算机数据处理，得到了较精确可靠的结果。

标准物质制备过程中数据的统计检验是重要的，同时也是较为复杂的环节之一，标准物质技术规范要求用极差法、方差法、Grubbs 异常值检验法、Welk 正态分布等统计方法来检验和处理测试数据。这些数据的计算是一项繁杂的工作，以前均采用手工计算，出错率高，周期长，而且需要不同的人进行计算以便复核。例如对一个含有 10 个元素的标准物质，进行均匀性检查后得到的原始数据多达 480～800 个，在计算过程中反复使用，产生大量的中间数据，若冶炼一套光谱电极标准物质，则原始数据多达 2400～5000 个。随着科学技术的发展，计算机的广泛应用为这一问题的解决开辟了新的途径，极大地提高了工作效率。北京航空材料研究院董天祥等人采用 Quick basic 编制了一套数据处理系统软件，界面清晰，操作方便，实现了对原始数据的保存、修改和结果输出，已用于高硅高铜系铸造铝合金光谱电极标准物质研制中的数据处理，并取得了良好效果。

北京航空材料研究院杨波利用快速图像采集技术研究了 Al-TiO_2-C 体系燃烧过程，基于燃烧理论建立了 Al-TiO_2-C 三元自蔓延（SHS）燃烧过程数学模型，并进行了数值模拟工作，模拟结果与实验结果得到了较好的吻合，由此进一步分析了 Al-TiO_2-C 体系燃烧过程的特征及其转变规律。

四、结语

Origin 软件在数据计算、绘图、曲线拟合等方面具有综合而强大的功能，因而深受欢迎，在国内是一个比较普及的应用软件。与其功能类似的软件还有很多，常见的如 Excel，也是一个非常出色的应用软件。Excel 除了具备 Origin 软件的基本功能外，还有它自身的独特优点，如：计算功能更加强大和灵活；在材料研究、财务管理、商务应用等方面也具有非常广阔的应用；生成图表的步骤非常简洁，图表类型非常丰富，可供选择。此外，Excel 还附带了其他独立软件包，只要加载了这些软件包功能，可以解决材料研究中的多种问题，而其中某些功能在 Origin 软件中不具备，如规划求解等。利用 Excel 所提供的功能，可以进行溶液平衡浓度、稳定常数、反应动力学求解。各种软件的功能不可能包罗万象，每个软件都有它自身的特色，只要针对材料研究中所遇到的问题的实质，用其所长，就可以最大限度地发挥这些不同软件的多方面功能，为材料研究服务。除了使用现成的应用软件外，还可以自己编程，以解决材料研究中数据处理的特殊要求。

第二节　材料科学研究中的计算机图像分析与处理

随着材料科学研究的深入和发展，计算机图像分析系统逐渐成为辅助研究材料结构与性能之间定量关系的一种重要的手段。在第七章中我们已经初步了解了计算机图像分析系统在金属材料研究中的应用，包括晶粒度测量、夹杂物的评级、相分析（包括测含量及形状因子）以及显微硬度、孔洞率、球化率、圆度和涂层厚度的测定等。计算机图像分析系统的引入极大地提高了这类定量分析的质量，材料科学研究的数字化时代已经到来。

仅以图像保存和输出为例，用户可以不再需要胶片、有毒的冲洗液，也不再需要在伸手不见五指的暗房内漫长且乏味地冲洗底片和印相片，只需一个热升华或彩色激光打印机，用户可立即得到一张可与传统相片质量相当的图像输出。数字化的图像还可以通过日益发展的互联网瞬间传到世界各地，大大方便了世界各地的科学家们的交流与合作。如果采用传统照片这是无法想像的。

在目前全球竞争日益激烈的环境下，在材料的生产领域贯彻严密的质量控制标准正成为维持一个企业健康发展的重要保证。为达到 ISO、ASTM、GB 等标准，许多企业投入大量的人力和物力进行质量检测，实行统计过程控制（SPC）及质量控制的文件化管理。大量重复的、高密度的检测正是图像分析系统（特别是自动分析系统）发挥重要作用的地方。实行质量控制管理，要求文件更具可追溯性、统一性，这对质量文件提出更高的要求，图像分析系统成为提供高质量的质量控制文件（包括图像及文字数字资料）不可或缺的重要工具。据美国 Yen-charis Consulting Group 公司估计，全球图像分析系统（包括软硬件）每年约有 25 亿美元的市场，其中仅在显微镜应用方面（包括材料金相、生命及生物科学）就约有 4 亿美元左右的市场，市场前景十分广阔。

近几十年来，材料科学家们通过人工方法或全集成的定量分析系统对材料的结构与性能作了许多定量分析。随着计算机技术的发展，图像分析系统也发生着巨大的变化，其中最明显的变化是从全集成的分析系统向以通用 PC 机为基础的、可自由配置及扩充的开放式软件系统（Off-the-shelf）发展。

过去全集成的计算机控制的图像分析仪虽具有自动采集图像、图像增强及测量功能，但它们需要强大的计算机来处理大量的数据。另外，复杂的金相分相程序更需额外的功能来管理大量数据。这些集成系统往往采用专用的计算机硬件系统及其专用的编程语言及技术，使用者需要专门的培训，因此不仅需要昂贵的投资（一般至少需要 5 ~ 10 万美元），而且缺乏灵活性，无法升级或增加新的功能，总体成本较高，因而无法推广应用。新的开放式的图像分析软件系统为人们提供了另一种具有高性价比的解决方案，但价格仍较高（软件价格从几千到一二万美元）。

本节从计算机图像处理的基本原理入手，介绍如何用常规软件 Photoshop 进行材料光学显微镜或电子显微镜图像的分析与处理，使学生了解材料科学研究中利用进行计算机图形和图像分析与处理的基本方法，并力求在常规条件下实现对材料图像的处理与分析。

一、图像与图像处理

粗略地说，图像是任一二维或三维景物呈现在人们心目中的影像。确切地说：图像是一种代表客观世界中某一物体的、生动的图形表达，包含了描述其所代表物体的信息。例如，一幅猴子的照片，就包含了人眼所看到的真实猴子的全部形象化的信息。就本课程来说，图像是指由各种材料表征手段（如光学或电子显微镜、光谱等）所获得的有关材料结构的各种影像。如图 8-22 所示是某陶瓷晶体的扫描电子显微镜图像。

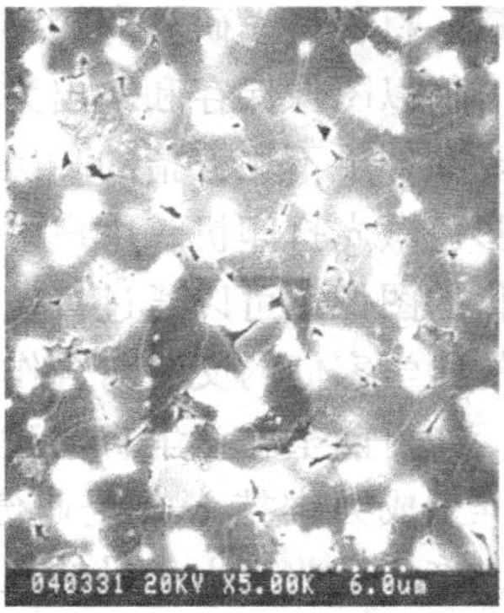

图 8-22　陶瓷晶体的扫描电子显微镜图像

图像处理就是按特定的目标，用一系列的特定的操作来“改造”图像。所谓特定的目标，可以是使图像更清晰、更美丽动人，也可以是从图像中提取某些特定的信息。本课程所涉及的图像处理，主要是对各种表征手段获得的影像进行“加工”，从中提取有关材料结构的信息，如高分子共混物的电子显微图像中分散相的粒径大小与分布等（图 8-23）。

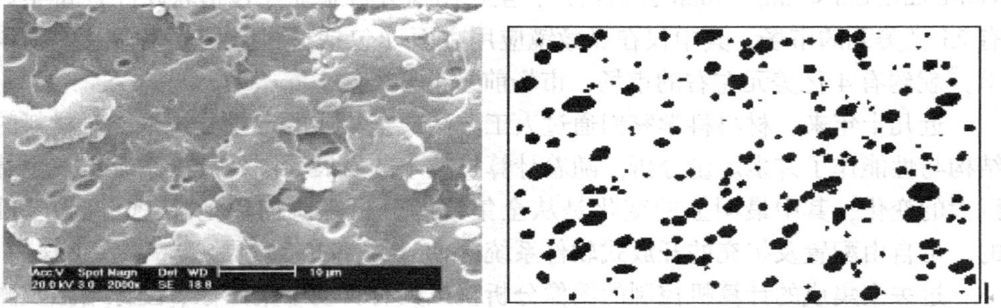

a)　　b)

图 8-23　聚苯乙烯/聚丙烯共混物电子显微图像经图像二值化处理后分离出分散相（聚苯乙烯）粒子

a）原电镜照片　b）二值化后结果

二、数字图像的获得途径

一般的图像（即模拟图像）不能直接用数字计算机来处理。为使图像能在计算机内进行处理，首先必须将各类图像（如照片、图形、调光照片等）转化为数字图像。这种转化过程是由一套硬件系统来完成的。一般很多材料检测仪器带有配套的专用图像采集系统。常规的可自主实施的方法包括：CCD 摄像头（摄像机）、扫描仪、数码相机、图像采集卡和计算机。

CCD 图像采集系统由 CCD 摄像头、图像监视器、图像卡和计算机硬件系统和图像采集与处理软件系统组成（图 8-24a）。图像卡上的图像存储单元可由 512 * 512 * 8 位、1024 * 1024 * 8 位或更高分辨率的通道组成，所以图像卡的常用分辨率是 512 * 512 或 1024 * 1024。通道的个数、CCD 摄像头与图像监视器的性能决定了色彩输入能力、色彩显示能力和图像处理能力。图像卡有黑白图像卡、伪彩色图像卡和真彩色图像卡之分。其工作过程是：用摄像头对景物进行实时或准实时采集，经 A/D 变换后，图像存放在图像存储单元的一个或三个通道中，D/A 变换电路自动将图像实时显示在图像监视器上。通过主机发出指令，将某一帧图像静止在图像存储通道中，即采集或捕获一帧图像，然后对图像进行处理或存盘。

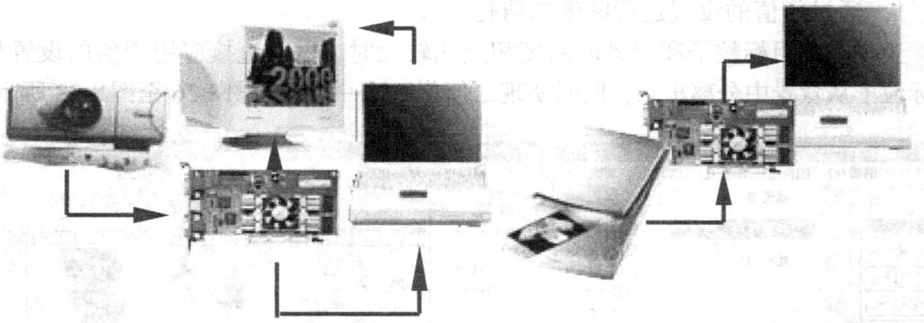

a）　　　　　　　　　　　　b）

图 8-24　图像采集与处理硬件系统

a）CCD 图像采集系统　b）扫描仪图像采集系统

图 8-24b 为扫描仪图像采集系统，系统组成包括平板式扫描仪。平板式扫描仪像一台复印机，扫描范围一般为 A4 幅面，扫描分辨率一般在 300 ~ 1200dpi（Dots Per Inch）之间，可以生成二值图像、4 位或 8 位灰度图像或 24 位 RGB 真彩色图像。扫描仪通过一块主机插槽的接口卡与主机相连，一般可得到 *. BMP、*. PCX、*. JPG、*. TIF 等格式。

三、采用常规软件进行材料图像分析与处理

一般的图像分析系统软件价格昂贵。下面以常用的 Photoshop 软件为例，帮助大家了解材料图像分析与处理的基本方法。Photoshop 是功能非常强大的图像处理工具，有很多图像处理功能，如路径、通道、滤镜等。本节只介绍与材料图像处理相关的工具和操作方法，因篇幅有限，根据工作经验介绍几种最基本的方法。

材料研究的图像处理主要包括材料聚集态结构单元的测量等。为此，图像处理的首要工作是图像的二值化，以分离出目标粒子，同时消除背景干扰。图像的二值化主要包括目标粒子的分离、背景的去除和图像二值化几个步骤，如图 8-25 所示。

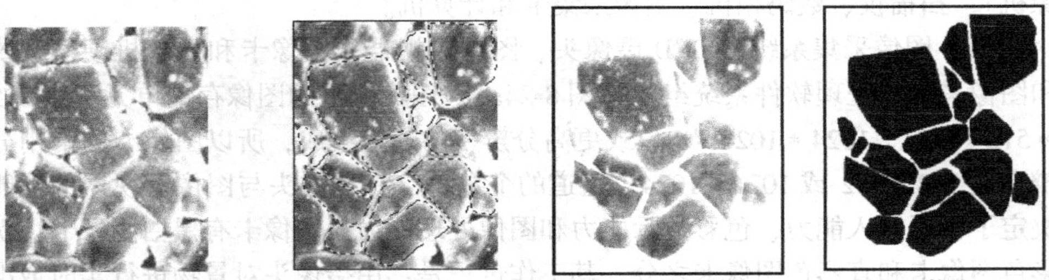

原始图像　　分离目标　　去除背景　　二值化

图 8-25　图像的二值化处理一般过程

下面我们介绍几种图像二值化的方法。

1．通过阈值的设置进行图像二值化

当图像的目标粒子和背景的灰度相差比较大时，可以直接应用阈值的设置将目标粒子从背景中分离出来，同时实现二值化。这一过程如图 8-26 至图 8-28 所示。

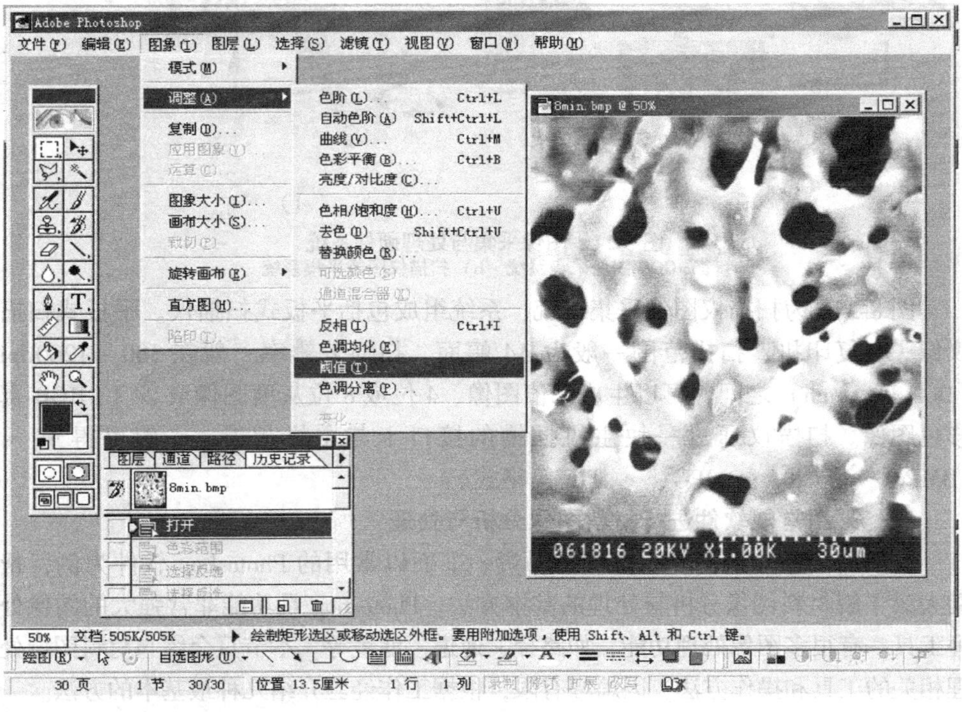

图 8-26　选择菜单栏中“图像”中“调整”子菜单中的“阈值”

图8-26～图8-28是聚苯乙烯/顺丁橡胶共混物的扫描电子显微镜照片，聚苯乙烯为分散相，共混材料在液氮中冷冻后干燥脆断，再以环已烷溶解去除聚苯乙烯粒子，形成黑色的孔洞。因此，图像中黑色孔洞可以代表聚苯乙烯粒子，其大小也可以表示粒子大小。黑色孔洞的平均灰度约为40，背景部分的平均灰度约为130，两种区域的灰度相差较大，因此可以容易地用阈值方式分离。具体方法为：

如图8-26，选择菜单栏中"图像"中"调整"子菜单的"阈值"项，弹出如图8-27中的"阈值"对话框，通过用鼠标移动"△"，会发现"阈值色阶"在跟着变化，即在调整阈值色阶。边调整边观察图像的变化，如图8-27，当阈值色阶达到86时，达到良好的目标粒子分离，此时点击按钮"好"，则可得到粒子目标分离良好的二值化图像，如图8-28所示。

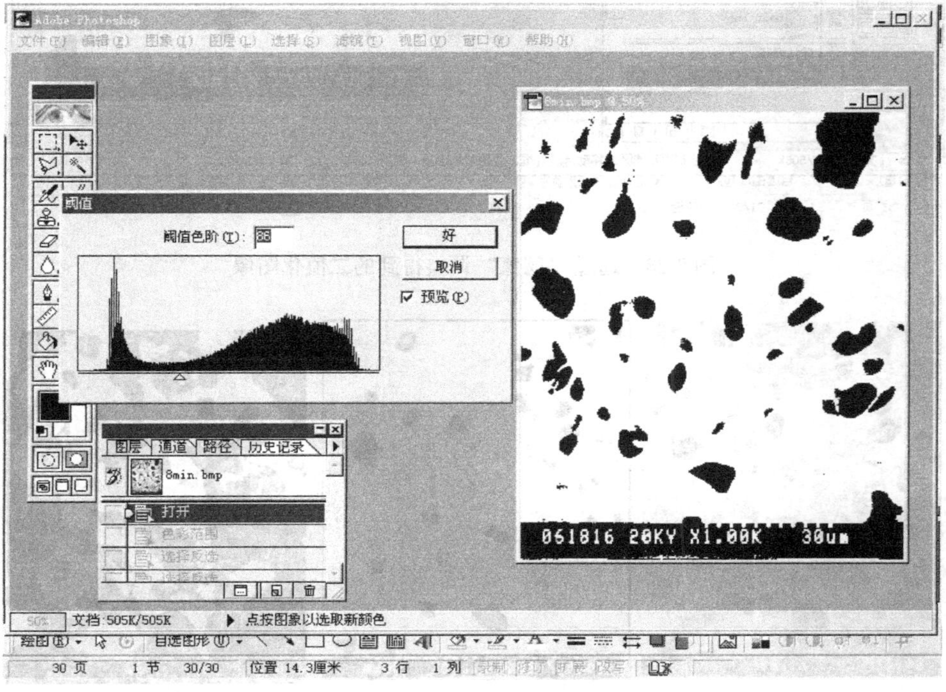

图8-27　通过"阈值色阶"的调整分离目标粒子

2. 通过Magic Wand（魔棒）工具进行图像二值化

如果图像目标粒子和背景的灰度差别不大，用阈值调整无法有效分离目标粒子，如图8-29，无论将阈值色阶设在高阶还是低阶，目标粒子总是与背景混杂在一起，难以有效分离，然而观察图像发现，目标粒子自身形成的区域灰度差别很小。此时可用魔棒这一工具将目标粒子有效分离出来，其操作过程如图8-30所示。

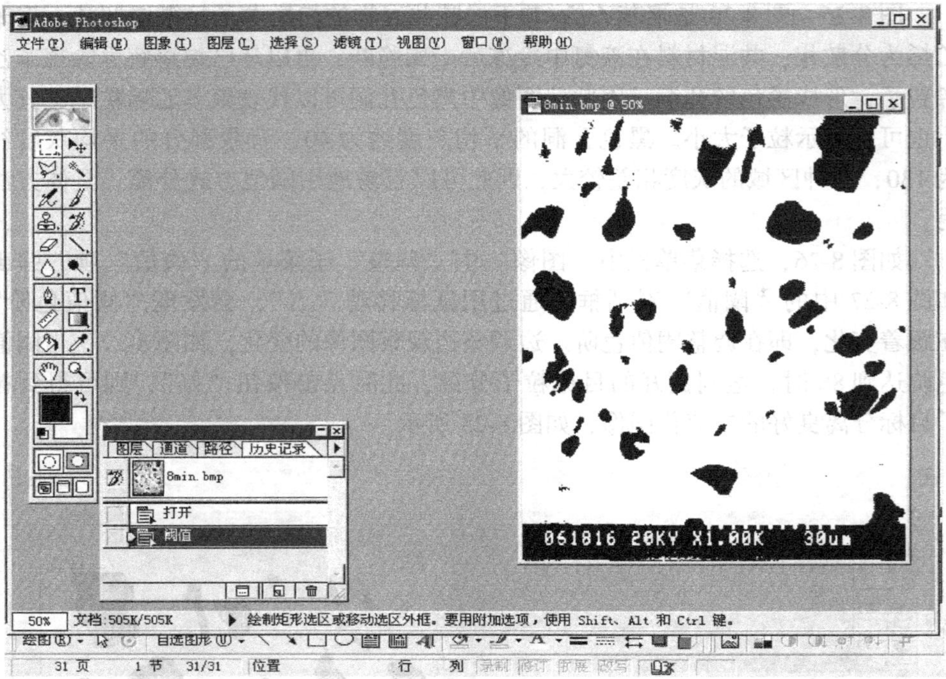

图 8-28　通过“阈值”调整得到的二值化图像

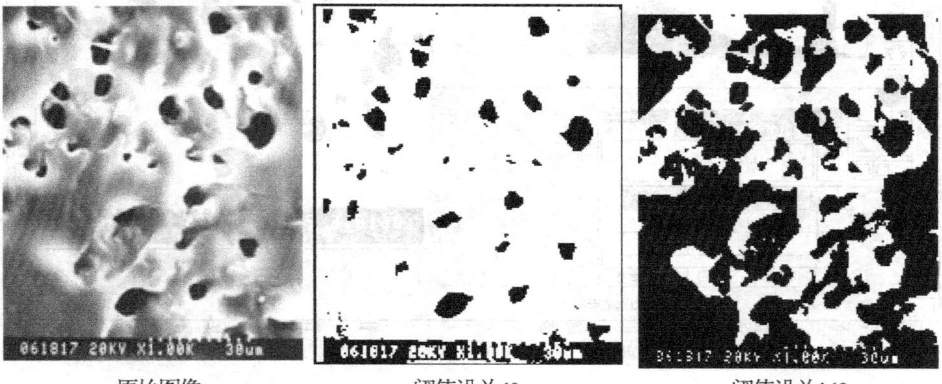

原始图像　　　阈值设为60　　　阈值设为160

图 8-29　图像背景与目标粒子（孔洞）灰度相差较小，设置阈值难以分离目标粒子

通过魔棒选择目标区域，用鼠标左键双击魔棒按钮，弹出魔棒选项对话框，通过设置容差可确定选择区域的大小。如图 8-30，用鼠标左键点击魔棒按钮，则在图像上可出现魔棒，用魔棒点击目标粒子，会出现虚线环绕的区域。当容差太小时，目标粒子选择不完全，如图 8-30 中容差为 10 时选择的区域边缘

有一部分未被选择；当容差太大时，选择区域超出目标粒子范围，如图 8-30 中容差为 40 时选择的区域除目标区域外，边缘的一部分区域也被选择进来。目标选择不完全或超出目标粒子范围，都可能使最终的二值化区域与原始区域存在偏差，从而使最终测量结果与实际存在偏差。只有选择合适的容差，才能正确地分离出目标粒子，如图 8-30 中容差为 20 时选择的区域。

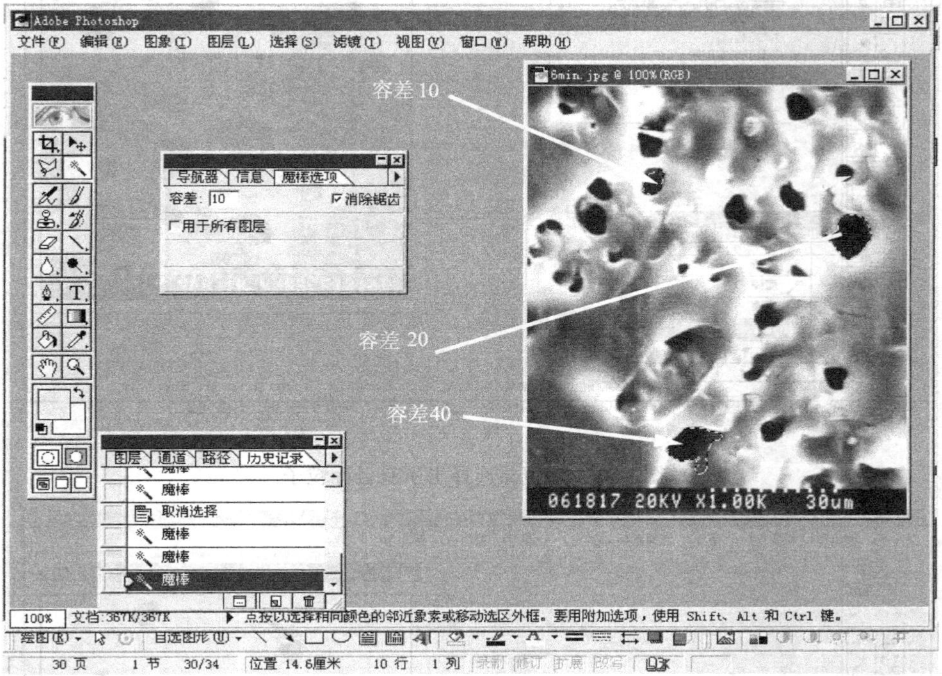

图 8-30　通过魔棒选择目标粒子

如果选择多个目标粒子，可以在用魔棒点击目标粒子时按住“Shift”键。但当不同目标粒子容差相差较大时，应针对不同目标粒子选择不同的容差。如图 8-31 是通过设置不同容差选择所有目标粒子。操作中注意利用“历史记录”，当某一目标粒子的选择容差不合适时，可用此对话框退一步，重新设置容差后重新选择，否则你会发现前面所有的选择都会丢失。

当选择好目标粒子后，可以进行分离目标粒子的工作。用菜单“选择”项下“反选”功能，选择区域变为除目标粒子外的背景区域。此时再选择菜单“编辑”项的“清除”功能，可得到目标粒子分离的图像，如图 8-32。通过菜单“选择”项下“取消选择”去掉选择区域，再通过设定阈值就可得到二值化图像，如图8-33。

3. 通过 Polygonal Lasso（多边形套索）工具进行图像二值化

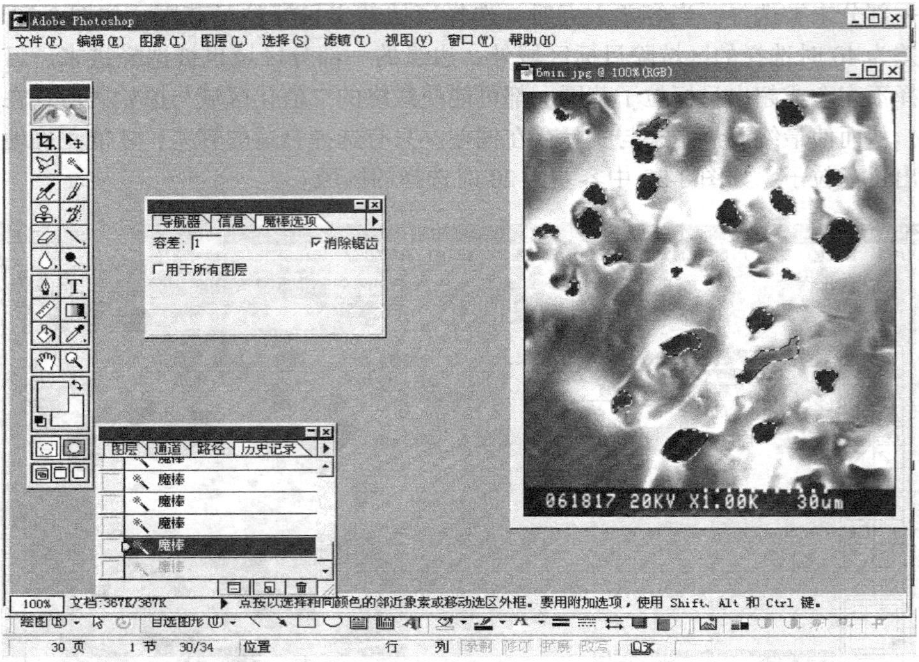

图 8-31 用魔棒选择出所有目标粒子

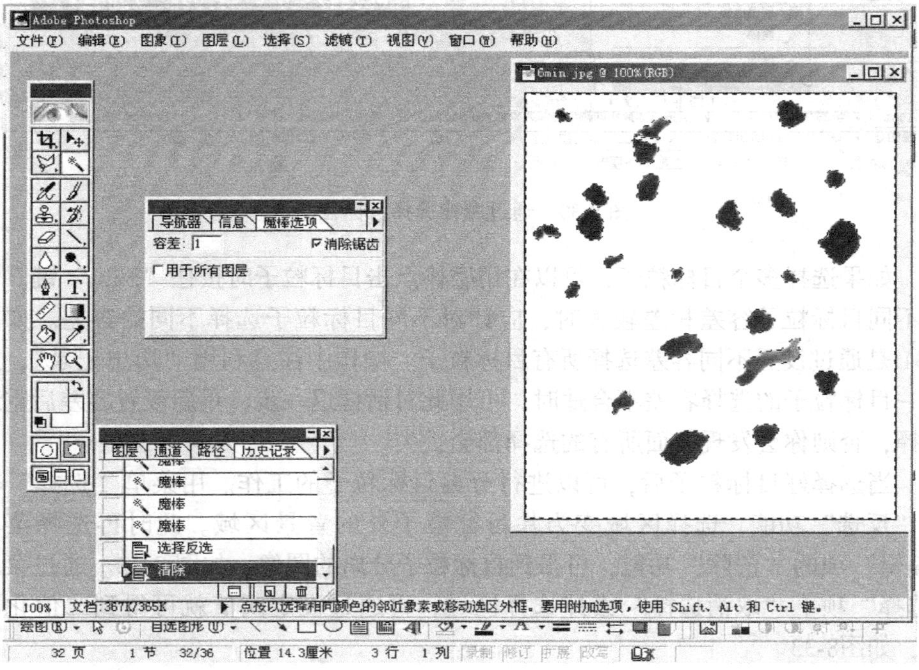

图 8-32 清除背景后分离出目标粒子

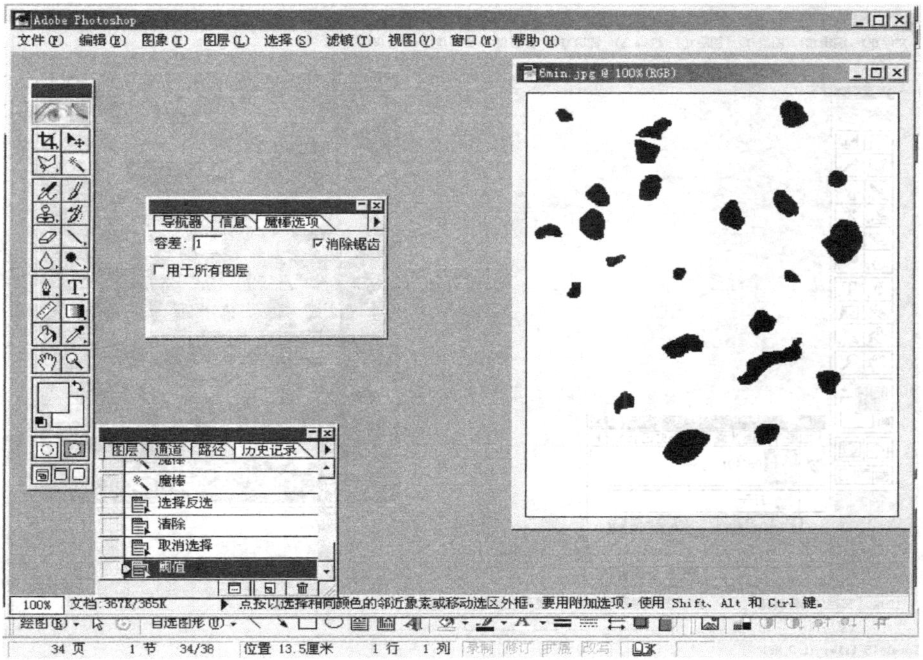

图 8-33　将阈值调整为 241 得到的二值化图像

当所处理的图像灰度分布十分复杂时，则不能用上述两种方法进行二值化工作。此时多边形套索是最有效的工作。图 8-25 就是用这种方法处理得到的二值化图像。具体操作如下：

用鼠标左键点击工具栏中的 Lasso（套索）工具，这栏有 Lasso、Polygon Lasso（多边形套索）和 Magnetic Lasso（磁性套索）三个工具。对于初学者来讲，Lasso 不易掌握。如果粒子和背景灰度差别比较大，可以选择使用磁性套索。不过，如果遇到如图 8-34 中的图像，建议使用多边形套索，用鼠标沿目标粒子边界拉动并不断点击左键，则会选择出目标粒子。

对于多个粒子的选择，前面提到可按住“Shift”键进行，这里介绍另外一种方法，可根据实际情况选用。这种方法就是每当选择好一个目标粒子后，用填充的方法使目标粒子与背景具有不同的颜色（如图 8-35 至图 8-37，图中前景色为红色）；当所有粒子都以红色“标记”后，再选用菜单“选择”项中“色彩范围”，则可选中所有目标粒子（如图 8-38）；当选择好目标粒子后，可以进行分离目标粒子的工作。用菜单“选择”项下“反选”功能，选择区域变为除目标粒子外的背景区域。此时再选择菜单“编辑”项的“清除”功能，可得到目标粒子分离的图像，通过菜单“选择”项下“取消选择”去掉选择区域，再通过设定阈值就可得到二值化图像，如图 8-39。

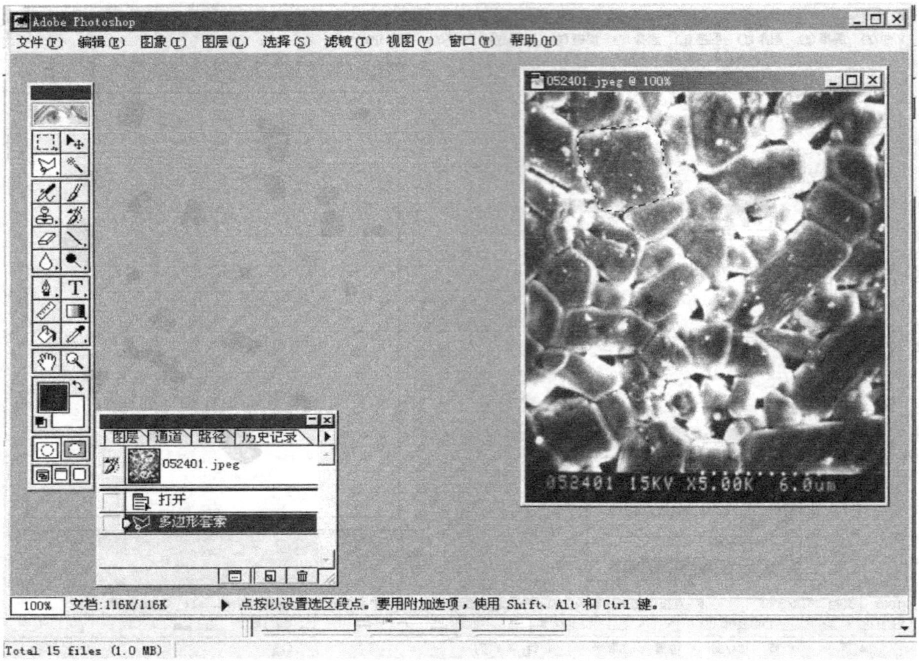

图 8-34　应用多边形套索选择目标粒子

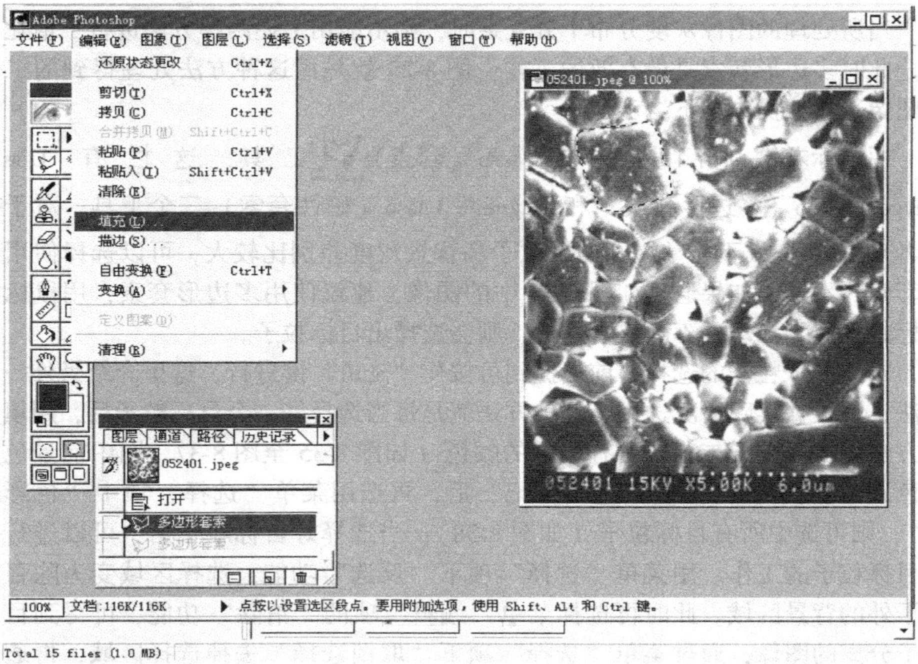

图 8-35　选择“填充”功能

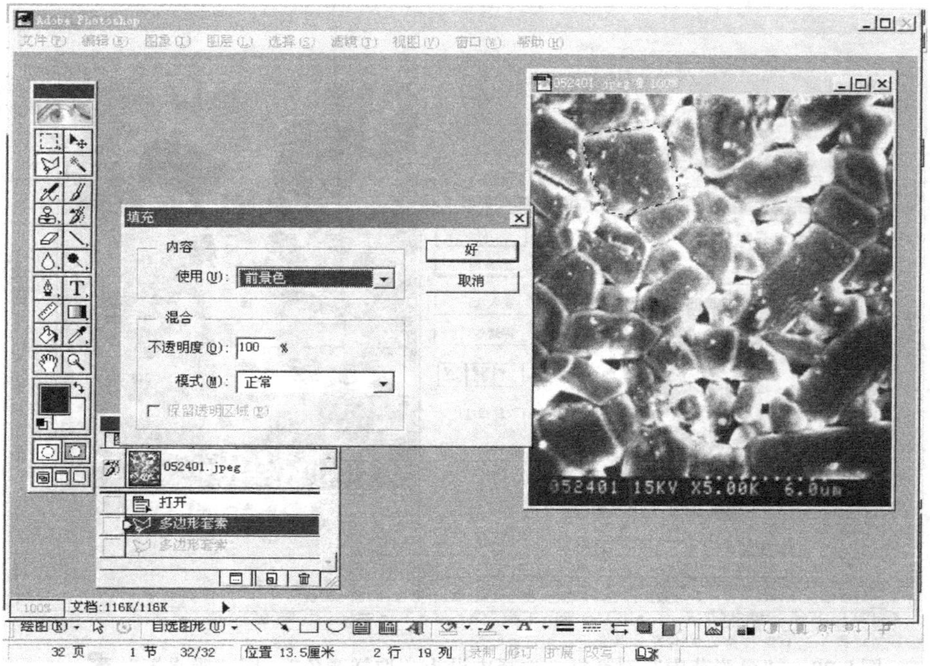

图 8-36 “填充”对话框，此时前景色可设成红色

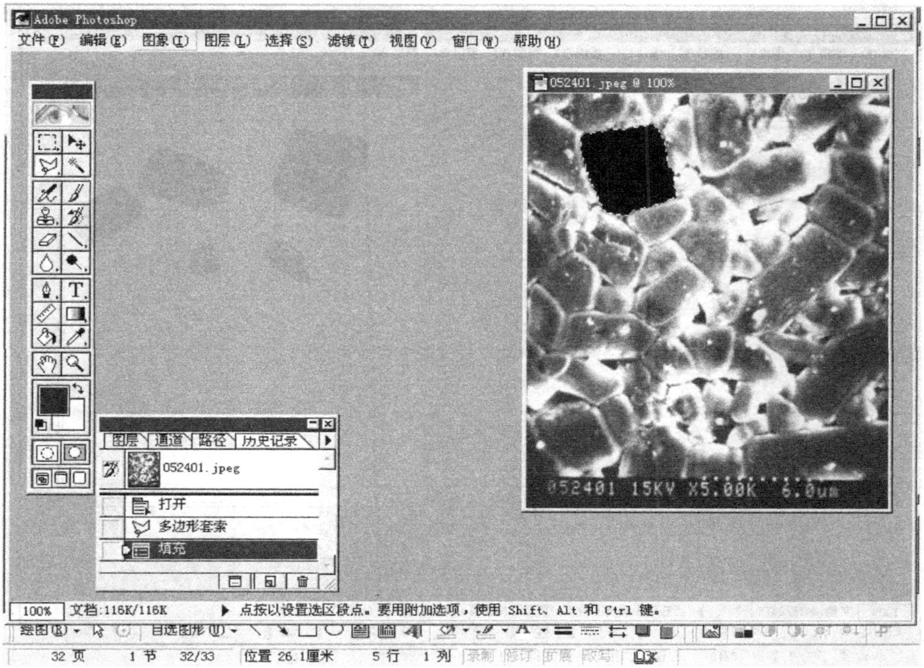

图 8-37 以前景色（红色）填充目标粒子

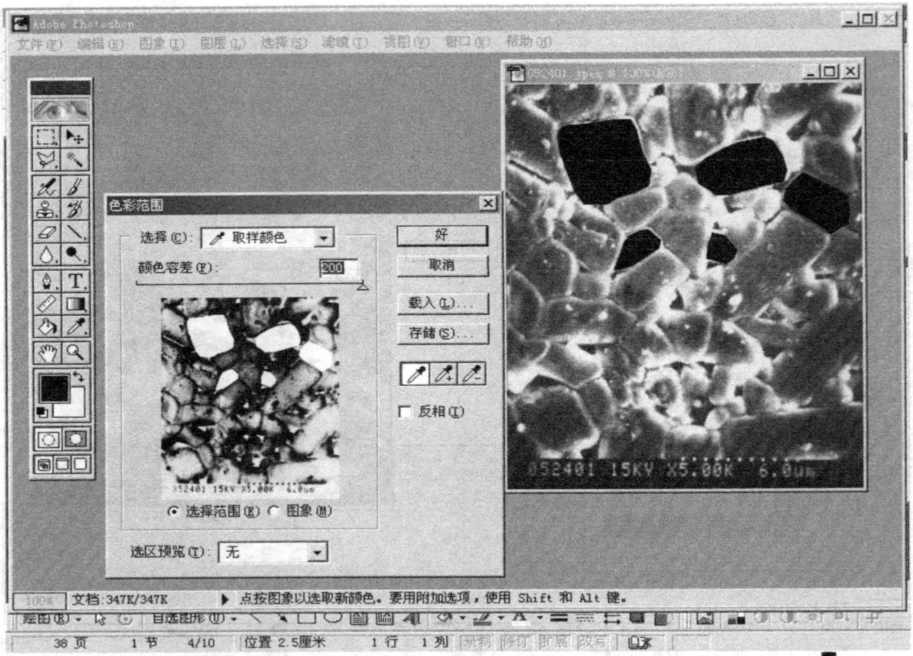

图 8-38 “色彩范围”对话框，选择中设为“取样颜色”，用“吸水笔”点击已经填充前景色的目标粒子，以选中目标粒子

图 8-39 去除背景后只留下目标粒子

对材料图像进行上述分析和处理后，接下来的工作便是目标区域的测量与有关参数的计算。在材料研究中，经常遇到粒子大小（即粒径与粒径分布）的测量。下面着重介绍粒径的测量与表示方法。

四、粒径大小测定原理

1．颗粒大小的表征

圆球大小最易表征，用一个参数——直径即可。对于其他形状的颗粒可以用某种当量直径来表示。在显微镜下可观察到单个颗粒的二维形貌，适用的表示方法如下：

（1）投影面直径 d_a　与置于稳定位置的颗粒的投影面积相同的圆的直径。

（2）投影面直径 d_p　与任意放置的颗粒的投影面积相同的圆的直径。

（3）周长直径 d_c　与颗粒的投影外形周长相等的圆的直径。

（4）Feret 直径 d_F　与颗粒投影外形相切的一对平行线之间的距离。

（5）Martin 直径 d_M　颗粒投影外形面积等分线。

（6）展开直径 d_R　通过颗粒重心的弦长。

前三者对单个颗粒有唯一的确定值，而后三者在不同方向会有不同的值，所以对于单个颗粒会有无穷个值。因此用后三者表征单个颗粒大小时可用平均概率统计直径，例如 d_R，如图 8-40 所示。

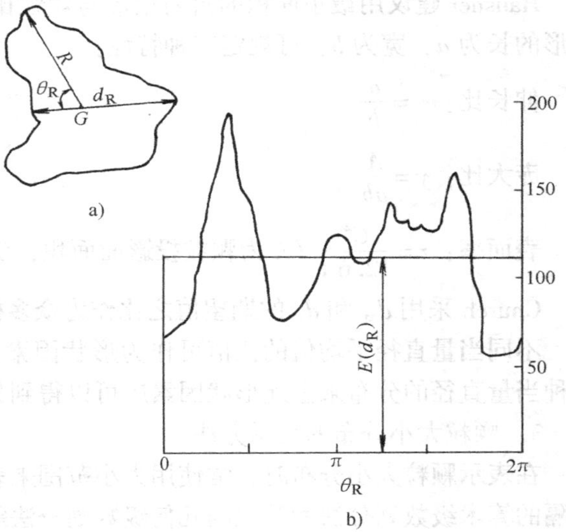

图 8-40　颗粒大小的表征

a）展开直径 d_R 和半径 R 的定义　b）展开曲线

可用如下公式计算平均概率统计直径 $E(d_R)$：

$$E(d_R) = \frac{1}{\pi}\int_0^{2\pi} R d\theta_R$$

对于 d_M、d_F，求法类似 d_R。

对于大量的颗粒，测定后三种直径时，通常采用测定平行于某固定方向的直线尺寸，而得到有意义的数值。因此这三者又被称为统计直径。实验证明：就整体而言，同一物系有 $d_M < d_a < d_F$。一般认为 d_F 误差大，d_M 与 d_a 较一致，d_F 约等于 d_c。

2．颗粒形状的表征

常用两个参数来表示颗粒形状：形状系数和形状因素。

（1）形状系数　指测得的颗粒各种大小和颗粒体积或面积之间的关系。

如对于投影面直径有：

颗粒面积　$S=\pi d_S{}^2=\alpha_{S,a}d_a^2$

颗粒体积　$V=(\pi/6)\ d_V^3=\alpha_{V,a}d_a^3$

式中，d_S 为面积直径（与颗粒具有相同表面积的圆球直径）；d_V 为体积直径（与颗粒有相同体积的圆球直径）；$\alpha_{S,a}$、α_V，分别为面积和体积的形状系数，下标 a 表示是对应于 d_a 的。

（2）形状因素　指颗粒各种测得大小的无量纲组合。

对于圆球颗粒，各种当量直径均相等。对于非圆球状颗粒，它与圆球相差越大，各种当量直径的差别也可能会越大，因此它们的无量纲组合可表现出颗粒与圆球的相差程度。

最早的形状因素定义为圆球度 ψ_W，有

$$\psi_W=\frac{\text{与颗粒等体积的圆球的表面面积}}{\text{颗粒的表面面积}}=\left(\frac{d_V}{d_S}\right)^2$$

容易看出 $\psi_W\leqslant1$。

Hausner 建议用最小面积的封闭矩形与颗粒比较的方法来评价颗粒形状。设矩形的长为 a，宽为 b，可规定三种特性：

伸长比：$x=\frac{a}{b}$

庞大比：$y=\frac{A}{ab}$

表面率：$z=\frac{C^2}{12.6A}$（A 为颗粒投影面面积，C 为周长）

Church 采用 d_M 和 d_F 的期望值之比作为众多椭球体颗粒的形状因素。

不同当量直径平均值的比值可作为形状因素，此时对于整个颗粒大小分布，一种当量直径的分布乘上此形状因素应可以得到另一种当量直径的分布。

3. 颗粒大小分布的表示方法

在表示颗粒大小分布时，常使用大小范围来表示。常用的大小范围取法有等间隔的算术级数划分法和等比的几何级数划分法等。

（1）列表法　这是常用的表示颗粒大小分布的方法，也是用其他方法表示的基础，常用各栏项目见表 8-4（以算术级数划分法为例）。

表中，颗粒大小 x 指测得的颗粒的当量直径；间隔 $\mathrm{d}x=x_{r+1}-x_r$；平均大小 $\bar{x}=(x_{r+1}+x_r)/2$；频率数 $\mathrm{d}\Phi$ 指在某大小范围内颗粒的某特征（包括个数、长度、面积和体积等）出现的总数；累计频率数 Φ 指小于某颗粒大小的特征总数，$\Phi=\sum_0^x\mathrm{d}\Phi$；　百分率频率 $\mathrm{d}\varphi=\mathrm{d}\Phi/\sum\mathrm{d}\Phi$，$\sum\mathrm{d}\Phi$ 即某特征在整个大小范围内的出

表 8-4 颗粒大小分布的列表表示方法

颗粒大小范围 $x_r—x_{r+1}$	间隔 dx	平均大小 $\bar{x}$	频率数 $d\Phi$	累计频率数 Φ	百分率频率 $d\varphi$	累计百分率频率 φ	百分率频率密度 $d\varphi/dx$
⋮	⋮	⋮	⋮	⋮	⋮	⋮	⋮

现总数；累计百分率频率 $\varphi=\sum_0^x d\varphi$；频率密度 $d\varphi/dx$ 指每一单位长度的百分率频率，相当于概率论中的概率密度。

对于几何级数划分，将 x 取对数后进行相应改变即可。

频率中最常用特征是个数 N。由它的分布可计算出其他特征分布。

（2）矩形图（频率中取特征个数为例） 即频率数 dN 对颗粒大小 x 作矩形图。矩形方块高度与颗粒数成正比，如图 8-41。

（3）累计百分率频率分布图 即累计百分率频率 φ 对 x 作图，通常将各点描成连续平滑曲线，如图 8-42。

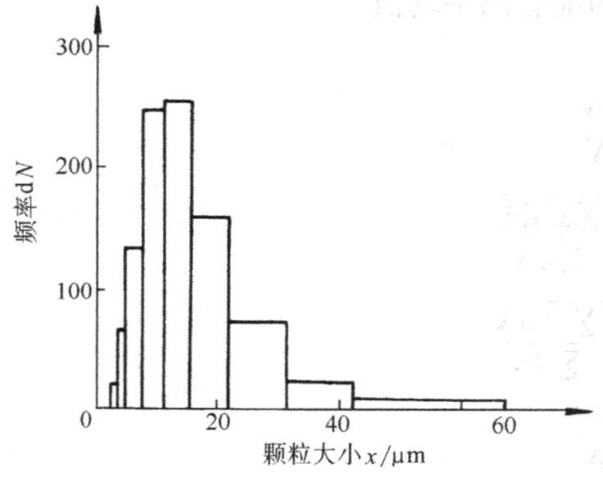

图 8-41 矩形图

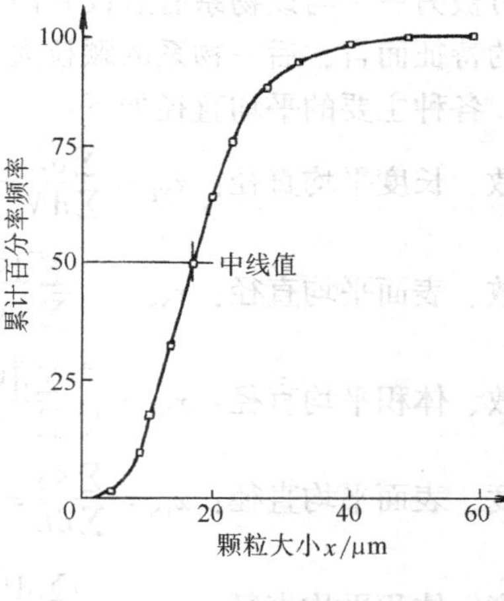

图 8-42 累计百分率频率分布图

（4）频率密度分布图 即 $d\varphi/dx$ 对 x 作图，如图 8-43。若分级足够的话，可连成平滑曲线，类似于概率密度曲线。该曲线下总面积为 100，任何大小范围内的百分率频率可由对应的曲线下积分面积求得。

4. 平均直径

如图 8-44 所示，“频率密度最大值”是频率密度最大所对应的颗粒大小；“中线值”是在累计百分率频率曲线上 50% 对应的颗粒大小，在频率密度曲线上，通过此值的垂线将曲线下的面积等分；“平均值”是通过频率密度曲线所包括的面积的重心的垂线与横坐标的交点值，公式如下：

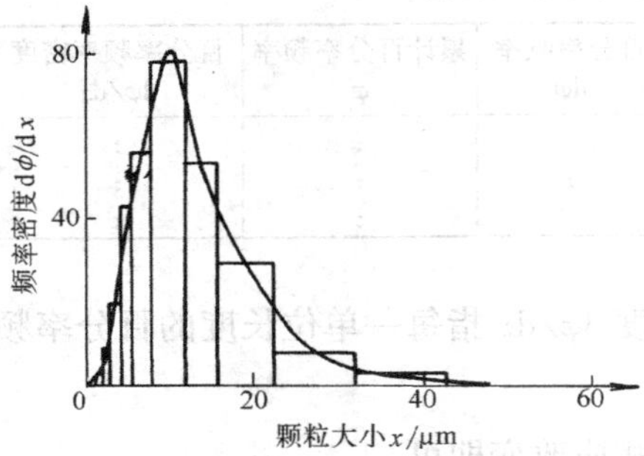

图 8-43 频率密度分布图

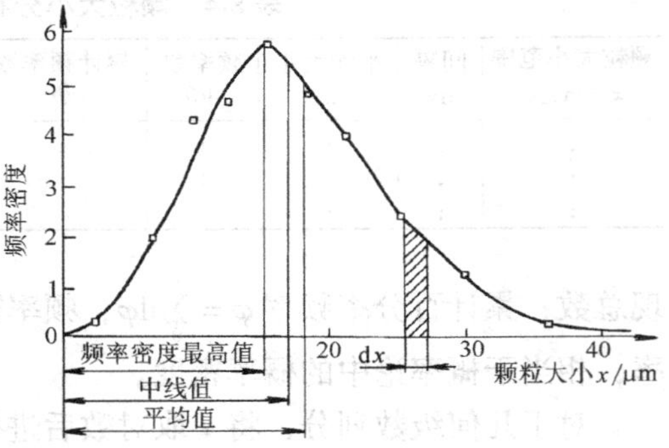

图 8-44 平均直径示意图

$$\bar{x}=\frac{\sum x\mathrm{d}\phi}{\sum \mathrm{d}\phi}$$

颗粒分布的特征包括个数、长度、面积和体积。大小不同的颗粒所组成的物质可被另一个与该物系有且仅有两个相同特征的均匀物系所代表。对于这两个相同的特征而言，后一物系的颗粒大小即为前者的平均值。

各种主要的平均直径如下：

个数、长度平均直径：$x_{\mathrm{NL}}=\dfrac{\sum \mathrm{d}L}{\sum \mathrm{d}N}=\dfrac{\sum x\mathrm{d}N}{\sum \mathrm{d}N}$

个数、表面平均直径：$x_{\mathrm{NS}}=\sqrt{\dfrac{\sum \mathrm{d}S}{\sum \mathrm{d}N}}=\sqrt{\dfrac{\sum x^2\mathrm{d}N}{\sum \mathrm{d}N}}$

个数、体积平均直径：$x_{\mathrm{NV}}=\sqrt[3]{\dfrac{\sum \mathrm{d}V}{\sum \mathrm{d}N}}=\sqrt[3]{\dfrac{\sum x^3\mathrm{d}N}{\sum \mathrm{d}N}}$

长度、表面平均直径：$x_{\mathrm{LS}}=\dfrac{\sum \mathrm{d}S}{\sum \mathrm{d}L}=\dfrac{\sum x^2\mathrm{d}N}{\sum x\mathrm{d}N}$

长度、体积平均直径：$x_{\mathrm{LV}}=\sqrt{\dfrac{\sum \mathrm{d}V}{\sum \mathrm{d}L}}=\sqrt{\dfrac{\sum x^3\mathrm{d}N}{\sum x\mathrm{d}N}}$

表面、体积平均直径：$x_{\mathrm{SV}}=\dfrac{\sum \mathrm{d}V}{\sum \mathrm{d}S}=\dfrac{\sum x^3\mathrm{d}N}{\sum x^2\mathrm{d}N}$

如图 8-45a 表示原物系，图 8-45b 表示代表物系，它们的个数和总直径和相等，则图 8-45b 所示物系的每一个颗粒大小就是个数、长度平均直径。个数、长度平均直径是最常用的一种平均直径。

以上各种平均直径均可从颗粒大小分布列表上直接计算得到。

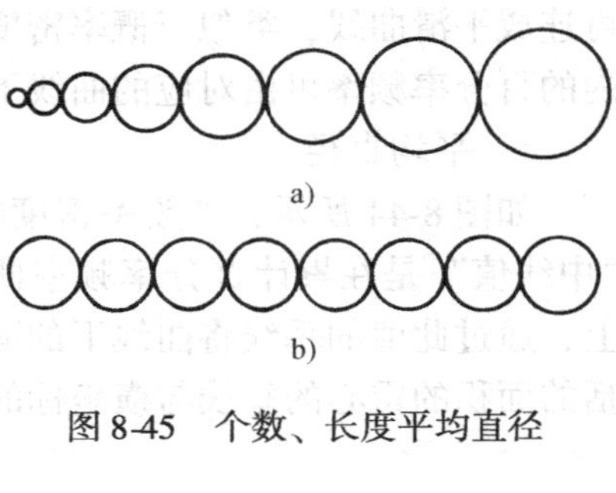

图 8-45 个数、长度平均直径

颗粒的分散程度就用平均直径的标准方差 σ 表示。

$$\sigma=\sqrt{\frac{\sum(x-\bar{x})^2\mathrm{d}\phi}{\sum\mathrm{d}\phi}}=\sqrt{\frac{\sum x^2\mathrm{d}\phi}{\sum\mathrm{d}\phi}-\bar{x}^2}$$

颗粒的相对分散程度可以用平均直径的离差系数 δ 表示。

$$\delta=\frac{\sigma}{\bar{x}}\quad(\bar{x}\neq0)$$

五、粒径分析中的图像处理方法及算法

以上介绍了图像的二值化方法，并介绍了粒子粒径、粒径分布和平均粒径的概念。下面介绍如何从图像中测量一个粒子的面积，其算法均是以二值化图像为基础。如图 8-46，定义目标粒子为黑色（灰度值为 1），背景为白色（灰度值为 255）。

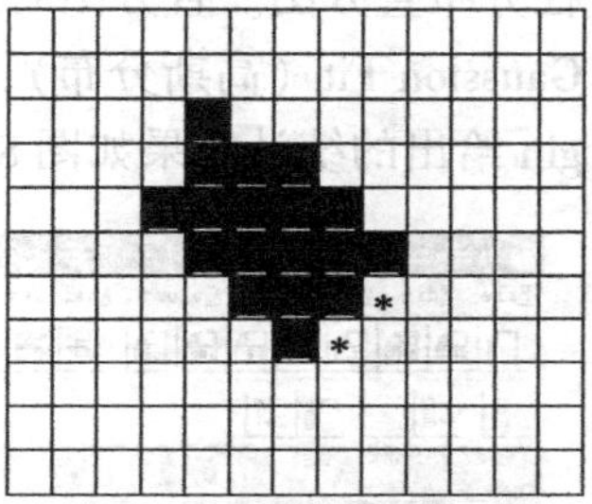

图 8-46　应用跟踪处理方法计算目标粒子区域面积

以图像处理中的跟踪算法进行面积求取，其基本思路为：

1）首先选择满足条件像素作为起始像素。

2）根据已得输出结果，在输入图像上搜索确定下一步应处理的像素，并进行规定处理。

3）根据已得输出结果及输入图像，确定终止条件。

根据这种思路，解析图 8-46 过程的框图如图 8-47。图中设满足条件为像素值为 1，当满足此条件时则计数，最终的计量总数就是该粒子的面积，以图像中的标尺与此面积换算，则可得到该粒子的真实面积。通过上一部分介绍的粒径概念，可算出粒子的各种粒径。

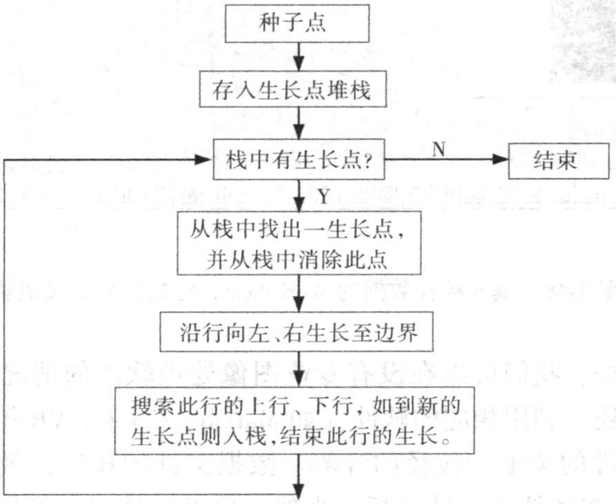

图 8-47　目标图像的跟踪算法框图

六、粒径数据作图与分析

由上述过程得到的粒径数据，可以进一步利用 Origin 软件进行作图与分析。Origin 的基本操作已在第一节作了介绍，在此只讲述粒径分布的作图方法和粒径的统计。

粒径分布的统计数据如图 8-48。图中 Worksheet 中是应用上述方法测得的目标粒子的等效圆直径。将此列定义成块，用鼠标左键点击图标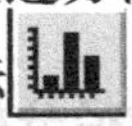，即画 Histogram（直方图），在弹出的对话框中设定相应的参数，则可得到如图 8-49 的粒径分布直方图。直方图对话框中有两种拟合方式，Normal Curve（正态分布）和 Gaussion Fit（高斯分布），点击则可进行相应方式的拟合，按 Gaussion Fit，Origin 给出的统计结果如图 8-50。

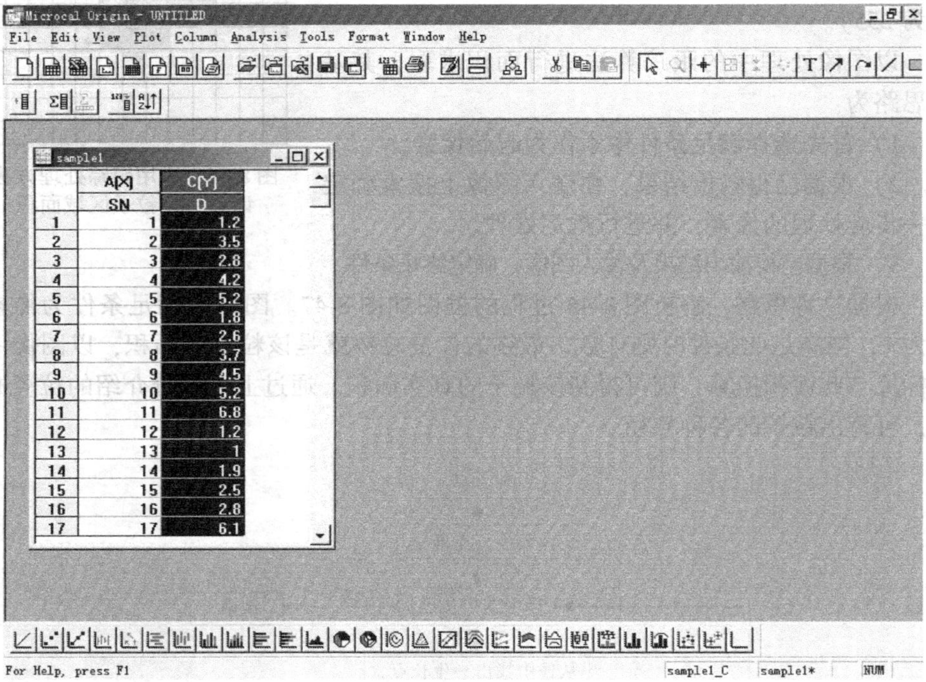

图 8-48　填入粒径数据的 Worksheet，将粒径列定义成块

通过以上方法，我们可以在没有专业图像处理软件的情况下对图像进行处理，并且进一步还可利用相应的软件（如 Matlab、C++、VB 等）进行简单的编程，进行图像文件的读取、粒径的计算、数据文件的输出，最后结合 Origin 或 Excel 进行粒径分布和粒径统计分析。当然，这里只是列出了最简单、直接的方法，类似的工作还有很多方法可以完成。上述方法可以帮助我们了解计算机进行

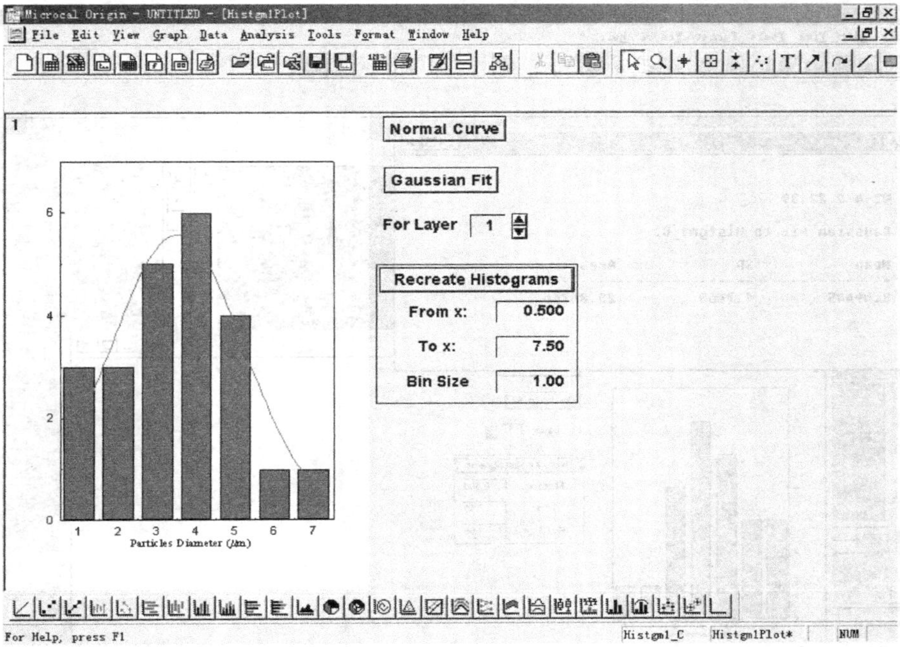

图 8-49 按 Gaussion Fit 得到的拟合曲线

图像处理的基本方法。其实专业图像处理软件工作的原理与之近似，只不过更专业、更快捷、更准确。

本节只以粒径处理这一过程来讲述图像处理的方法。其实材料研究方法中涉及到的图像处理还有很多，如聚合物共混材料的激光光散射，其图像处理则要求给出光强对散射光角度的依赖关系，与本节内容有所不同。但只要了解了图像处理的基本过程，同样可以采用相似的方法来解决这些问题。

七、图像处理在材料研究中的应用举例

1．灰铸铁金相图像分析

在第七章第二节材料组织结构的检测中，已经介绍了计算机金相图像分析系统的应用。下面再介绍一个灰铸铁金相图像分析的例子。

决定金属材料性能的主要因素是材料的微观结构。长期以来金相的微观结构均是由显微镜通过目测观察测量。以计算机图像处理方法可以达到精确测量的目的，得到材料的微观结构与力学性能关系，以利于提高产品质量。

灰铸铁中石墨的数量、大小、形态、分布等与灰铸铁的力学性能密切相关。应用图像处理中边缘探测法测量石墨的长度，并与力学性能相联系可以预测灰铸铁材料的性能。图 8-51 为经过计算机图像处理得到的灰铸铁的二值化金相图像。

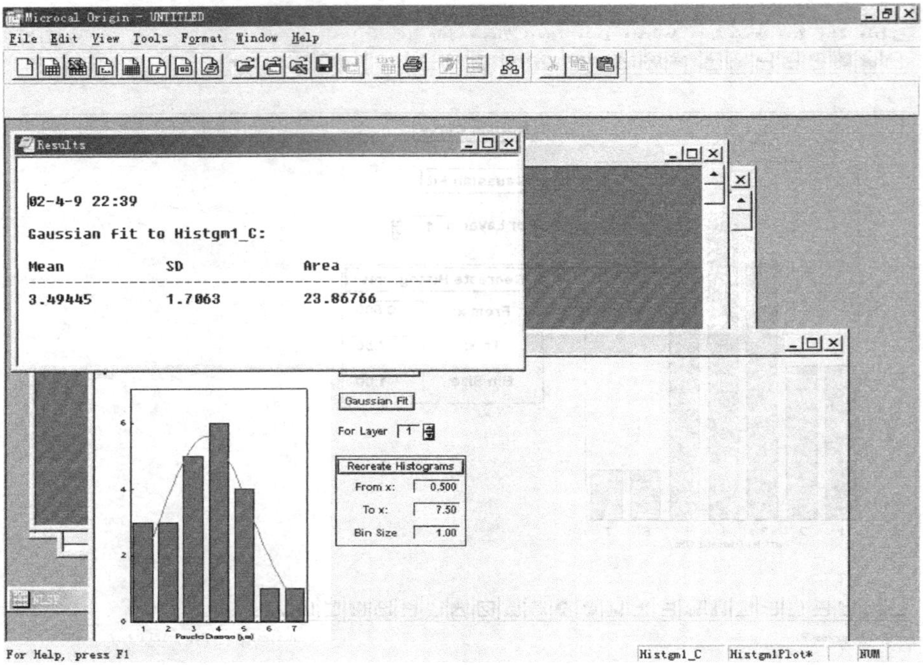

图 8-50 Gaussion 拟合后得到统计结果，结果中包括了粒径平均值及其标准偏差

图 8-51 灰铸铁金相的二值化图像

对其进行分析后得到石墨长度，将石墨长度与灰铸铁抗拉强度和弯曲疲劳极限作图（如图8-52）。由图可见，随着石墨体长度的增加，力学性能呈下降趋势。应用计算机图像处理的方法，还可得出不同组分的体积和质量分数与材料性能的关系。图8-53是铁素体含量与灰铸铁断裂韧度的关系图。显然，应用计算机图像处理的方法，可以更加精确地确定金相结构与其力学性能间的关系，从而对产品性能作出准确的表征。

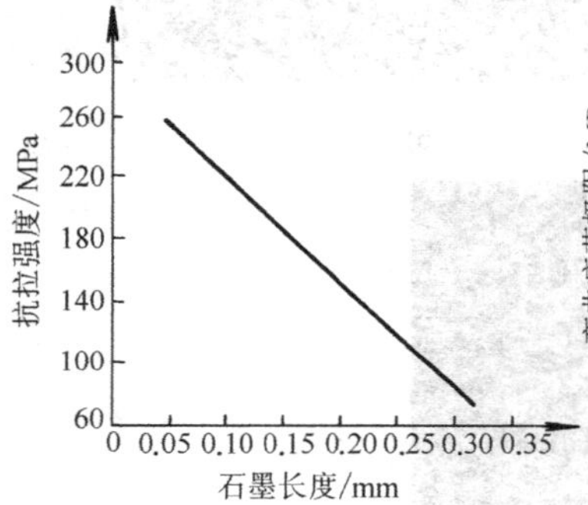

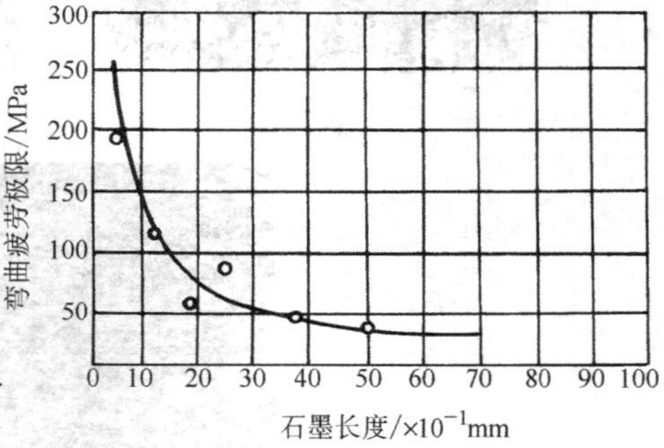

图8-52 石墨长度与灰铸铁力学性能的关系

2. 聚丙烯材料聚集态结构的定量表征及其与力学性能的关系

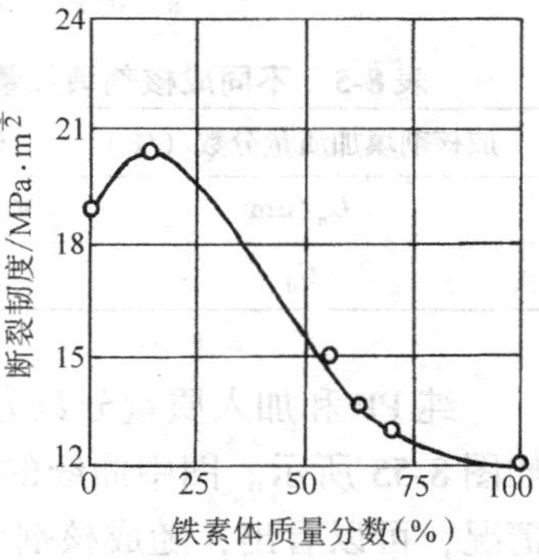

图8-53 铁素体含量与灰铸铁断裂韧度的关系

高分子材料的一个重要特点是结构的多层次性，其中聚集态结构与高分子材料的力学性能、加工性能等有直接的关系。高分子聚集态结构主要包括晶态结构、非晶态结构、取向结构和液晶结构。对于结晶型高分子材料，如聚丙烯（PP）以及填充复合材料，准确表征单相材料结晶形态尤其是球晶大小及分布或复合材料中第二相颗粒在基体中的分散程度是研究此类高分子材料的重要内容，可望将理论研究引向深入，为材料开发应用提供依据。图像分析系统是研究金属材料金相组织结构的有效手段，虽然由于制样的关系，用于高分子材料尚不充分，但仍引起了人们的重视。

将未经表面处理的成核剂与PP按一定比例经双螺杆挤出机挤出、造粒，然后用注塑机制成样条后进行冲击性能测试，断口在扫描电子显微镜下观察。加入不同成核剂条件下球晶显微照片如图8-54所示，随成核剂加入量增大，球晶尺寸呈下降趋势。表8-5给出了经图像处理后测定的平均直径 D_n 与分布宽度系数 C_d 值随成核剂用量增加的变化情况，结果显示 D_p、C_d 均呈下降趋势，说明成核剂的加入可使球晶细化，球晶分布趋于均匀。

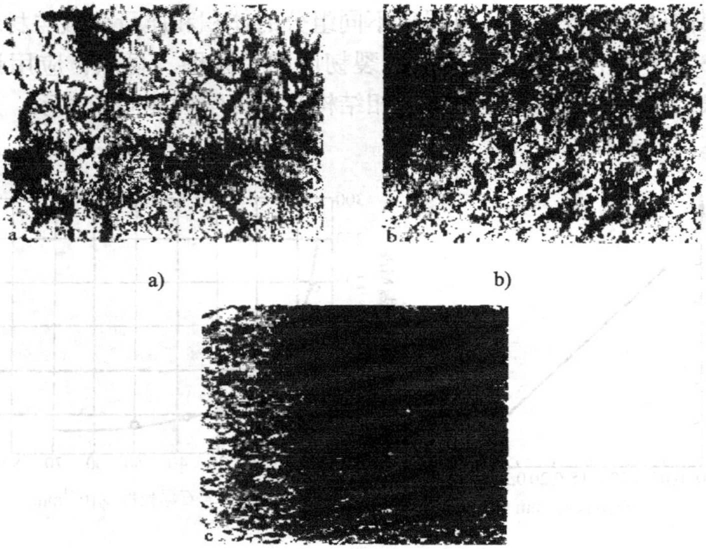

a)　　b)　　c)

图 8-54　不同成核剂填加量条件下聚丙烯结晶结构（×500）

a）纯 PP　b）加入 0.4% 成核剂　c）加入 2.0% 成核剂

表 8-5　不同成核剂填加量时 PP 球晶平均直径 D_n 与分布宽度系数 C_d 值的变化

成核剂填加质量分数（%）	0	0.1	0.2	0.3	0.4	0.5	1.0	1.5	2.0
D_n/μm	30.53	26.58	20.5	17.21	16.21	13.68	11.73	11.62	11.5
C_d	3.54	2.33	2.13	1.87	1.54	1.32	1.22	1.2	1.18

纯 PP 和加入质量分数为 0.4%、2.0% 成核剂的聚丙烯材料的球晶尺寸分布如图 8-55 所示。图中曲线的位置和形状的差异说明球晶在基体中的不同的分散情况，可以看出，随成核剂用量增大，小尺寸球晶增多，分布逐渐变窄。

对于聚丙烯材料，影响冲击韧度的结构因素包括球晶大小及分布、结晶度等。在结晶度不变的情况下，球晶大小及其分布是影响冲击性能的主要因素，通过图像分析系统测定和进一步的数据处理可直观地表征两者之间的关系。图 8-56 是材料缺口冲击韧度与 PP 球晶尺寸的关系曲线，结果显示球晶细化使冲击韧度增大。结合断面形貌图像分析，冲击断面可观察到大量球晶，显示了以沿晶断裂为主的特征。较细的球晶界面结合强度大，裂纹沿小尺寸球晶界面扩展所消耗的能量较高，形成的断面较粗糙，因而冲击韧度较高。

3. 用图像处理方法研究凝胶溶胀特性

随着环境敏感性凝胶在材料科学、生化分离、固定化酶、化学传感器等领域

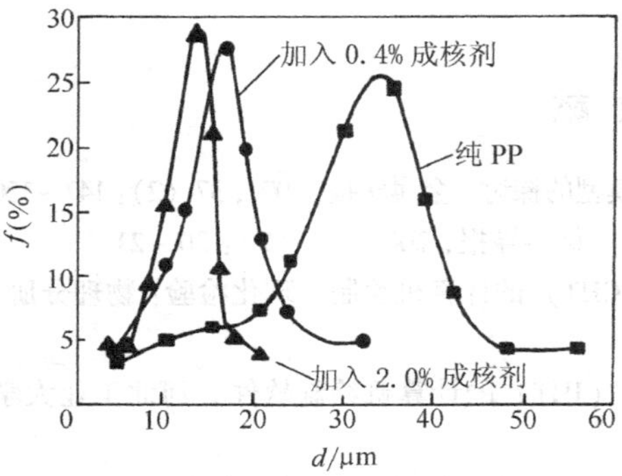

图 8-55 纯 PP 和加入质量分数为 0.4%、2.0% 成核剂的材料的球晶尺寸分布

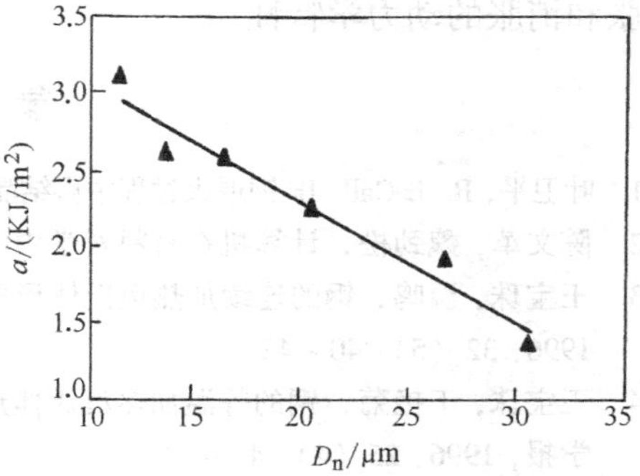

图 8-56 纯 PP 球晶尺寸与冲击韧度的关系

中得到广泛应用，对凝胶溶胀特性的研究已受到极大的关注。对凝胶溶胀体积及其变化速率的测定是研究凝胶性能的重要内容之一。由于凝胶是介于固体与液体之间的特殊物质，其特有的柔软性和透明性使得对凝胶体积的测定十分困难。目前测定凝胶体积的方法主要有称重法、显微镜观测法和摄像法，但均难以得到满意的跟踪测量结果。采用计算机图像处理技术跟踪采集凝胶在不同环境条件下溶胀及消胀的特性数据，并对其进行图像处理与分析，与常规的操作方法相比，这种方法操作简单、快速、准确，可以得到比较满意的实验结果。

凝胶溶胀度 $Q = V/V_0$，是表述凝胶特征的重要参数。其中 V 为实际操作工况下的凝胶体积，V_0 为初始状态下的凝胶体积。聚 N-异丙基丙烯酰胺凝胶具有明显的温敏性和压敏性，其温敏特征具有典型的低临界混溶温度（LCST），即低于 LCST 时凝胶溶胀，高于 LCST 时凝胶消胀。另外，在常压相转变温度附近一个较小的范围内，凝胶具有明显的压敏性。

将待测凝胶放在测量池中，再将与加压系统相连的测量池放入浴槽中，并置于高倍显微镜下。高倍显微镜与图像处理系统的摄像机相连，浴槽的温度由加热系统控制。这样，凝胶可处于不同的温度和压力下。通过视频信号和数字信号的转换，采集出不同工况下凝胶的特性数据，然后将图像数据进行处理和分析。应用边界提取，分离出凝胶与背景，以计算凝胶溶胀过程中某一尺度的变化，计算溶胀度。由于凝胶的半透明性质，所取凝胶图像的边缘灰度与背景变化不明显，凝胶边缘特征的提取十分困难。采用计算机进行图像处理，可以通过编写软件、设计专用算法来增强边界，经过边缘增强、阈值选择、二值化、统计参数变换、图像区域分割、周长、面积及离散指标计算等操作，最终得到凝胶的溶胀平衡曲线，并可进一步分析凝胶溶胀特性。采用计算机进行图像处理，提高了凝胶材料的研究水平。在循环改变压力条件下，还可以借助计算机图像得到凝胶周期性溶胀和消胀的动力学特性。

参考文献

1 叶卫平, R. LeGall. IF钢退火过程中再结晶数学模型的探讨. 金属学报, 2001, 37 (2): 147~150

2 陈文革, 魏劲松. 计算机在材料科学中的应用. 材料导报, 2000, 14 (2): 20~21

3 王宝珠, 温鸣. 钢的连续加热奥氏体形成图 (CHT) 的计算机绘制. 理化检验: 物理分册, 1996, 32 (5): 40~42

4 王宝珠, 王艳菊. 钢的等温加热奥氏体形成图 (IHT) 的计算机绘制软件. 河北工业大学学报, 1996, 25 (4): 45~49

5 温鸣, 王宝珠. 钢的过冷奥氏体等温转变图 (TTT) 的计算机绘制. 材料工程, 1996, (11): 12~14

6 张明奇. 计算机绘制钢的过冷奥氏体等温转变 (TTT) 曲线. 材料开发与应用, 2001, 16 (6): 29~31

7 姜岩. 炉气平衡成分计算的数学模型及计算机程序编制. 金属热处理, 1994, (6): 36~37, 44

8 张乐福, 谢生长. 人工神经网络在材料实验数据处理中的应用. 材料科学与工艺, 1997, 5 (1): 28~31

9 邓欣. 应力腐蚀试验机数据处理系统. 材料开发与应用, 1997, 12 (2): 39~42

10 王滨, 王位. 高锰奥氏体钢形变硬化特性的计算机辅助测定. 理化检验: 物理分册, 1997, 33 (11): 17~19

11 苏玉长, 徐仲榆等. 用原位X射线衍射法对电化学插层过程的研究. 理化检验: 物理分册, 2000, 36 (10): 445~447

12 郭常霖. 精确测定低对称晶系多晶材料点阵常数的X射线衍射方法. 无机材料学报, 1996, 11 (4): 597~605

13 刘红超, 郭常霖. X射线多晶衍射全谱图拟合方法在无机材料研究中的应用. 无机材料学报, 1996, 11 (3): 407~414

14 董天祥, 潘倪. 标准物质数据处理系统软件的设计与应用. 材料工程, 1999, (1): 23~25

15 杨波, 张二林等. Al-TiO_2-C体系燃烧过程的研究与计算机模拟. 中国有色金属学报, 2001, 11 (5): 846~851

16 徐抗成. Excel数值方法及其在化学中的应用. 兰州: 兰州大学出版社, 2000

17 周孝宽编. 实用微机图像处理. 北京: 北京航空航天大学出版社, 1996

18 李振辉编. 探索图像文件的奥妙. 北京: 清华大学出版社, 1996

19 Matt Straznitskas著. Photoshop5.0与Web设计绘图. 毛选, 邓建斌译. 北京: 电子工业出版社, 1999

20 徐建林, 陈超. 灰口铸铁金相图片分析的研究, 制造业自动化. 2000, 22 (4): 53~56

21 徐涛, 于杰, 雷华等. 聚丙烯材料聚集态结构的定量表征及其与力学性能的关系. 高分子学报. 2001, (2): 147~152

22 王平, 钟兴, 王宇新等. 用图像处理方法研究凝胶溶胀特性. 高分子材料科学与工程, 1996, 12 (3): 1~5

第九章　互联网在材料科学研究中的应用

互联网是人类历史发展中一个伟大的里程碑，是未来信息高速公路的雏形，人类正由此进入一个前所未有的信息化社会。互联网上传递的是各种各样的信息。所谓信息就是一种“代码”，用来精确地描述物体或事件，是独立于物质和能量以外的自然的第三属性。

材料科学是一门古老的学科，在漫长的发展过程中，积累了大量的实验现象、数据和文献，记录和传递这些信息的方法从口授发展到书面方式，乃至发展到今天信息记录和传递的电子化。从19世纪开始，科学技术的飞速发展引发了信息大爆炸，近50年来，有关材料科学的信息每年以数倍的速度增加，信息类型也是多种多样。随着以计算机与网络为标志的现代信息技术的迅速发展，互联网上材料科学信息资源越来越丰富，如材料研究文献、材料数据库等在材料研究中发挥着越来越重要的作用。如何从包罗万象的Internet网上快速、准确、全面地找到所需要的信息成为利用Internet上材料科学信息资源的首要问题。

本章从Internet基本理论出发介绍了Internet上的各类材料信息资源，以及检索和充分利用互联网上材料科学信息资源的方法。

第一节　Internet概论

一、Internet简介

1. 什么是Internet

Internet是一个覆盖全球范围的计算机互联网络，是当前信息高速公路的主体，拥有极为丰富的信息资源，联接全世界7万多个大小计算机网络，用户总数到2002年已超过6亿，每天24小时不间断地向遍布全球的计算机用户提供通信、共享信息资源和其他许多应用方面的便利。从网络技术的观点来看，Internet是一个以TCP/IP（传输控制协议/互联协议）通信协议联接各个国家、部门、机构计算机网络的数据通信网。从信息资源的观点来看，Internet是一个集各个领域、学科的各种信息资源为一体的供网上用户共享的数据资源网。

Internet已成为一种全球性的文化现象，成为并列于电视、电话的第三大通信系统。现代信息社会把信息作为最重要的资源和产业，它和材料、能源一起并列成为社会物质和精神活动的三大重要资源。有效地利用信息将带来可观的社会效益和经济效益。

2. Internet 的发展与现状

Internet 是美苏冷战的产物。当时，美国国防部认为，如果仅有一个集中的军事指挥中枢，一旦这个中枢被苏联的核武器摧毁，全国的军事指挥将处于瘫痪状态，后果不堪设想，因此，有必要设计这样一个分散的指挥系统：它由一个个分散的指挥点组成，当部分指挥点被摧毁后，其他点仍能正常工作，而这些分散的点又能通过某种形式的通信网相互取得联系。为对这一构想进行验证，从 20 世纪 60 年代末到 70 年代初，由美国国防部资助，高级研究项目署（ARPA）承建，通过一个名为 ARPANET 的网络把美国的几个用于军事及研究的计算机联接起来，这就是 Internet 最早的形态。

在 Internet 面世之初，没有人能想到它会进入千家万户，也没有人能想到它会用于商业。Internet 的第一次快速发展出现在 20 世纪 80 年代中期，美国国家科学基金为鼓励大学与研究机构共享他们非常昂贵的四台计算机主机，希望通过计算机网络把各大学、研究所的计算机与这四台巨型计算机联接起来，决定利用 ARPANET 发展出来的叫做 TCP/IP 的通信协议，建立名为 NSFnet 的广域网。由于美国国家科学基金的鼓励和资助，很多大学、政府资助研究机构，甚至私营的研究机构纷纷把自己的局域网并入 NSFnet 中，从 1986 年至 1991 年，几乎每年都以百分之百的速度增长。到了 20 世纪 90 年代初期，Internet 事实上已经成为一个“网中网”。各个子网分别负责自己的建设和运作费用，而这些子网又通过 NSFnet 互联起来。由于 NSFnet 是由政府出钱，因此，直到 20 世纪 90 年代初，Internet 最大的业主还是美国政府，只不过在一定程度上加入了一些私人企业。

Internet 在 20 世纪 80 年代的扩张不单带来量的改变，同时亦带来某些质的改变。由于多种学术团体、企业研究机构，甚至个人用户的进入，Internet 的使用者不再限于计算机专业人员。新的使用者发觉，加入 Internet 除了可共享 NSFnet 的巨型计算机外，还能进行相互间的通信，而这种相互间的通信更有吸引力。于是，Internet 开始作为一种交流与通信的工具，而不仅仅只是共享 NSFnet 巨型计算机的运算能力。

Internet 历史上的第二次成功飞跃是 Internet 的商业化。在 20 世纪 90 年代以前，Internet 的使用者一直仅限于学术领域，商业性机构进入 Internet 一直受到这样或那样的法规或传统问题的困扰。到了 20 世纪 90 年代初，Internet 已不再全部由政府出钱，而有了一些企业参与。正是由于这种参与企业的多元化，使利用 Internet 进行商业活动有了可能。这些网络可以在一定程度上绕开美国国家科学基金的 Internet 主干网络 NSFnet 而向客户提供 Internet 联网服务，商业机构一踏入 Internet 这一陌生的世界，很快就发现了它在通信、资料检索、客户服务等方面的巨大潜力。于是，其发展势头一发不可收拾，世界各地无数的企业及个人纷纷涌入 Internet，带来了 Internet 发展史上的一次新的飞跃。

1994年11月，美国网景公司推出了划时代的产品——Internet 浏览器 Netscape Navigator 1.0，这又一次极大方便了人们在网上的搜索和浏览，因而激起了一次用户上网的高潮。据估计，仅仅在这个浏览器推出的一年内，全球互联网用户数就激增了一倍，达到3000万人。1995年是Internet发展关键的一年。美国国家科学基金会宣布，不再向Internet提供资金，至此，Internet的商业化彻底完成。Internet的发展历史造就了当前的Internet，它由几万个子网通过自愿的原则互联起来，没有一家公司叫Internet公司，也没有任何机构完全拥有Internet。

至1997年7月，Internet已覆盖七大洲，联接了全球2605万台主机，独立域名数增长到130万个，网络用户超过7000万人。1999年7月，Internet已经成为连通世界上几乎所有国家、5621万台主机和2亿用户的国际网。据预测，互联网相关产业在1999年的总产值将达到1340亿美元；预计到2002年底全球互联网用户数将超过6亿，全球电子商务规模将超过1万亿美元。

网络的发展给社会带来了巨大冲击，也直接导致了许多新的应用领域和新技术的出现。IP电话、宽带局域网、电子商务等逐渐成为网络界的热门话题，而网络媒体也由于它特殊的媒体角色，以及它对社会越来越大的影响，日益受到新闻传播界的热切关注。

二、Internet 的基本概念和技术

1. Internet 体系结构和 TCP/IP 协议

(1) Internet 体系结构　Internet 网络体系结构是以 TCP/IP 协议为核心。其中 IP 协议用来给各种不同的通信子网或局域网提供一个统一的互联平台，TCP 协议则用来为应用程序提供端到端的通信和控制功能。事实上，Internet 并不是一个实际的物理网络或独立的计算机网络，它是世界上各种使用统一 TCP/IP 协议的网络的互联。Internet 就是一个在全球范围内急剧发展、且占主导地位的计算机互联网络。

(2) TCP/IP 协议　TCP/IP 是一种网络通信协议的简称。它源于该组协议中最重要的两个协议：传输控制协议 TCP（Transmission Control Protocol）与互联网协议 IP（Internet Protocol）。通信协议是一套定义完善的沟通规则，不同种类的机器只要遵循相同的协议即可互通，而 TCP/IP 正是 Internet 网络的共通语言。主机间需利用 TCP/IP 互相通信，Internet 的其他网络协议都要用到这两个协议提供的功能，因而通常称整个互联网协议簇为 TCP/IP 协议簇，简称 TCP/IP 协议，其中 IP 协议提供基本的功能，TCP 协议提供应用程序所需的其他功能。

上网的计算机要联接并访问 Internet 上的信息资源就必须安装并运行 TCP/IP 协议。TCP/IP 协议所采用的通信方式是分组交换方式。所谓分组交换，就是数据在传输时要分成若干段，每个数据段称为一个分组。TCP/IP 协议的基本功能单位是数据报。数据传输过程中，TCP/IP 把数据分成若干数据报。每个数据报都包含一个报头，报头中写有数据报的编号，还写有接收端主机的地址，这样这些数据报就可在网上经最通畅的路径传输，接收端收到相应数据报后，按照其编号和地址还原成原来的格式。数据报在传输过程中因路径的不同，再加上其他的干扰原因，可能出现数据传输错误。此时，TCP 协议会检测和处理这些错误，必要时还可以请求数据发送端重发。从功能上讲，IP 协议负责数据的传输，而 TCP 协议负责数据传输的可靠件控制。

TCP/IP 协议虽然不是国际标准组织颁布的国际标准协议，但是，它却是既成事实的国际标准。TCP/IP 协议实际上已经成为目前世界上最成功的网络体系结构和协议规范，为 Internet 提供了最基本的通信功能，也是 Internet 在全球获得成功的最主要的原因之一。

2. Internet 地址

在电话系统中，每台接入电话网络的电话机（较确切地讲，是通往每台电话机的线路）都要有一个电话号码，用来标识该台电话机。电话的主叫方通过拨号把被叫方的电话号码告诉电话网络，电话网络中的设备运用该号码寻找到被叫电话，并将主叫和被叫联接起来进行通话。其实在任何通信系统中，都需要给通信对象一个标识，以便互相识别并进行通信。互联网中为了使计算机互相识别并进行通信，每台联入互联网的计算机都有一个“号码”。这个“号码”称为该计算机的互联网地址。这个地址定义在 IP 协议中并由该协议进行处理，因而通常都称为 IP 地址。互联网中还有另外一种形式的标识，称为域名，它比数字形式的 IP 地址更便于人们记忆。

（1）IP 地址　IP 地址长 32 位。为方便表达，将 32 位二进制数切成四段，每连续 8 位一组，构成一个十进制数。这样，四个整数值表达一 IP 地址，如：

11001010. 01110000. 00011010. 00100001

写成 202. 113. 26. 33。此种 IP 地址表示法以句点隔开数字，故又称作点标记法。

（2）Internet 域名　使用互联网像使用电话要知道并拨对方电话号码一样，需要知道对方的 IP 地址并把该地址输入到计算机中。数字形式的 IP 地址人们难以记忆，若用含有一些意义的名字来标识计算机，则会大大方便人们的记忆和使用。互联网上的每台主机的名字必须是唯一的，否则就不能把该主机与其他主机区分开来。实现名字的唯一性，互联网规定了一套命名机制，称为域名系统 DNS（Domain Name System）。按域名系统定义的名字称为域名（Domain Name）。互联网的域名系统是一种分布型层次式的命名机制。域名由若干子域（sub-domain）构成，子域和子域之间以圆点相隔，最右边的子域是最高层域（top-level domain），由右向左层次逐级降低，最左边的子域是主机的名字。例如，天津大学的 Web 服务器的域名：

www. tju. edu. cn

其最高层域是 cn，表示这台主机在中国这个域；接下来的子域是 edu，表示这台主机是教育单位的；再接下来的子域是 tju，表示这台主机是天津大学的。最左边的子域是 www，这是该主机的名字，从该名字可以想到它是一台 Web 服务器。当要与天津大学的 Web 服务器通信时，人们会很容易想到它的名字是 www. tju. edu. cn，从这个例子可以看出使用域名带来的好处。

域名是为了方便人们使用，而 IP 协议软件只使用 32 位的 IP 地址，不能直接使用域名。当用户用域名表示通信对方的地址时，在互联网内部必须将域名翻译成对应的 32 位 IP 地址，然后才能进行进一步的处理。这个翻译工作由互联网的域名系统的域名服务器（Name Servers）协同完成。若域名服务器由于某种原因不能正常工作，用户以域名来表示通信对方的地址就无法进行通信，此时直接用 IP 地址表示通信对方的地址往往还能进行通信。

3. Internet 的入网方式

Internet 的入网方式有以下三种：① 通过电话拨号接入；② 通过局域网接入；③ 通过专线接入。

三、Internet 的应用

1. 万维信息网 WWW

WWW 是 World Wide Web 的缩写。World Wide Web 原意为“遍布世界的蜘蛛网”，被译为“环球网”或“全球信息网”，简称 Web 或 WWW。它作为 Internet 上的新一代用户界面，摒弃了以往纯文本方式的信息交互手段，采用超文本（Hypertext）方式。利用该技术可以为用户提供全球范围的多媒体信息服务，使得用户获取信息的手段有了根本性的改善。用户只需操作鼠标，就可以得到来自世界各地的文档、图片或影视等信息。多媒体技术在 Internet 中得到了充分的应用。

Internet 的信息都是靠一种内部链接机制组合在一起。用户无需关心信息的物理存储位置，只需一级一级地浏览查询，便会得到自己所希望的信息。这种超链接技术使得全球 WWW 信息都能够有机地联系起来，更加有利于用户的查找和使用。这些信息存储在 Internet 上被称为 Web 信息服务器的计算机中，并由提供信息的专门机构进行管理。每个 Web 服务器除了提供它自身的独特信息服务外，还利用超链接技术指向其他含有相关信息的 Web 服务器，而那些服务器又指向更多的服务器，从而使 WWW 服务覆盖全球。

Web 服务器采用 Client/Server（客户机/服务器）模式。客户端运行 WWW 客户程序，它提供良好的用户界面，并将用户的查询要求送给服务器。Web 服务器一端运行服务器程序，当接到网络上某一客户程序的请求后，就完成规定的查询并将结果送回客户程序。客户程序再将该结果转换成相应的表达式格式显示给用户。WWW 客户程序对于 WWW 的正常使用有着相当大的影响，目前广泛使用的有 Microsoft 公司的 Internet Explore 和 Netscape 公司的 Netscape Navigator 等。

2. 文件传输 FTP

Internet 能够让用户共享网上的资源，甚至包括那些最先进的软件和资料文件。当用户需要从地球的另一端将文件拷贝到本机上时，最常用到的就是 FTP 应用程序。FTP 的数据传输在 Internet 的网络流量中占了很大的比例。当年，Internet 的研究人员为了能够利用网络将一台计算机上的文件传输到另一台计算机，就设计了一种软件，名为文件传输。由于在 Internet 上使用文件传输服务时，总要使用文件传输协议（File Transfer Protocol），因此该协议的简称 FTP 便成了文件传输服务的代名词。

3. 电子邮件 E-mail

电子邮件是 Internet 上最重要、使用最广泛的服务。通过电子邮件，分布在世界各地的人们可以方便、快速地相互交换诸如文本信息、声音、图像、程序等各种多媒体信息。电子邮件具有普通的信件、电话、传真所不具有的速度快、价格便宜等优点。

电子邮件的地址格式为：

guest @ mail. tju. edu. cn

符号“@”左边的字符串是用户的信箱名，右边是邮件服务器的主机名。在电子邮件系统中，有两种服务器，POP（Post Office Protocol）服务器和 SMTP（Simple Mail Transfer Protocol）服务器。POP 服务器是邮件接收服务器，在服务器上有用户的信箱；SMTP 是邮件发出服务器。有时 POP 服务器和 SMTP 服务器由同一台计算机担任。

4. 远程登录 Telnet

远程登录是指一个本地用户在远地主机有一个帐号（或是没有帐号，进入 Internet 计算机提供的一些类型的公共服务，如 BBS），并通过 TCP/IP 进入该远地主机上的帐号，以访问远地服务器系统资源。远程登录的目的在于访问远地系统资源，就像远地服务器的当地用户一样访问远地的系统资源。Telnet 本身也是一个应用程序，通过运行它，本地用户可实现访问远地资源。远程登录为本地用户共享远地主机资源的实现提供了手段。远程登录服务本身对用户是透明的，本地用户好像直接联入远地系统；它提供给用户与本地登录几乎完全相同的界面，使用方便；远程登录也有其限制，即当 Internet 的网络通信量大时，来自远地主机的响应会减慢。

5. 新闻组 Usenet

Usenet 是 User's net 的缩写，它经常被称为 News（新闻）或 Netnews（网络新闻）。Usenet 是一个涉及到世界各地成千上万的人们的讨论组的巨大集合。它大约含有 5000 多种不同的讨论组，每个讨论组都围绕一个特定的主题，如数学、哲学、计算机、材料等，可以说用户能想到的任何一个主题都有它自己的讨论组。

第二节　互联网上材料科学信息资源的检索和利用

材料研究与应用所涉及的领域极其广泛，除了大量的材料科学专业信息以外，还涉及化学、物理、数学、机械、冶金、环境、市场、投资、法律以及教育等方面，这些信息资源存在着地理上分散、组织上松散、数据类型多样等特点。不同类型的信息资源分布和检索方法各不相同。因此如何在 Internet 上快速、准确、全面地获取信息成为需要迫切解决的问题。

Internet 的发展十分迅速，一方面信息非常广泛，而且很多信息在定期或不定期地更新，另一方面信息资料的混乱度也在增加，信息的平均质量严重下降，系统化整理成本越来越高。人们不得不花费大量宝贵的时间阅读重复的信息。因此，信息质量的重要性远胜过数量，信息挖掘的深度远胜于广度。Internet 信息检索工具可以帮助用户系统地浏览所要检索的目标，筛选和提高信息检索的速度和质量。

Internet 上的材料科学信息资源非常丰富，除了有提供通用信息检索的网站以外，还出现了针对材料科学领域的综合信息网站和各类材料研究网站。这些网站为用户提供了研究文献、材料数据库、专利信息等一系列信息资源。

一、搜索引擎

搜索引擎是互联网上搜索信息最有效、最常用的方法之一，对于初涉互联网的人员来说更是如此。互联网上通用搜索引擎分三类：一类是分类目录型的搜索，一般是基于人工建立的搜索引擎，这种搜索引擎比较精确，用户一般在检索相对静态稳定的信息时使用这一类搜索引擎，如 Yahoo，Sina 等；第二类是基于关键词的检索，如 Baidu（http://www.baidu.com）、AltaVista（http://www.altavista.com）、Lycos（http://www.lycos.com）、Excite（http://www.excite.com）等，用户可以用逻辑组合方式输入各种关键词，搜索引擎根据这些关键词寻找用户所需资源的地址；第三类是多元搜索引擎，它实际上本身不具备搜索索引，而依靠其他原始引擎的搜索或索引接口，来完成其搜索任务的引擎。搜索引擎按照搜索的内容又可以分为通用搜索引擎（General Search Engine）和专业搜索引擎（Specific Search Engine）。由于大家关心的是可以获得的内容和信息，所以我们从这个角度来介绍搜索引擎。

1．通用搜索引擎（General Search Engine）

通用搜索引擎大家肯定很熟悉，凡是上过网的人都知道 Yahoo，Sina，Sohu

等搜索引擎，它是上网时经常用的查询信息资源的工具。通用搜索引擎所涉及的信息包罗万象，也包含一些专业信息，常用的通用搜索引擎有 Yahoo、Excite 等。

Yahoo 是世界上第一个也是目前 WWW 环境中最著名的分类主题索引，收录了 50 万个站点信息，分散在 25000 个主题当中，可分类浏览也可主题查询，亦可二者结合使用。Yahoo 支持简单和高级查询，在高级查询中，支持词语检索和 +、-、截词等。它还提供日期限定，还有 URL 和题名限制检索等，可进行时间限制和控制每屏结果输出的数量（10、25、50、100）。1998 年 5 月 Yahoo 推出了中文版，网址为 http：//www. yahoo. com. cn。它的功能和形式与 Yahoo 英文保持一致，收录了全球资讯逾万的中文网址，提供中文关键词的搜索功能，还分别设立了简体中文（GB）和繁体中文（BIG5）两种版本。

Yahoo 属于混合型搜索引擎，既可以用关键字检索，也可以通过分类目录检索。当仅知道需查询信息的某一方面特性时，关键字检索是适合的，如将导电聚合物聚苯胺作关键字输入到查询栏里，就可以获得众多与导电聚合物聚苯胺相关的各类信息资源。

Yahoo 的另一个魅力在于可浏览式等级主题索引。按照主题建立分类索引，提供全面的分类体系结构，并结合高质量的检索软件，Yahoo 成功地建立起了一套独特的信息管理和组织机制，使得对网络信息的全面检索成为现实。Yahoo 由 14 个基本大类组成，包括 Arts & Humanities（艺术与人文）、Business & Economy（商业与经济）、Computers & Internet（电脑与网络）、Education（教育）、Entertainment（娱乐）、Government（政府）、Health（健康与医药）、News & Media（新闻与媒体）、Recreation & Sports（休闲与运动）、Reference（参考资料）、Regional（国家与地区）、Science（科学）、Social Science（社会科学）、Society & Culture（社会与文化）。根据其拥有的信息或网站的多寡及知识组织的需要程度，每一个基本大类下细分不同层次的子类，愈往下的子类中的网站愈特定。它建立了一个大类、子类等构成的可供浏览的相当详尽的目录等级结构，其目录设计合理，结构完整、全面，类目登记层次鲜明，各级详略、宽泛程度不一，从而为网上丰富的信息资源的归类提供了基础。例如，在检索有关高分子材料信息时，可通过 SCIENCE 大类到 56 个子类，然后从 CHEMISTRY 子类到 41 个相关专题，选择 POLYMERS 专题就可以到 6 个子专题，这些子专题包括研究协会、研究机构等，用户可根据自己的需要选择。

搜索引擎的发展经过了好几个阶段，最初追求的是数据库的大小，即收集网页的多少，但后来发现搜索到的结果太多，信息的相关性并不高，反而令用户无所适从，于是开始注重网页质量和相关性的结合，大大提高了搜索的质量。搜索引擎未来的发展是进一步提高准确性、查全率和响应速度，其数据库要做到及时更新，要更符合用户的检索习惯，同时要大力发展搜索结果表现、搜索向导、搜索行为分析等技术，向着更精确、更专业化、更个性化、更主动化方向发展。

2. 专业搜索引擎（Specific Search Engine）

与通用搜索引擎相比，专业搜索引擎在内容上涉及更多的专业信息，是为搜索专业信息而设计的搜索引擎，它主要与一些专业数据库相联接。以高分子材料为例，PSI（Polymer Search on the Internet）就是一个专业搜索引擎，网址是 http://www. polymer-search. com，首页见图 9-1。通过该引擎，用户可以快速搜索到有关橡胶、塑料以及粘合剂等高分子材料的网址。该搜索引擎基于关键字搜索，Homepage 上 Search Help 讲解了一些关键词的定义和布尔逻辑算符的用法，在其关键字位置上输入相关的关键词就可以得到与关键词相关的高分子材料方面的网址。该网站还包含了一些有关高分子材料的科研和商业的新闻。

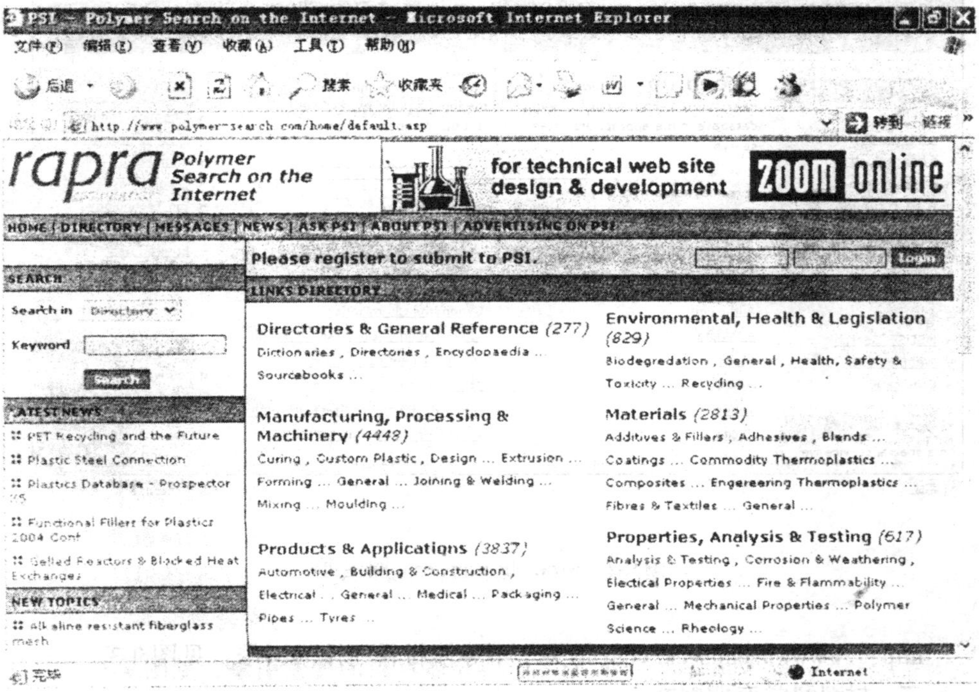

图 9-1　PSI 网主页

www. chemspy. com 是一个有关化学材料信息和数据的搜索引擎，见图 9-2。这是一个多元搜索引擎，包括通用搜索引擎，如 Yahoo、Alta Vista、Lycos、Excite 等；化学搜索引擎，如 chemedia. com、chemindustry. com、chemie. de 等，可以检索到有关化学、材料的专题研究网站；化学词典搜索引擎，如 Harcourt Dictionary、General Chemistry Online 等，可以查询一些化学词汇；安全数据搜索引擎，如 Chemexper、Chemdat 等，可以查询材料的安全系数；化学专利搜索引擎，如 Canadian Patent Database、US Patent Database 等，可以获取有关化学材料的专利；还有化学、材料学术期刊搜索引擎，材料物理性能数据搜索引擎，以及化学物质色谱数据搜索引擎等。

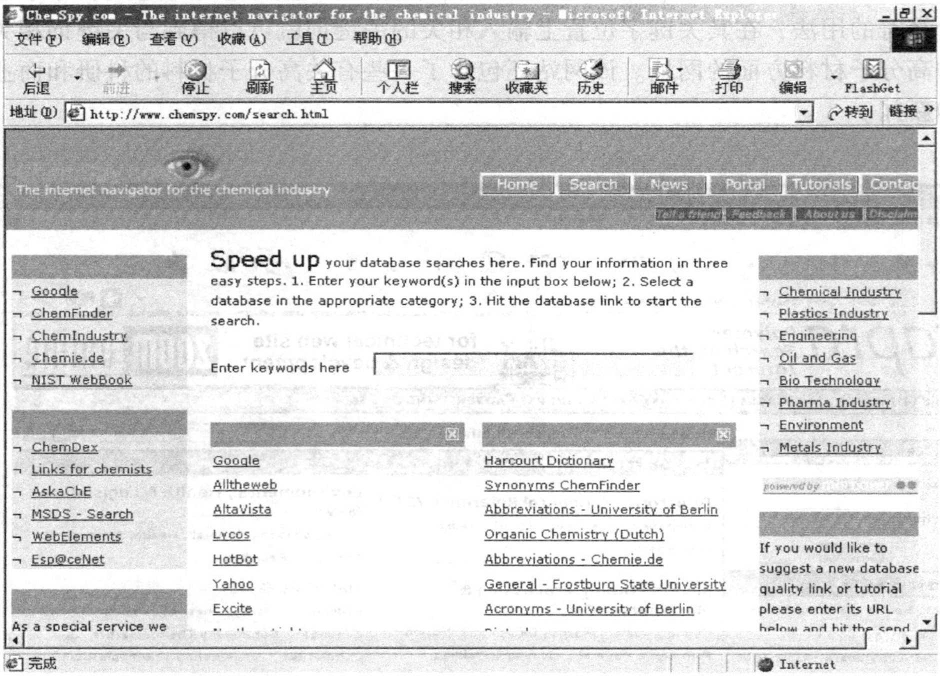

图 9-2　www. chemspy. com 网主页

http：//www. semiseek. com 是关于半导体材料的搜索引擎，见图 9-3。

二、材料科学专业网站

（一）协会网站

利用专业学会网站是获取专题信息的一个捷径，它除了提供学会介绍、论文征集启事外，还提供与专题有关的电子出版物、热门话题、标准信息以及专业数据库等。例如 http：//www. iumrs. org 是国际材料研究学会联合会（International

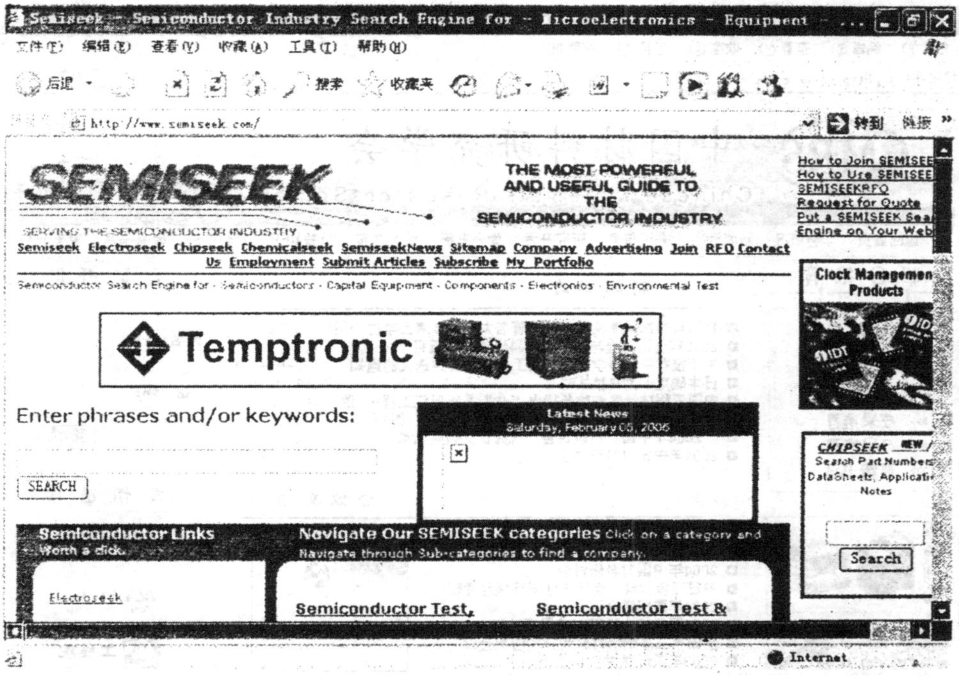

图 9-3　www. semiseek. com 网主页

Union of MRS）的网址；http：//www. c-mrs. org. cn 是中国材料研究学会的网址，见图 9-4。

中国材料网（http：//www. materials. gov. cn）是在科技部、国家自然科学基金委员会、教育部和中国科学院的支持下，在全国各个材料科研单位和高等院校的协助下，依托于中国材料研究学会和清华大学材料科学与工程研究院，由国家现代材料科技信息中心承办的。中心作为国际互联网上专门建立的首家国家级材料专业信息网络，为我国整个材料科技界和材料工业界的大范围交流、合作和服务提供了新的手段。中国材料网全面突出材料科技发展，服务群体主要是各科研院所、企事业单位有关材料行业科研人员和高等院校材料专业广大师生，其主要服务内容有：

（1）免费浏览　内容包括国家对外公布的材料科技政策和材料行业有关产业政策，国家主要科技计划中有关材料方面的项目申请指南，材料行业学术机构、材料会展信息、培训信息以及及时发布材料科研、政策新闻等。

（2）会员之家　内容包括文献检索、网上远程教育、材料网络导航、图书馆和各种材料专业数据库等。会员之家是为材料科研人员提供对科学研究最直接

图 9-4 中国材料研究学会的主页

有效的工具和手段的一个栏目。

(3) 交流栏目 是网站与用户互相交流的园地，内容包括材料论坛、专家自荐等。

“中国材料科技信息网”具有中国材料最高信息源的优势，信息涵盖面广、信息量大，全方位关注新材料领域，通过阅读这些信息，可以令材料科研人员及时把握各种材料科技走势，洞察最新材料发展趋势。

一些比较著名的与材料研究相关的协会网站如下：

1）材料研究所 http://www.iom3.org/

2）金属矿石和材料协会（TMS） http://www.tms.org/

3）国际晶体学联合会 http://www.iucr.ac.uk/

4）塑料材料研究协会（AIMPLAS） http://www.iddeo.com/

该组织是为了提高塑料行业的竞争力和技术实力而成立的非盈利性组织。

5）美国化学协会聚合物分会（ACS） http://www.chem.umr.edu

该组织是美国化学协会的一个分支机构，提供有关聚合物的学术会议、评论、发展史、生产车间和工作需求等有价值的信息。

6）聚合物协会 http：//www. polymer. org/

（二）专业综合信息网站

互联网上有一类关于某个学科专业的综合信息网站，这类网站对该学科作了综合性的介绍，包含该学科的许多方面的信息，如该学科的基本知识介绍、研究进展、未来发展趋势以及相关资源的链接等。这类网站可以使人们对该学科有一个全面的了解并可以很方便地找到所需要的信息资源。

1. 陶瓷材料

中国陶瓷信息资源网（http：//www. ccisn. com. cn）是由全国陶瓷文献信息中心、中国陶瓷工业协会技术信息中心及景德镇陶瓷学院科技信息服务部共同建立的一个以陶瓷专业资源为核心，向其他行业资源辐射的网站。该网站依靠景德镇陶瓷学院图书馆丰富的馆藏资源优势和学院复合型人才优势以及陶瓷界著名的企业家、专家的鼎力支持和本站工作人员的不懈努力，现已成为行业内信息量大、内容丰富、技术含量高、涉及面广，在陶瓷界首屈一指的大型网站。

网站现设有：信息窗、海外传真、知识窗、技术手册、实用技术、技术交流、学术论坛、陶瓷论坛、商贸信息、技术转让、企业与产品、陶瓷数据库、图片库、文献中心、陶瓷艺术、网上书城等十多个栏目。网站上还正在建设中的陶瓷网站搜索引擎，提供了一个查询国内外陶瓷网站的平台。为了方便各层次用户的需要，网站另开辟了按地区和类别两种分类途径搜索的行业网络，用户只需点击所在地区或类别就可方便快捷地浏览到所需要查找的陶瓷网站。网站每个栏目的策划设置都是根据行业的需要，在制作上力求实用性、时效性、针对性；在内容上力求做到知识面广、信息量大，以求满足业内各界人士的需要。

中国瓷网（http：//www. e-chinachina. com/）、21 世纪陶瓷网（http：//www. 21ceramics. com/）、中国陶瓷网（http：//www. china-ceram. com/）、华夏陶瓷网（http：//www. chinachina. net/）等都是国内比较有名的陶瓷方面的综合信息网站。

2. 高分子材料

赛思高分子科学网（http：//www. salspolymer. com）是国内比较著名的高分子综合信息网站，据称在中文高分子网站 PageRank 中排名第一，是由清华大学化工系高分子材料专业研究生建立的。该网站包含的信息比较丰富，提供不少高分子领域有价值的信息资源。

（1）新闻报道　该栏目报道国内外最新的高分子科技方面的重大新闻，如新产品和新技术研制成功的消息，使浏览者足不出户就可以了解到国内外高分子方面的进展情况。

（2）前沿探索　该栏目介绍了目前高分子科学发展趋势和方向，如现代高分子科学的研究方法（如聚合物 NEXAES 光谱、多角激光散射等）、高分子在 IT 行业中的应用（如近红外塑料发光二极管、聚合物锂电池等），还介绍了一些功能高分子材料如高分子智能材料、超导体材料等。

(3) 高分子教室 该栏目介绍了有关高分子科学的一些基本知识和概念，如什么是高分子、高分子的历史、高分子科学名词解释等，为想了解高分子科学的人提供了一个捷径。

(4) 中国高分子 该栏目主要介绍了高分子在中国的发展状况，还提供了国内在高分子方面比较有名的高校、学术期刊、研究机构和著名企业的网址。

(5) 赛思论坛 这是一个高分子的专业论坛，涉及的都是高分子领域的话题。全国各地从事高分子研究和生产的人士可以在这里发表自己的意见，互相交流观点。

该网站还提供了许多高分子方面的常用链接，可以很方便地找到所需要的信息资源。但目前该网站需要密码才能登录。

国内其他高分子综合信息网站还有中国聚合网（http://www.polymer.cn）、中国塑料信息网（http://www.cpinfo.net/）等。http://www.polymersites.com/是国外比较著名的高分子综合信息网站。该网站的最大特点就是只提供高分子方面的信息资源的链接，涉及面相当广泛，包括协会机构、各种原料供应厂商、教育机构、设备供应商以及高分子方面的计算机软件等。

3. 金属材料

中国钢铁网（http://www.chinasteelnet.com）始建于1999年底，由鞍钢集团香港贸易有限公司发起，成立了中国钢铁网络有限公司。中国钢铁网集技术、资金与信息优势于一体，面向中国钢铁业的网上信息服务、网上交易服务和企业网上宣传的大型平台；网站充分利用互联网的优势，用最现代的传媒工具，全面准确地介绍国内外钢铁工业的面貌以及每日最新的钢铁动态。

目前中国钢铁网注册会员企业近6000余家，数据库中可供搜索的企业和机构达到5000余家，每日更新的信息均在数十篇以上；中国钢铁网的主要版块均由会员企业提供的各项信息组合而成，且定期（每周或5天）更新，包括企业介绍、产品开发、广告宣传、每日新闻、钢铁会议、网上交易等。

中国钢铁网，现有4069条商业机会、315条新闻、3722家企业、779家外驻机构，通过强大的数据库及搜索引擎。用户可以使用关键字检索到供求信息、行业信息、驻华机构以及钢铁企业的信息。

中国金属网（http://www.cnmetals.com/）、钢铁信息网（http://www.steelinfo.com.cn/）和中国联合钢铁网（http://www.custeel.com/）等也都是国内比较著名的金属综合信息网站。

部分比较著名的材料综合信息网站如下：

1）材料索引 http://www.sgi.com/works/iii

该网站提供世界各地300个制造商生产的25000多种材料的目录。

2）中国材料网 http：//www. materials. gov. cn

该网站提供中国在材料科学方面的研究项目、科研机构和出版物信息。

3）材料的光学特性与电子结构 http：//ourworld. compuserve. com/homepages/frenchrh

4）微型材料 http：//www. sciam. com/explorations/050596 explorations. html

该网站介绍微型材料在未来社会中发挥的作用。

5）材料预算服务 http：//www. msm. cam. ac. uk/map/mapmain. html

该网站为材料模型计算提供服务。

6）艾克诺尔多元树脂 http：//www. ekonol. com

该网站介绍了艾克诺尔多元树脂的制法与特性：把具有热稳定性的芳香聚合物与聚四氟乙烯合成，制成具有出色耐高温特性和耐磨损能力的多元树脂。

7）复合多元材料 http：//www. advmat. com

该网站介绍航天工业使用的复合多元材料及其在汽车和其他工业领域中的应用。

8）碳与碳化合物 http：//www. isc. tamu. edu/～clint/html/CCcomposite. html

该网站提供有关碳化合物信息。

9）甘油基科学网站 http：//bellatrix. pcl. ox. ac. uk/TGN

10）表面科学 http：//www. uwo. ca/ssw

该网站介绍西安大略大学的表面科学实验室，其研究工作涉及涂层与薄膜、腐蚀、粘结、催化和磨损。

11）表面活化剂实验室 http：//web. mit. edu/huibers/www/surfsite. htm

该网站提供有关表面活化剂和去污剂的信息，以及诸如起泡、去污、胶离等表面活化现象的资料。

12）表面微粒索引 http：//chaos. fullerton. edu/mhslinks. html

该网站提供有关离子束与发散束对表面作用的研究网站目录。

13）Finishing 网 http：//www. finishing. com

该网站介绍铝化和磷化等抛光工业。

14）阳极氧化之角 http：//www. cc. Shibaura_it. ac. jp/～sato

该网站提供铝表面处理的新闻和论坛。

15）腐蚀信息服务器 http：//www. cp. umist. ac. uk/

16）伯科贝克晶体学 http：//www. cryst. bbk. ac. uk

该网站内容由英国伦敦伯科贝克学院晶体学系提供，内容包括晶体学在线指导和课程表。

17）天然及合成聚合物 http：//www. ct. utwente. nl/～schuuren

该网站介绍材料科学和聚合物技术方面的研究工程。

18）聚合物常见问题解答 http：//www. lexmark. com/ptc/poly-faq. htm

19）铜网点 http：//www. copper. org/

20）用于固化研究的X射线显微镜 http：//wwwssl. msfc. nasa. gov/ssl/msad/xray
该网站介绍用硬X射线实时观察金属聚合物固化反应的研究方法。

21）金属结构的化学蒸汽喷镀 http：//mocvd. com
该网站为技术专家介绍复合半导体取向附生的发展状况。

22）材料科学教育 http：//msewww. engin. umich. edu/people/darcyc/default. html

23）可视材料科学 http：//vims. ncsu. edu
该网站为材料科学的初学者提供完善的指导。

24）材料工程贸易 http：//www. materials. drexel. edu/OTHERS/industry. html
该网站为材料工程专业的毕业生提供就业信息。

（三）研究机构网站

世界上越来越多的研究机构利用互联网进行信息交流，这些网站一般介绍该机构的研究方向和所取得的成果以及联系方式，有的还将一些办公信息公布在网上，如研究生招生、对外招聘等，对通过网上查询的用户非常方便。例如 http：//www. uow. edu. au/science/research/ipri. html/是澳大利亚 Wollongong 大学智能高分子研究中心（IPRI）的网址。IPRI 在国际智能高分子研究方面处于领先地位，该研究中心的网站介绍了目前的研究课题，列出了所出版的刊物，并在网上发布招收博士研究生的信息。

新型陶瓷与精细工艺国家重点实验室 http：//www. mes. tsinghua. edu. cn/ceramiclab/，是在原国家计委支持下由世界银行贷款建设的重点学科发展项目，筹建于1991年，并于1995年11月正式通过验收。实验室在新型陶瓷材料的开发应用方面取得成就。

http：//www. sklpme. labs. gov. cn/是高分子材料工程国家重点实验室的网址，该实验室是原国家计委利用世界银行贷款“重点学科发展项目”建设的75个国家重点实验室之一，并被列为7个试点实验室之一。实验室的创始人和学术带头人是中国科学院院士徐僖教授。该网站有中文版和英文版，主要介绍了实验室的研究方向、科研成果、仪器设备以及有关研究生培养的情况。

新金属材料国家重点实验室 http：//www. ustb. edu. cn/skl/sklamm. htm 是1989年初经原冶金工业部批准申报，由原国家计委、教育部审批确认的项目。实验室经原冶金工业部批准，于1991年11月正式筹建，是依托于北京科技大学的独立编制单位，是该校金属材料及热处理、材料物理等重点学科的重要组成部分。

此外还有美国研究人造肌肉研究所 http：//www. unm. edu/ ~ amri/，英国聚合物和胶体研究所 http：//www. poco. phy. cam. ac. uk/等。

一些主要材料研究机构如下：

1）材料研究所 http：//www. instmat. co. uk

该组织为国际材料科学研究机构提供服务。

2）材料预备中心 http：//www. ameslab. gov/mat-ref/mpc. html

3）安大略材料研究中心 http：//www. queensu. ca/ocmr

该中心为大学材料技术研究人员及工业材料用户提供技术信息。

4）哥德堡材料学中心 http：//www. cms. fy. chalmers. se

该组织为从事材料科学研究的机构提供服务。

5）爱迪生材料技术中心（EMTEC） http：//www. emtec. org

该组织由来自商业公司、研究所和政府部门的科研人员组成，目的是研究高质量材料的处理方法。

6）意大利都灵塑料博物馆 http：//www. agora. stm. it/museo/emuseo. htm

该网站是一个在线博物馆，展示某些塑料材料和模具机械。

7）Geopolymer 研究所 http：//www. insset. u-picardie. fr/geopolymer

该网站介绍法国一家研究工业用无机聚合材料的研究机构。

8）剑桥晶体学数据中心 http：//csdvx2. ccdc. cam. ac. uk

该中心设在剑桥大学化学实验室，提供有机化合物和有机金属化合物方面的电脑化资料库及辅助工具。

9）汉堡大学液晶学会 http：//www. chemie. uni-hamburg. de

该协会提供了65000多种液晶的物理数据和化学结构，用统计的方法可以对它们进行比较和数据预测。

10）意大利铜研究所 http：//www. irr. it/

11）Matter http：//www. liv. ac. uk/matter/home. html

该网站介绍为材料科学、材料工程和相关专业的学生提供计算软件的英国大学。

（四）研究专题网站

互联网上目前还没有一种检索工具能覆盖所有的网络信息。因此，材料研究工作者要培养良好的习惯，平时注意收集与自己学科和专业有关的网址。互联网上专题网站相当多，一般以一个研究课题为主题，收集了关于该专题相关的许多信息，如该专题的研究进展、相关的研究机构以及相关的专业知识。例如 http：//www. conductivepolymers. com，就是导电高分子的专题网站，首页见图9-5。该网站提供了导电高分子从基本概念到研究进展和应用各个方面的信息，国际上将召开的有关导电高分子主要学术会议的信息，列举了一些导电高分子的例子并给出性能参数，提供了研究设备和材料供应商的列表，还推荐了一些有关导电高分子的书籍。

有关材料科学的专题网站还有：http：//www. nanotechnews. com 是一个关于纳米材料的专题网站；http：//www. bioreceptors. com 是关于生物传感器的专题网站；

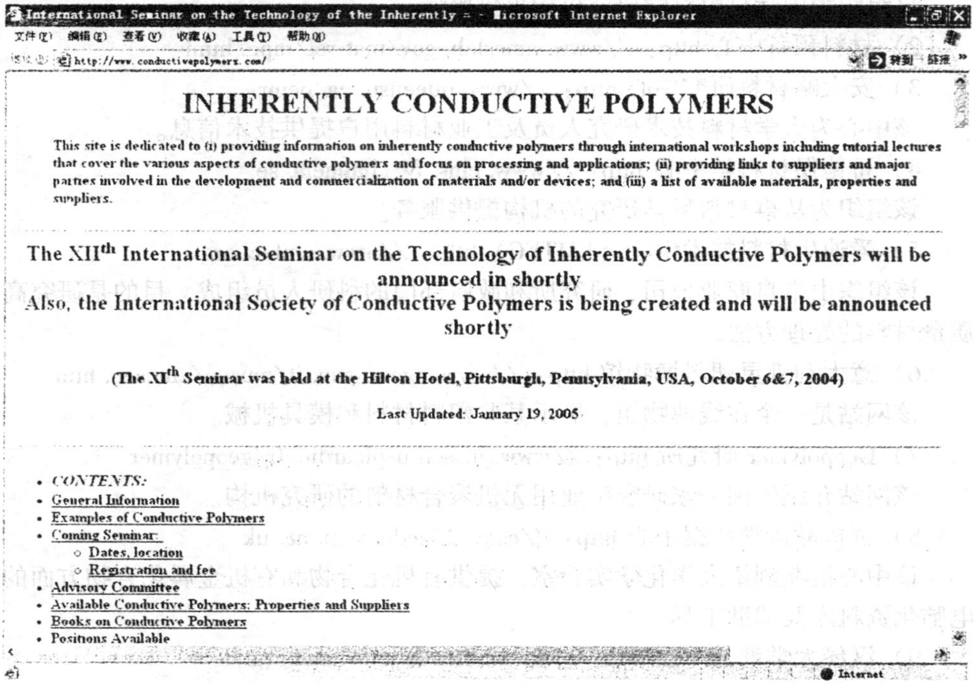

图 9-5　www. conductivepolymers. com 导电高分子网首页

http：//www. solgel. com 是关于溶胶-凝胶的专题网站；http：//www. photo-polymer. com/是关于光致发光聚合物的专题网站。

一些主要材料研究专题网站的网址：

结晶学（**Crystallography**）站点：

1）The central facility and research center in electron microscopy at the "Ecole Polytechnique Federal de Lausanne"（CIME）：http：//cimewww. epfl. ch/

2）CCDC Cambridge Crystallographic Data Centre：http：//www. ccdc. cam. ac. uk/

3）Data and DB at International Union of Crystallography：http：//www. iucr. ac. uk/

4）Crystallography & Crystallographic Information：http：//www. physics. uiuc. edu/Physics/library/crystal. html

5）American Crystallographic Association：http：//www. hwi. buffalo. edu/ACA/

6）Institute Laue-Langevin：http：//www. ill. fr/

7）International Center for Diffraction Data（ICDD）：http：//www. icdd. com/

8）Powder Diffraction-DB：http：//fluo. univ-lemans. fr：8001/iniref. html

9）Angstrom in FACTrio（JST）：http：//fluo. univ-lemans. fr：8001/iniref. html

热物性数据与相图（**Thermophysical Data and Phase Diagram**）站点：

1）Phase Diagram Web：http：//cyberbuzz. gatech. edu/asm_tms/phase_diagram/

2）SGTE Phase Diagram collection database：http：//pumbaa. thermocalc. se/tc/pd/

3）3D diagram at JST database：http：//www. zeus. tokyo. jst. go. jp/phase3D/menu. html

4）Calculation in Thermo-Calc：http：//www. met. kth. se/ ~ mickus/tc2. html

5）KTH Bulletin Board：http：//www. met. kth. se/assessment/

6）Fe-S-X Calculated Phase Diagrams：http：//www. aist. go. jp/TNIRI/ ~ pdsul/

7）Data Bank on Line：http：//tdc. ichf. edu. pl/fbonline. htm

8）Inorganic Chemical Thermodynamics（FACT）：http：//www. crct. polymtl. ca/FACT/ websites. htm

9）Thermophysical Data：http：//www. csn. net/ ~ takinfo/prop-top. htm#thermo

10）Kelvin in FACTrio：http：//factrio. jst. go. jp/indexnew. html

相变（**Phase Transformation**）站点：

1）DFW-NRIM site（CCT Diagram for welding）：http：//inaba. nrim. go. jp/cct/

2）TTT/CCt PredictionDFW-NRIM site（CCT Diagram for welding）：http：//engm01. ms. ornl. gov/ TTTCCTPlots. HTML

扩散（**Diffusion**）站点：

1）DFW-NRIM site：http：//inaba. nrim. go. jp/diff/

2）DFW-JST site：http：//dfw. jst. go. jp/difdb/home. html

3）Diffusion Experiments at NASA：http：//samson2. msfc. nasa. gov/ fame/Diffusn. html

4）DICTRA：http：//www. met. kth. se/tc/ug/tdb-manager/node25. html

5）KINDAS：http：//gttserv. lth. rwth-aachen. de/ ~ sp/tt/kindas/kd_bro. htm

6）Diffusion at Virginia Tech：http：//ate. cc. vt. edu/eng/materials/classes/MSE2034_NoteBook/MSE2034_kriz_NoteBook/diffusion/diffintro. html

7）John Morral's Home Page：http：//www. ims. uconn. edu/ ~ jmorral/

力学性能（**Machenical Properties**）站点：

1）JMPD at JAERI：http：//jmpdsun. tokai. jaeri. go. jp/jmpd-e/jmpd-e. html

2）JST DB：http：//atlas. tokyo. jst. go. jp/index-e. html

在线计算软件（**Online Computational Software**）站点：

1）Materials Algorithms Project：http：//www. msm. cam. ac. uk/map/mapmain. html

2）On-line Calculations in ORNL：http：//engm01. ms. ornl. gov/

3）X-Ray：http：//www. nirim. go. jp/ ~ izumi/

4）Software tools and services available，The International Union of Crystallography：http：//www. iucr. org/iucr_top/cif/home. htm#soft

国内一些主要的材料专题网站有中国功能材料网（www. chinafm. org. cn）、中国复合材料网（www. ourfrp. com）、中国电子材料网（www. c-e-m. com）、中国超硬材料网（www. cn-magnet. net）等。其中有一些主要是商业网站，而非材料研究专题网站，为浏览方便也一并列在此。

（五）WWW 虚拟图书馆

互联网上的信息资源无论内容还是形式都非常广泛，用户要获取需要的信息常常需要花费相当的时间和精力，为此，许多人都在努力按照自己的方式对互联网上的信息进行组织和分类，以方便信息的获取。World Wide Web 为这种努力提供了良好的工具和环境，在 Internet 上出现了不少被称为“虚拟图书馆”或具有类似功能的 WWW 服务器，这些服务器大都提供某一学科的多种资源，用户以访问这些“虚拟图书馆”为起点，通过与它所提供的各种资源相链接，可以较方便地了解和获取自己感兴趣的信息。

http：//www. ikts. fhg. de/vl/VL. ceramics. html 是陶瓷材料的虚拟图书馆的网址，主页见图 9-6，位于德国德雷斯顿市的夫琅和费研究所，该虚拟图书馆含有结构陶瓷和技术陶瓷的相关网页链接。高分子学科的“虚拟图书馆”（World-Wide Web Virtual Library：Chemical Engineering：Polymers）在美国佛罗里达大学，其网址为 http：//www. che. ufl. edu /www-che/topics /polymers. html。

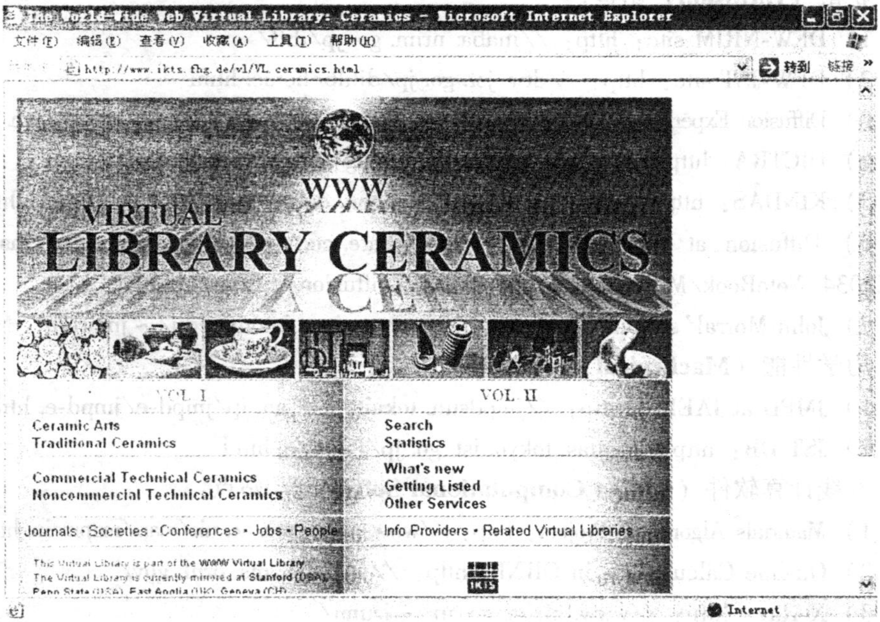

图 9-6　陶瓷材料的虚拟图书馆网首页

另外，许多 WWW 服务器也带有指南信息，如化学信息网 ChIN（The International Chemical Information Network），其 WWW 地址为 http：//www. chinweb. com. cn/。

ChIN是一个关于Internet化学、化工综合性资源的导航系统。ChIN以对Internet化学、化工资源进行系统研究为基础，注重对资源的评价和精选，同时采用积累信息源知识的方法，建立了反映资源概貌和特征的简介页，并建立相关资源简介页之间的链接。除了导航系统通用的浏览模式外，可通过ChIN站点的全文检索功能定位自己感兴趣的内容。ChIN还提供基于数据库检索的最新内容查询功能，可随时了解ChIN中最新增加和更新的内容。如果用户因太忙无法经常访问ChIN，可订阅反映ChIN最新内容的ChIN简报，ChIN将定期将ChIN简报自动发送到用户的E-mail信箱。ChIN还提供用户提交资源线索和提交专门信息的接口，以及用户对某个资源进行打分和进行评论的接口等。

三、数据库资源

数据库技术自20世纪60年代诞生以来，为计算机收集、存储、加工和利用数据提供了全面的支持，起到十分关键的作用，已经成为当今计算机系统的核心技术，是计算机技术和应用发展的基础。围绕着数据结构和模型的演变，传统数据库技术相继经历了网状数据库、层次数据库和现今的关系数据库三个阶段。但是，随着Internet的发展和普及，关系数据库由于其局限性，越来越不能适应人们的需求，市场逐步萎缩，基于Internet应用的全新Internet数据库正在迅猛崛起。

1. 专利数据库

专利数据库是指专用于专利情报检索的数据库。收录文献一般限于专利文献及某些专利局的防卫性公告中的内容。专利数据库是专利情报的另一种载体形式。专利情报从纸型专利文献转移至专利数据库之后，通过电子计算机功能的发挥，专利情报工作在情报的组织、加工、传递、检索、存贮、共享，以及分析研究等方面的效果大大增强。

美国专利与商标办公室（The US Patent and Trademark Office，简称USPTO）提供基于WWW的书目型和全文型专利数据库，是非常重要的专利信息资源。该数据库收录的美国专利的时间范围从1976年1月1日起到最近的一个星期，每周更新一次（一般是在周四）。网络用户可免费检索该数据库，并可浏览检索到的专利的标题、文摘及其包括附图在内的专利说明书等信息。USPTO专利数据库首页见图9-7。

美国专利库的检索网页提供了三种方法：

（1）布尔检索　布尔检索方式容许用户使用两个检索词进行简单的逻辑组配（AND、OR、ANDNOT、XOR）来检索。

（2）高级检索　高级检索方式提供了非常灵活的检索途径，主要包括：复杂的布尔表达式，字段检索，词组检索，日期检索，前方一致检索，检索结果按年代排列或按相关度排列，检索统计等。

（3）专利号检索　若用户已经知道所要检索专利的专利号，则可直接在专利

图 9-7　USPTO（美国专利商标局）专利数据库

号检索框中输入专利号码进行检索。

IBM 知识产权网 IPN（The IBM Intellectual Property Network）于 1997 年推出，网址为 www. delphion. com，其前身是 IBM 专利服务器（The IBM Patent Server）。IPN 具有数据库容量大、数据更新及时、检索性能优异、开放性好等特点。目前可通过 Internet 实现对以下专利信息的免费检索：1971 年以来发布的 200 多万篇美国专利的有关信息，包括专利的著录项目、摘要及权利要求等；欧洲专利局 EPO 的欧洲专利库 EPA（1979-）和 EPB（1980-）；自 1976 年 10 月发布的日本专利；世界知识产权组织 WIPO 自 1990 年以来公布的 PCT（Patent Cooperation Treaty，专利合作条约）以及目前尚处于试验阶段的国际专利文献中心自 1968 年以来公布的专利。使用标准的浏览器如 IE 或 Netscape 即可进行浏览或打印。上述专利信息都提供专利全文扫描图像，但日本专利只有说明书扉页，而美国专利则为从 1974 年以后公布的专利提供全文图像。

IPN 提供了 4 种检索方式：

（1）关键词检索　这是最简单的检索方式。只要在检索输入框中输入关键词或词组，系统会在专利的所有字段中检索，然后给出匹配的检索结果。

（2）专利号检索　这是较常用到的一种检索方式。选好专利库，输入专利号，即可迅速获得检索结果。

(3) 布尔逻辑检索　系统提供了专利发明人、专利的发布者、专利名称、专利摘要、国家、专利号等检索字段，可对检索字段进行逻辑与、逻辑或、逻辑非等逻辑运算，并可对检索进行时间范围的限定。

(4) 高级文本检索　这种检索方式可以比较精确地检索到所感兴趣的专利，比较适合专业的情报检索人员。检索者可在高级检索输入框中编辑复杂的检索式，系统支持逻辑运算、截断、相邻运算等；系统在执行检索命令后，将匹配的检索结果显示在屏幕上，包括专利号、专利名称、相关度三项信息，并按相关度排列。用鼠标单击某一个专利，可显示其包括摘要及权利要求第一项的专利全记录。

中国专利信息网（http：//www. patent. com. cn）始建于 1998 年 5 月，于 2002 年 1 月推出了改版后的新主页。它集专利检索、专利知识、专利法律法规、项目推广、高技术传播、广告服务等功能为一体，因其及时专业的服务，成为深得专利检索用户和知识产权研发人员拥戴的热门站点。“中国专利信息网”是一个专利信息宝库，用户在此既能实时了解和中国专利相关的任何信息，又能方便快捷地查询专利的详细题录内容，下载专利全文资料。该网站是关键字检索，在检索框内键入关键词（Keyword），各关键词之间用空格隔开，然后选择检索范围系统，会在新打开的窗口中列出检索结果。网站检索默认“and”的关系，即检索结果包括所有的关键词；如果选“or”的关系，则检索出的专利文献的题录信息中至少包含其中的一个关键词，同时，检索关键词会被高亮显示。

Internet 上其他主要的专利服务机构的网址为：

The Shadow Patent Office：http：//www. spo. eds. com

QPAT-US：http：//www. qpat. com

Micropatent：http：//www. micropat. com

英国德温特专利库：http：//www. derwent. co. uk

日本专利信息组织：http：//www. japio. or. jp

中国专利文献数据库：http：//www. bEIc. gov. cn

Internet 用户可以免费向这些专利服务机构注册，注册后可得到有限的免费服务部分。通过检索可免费得到近期的相关专利号、标题、摘要甚至是每篇专利的首页。检索方式包括简单检索、专利号检索、布尔检索以及高级检索等四种方式。

材料科学研究很多成果是通过专利发布的，通过互联网充分利用专利数据库对跟踪专利上材料研究相关领域的最新进展大有裨益，这还有利于保护专利。

2. 材料性能数据库

材料科学发展到今天为止，材料的种类已成千上万，如何确切地了解其中某种材料的性能成为一件很困难的事情。材料性能数据库的出现不但解决了这一难题，而且在新材料、新合金的设计中发挥了重要作用，这在第五章中已作了专门介绍。网络技术的飞速发展已使材料性能数据库跨入网络时代。目前 Internet 上主要的材料性能数据库有：

（1）http：//www. matweb. com/性能数据库　这是一个有关材料的综合数据库，见图9-8，包括热塑性树脂和热固性树脂等高分子材料，铝和铜等金属材料，陶瓷，半导体以及其他一些工程材料的性能。

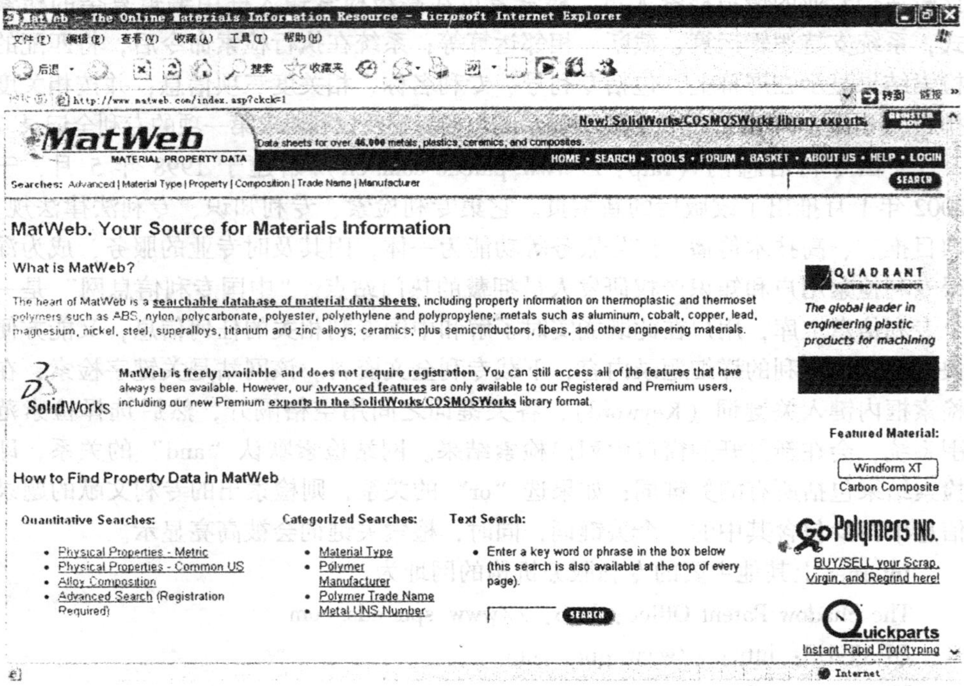

图9-8　www. matweb. com 网首页

（2）http：//www. polymersdatabase. com/polymers/性能数据库　这是由 CRC 出版公司提供的高分子性能数据库。该数据库的用户界面非常友好，用户可以通过聚合物的名称、性能、商品名以及用途为关键字来检索所需要的高分子材料的性能数据。

（3）http：//web. utk. edu/ ~ athas/databank/intro. html 性能数据库　该库提供了200种线性高分子和小分子的性能。

一些主要材料性能数据库如下：

1）MatWeb-the Online Materials Information Resource（Automation Creations, Inc.）：http：//www. matweb. com/

2）CINDAS（The Center for Information and Numerical Data Analysis and Synthesis）：http：//cindas. ecn. purdue. edu/

3）STN International（The Scientific and Technical Information Network）：http：//

www. fiz-karlsruhe. de/

4) Chemistry and Materials (NASA SCAN): http: //www. sti. nasa. gov/scan/chemmat. html

5) CDS ON-LINE, The Chemical Database Online (The UK National Database Service): http: //cds3. dl. ac. uk/cds/cds. html

6) A Visual Interpretation of The Table of Elements (Chemistry Socities Network, UK): http: //www. chemsoc. org/viselements/index. htm

7) Web Elements (at the University of Sheffield, England): http: //www. shef. ac. uk/chemistry/web-elements/

8) LANL Periodic Table of the Elements: http: //pearl1. lanl. gov/periodic/

9) Inorganic Crystal Structure Database (ICSD) Demo (at FIZ Karlsruhe and GMELIN Institute Frankfurt): http: //www. chimeb. edu. cn/database/e_icsd. htm

10) National Physical Laberatory Databank for Metallurgical Thermochemistry (MTDATA) (at National Physical Laboratory, Teddington, Middlesex, UK): http: //www. npl. co. uk/npl/cmmt/mtdata/mtdata. htm

11) Data-Free-Way for Nuclear Materials (at National Research Institute for Metals, JP): http: //inaba. nrim. go. jp/

12) Materials Information on the Internet by KTH: http: //www. brinell. kth. se/part1. html/

13) Steelmaking and Steel-Related (Steelynx): http: //www. mlc. lib. mi. us/~stewarca/steelynx. html

14) NASA: http: //epims. gsfc. nasa. gov/og-cgi/uncgi/search/search_html. sh

15) Martindale's (The ReferenceDesk): http: //www. martindalecenter. com

16) World Center for Materials Joining Technology (TWI): http: //www. twi. co. uk/links. html

17) AMPTIAC: http: //amptiac. iitri. org/cgi-amptiac/refcats

18) Patents Search III-IBM database: http: //www. engr. wisc. edu/centers/asc/asc. html

19) Mat Web: http: //www. matls. com/

20) Principal Metals: http: //www. principalmetals. com/ven_pro. htm

21) MEMS Material Database: http: //mems. isi. edu/mems/materials/

22) CenBASE/Materials: http: //www. infodex. com/cbmat/index. html

23) JRC Petten Materials Data Bank: http: //mnemosyne. jrc. nl/

24) NIST data: http: //www. nist. gov/srd/

25) NIST ONLINE Reference Databases: http: //www. nist. gov/srd/online. htm

26）ASM：http：//www. asm-intl. org/www-asm/books/hb/6594. ht

27）Cambridge Materials Selector，Granta Design Limited：http：//www. granta. co. uk/

28）STN Database Catalog：http：//www. info. cas. org/ONLINE/CATALOG/descript. html

3．论文数据库

随着计算机技术和网络通信技术的发展，世界上各大信息出版商也纷纷从建设以提供书目、索引二次文献为主的数据库向以提供全文为主的全文数据库方向发展，并积极推出 Internet 网上基于 WWW 的检索方式，使文献信息检索更加方便有效，其存取、传递也突破了时空限制，实现了全球信息资源共享。目前可通过教育网利用的全文数据库主要有：Elsevier 全文数据库、美国 John Wiley 出版公司电子期刊、Kluwer Online、Springer 全文电子期刊、美国化学学会（ACS）会刊、英国皇家化学学会（RSC）全文电子期刊及数据库、Science 全文、Nature 全文、IEEE 全文数据库以及国内的中国期刊网和维普、万方数据库等。

全文数据库与传统数据库相比，有以下几个特点：

1）全文数据库融一次文献于一体，能根据文献线索直接迅速地获取一次文献资料，使检索更直接、更彻底。

2）全文数据库扩展了用户查询的自由度，检索点多，使用方便，允许对文献全文中的任何信息进行检索，打破了主题词对检索的限制。

3）全文数据库标引深度高，采用自然语言进行标引，可以找到许多可贵的边缘信息。一般的数据库只标引主要的概念，因而边缘性信息往往被遗漏，而用户甚至还不知道存在这种遗漏。

4）界面友好，各种按钮易于理解，具备各种帮助文件，具备简单检索和高级检索（专家检索）两种选择。

5）全文数据库不像机读关系数据库那样必须以具备标引知识为先决条件，它使用的是文本形式的自然语言，因而使检索系统的建立和用户的使用变得容易和轻松。

下一节详细介绍几种国内外论文数据库的具体特点和检索方法。

第三节　材料科学文献检索

材料科学是一门古老、涉及面非常广的科学，包括金属材料、无机非金属材料和有机高分子材料等。随着科学研究的发展，材料科学逐渐与其他学科相结合，产生了许多边缘学科。如高分子材料与生物、医学相结合产生了高分子生物材料和医用材料，高分子材料和电子科学结合产生了导电高分子、分子导线等研究方向，无机材料在电子科学上的广泛应用促进了电子材料的发展等等。材料科学文献的检索涉及的面非常广，涉及到的专业数据库非常多，准确地检索到与研究课题相关的文献非常关键。比如研究电子材料就不能仅局限在检索材料研究方面的文献，像 IEEE（国际电子和电气工程师协会）数据库也应纳入检索的范围。我们应根据不同需要，掌握一定的检索技巧，灵活运用各种检索策略，学习在互联网上快速、准确、全面地获取信息的方法。目前互联网上检索材料科学文献主要可利用索引数据库和全文数据库。索引数据库有 EI（工程索引）、SCI（科学引文索引）、ISTP（科技会议索引）、CA（化学文摘）等，也可利用 UnCover、OCLC、SDOS 等比较有名的商业数据库的检索功能；全文数据库有 Elsevier 全文、美国 John Wiley 出版公司电子期刊、Springer 全文电子期刊、Kluwer Online、美国化学学会（ACS）会刊、英国皇家化学学会（RSC）全文电子期刊及数据库、Science 全文、Nature 全文、IEEE 全文，以及国内的中国期刊网和维普、万方数据库等。下面分别介绍这两种数据库检索方法。

一、索引数据库检索

（一）工程索引（EI）

1. 工程索引（EI）简介

美国工程索引（The Engineering Index），简称 EI，在全世界学术界、信息界中享有盛誉，也是历史最为悠久的一部大型综合性检索工具，创刊于 1884 年，由美国工程信息公司（The Engineering Information Inc.）编辑出版。EI 最初发端于美国工程学会会刊的索引专栏，由华盛顿大学的 J. B. Johnson 教授主持。可以说现代所有检索工具都是从这个 Index Notes 开始的。它是一种文摘刊物，文摘比较简短，一般是一二百字的指示性文摘，指明文章的目的、方法、结果和应用等方面，不涉及具体的技术细节。文摘条目按其内容分别编排在有关标题词下，标题词按字母顺序排列。EI 报导的文献资料是经过有关专家精选的，具有较高的参考价值，是世界各国工程技术人员、研究人员经常使用的检索工具之一。EI 所报导的文献，学科覆盖面很广，涉及工程技术各方面的领域，也包括大量材料科学与工程方面的文献，但不收纯理论性的基础学科文献和专利文献。收录的文摘主要摘自世界各国的科技期刊和会议文献，少量摘自图书、科技报告、学位论文和政府出版物。EI 的“后盾”是美国工程学会图书馆。EI 收录世界上 48 个国家的 15 种文字，3500 多种期刊和 1000 多种世界范围的会议录、论文集、科技报告等。EI 从 20 世纪 70 年代初开始用计算机激光照排出版系统，因而缩短了报导的时差。EI 的出版物种类很多，既有印刷型的年刊和月刊，也有缩微型、机读型和光盘型，而且还有国际联机检索系统中使用的数据库。

EI CompendexWeb 是 EI 的网络版，是 EI Inc. 近年推出的以 World Wide Web

万维网为基础的综合信息服务，是EI Village工程信息村的核心数据库。内容包括原来光盘版（EI Compendex）和后来扩展的部分（EI PageOne）。该数据库侧重提供应用科学和工程领域的文摘索引信息，数据来源于5100种工程类期刊、会议论文和技术报告。其中化工和工艺的期刊文献最多，约占15%，计算机和信息技术类占12%，应用物理类占11%，电子和通信类占12%，土木工程类占6%，机械工程类占6%等。目前国内多所高校都已购买了其网上使用权，通过web方式依托于Internet提供服务。只要计算机的IP地址在校园网的有效IP地址范围内，就可无偿、无限时地、用户数不限地通过校园网使用EI CompendexWeb联机检索，实现网上资源共享。并且它是通过在清华大学建立的中国镜像站点，节省了用户的Internet国际通信费用，而且针对中国用户的特点设计了统一的用户界面，使用起来非常方便。EI CompendexWeb的更新及时，内容基本上每周更新一次，有利于科技人员通过Internet追踪了解世界上先进的科学技术，获取最新的信息，对于课题查新和论文查引查收，更具有权威性和时效性。

2. EI CompendexWeb的使用方法

通过一所购买了EI CompendexWeb网上使用权的高校图书馆（如天津大学）网页的EI链接进入位于清华大学的EI CompendexWeb镜像服务器上的EI CompendexWeb数据库的主页面，如图9-9所示。

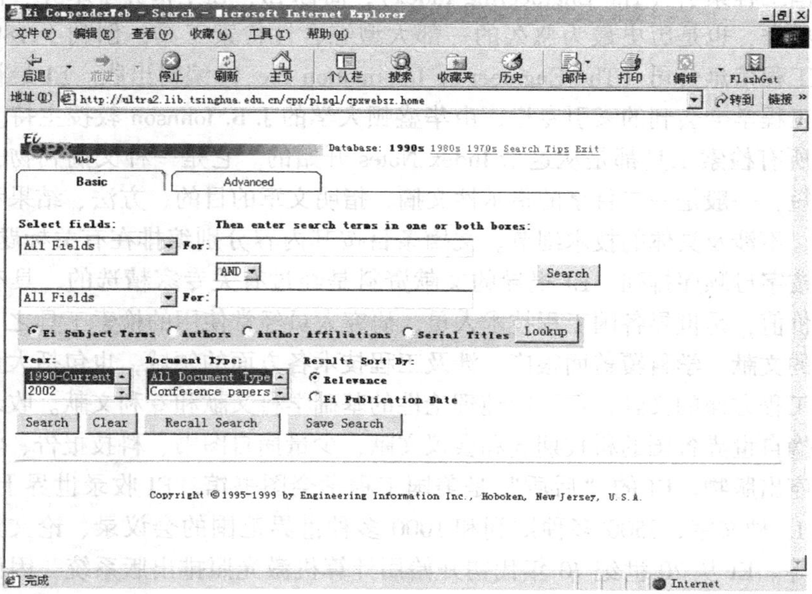

图9-9 EI CompendexWeb数据库检索界面

EI CompendexWeb 提供了两种检索方式：基本检索（Basic）和高级检索（Advanced）。

（1）基本检索（Basic）　这是系统默认的检索方式。在基本检索方式下：

1）系统提供了两个检索输入框，两框间的逻辑关系可以通过下拉菜单来限定。

2）检索单元可以是单词或词组，但系统将词组视为用位置算符“NEAR"连接的检索词。“NEAR”算符的含义：在检索记录中其连接的检索词之间的距离不超过 100 个单词。

3）通过“Select fields”下拉菜单选择检索字段。

4）用 All Fields、Title Words 和 Abstracts 字段检索时，自动进行词根运算。例如，输入“manager”，将检索到“managers”、“management”和“managerial”等。

5）对于 EI 主题词（EI Subject Terms）、作者（Authors）、第一作者单位（Author Affiliations）和出版物名称（Serial Titles）四个字段，系统提供了相应的索引词典，供检索使用。从索引词典中选择检索词的步骤：① 在 Lookup 栏中选定检索字段后，点击“Lookup”按钮，打开相应的索引词典；② 在索引词典输入框中输入检索词的前几个字符，点击“Lookup”按钮，即可将词典定位到所需词的附近；③ 选定检索词，点击“Paste To Search”按钮，将检索词调入检索输入框中。

说明：在词典中一次可以选择多个检索词，系统将词间的关系默认为逻辑“或”，可视需要改为逻辑“与”或“非”。在用“Lookup"第二次查找检索词之前，要将第一次选定的检索词作“Paste To Search”操作。

6）通过下拉菜单 Year 和 Document Type 可以对文献的出版年代和文献类型进行限制，默认状态为检索所有年代和所有类型的文献。用户如果只想检索 EI Compendex 的数据，即不需要 EI PageOne 的记录，可在 Document Type 栏中选择 Abstract only。

（2）高级检索（Advanced）　高级检索方式下，系统支持的检索算符有：

1）逻辑算符：and，or，not。

2）位置算符（NEAR）：要求检出的文献要同时包含“NEAR”算符所连接的两个词，且两词之间的距离不超过 100 个单词，词序不限。如：Bridge NEAR Piling * 。

3）通配符（ * ）：用在单词中间（前面至少有三个确定的字母）或词尾，可实现对一簇词的检索。如 inject * 将检索出包含 injection，injectable，injectant 等词的记录。

4）词根符（$）：检索出与该词根具有同样语意的词。如$ mold 将检出 molder，molding 和 molded 等词。

5）用“within”规定检索字段时，应将检索界面上的字段选择菜单设置为默认值“All Fields”。

各个检索字段的代码如下：

代码	默认值	CV	TI	AU	AF	ST	AB	PN
可检索字段	All Fields	EI Subject Terms	Title Words	Authors	Author Affiliations	Serial Titles	Abstracts	Publishers

检索结果的输出有以下三种方式：

（1）显示检索结果　命中记录以题录的形式显示。对于检索结果的排序，系统提供了两种选择方式：按相关度排序（系统默认方式）；按EI出版（收录）时间排序，从检索界面上可以设定。图9-10是以导电高分子为关键字简单检索得到的结果页面。

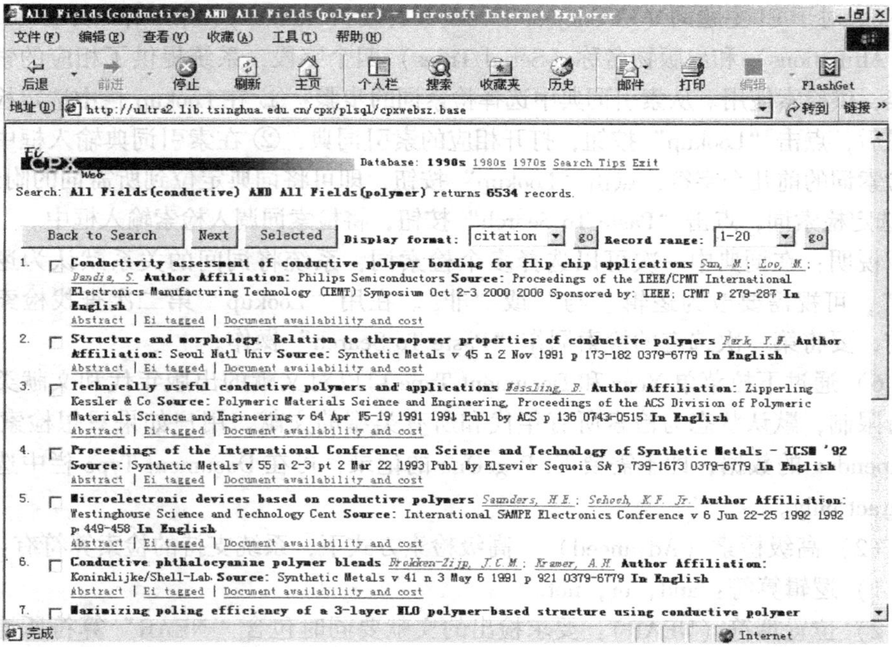

图9-10　以导电高分子为关键词的检索结果

1）点击某一条目下的Abstract项，可显示此条文献的文摘。

2）通过界面上方的Display format下拉菜单，可以选择命中记录的显示格式。

3）点击条目前的方框，可对记录做标记。然后点击界面上的selected键显示标记记录。

4）每个页面上显示10个记录。通过NEXT或BACK按钮，可前后翻页。系统每次最多显示400个命中记录。

(2) 保存检索结果 可以通过打印、存盘、E-MAIL发送等方式保存检索结果。

(3) 保存/调用检索式 利用检索界面上的按钮"Save Search"和"Recall Search"可以保存和调用检索式。注意:

1) 每次重新检索前，都要用"clear"按键清除历史记录。否则，检索历史会干扰新的检索过程。

2) 中文刊名在数据库中的表达式为：中文刊名拼音/英文刊名。例如，《材料科学与工艺》的刊名为 Cailiao Kexue yu Gongyi/Materials Science and Technology。检索时应优先使用拼音进行检索。

3) 同一个检索式在高级方式和基本方式下得到的检索结果有可能不同，因为在基本方式下，系统默认词根运算。

(二) 科学引文索引数据库 (SCI)

著名的ISI科学引文索引数据库SCI (Science Citation Index) 收录了自然科学、工程技术、生物医学等150多个学科领域内的核心期刊5 800多种，历来被全球学术界公认为最权威的科学技术文献的索引工具。SCI引文检索的体系不仅可以从文献引证的角度评估文章的学术价值，还可以有效地揭示过去、现在、将来的科学研究之间的内在联系，揭示科学研究中所涉及的各个学科领域的交叉联系，协助研究人员迅速地掌握科学研究的历史、发展和动态，从而不断推动科技创新。

1997年底，ISI推出了全面基于WWW的引文索引数据库ISI Web of Science，将引文索引独特的研究功能与WWW的强大威力相结合，一经推出即获得了用户的普遍好评，已经成为世界各国政府、高校、研究机构在科技信息资源建设领域最重要的战略资源之一。

1. ISI Web of Science 主要特点

通过引文检索功能可查找相关研究课题早期、当时和最近的学术文献，同时获取论文摘要；可以看到所引用参考文献的记录、被引用情况及相关文献的记录；可选择检索时间范围，可对论文的语言、文献类型作限定检索；检索结果可按其相关性、作者、日期、期刊名称等项目排序；可保存、打印、E-mail发送所得的记录及检索式；全新的WWW超文本特性，能链接到ISI的其他数据库；部分记录可以直接链接到电子版原文或者链接到所在机构的OPAC记录，迅速获得馆藏信息。

2. 文献查找方法

Web of Science 提供 Easy Search、General Search 和 Cited Reference Search 三种检索方式。

（三）化学文摘（CA）

1. 化学文摘（CA）简介

美国《化学文摘》（Chemical Abstracts，简称 CA），由美国化学学会文摘服务社（Chemical Abstracts Service of American Chemical Society，简称 CAS）编辑出版，创刊于1907年，现为周刊，每年出版2卷，每卷26期，全年52期。年报导量由创刊时的2000篇左右增至1997年的70万篇左右。CA是当今世界上公认的检索化学、化工领域文献的最权威的文摘杂志，收录了全世界98%的化学、化工文献，还涉及生物、物理、医学、轻工、材料等许多领域。

CA on CD 光盘数据库是CA的光盘出版物，由美国化学学会制作，文摘内容对应于书本式《化学文摘》，该数据库收录了世界范围内有关生物化学、物理化学、无机化学、有机化学等许多有关化学及化工方面的科技文献，年文献量达773 000条，其中约123 000条专利。数据库文献内容及索引信息按月更新。

2. CA on CD 光盘数据库检索方法

CA on CD 光盘数据库提供四种基本检索途径：

① 索引浏览式检索（Index Browse）；② 词条检索（Word Search）；③ 化学物质等级名称检索（Substance Hierarchy）；④ 分子式检索（Formula）；

（1）索引浏览式检索（Index Browse）　Index 字段的缺省值为 Word。索引字段有 Word（自由词，包括出现在文献题目、文摘、关键词表、普通主题等中所有可检索词汇）、CAS RN（CAS 登记号）、Author（作者及发明者姓名）、General Subject（普通主题）、Patent Number（专利号）、Formula（分子式）、Compound（化合物名称）、CAN（CA 文摘号）、Organization（组织机构、团体作者、专利局）、Journal（刊物名称）、Language（原始文献的语种）、Year（文摘出版年份）、Document Type（文献类型）、CA Section（CA 分类）、Update（文献更新时间或书本式《CA》的卷、期号。）

（2）词条检索（Word Search）　用逻辑组配方式将检索词、词组、数据、专利号等结合起来进行检索。点击 Search 键或在 Search 命令菜单中选择 Word Search 命令。在屏幕中部的检索词输入方框中输入检索词（词间可用逻辑组配）。在右边字段设定方框中选定相应检索词的字段。缺省值为“Word”，左边选项方框中选择词间的关系组配符。此处缺省值“AND”。设定各检索词在文献记录中的位置关系（同一文献，同一字段或间隔单词数等）。

对检索词的输入，系统允许使用代字符“?”及截词符“*”。每一个“?”代表一个字符，如：Base? 代表检索词可为 Bases 或 Based，“*”符号表示单词前方一致。另外，还可以输入 OR 组配符连接而成的简单检索式，如：Strength or toughness。

（3）化合物等级名称检索（Substance Hierarchy）　“CA on CD”的化学物质

等级名称索引与书本式的化学物质索引基本相同，是按化学物质的母体名称进行检索的，有各种副标题及取代基。

在检索窗口中，用鼠标点击 Subs 按键或从 Search 命令菜单中选择 Substance Hierarchy 命令，系统即进入化学物质等级名称检索窗口，屏幕显示物质第一层次名即母体化合物名称索引正文。无下层等级名的化合物条目中直接给出相关文献记录数；有下层名称的物质前则出现“+”符号。双击选中索引，将等级索引表一层层打开，再用鼠标双点击该物质条目即可进行检索。

（4）分子式检索（Formula） 分子式索引由 A～Z 顺序排列，检索过程与化合物等级名称检索相似。

3．检索结果显示

双击选中的文献题目，可得到全记录内容。对感兴趣的文献用 Mark 键进行标注，或用 Unmark 键取消标注。Save 键及 Print 键分别存储或打印当前屏幕显示内容。

此外可以利用的索引数据库还有 UnCover、OCLC Firstsearch、SDOS 等。

目前根据 211 工程 CALIS 计划，已购买了 OCLC FirstSearch 基础组（Base Package）中的 14 个数据库，其中 7 个综合数据库和 7 个专业数据库，提供给 211 工程的 61 所院校免费检索，但要获得论文全文还需付费。

通过索引数据库得到的通常只是文摘。如果需要论文全文还需到图书馆找到原刊或是通过网上全文数据库得到全文。

二、全文数据库检索

（一）Elsevier 全文数据库

1．简介

荷兰 Elsevier Science 公司出版的期刊是世界上公认的高品位学术期刊，全文数据库名称为 Science Direct On Site（SDOS），该数据库涉及数、理、化、天文、医学、生命科学、商业及经济管理、计算机科学、工程技术、能源科学、环境科学、材料科学、社会科学。

Elsevier Science 的 1100 种全文电子期刊的学科分类如下：

Life Science	（437 种）
Agricultural and Biological Sciences	（133 种）
Chemistry and Chemical Engineering	（220 种）
Clinical Medicine	（271 种）
Computer Science	（124 种）
Earth and Planetary Science	（118 种）
Engineering, Energy and Technology	（280 种）
Environmental Science and Technology	（127 种）

Materials Science (135 种)

Mathematics (50 种)

Physics and Astronomy (165 种)

Social Sciences (291 种)

目前国内多所高校与 Elsevier Science 公司达成协议，校园网用户可以浏览、检索存盘或打印论文全文。SDOS 数据库采用校园网的 IP 地址控制使用权限，不需要账号和口令，在各高校图书馆主页上做了链接，网上浏览期刊全文〔PDF 格式〕需要使用 Acrobat Reader 软件，可以将阅览到的全文直接打印和存盘。

2. 使用方法

（1）进入全文库　输入网址 http：//elsevier. lib. tsinghua. edu. cn/或 http：//elsevier. lib. sjtu. edu. cn/即可进入清华大学或上海交通大学图书馆全文库主界面。

（2）检索方法　用户可以通过检索和浏览两条途径获取论文。

1）检索途径

①简单检索（Simple Search）。单击页面上的“Simple Search”按钮，进入简单检索界面，如图 9-11。

简单检索界面包含检索词输入框和检索域选择框。输入检索词，并在检索域选择框区中选择“Any Field（所有字段）”、“Title（文章标题）”、“Abstract（文摘）”、

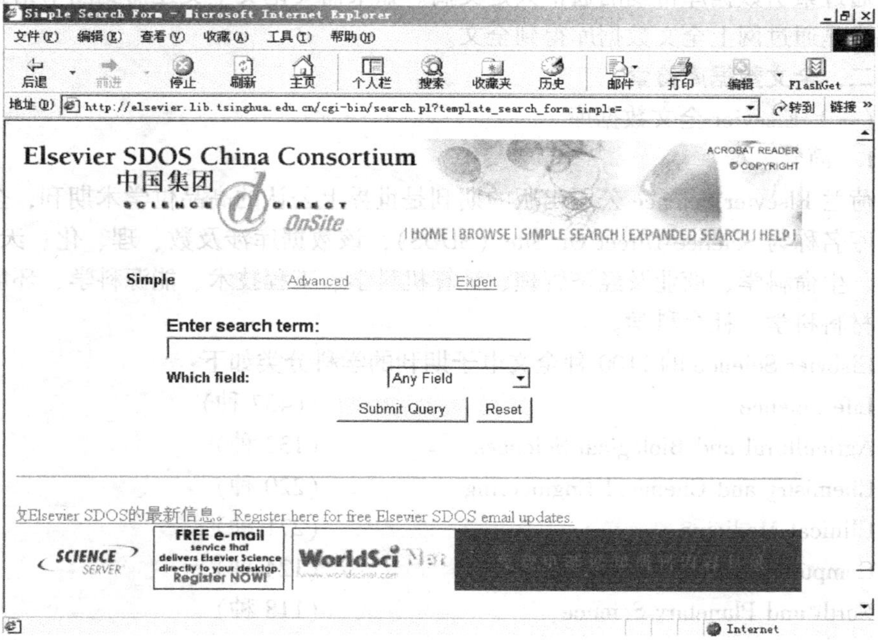

图 9-11　SDOS 简单检索界面

“Author’s Name（作者）”、“Journal Title（期刊名）”等字段，然后点击“Submit Query”开始检索。

检索结果一类是期刊题名，题名下有该刊目次页（table of contents）的超链接和搜寻相关文件按钮；另一类是期刊论文题录，显示论文标题、出处、作者、相关性排序分（“Score”）和搜寻相关文件按钮，通过搜寻相关文件按钮可检索到与该文内容类似的文章。

单击论文题录下的“Bibliographic Page”按钮，可浏览该文章的标题、作者、作者单位、关键词、文摘等进一步信息；单击“Article Full Text PDF”按钮，即可看到论文全文（PDF格式）。

② 高级检索（Expanded Search）。如果需要进行更详细的检索，点击“Expanded Search”进入高级检索界面，见图9-12。高级检索除增加了一个关键词输入框以外，还增加了多个检索限制，Journal Categories（期刊种类）、Article Type（文献类型）、Language（语言）、Limited Dates（时间范围）、Document per page（每页显示的文章数）、Sort documents by（排序标准）等，可进行更精确的检索。文章类型（Article Type）的限定中，“Article”表示只显示论文；“Contents”表示只显示期刊题名；“Miscellaneous”表示只显示其他题材的论文。

③ 检索式的构成。在同一检索字段中，可以用布尔逻辑算符AND（与）、OR

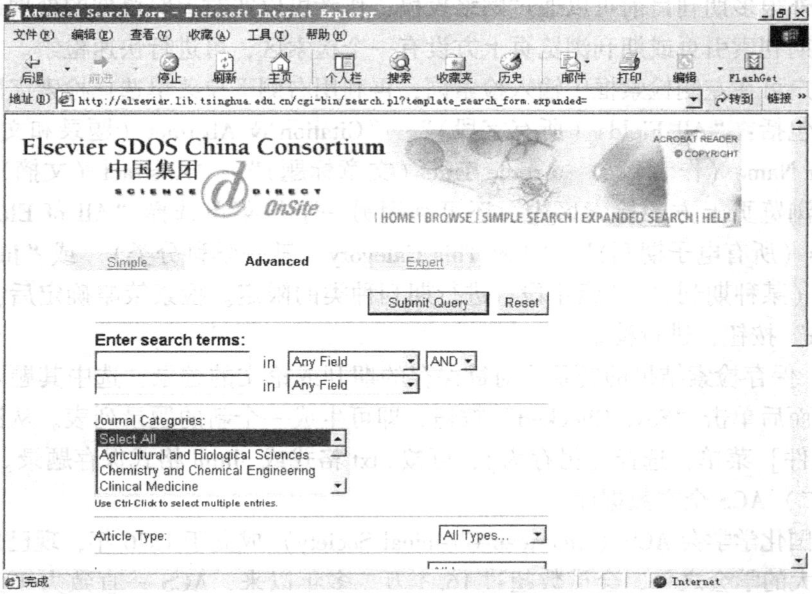

图9-12　SDOS高级检索界面

(或)、NOT（非）来确定检索词之间的关系。系统默认各检索词之间的逻辑算符为“AND”。截词符：*，表示检索同输入词起始部分一致的词。位置算符：“”，用“”标注的检索式表示为完全匹配的检索；ADJ，类似词组检索，表示两词前后顺序固定；NEAR，或 NEAR（n），表示两词间可插入少于或等于 n 个单词，且前后顺序任意，系统默认值为 10；同音词检索：用［］括住检索词，可检索到同音词。拼写词 TYPO［］：可进行同一词义不同拼写的检索，例：TYPO［fibre］，还可找出 fiber。

2）浏览途径。系统提供按字顺（Alphabetical List of Journals）和按分类（Category List of Journals）排列的期刊目录，分别组成期刊索引页或期刊浏览页界面。用户可在期刊索引页中选择浏览的途径（字顺或分类），在期刊浏览页中选择所需的刊名。

选中刊名后，单击刊名，进入该刊所有卷期的列表，进而逐期浏览。单击目次页页面右侧的期刊封面图标，可链接到 Elsevier Science 出版公司网站上该期刊的主页。这些电子刊物的网站一般都提供刊物简介和投稿须知，有的还提供一些样刊和即将出版的期刊目录。Science Direct（http：//www. sciencedirect. com）是 Elsevier Science 公司的一个文献检索网站，它不仅提供由 Elsevier Science 公司出版的 1100 种期刊上的论文，还提供其他 120 个出版公司出版的论文的相关链接。它的另一个特点是可以让用户提前一、二个月得到即将出版的期刊的论文目录。另外国外很多期刊目前可以通过网络投稿，作者可以实时追踪稿件的处理进展。

在期刊索引页或期刊浏览页上方设有一个检索区，可进行快速检索。

用户可在左侧检索框中输入检索词，再利用右侧下拉菜单选择检索字段。检索字段包括：“All Fields（所有字段）”、“Citation & Abstract（题录和文摘）”、“Author Name（作者）”、“Article Title（文章标题）”、“Abstract（文摘）”等。在期刊浏览页上方的检索区中，还可利用另一下拉菜单选择“All of Electronic Journals（所有电子期刊）”、“Just This Category（某一学科分类）”或“Just This Journal（某种期刊）”检索字段，进行期刊种类的限定。检索策略确定后，点击“Search”按钮，进行检索。

3）保存检索结果的题录。对欲保存的期刊或论文的题录，选中其题名前的小框，而后单击“Save Checked”按钮，即可生成一个新的题录列表。从浏览器的［文件］菜单，选择［另存为］，可按 . txt 格式或 . html 格式保存题录。

（二）ACS 全文数据库

美国化学学会 ACS（American Chemical Society）成立于 1876 年，现已成为世界上最大的学会之一，会员数超过 16. 3 万。多年以来，ACS 一直致力于为全球化学研究机构、企业及个人提供高品质的文献资讯及服务，在科学、教育、政策等领域提供了多方位的专业支持，成为享誉全球的科技出版机构。ACS 的期刊被

ISI 的 Journal Citation Report（JCR）评为被引用次数最多的化学期刊。ACS 出版 34 种期刊，内容涵盖包括材料学在内的众多研究领域。

ACS Web 版的主要特色：除具有一般的检索、浏览等功能外，还可在第一时间内查阅到被作者授权发布、尚未正式出版的最新文章（Articles ASAPsm）；用户也可定制 E – mail 通知服务，以了解最新的文章收录情况；ACS 的 Article References 可直接链接到 Chemical Abstracts Services（CAS）的资料记录，也可与 PubMed、Medline、GenBank、ProtEIn Data Bank 等数据库相链接；具有增强图形功能，含 3D 彩色分子结构图、动画、图表等；全文具有 HTML 和 PDF 格式可供选择。

检索方法与 SDOS 数据库类似，不再赘述。

（三）IEEE 全文数据库

IEEE/IEE Electronic Library（IEL）数据库提供 1988 年以来美国电气电子工程师学会和英国电气工程师学会出版的 120 多种期刊、600 多种会议录、近 900 种标准的全文信息，包括很多材料在电子领域应用方面的论文。用户通过检索可以浏览、下载或打印与原出版物版面完全相同的文字、图表、图像和照片的全文信息。

（四）中国期刊网全文数据库

1. 简介

中国期刊网由清华大学中国学术期刊（光盘版）电子杂志社主办，按学科划分为理工 A、理工 B、理工 C、农业、医药卫生、文史哲、经济政治与法律、教育与社会科学、电子技术与信息科学 9 个专辑，126 个专题。根据不同文献层次，又划分为专题全文数据库、题录数据库两种。专题全文数据库收录 1994 年以来中国出版发行的 5300 种学术期刊全文，累积全文约 400 万篇，检索结果为篇名、作者、机构、刊名、关键词、摘要、原文等；题录数据库收录 1994 年以来中国出版发行的 5300 种学术期刊文献及文献的引文，文献量约 1000 万条。

2. 使用方法

（1）进入检索界面　中国期刊网主站点的网址 http：//www. cnki. net，输入用户名和口令字，就可以进入检索页面，见图 9-13。

（2）专题全文数据库检索方法　系统默认进入“初级检索”界面，该方式有“全文”、“篇名”、“作者”、“机构”、“关键词”、“中文摘要”、“引文”、“中文刊名”、“基金”9 个检索字段。选择检索学科专题范围，可根据需要“全选”，也可选一个、几个专题或子专题。选择检索字段，输入检索词，可限定检索时间范围。高级检索可进一步选择检索字段之间的逻辑关系（AND，OR），也可按学科专题检索，逐级打开各学科专题目录，可以检索到全文数据库中各学科专题包含的所有文章。

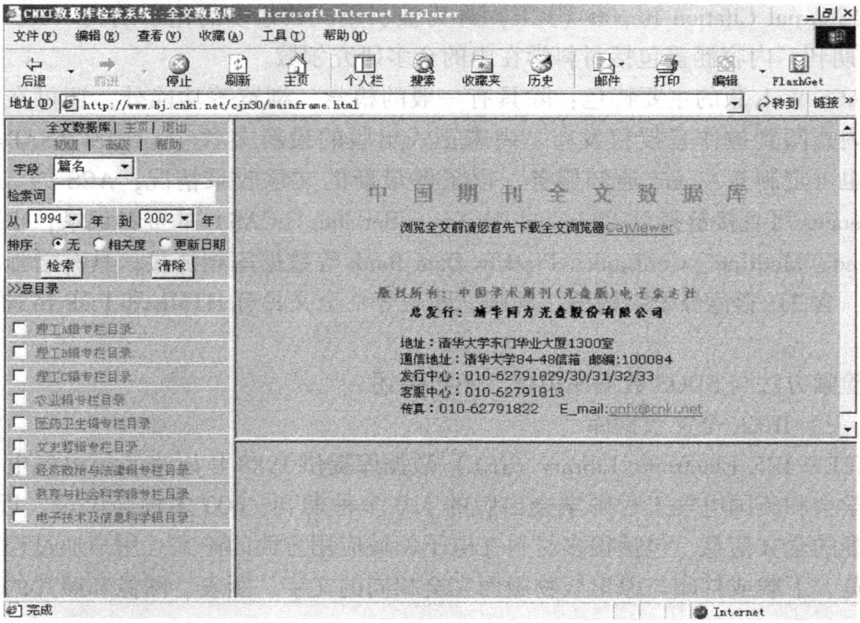

图 9-13　中国期刊网数据库

对任何一种检索方式，若检索结果太多，可进一步用“二次检索”缩小检索范围。

(3) 检索结果及输出　在“全文数据库”检索到的结果，点击“文献篇名”，可以得到文献的题录文摘信息；点击“下载”，可以用“CAJ 全文浏览器”打开文献全文；点击文献的“中文刊名”链接，可得到该期刊本期文献目录，进一步点击文献名，可以打开本期文献全文。在“题录数据库”检索到的结果，单击“篇名”，可显示该文献的题录信息。

(五) 维普全文数据库

维普中文科技期刊数据库是重庆维普资讯有限公司的产品，见图9-14。重庆维普资讯有限公司是科技部西南信息中心下属的一家大型的专业化数据公司，自1989年以来，一直致力于报刊等信息资源的深层次开发和推广应用，集数据采集、数据加工、光盘制作发行和网上信息服务于一体；收录有中文报纸1000种，中文期刊12000种，外文期刊4000种。目前有许多高等院校已经购买了该数据库，通过校园网可以方便地检索资料。

中文科技期刊数据库提供两种检索方式：分类检索及高级检索。分类检索入口位于首页的中央，点击分类检索下列的任何一个类别显示所点击类别的下属子类；在点击其中一个子类以后，将显示该子类包含的全部文献标题、作者、刊物

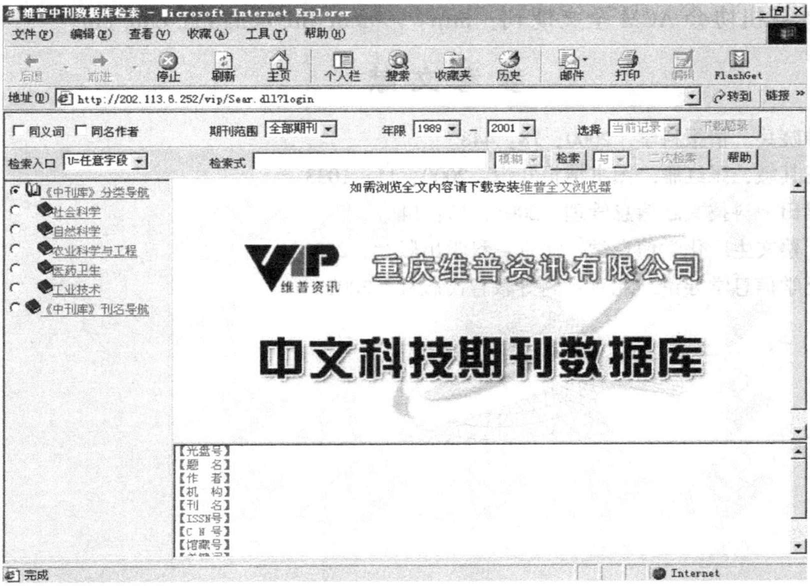

图 9-14　维普中文科技期刊数据库

名称和出版年供浏览；同时该页面的上方会出现一个“请输入检索词”的提示框，可进一步缩小在该类下的文献搜索范围。系统默认在关键词和题名字段搜索输入的检索词。如想通过点击标题得到更详细的信息，则必须注册、登录。进入高级检索，点击高级检索下列的各数据库或在其他页面导航条上点击“数据库检索”进入相应的检索界面，就可以进行功能更强、灵活度更大的检索，检索到的结果还可通过限定检索条件进行二次检索，进一步提高检索的准确性。

其他一些主要全文数据库如下：

Springer Link：http//springer. lib. tsinghua. edu. cn/

Academic Press 电子期刊全文库：http：//www. idealibrary. com/

Science Online：http：//china. sciencemag. org/

Kluwer Online Journals：http：//kluwer. calis. edu. cn/

Wiley Interscience：http：//www3. interscience. wiley. com/journalfinder. html

英国皇家物理学会（IOP）电子期刊：http：//di. iop. org/

GALE：http：//infotrac. galegroup. com/

EBSCO：http：//search. china. epnet. com/

WorldSciNet 电子期刊：http：//worldscinet. lib. tsinghua. edu. cn/

Blackwell 电子期刊：http：//www. blackwell-synergy. com/

美国计算机协会 ACM 全文期刊：http：//acm. lib. tsinghua. edu. cn/

参考文献

1 王菁，钟晓兵．情报科学．2000，18：448
2 丛玲，王其敏，张红雁．图书情报知识．2000，11：1033
3 黄玲，梁田．科技文献信息管理．2001，15：14
4 邵学广，蔡文生．化学信息学．北京：科学出版社，2001
5 缪强，化学信息学导论．北京：高等教育出版社，2001

附录 NiO-MgO 二元相图计算程序

```
#include <stdio.h>
#include <conio.h>
#include <dos.h>
#include <math.h>
#include <graphics.h>

extern int directvideo =0;/* for Chinese version */
int TA =1960 +273,TB =2800 +273;  /*  melting point of A and B */
int n;
float R =8.310,DHA =52300.0,DHB =77400;
float dg(float dh,int t, int tb)
{
  if(TA <=t && t <=TB)   return  (dh *(tb -t)/tb);
  else  printf("The temperature is out of range\n");
  return 0;
}
float xb2(int k)             /* function for calculating liquidusus */
{
  float dgb,dga,xb1;
  dgb =dg(DHB,k,TB);
  dga =dg(DHA,k,TA);
  xb1 =((exp( -dga/(R *k)) -1) *exp( -dgb/(R *k)))/
        (exp( -dga/(R *k)) -exp( -dgb/(R *k)));
  return xb1;
}
float xb1(int k)             /* function for calculating solius */
{
  float dgb,xbs;
  dgb =dg(DHB,k,TB);
  xbs =xb2(k) *exp(dgb/(R *k));
```

```
  return xbs;
}

initgrapher( )
{
int gdriver = DETECT, graphmode, errorcode;
initgraph( &gdriver, &graphmode, "d:\\tc20 \\bgi")
errorcode = graphresult( );
if( errorcode!  = grOk)
    {
    printf( "Graphics error:% s\n", grapherrormsg( errorcode) );
    printf( "Press any key to halt:");
    getch( );
    exit(1);
    }
    return 0;
}

makemapl( )
{
initgrapher( );
  setviewport(50,50,getmaxx( ) -50,getmaxy( ) -50,1);
  textcolor(BLUE);
  settextstyle(1,0,4);
  outtextxy(70,100,   "SOFTWARE FOR");
  outtextxy(60,140,   "TWO PHASE DIAGRAM\n");
  delay(5000);
  closegraph( );
return 0;
{

makemap( float  * solius, float  * liquidus,  int  * p)
{
  int X1,X2,Y1,Y2,i,u,v,w,xstep,ystep;
  char my[5],mx[5];
```

```
    initgrapher( ) ;
    X1 = getmaxx( )/2 - 230;        X2 = getmaxx( )/2 + 220;
    Y1 = getmaxy( )/2 - 150;        Y2 = getmaxy( )/2 + 200;
    xstep = ( X2 - X1 )/10;       ystep = ( Y2 - Y1 )/10;
setbkcolor( WHITE ) ;
setcolor( 1 ) ;
setlinestyle( 0 ,1 ,3 ) ;
rectangle( X1 , Y1 , X2 , Y2 ) ;
setlinestyle( 0 , 1 , 1 ) ;
for( i = 1 ;i < =9;i  ++ ) {
  line( X1 + i * xstep , Y1 , X1 + i * xstep , Y2 ) ;
  line( X1 , Y1 + i * ystep , X2 , Y1 + i * ystep ) ;
  }
for( i = 1 ;i < = n + 1; ++ 1 )
}
  p[ i ] = p[ i ] - 273
  u = ( ( p[ i ] - 1900)/1000.0 * ( Y2 - Y1 ) ) ;
  v = ( int ) ( solius[ i ] * ( X2 - X1 ) ;
  w = ( int ) ( liquidus[ i ] * ( X2 - X1 ) ) ;
  putpixel( X1 + w , Y2 - u , BLUE ) ;
  putpixel( X1 + v , Y2 - u , BLUE ) ;
{
for( i = 1 ;i < 6 ;i + + ) {
gcvt(3.0 - 0.2 * i,2 , my ) ;
gcvt(0.2 * i,2 , mx ) ;
outtextxy( X1 - 30 , Y1 + 2 * i * ystep - 40 , my ) ;
outtextxy( X1 + 2 * i * xstep - 10 , Y2 + 10 , mx ) ;
        }
settextstyle( 1 , 1 , 1 ) ;
outtextxy(30 ,140 ,"TEMPERATURE   (1000 ℃ )") ;
settextstyle( 1 ,0 ,2 ) ;
outtextxy(200 ,50 ,"TWO PHASE DIAGRAM") ;
outtextxy(190 ,250 ,"L            L + S           S") ;
outtextxy( X1 - 10 , Y2 + 10 ,"NiO") ;
outtextxy( X1 +450 , Y2 + 10 ,"MgO") ;
```

```
  getch();
  closegraph();
return 0;
}

main()
{
   float solius[500],liquidus[500];
   int i,M=2,p[500];
   n=abs((TB-TA)/M);
makemapl();
   printf("正在计算,请等待!");
   for(i=1;i<=n+1;i++)
   {
       if(TB>TA) p[i]=(TA-M)+(i*M);
       else p[i]=(TA+M)-(i*M);
       solius[i]=xb1(p[i]);   /* content of solius */
       liquidus[i]=xb2(p[i]);/* content of liquidus */
}
clrscr();
makemap(solius,liquidus,p);
return 0;
}
```